中 国 国 家 标 准 汇 编

2008 年修订-79

中国标准出版社　编

中 国 标 准 出 版 社

北　京

图书在版编目（CIP）数据

中国国家标准汇编：2008年修订.79/中国标准出版社编.—北京：中国标准出版社，2009
ISBN 978-7-5066-5601-6

Ⅰ.中…　Ⅱ.中…　Ⅲ.国家标准-汇编-中国-2008
Ⅳ.T-652.1

中国版本图书馆CIP数据核字（2009）第204398号

中国标准出版社出版发行
北京复兴门外三里河北街16号
邮政编码:100045

网址 www.spc.net.cn
电话:68523946　68517548
中国标准出版社秦皇岛印刷厂印刷
各地新华书店经销
*
开本 880×1230　1/16　印张 37.25　字数 1 116 千字
2009年12月第一版　2009年12月第一次印刷
*
定价 200.00 元

ISBN 978-7-5066-5601-6

出 版 说 明

1.《中国国家标准汇编》是一部大型综合性国家标准全集。自 1983 年起，按国家标准顺序号以精装本、平装本两种装帧形式陆续分册汇编出版。它在一定程度上反映了我国建国以来标准化事业发展的基本情况和主要成就，是各级标准化管理机构，工矿企事业单位，农林牧副渔系统，科研、设计、教学等部门必不可少的工具书。

2.《中国国家标准汇编》收入我国每年正式发布的全部国家标准，分为“制定”卷和“修订”卷两种编辑版本。

“制定”卷收入上年度我国发布的、新制定的国家标准，顺延前年度标准编号分成若干分册，封面和书脊上注明“20××年制定”字样及分册号，分册号一直连续。各分册中的标准是按照标准编号顺序连续排列的，如有标准顺序号缺号的，除特殊情况注明外，暂为空号。

“修订”卷收入上年度我国发布的、被修订的国家标准，视篇幅分设若干分册，但与“制定”卷分册号无关联，仅在封面和书脊上注明“20××年修订-1,-2,-3,……”字样。“修订”卷各分册中的标准，仍按标准编号顺序排列(但不连续)；如有遗漏的，均在当年最后一分册中补齐。需提请读者注意的是，个别非顺延前年度标准编号的新制定的国家标准没有收入在“制定”卷中，而是收入在“修订”卷中。

读者配套购买《中国国家标准汇编》“制定”卷和“修订”卷则可收齐上一年度我国制定和修订的全部国家标准。

3. 由于读者需求的变化，自 1996 年起，《中国国家标准汇编》仅出版精装本。

4. 2008 年制修订国家标准共 5946 项。本分册为“2008 年修订-79”，收入新制修订的国家标准 35 项。

中国标准出版社

2009 年 10 月

出版说明

目　　录

ICS 59.120.01
W 90

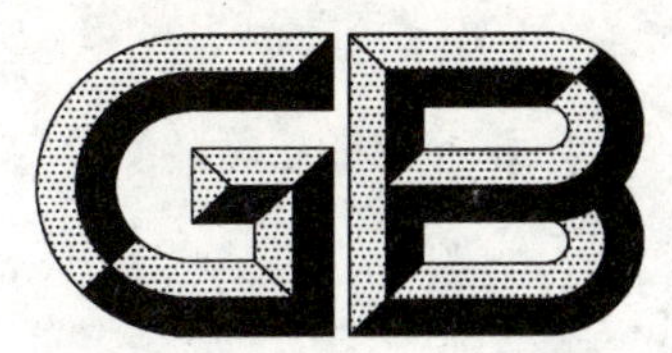

中华人民共和国国家标准

GB/T 15192—2008
代替 GB/T 15192—1994

纺织机械用图形符号

Graphical symbols for textile machinery

(ISO 5232:1998,MOD)

2008-06-18 发布　　　　2009-03-01 实施

中华人民共和国国家质量监督检验检疫总局
中国国家标准化管理委员会　发布

前　言

本标准是根据 ISO 5232:1998《纺织机械用图形符号》对 GB/T 15192—1994 进行修订的。本标准修改采用 ISO 5232:1998 的英语部分。

本标准与 ISO 5232:1998 的主要差异如下,主要差异所涉及的条款在页边空白处用垂直单线标识:

——修改了国际标准的编排格式,为此,修改了第 2 章的文字说明;

——增加了 A154～A160 七个基本符号,其中有六个基本符号引自 IEC 60417;

——增加了 B144～B151 八个专用符号;

——取消了附录 B。

本标准代替 GB/T 15192—1994《纺织机械用图形符号》。

本标准与 GB/T 15192—1994 相比主要变化如下:

——按照 GB/T 16273《设备用图形符号》的版式进行编排;

——增加了 25 个基本符号、38 个专用符号,它们是:A10、A11、A18、A24、A26、A27、A28、A29、A43、A46、A47、A59、A65、A66、A72、A82、A93、A96、A112、A113、A114、A119、A144、A145、A148、B2、B3、B12、B13、B18、B19、B20、B21、B22、B23、B25、B26、B36、B43、B44、B48、B56、B57、B58、B59、B60、B62、B63、B74、B77、B79、B80、B96、B97、B99、B102、B110、B111、B112、B117、B118、B142、B143;

——增加了英文索引;

——按 ISO 5232:1998,将 1994 年版编号为 A25 的"移向参考点的双向效应或作用"改为"反馈控制"(见本标准的 A6);将 1994 年版编号为 A26 的"反馈控制"改为"移向参考点的双向效应(作用)、综合压力"(见本标准的 A136);

——将 1994 年版编号为 B56 的"摇纱摆杆装置或落筒摆杆装置"改为"摇纱摆杆装置或络筒摆杆装置"(见本标准的 B84)。

本标准的附录 A 为资料性附录。

本标准由中国纺织工业协会提出。

本标准由全国纺织机械与附件标准化技术委员会归口。

本标准起草单位:中国纺织机械器材工业协会、天津宏大纺织机械有限公司、上海一纺机械有限公司、中国标准化研究院。

本标准主要起草人:孙凉远、马丽娜、陈慧、张亮。

本标准所代替标准的历次版本发布情况为:

——GB/T 15192—1994。

引　言

图形符号定义为:通过书写、图画、印刷或其他方式制成的可识别的符号。

图形符号不用语言传递信息,而是以一种明确且易于理解的方式表示一个物体或概念(统一表达和发布图形符号的原则规定在 GB/T 16900—1997《图形符号表示规则　总则》和 GB/T 1252—1989《图形符号　箭头及其应用》中)。

由于图形符号的设计和使用(在世界范围内)不断增加,本标准列出了在纺织机械领域所使用的一些图形符号,随着一些符号得以认可还会不断增补。

附录 A 给出了图形符号的应用示例。

纺织机械用图形符号

1 范围

本标准规定了纺织机械领域的图形符号和对应的含义。

本标准的图形符号适用于：

a) 置于各种纺织机械的装置或部件上，以便指示工作人员操纵这些装置或部件、调整工作状态和功能状态。

b) 用于技术图样、方案图和图表这类文件中表示状态、功能或操作。

2 图形符号

本标准为检索方便起见，在表1和表2的第一栏标有顺序号，在最后一栏注有ISO 7000《设备用图形符号 索引和一览表》和IEC 60417《设备用图形符号》中对应的注册号，它们是在本标准之外识别这些符号的唯一编号。

本标准中的图形符号分为：

——A类：基本图形符号(见表1)；

——B类：专用图形符号(见表2)。

注：紧接在含义后的括号中的内容是对含义的进一步说明。并列的英文含义用分号隔开，中文含义用顿号隔开，括号中的含义不推荐使用。

表 1 A 类:基本图形符号

序号	图形符号	含义	说明
A1	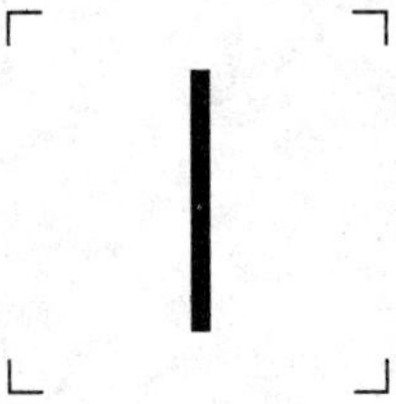	通(电源) on(for primary switches)	IEC 60417-5007
A2	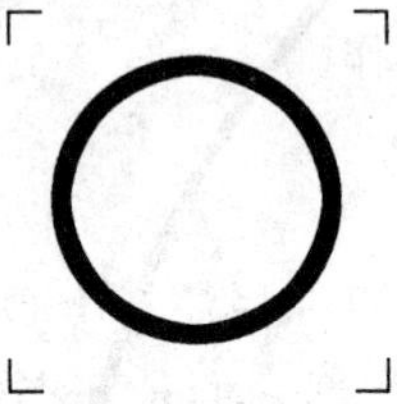	断(电源) off(for primary switches)	IEC 60417-5008
A3	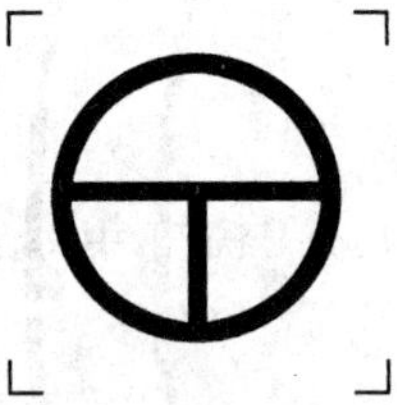	通—断,接触开关的单独稳定位置(电源) on-off, single stable position of the contact unit(for primary switches)	IEC 60417-5011
A4		通—断(电源) on-off(for primary switches)	IEC 60417-5010
A5		启动(动作的开始) start(of action)	IEC 60417-5104
A6		反馈控制 feedback control	ISO 7000-0095

表 1（续）

序号	图形符号	含　　义	说　明
A7		钥匙开关 key switch	ISO 7000-0517
A8		脚踏开关 foot switch	IEC 60417-5114
A9		钟、定时开关、定时器 clock;course of time	IEC 60417-5184
A10	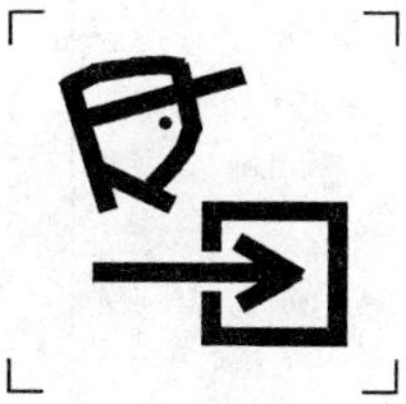	换班开始 start of shift	ISO 7000-1645
A11	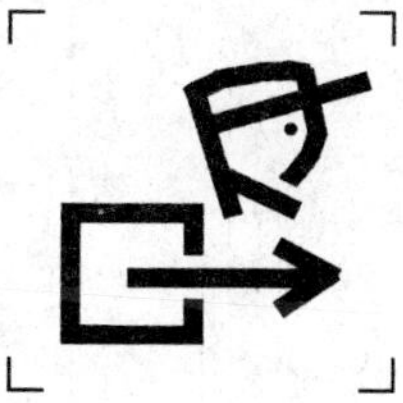	换班结束 end of shift	ISO 7000-1646
A12		暂停、(中断) pause;(interruption)	IEC 60417-5111

表 1（续）

序号	图形符号	含 义	说 明
A13	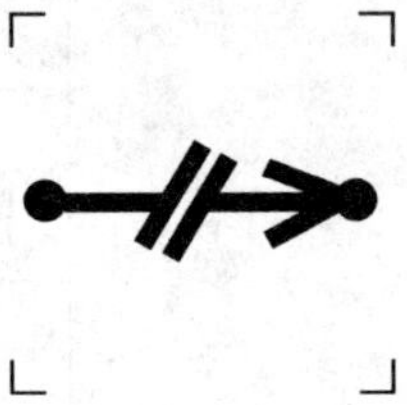	检测障碍物 test barrier	ISO 7000-0161
A14		灯、照明、照明设备 lighting	IEC 60417-5012
A15		信号灯 signal lamp	IEC 60417-5115
A16		声信号、喇叭 acoustic signal;horn	IEC 60417-5014
A17	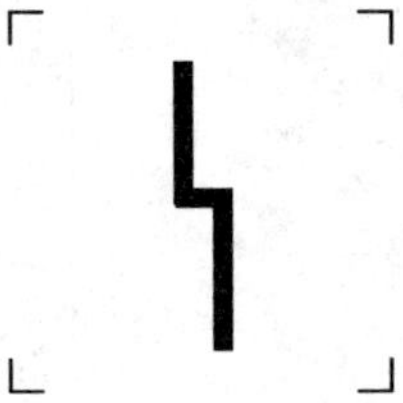	故障 disturbance	ISO 7000-0228
A18	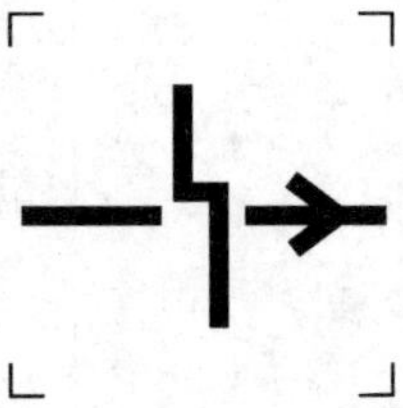	物流中断 interruption in material flow	ISO 7000-1067

表 1（续）

序号	图形符号	含　　义	说　明
A19		危险电压 dangerous voltage	IEC 60417-5036
A20		警告 caution	ISO 7000-0434
A21		消除电离、消除静电 de-ionization;static discharge	ISO 7000-0554
A22		电离、静电充电 ionization;static charging	ISO 7000-0555
A23		线圈点火元件 spark coil-ignition element	ISO 7000-0185
A24		测量 measurement	ISO 7000-1626

表 1（续）

序号	图形符号	含　　义	说　明
A25		计数 counting	ISO 7000-0518
A26		取样 sampling	ISO 7000-1615
A27		手册、操作手册 handbook;manual for operations	ISO 7000-1640
A28		操作说明 operating instructions	ISO 7000-1641
A29		文字说明或注解 read or note marking	ISO 7000-1642
A30	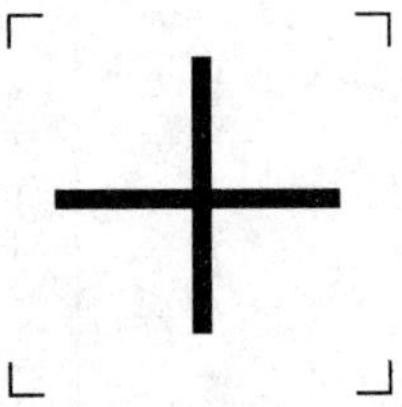	正极 positive polarity	IEC 60417-5005

表 1（续）

序号	图形符号	含　　义	说　明
A31		负极 negative polarity	IEC 60417-5006
A32		润滑 lubrication	ISO 7000-0031
A33		注入 filling	ISO 7000-0028
A34		排出 draining	ISO 7000-0029
A35	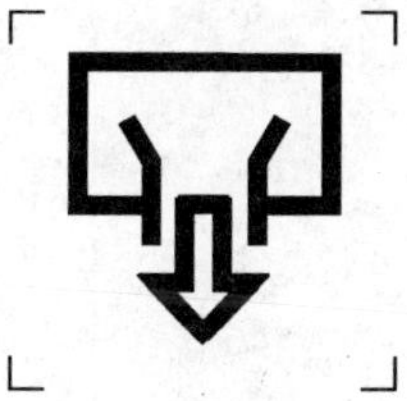	溢出 overflow	ISO 7000-0030
A36		机械能 mechanical energy	ISO 7000-0522

表 1（续）

序号	图形符号	含　　义	说　明
A37		液能 hydraulic energy	ISO 7000-0525
A38	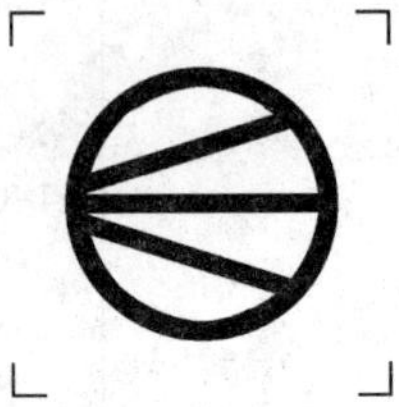	气能 pneumatic energy	ISO 7000-0231
A39		电能 electric energy	ISO 7000-0232
A40		热能 heat energy	ISO 7000-0523
A41		水能 water energy	ISO 7000-0524
A42	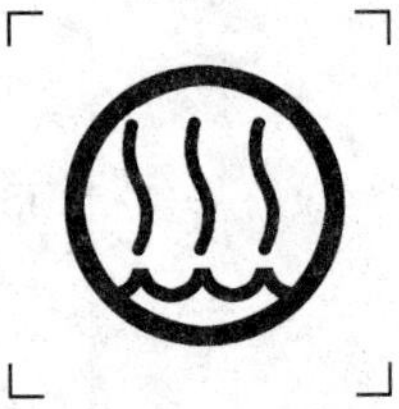	蒸汽能 steam energy	ISO 7000-0511

表 1（续）

序号	图形符号	含义	说明
A43	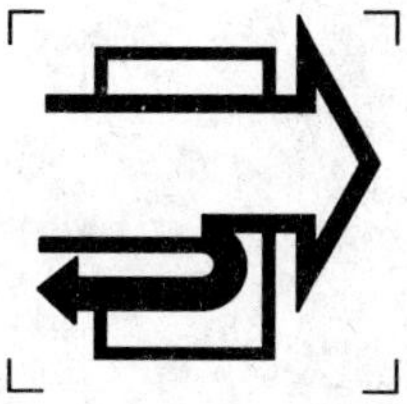	再生能 regeneration	ISO 7000-1653
A44		点火火舌 pilot flame	ISO 7000-0363
A45	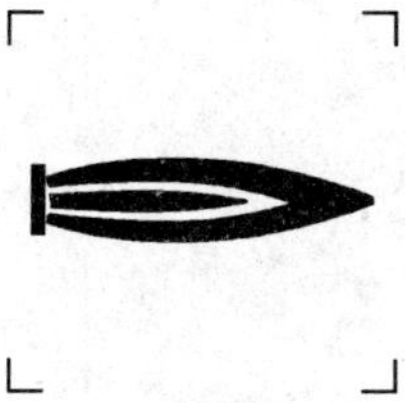	工作火焰 working flame	ISO 7000-0364
A46	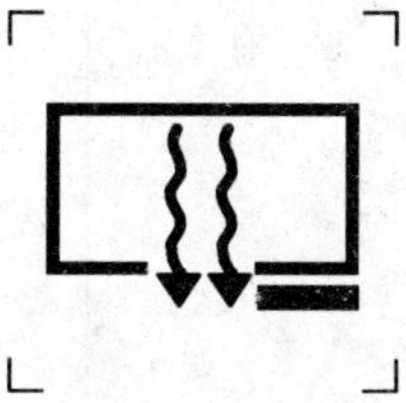	电离窗开启 ionization window open	ISO 7000-1654
A47		电离窗关闭 ionization window closed	ISO 7000-1655
A48		水 water	ISO 7000-0536

表 1（续）

序号	图形符号	含　　义	说　明
A49	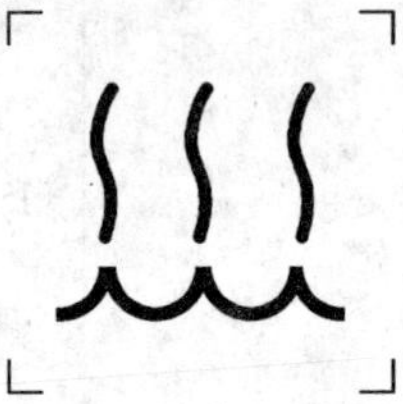	蒸汽 steam	ISO 7000-0530
A50		总的散热 emission of heat in general	ISO 7000-0535
A51	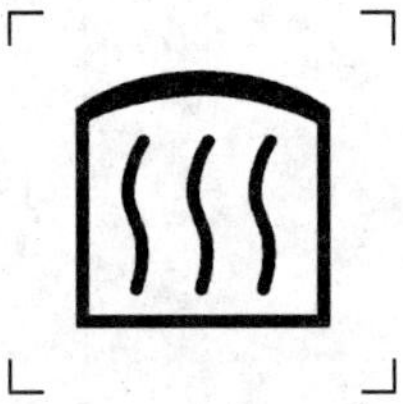	热板 heating plate	ISO 7000-0606
A52	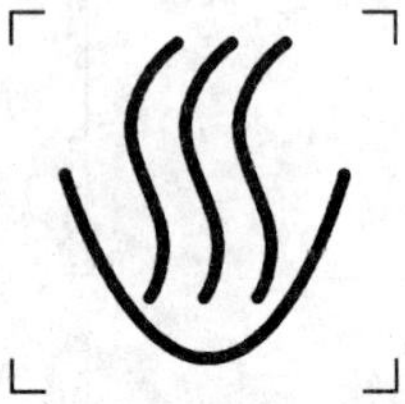	辐射散热 emission of heat by radiation	ISO 7000-0230
A53		湿度、含湿量 humidity；moisture content	ISO 7000-0505
A54	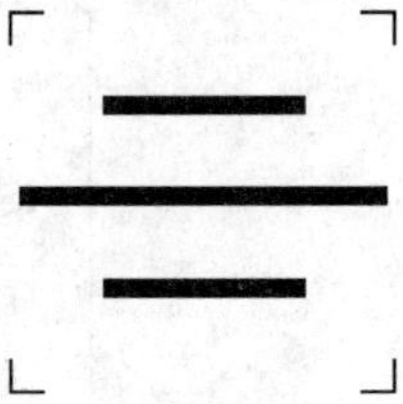	对称运行、对称 symmetrical course；symmetry	ISO 7000-0503

表 1（续）

序号	图形符号	含　　义	说　明
A55		中心位置 central position	ISO 7000-0514
A56		零位 zero-point position	ISO 7000-0540
A57		标定 calibration	ISO 7000-0160
A58		手动控制 manual control	ISO 7000-0096
A59		不许干预、不许操作 do not intervene;do not operate	ISO 7000-1627
A60		一次自动循环 one automatic cycles	ISO 7000-0426

表 1（续）

序号	图形符号	含　　义	说　明
A61	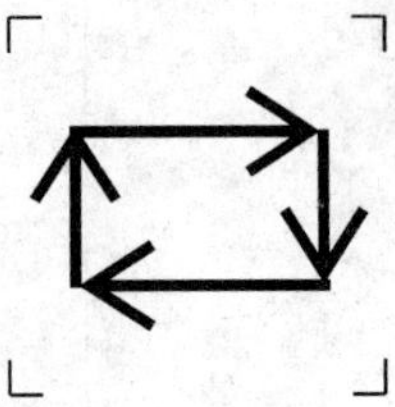	连续自动循环 continuous automatic cycles	ISO 7000-0026
A62		自动控制 automatic control	ISO 7000-0017
A63	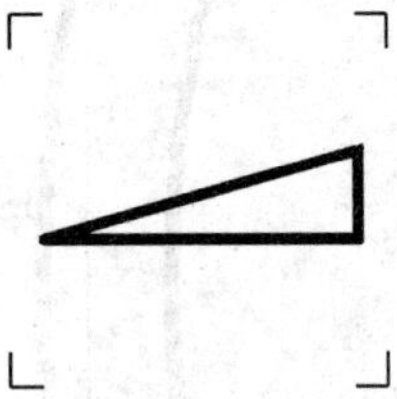	可变性 variability	ISO 7000-5004
A64	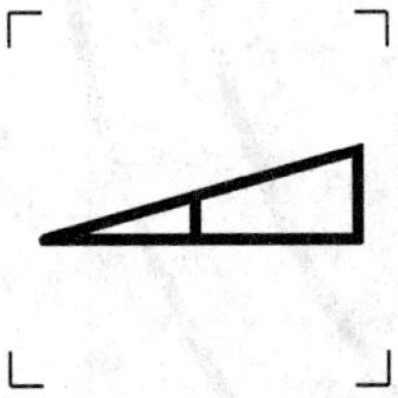	具有一个给定起点的可变性 variability with a given starting point	ISO 7000-0541
A65		调整过高 setting too high	ISO 7000-1628
A66		调整过低 setting too low	ISO 7000-1629

表 1（续）

序号	图形符号	含　　义	说　明
A67	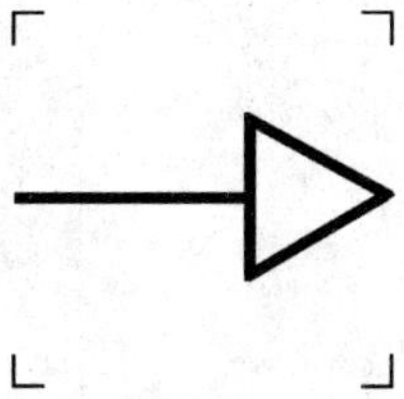	正常运转 normal run	IEC 60417-5107
A68	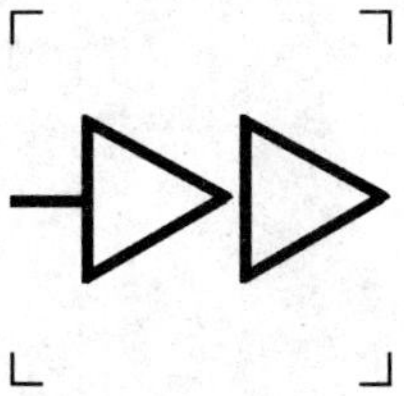	快速运转 fast run	IEC 60417-5108
A69	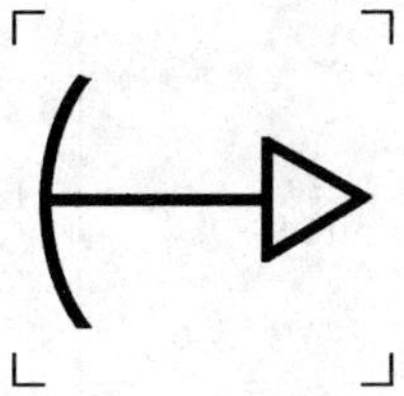	减速运转 reduced run	ISO 7000-0527
A70	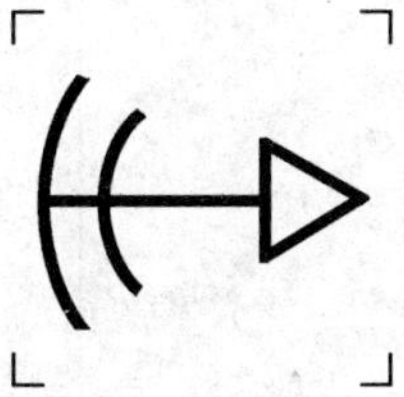	超减速运转 much reduced run	ISO 7000-0528
A71		物料输入输出流向 flow arrow for entry and exit of material	ISO 7000-0251
A72	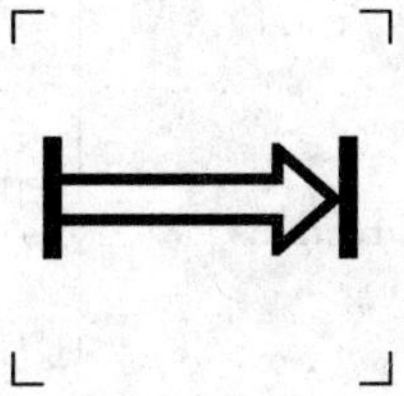	过程的走向 run of process	ISO 7000-1652

表 1（续）

序号	图形符号	含　　义	说　明
A73	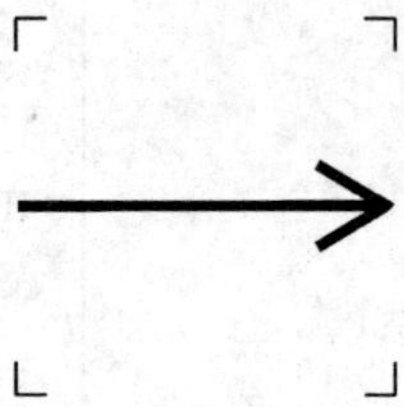	运动方向 movement in arrow direction	IEC 60417-5022
A74	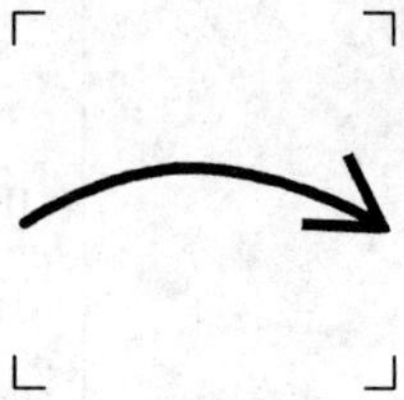	旋转方向 direction of rotation	ISO 7000-0004
A75	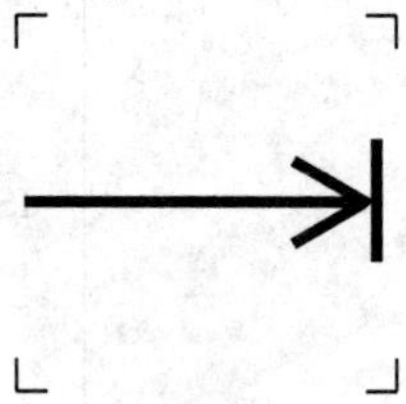	沿箭头方向有限运动 movement in arrow direction,limited	ISO 7000-0001
A76	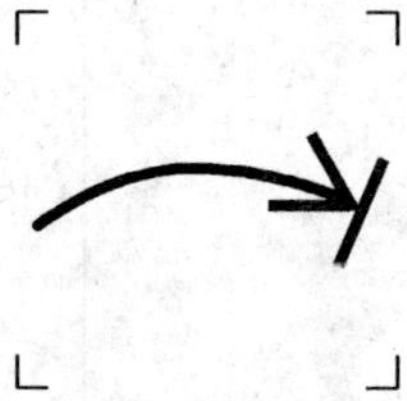	有限旋转 limited rotation	ISO 7000-0006
A77	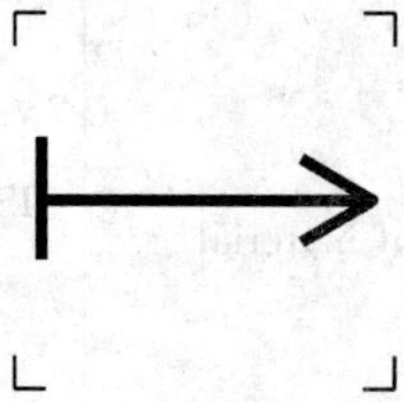	从某一起始点沿箭头方向运动 movement in arrow direction from a point of origin	ISO 7000-0521
A78	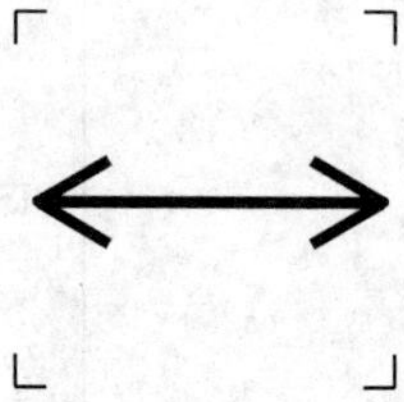	双向直线运动 rectilinear movement in both directions	IEC 60417-5023

表 1（续）

序号	图形符号	含义	说明
A79		双向旋转 rotation in two direction	ISO 7000-0005
A80		双向局限运动 movement limited in both directions	IEC 60417-5024
A81		局限往返直线运动 limited rectilinear motion and return	ISO 7000-0002
A82		相互通过的受限重叠 limited overlap of mutual approach	ISO 7000-1638
A83		局限往返旋转运动 limited rotation and return	ISO 7000-0007
A84		移向参考点的效应(作用) effect(action) towards a reference point	IEC 60417-5026

表 1（续）

序号	图形符号	含义	说明
A85	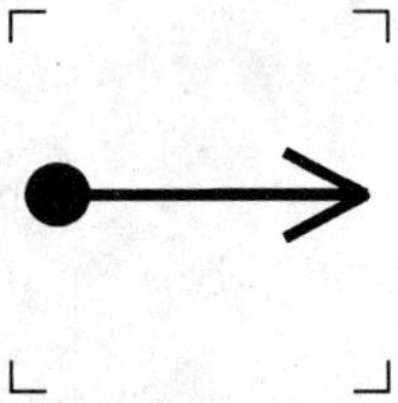	移离参考点的效应(作用) effect(action) away from a reference point	IEC 60417-5025
A86	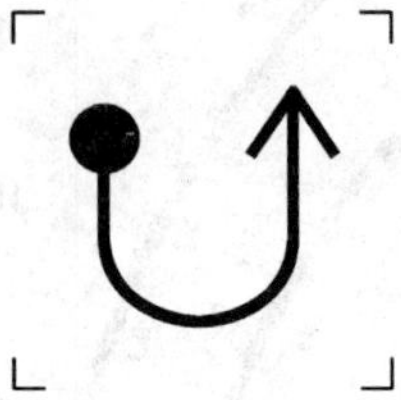	运动顺序的折返 reversal of a motion sequence	ISO 7000-0539
A87		锁紧、夹紧、紧固 lock;clamp;tighten	ISO 7000-0018
A88	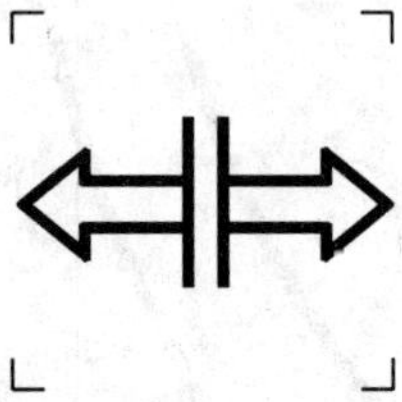	解锁、松开 unlock;unclamp	ISO 7000-0019
A89	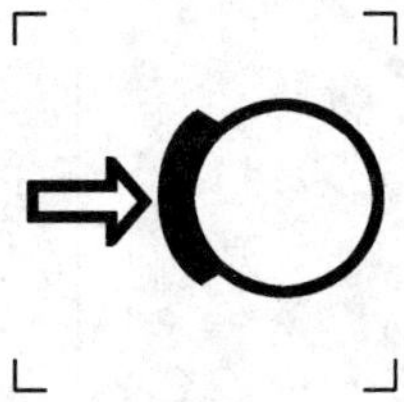	制动 brake on	ISO 7000-0020
A90	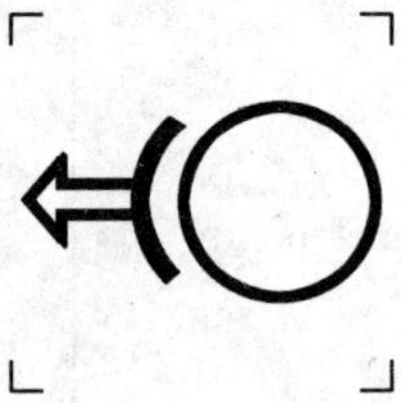	松开制动 brake off	ISO 7000-0021

表 1（续）

序号	图形符号	含　　义	说　明
A91	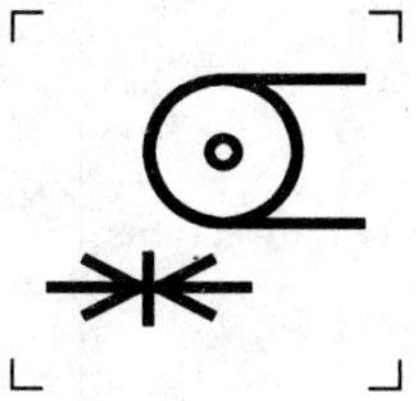	张紧链条、张紧皮带 tighten chain; tighten belt	ISO 7000-0173
A92	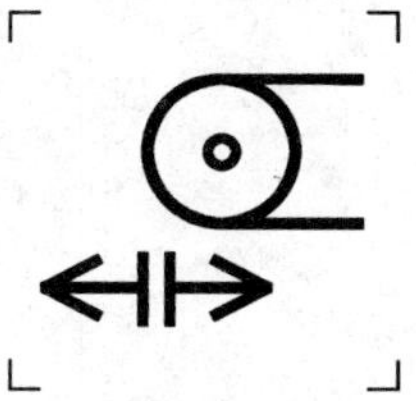	放松链条、放松皮带 slacken chain; slacken belt	ISO 7000-0174
A93	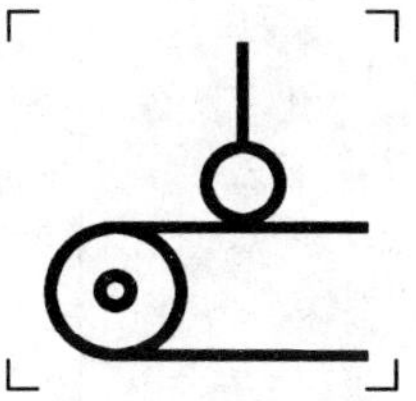	皮带张力探测器 belt tension monitor	ISO 7000-1620
A94	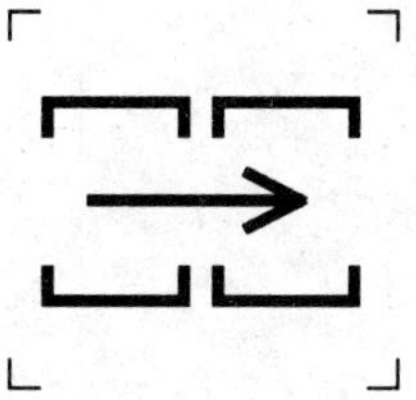	多机联合运行 machines in combined operation	ISO 7000-0568
A95	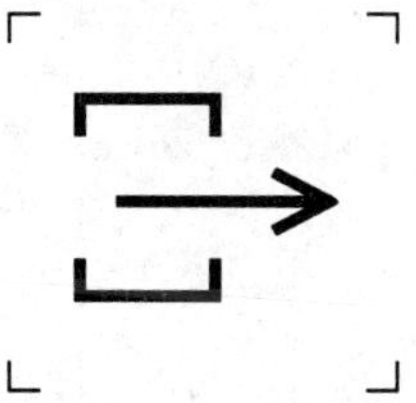	单机独立运行 machine in separate operation	ISO 7000-0569
A96	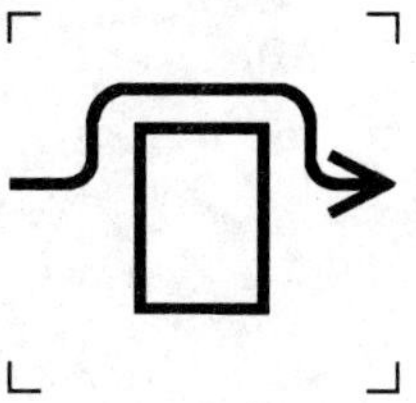	绕行、绕开机器、单元旁路 skip; bypass a machine; unit bypass	ISO 7000-1651

表 1（续）

序号	图形符号	含　义	说　明
A97	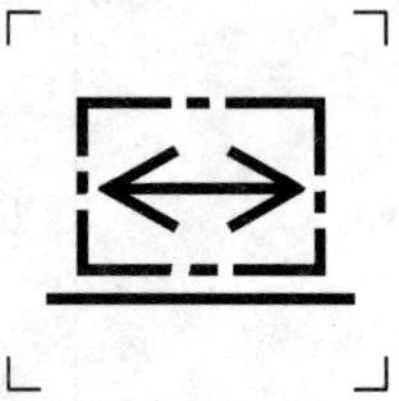	机器设备的双向运动 movement of a machine unit in two directions	ISO 7000-0565
A98	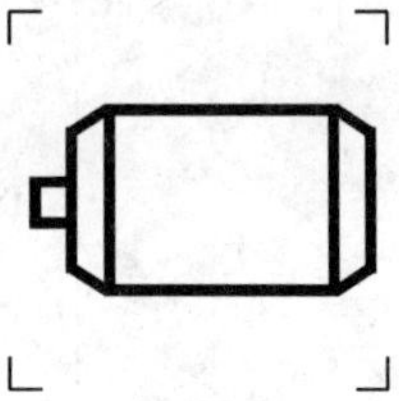	电动机 electric motor	ISO 7000-0011
A99	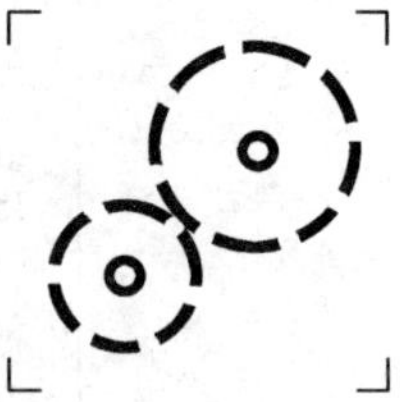	齿轮传动 gear drive	ISO 7000-0012
A100	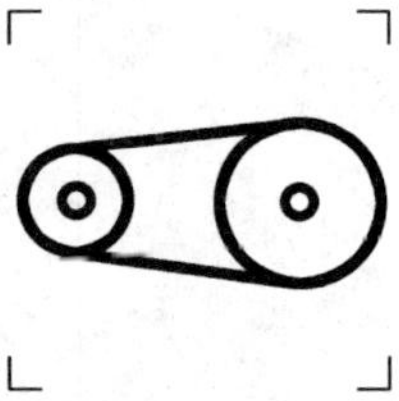	带传动 belt drive	ISO 7000-0013
A101	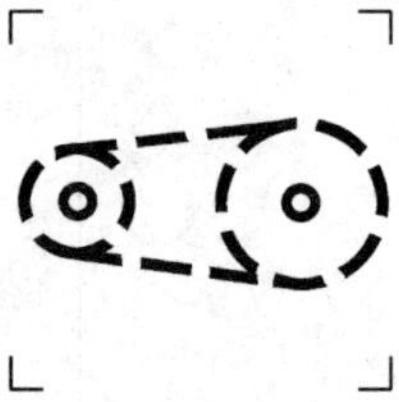	链传动 chain drive	ISO 7000-0014
A102	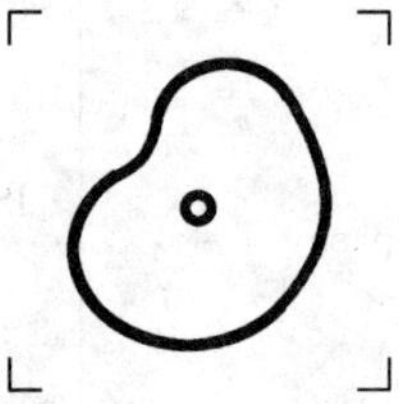	凸轮 cam	ISO 7000-0016

表 1（续）

序号	图形符号	含 义	说 明
A103		耦合器 coupling	ISO 7000-0015
A104		搅拌器 agitator	ISO 7000-0131
A105		空气循环装置 air circulator	ISO 7000-0595
A106		压缩机 compressor	ISO 7000-0137
A107		旋转式压缩机、液体环流型 rotary compressor;liquid ring type	ISO 7000-0138
A108		液体泵 pump for liquids	ISO 7000-0134

表 1（续）

序号	图形符号	含　　义	说　明
A109		离心泵 centrifugal pump	ISO 7000-0135
A110	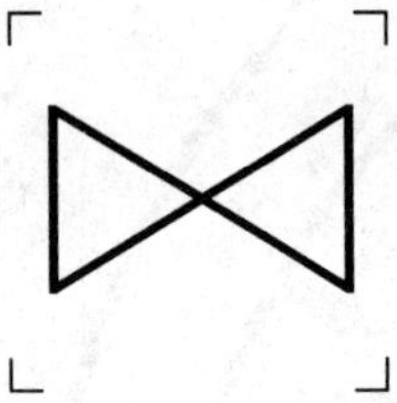	阀、(关闭元件) valve;(shut-off element)	ISO 7000-0234
A111	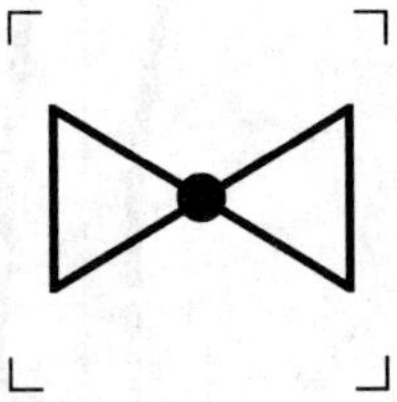	截止阀 shut-off valve	ISO 7000-0510
A112	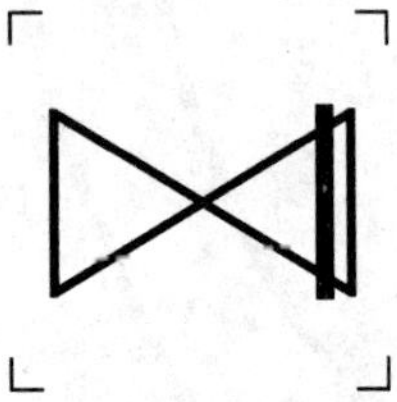	具有安全功能的截止阀 shut-off valve with safety function	ISO 7000-0514
A113		隔膜阀 shut-off valve with diaphragm actuation	ISO 7000-1630
A114	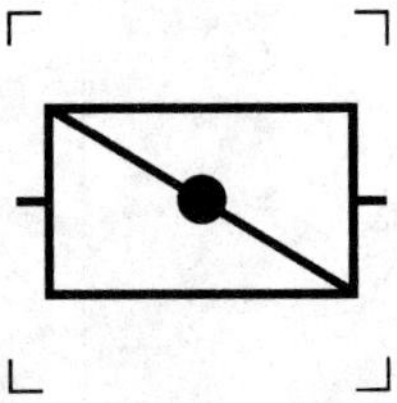	蝶阀 shut-off butterfly	ISO 7000-1631

表 1（续）

序号	图形符号	含　　义	说　明
A115		疏水阀 drains trap	ISO 7000-0157
A116	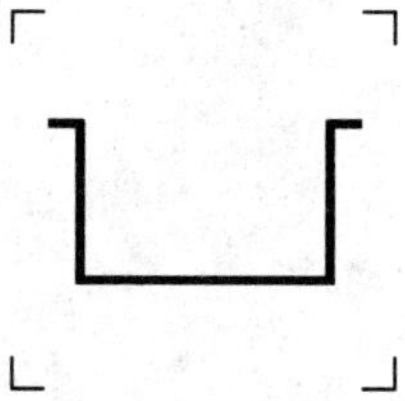	槽 reservoir	ISO 7000-0102
A117	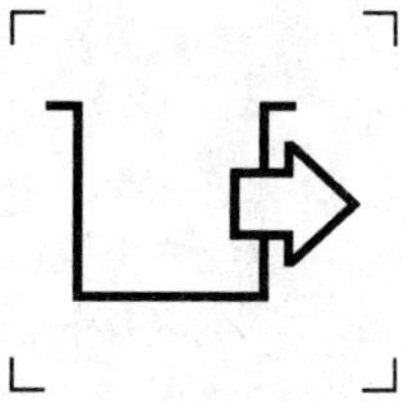	作业槽 processing tank	ISO 7000-0582
A118	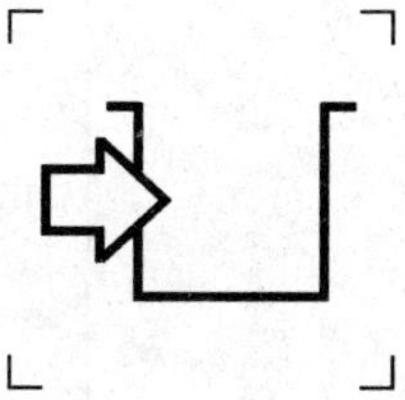	贮存槽、准备槽 storage tank;preparation tank	ISO 7000-0583
A119	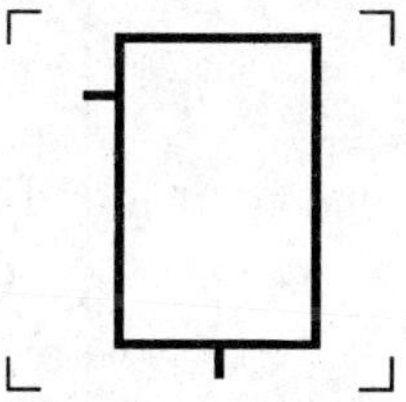	罐、总储罐 tank;general	ISO 7000-0101
A120	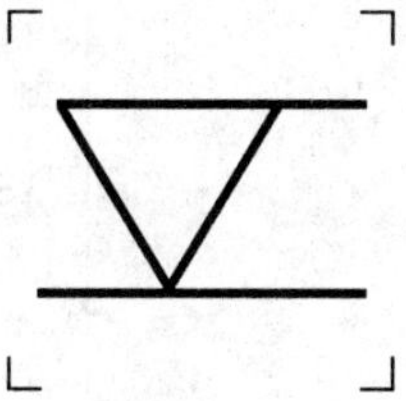	水平面 level	ISO 7000-0159

表 1(续)

序号	图形符号	含义	说明
A121		质量、(重量)、限荷 mass;(weight);load-limit	ISO 7000-0430
A122		提升点 lifting point	ISO 7000-0542
A123	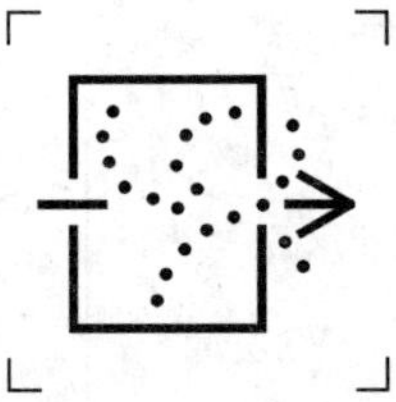	漂洗 rinse	ISO 7000-0222
A124	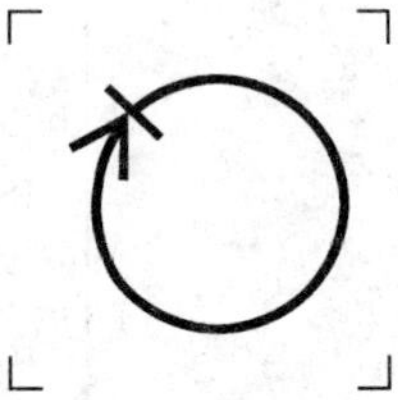	旋转一周 one revolution	ISO 7000-0009
A125	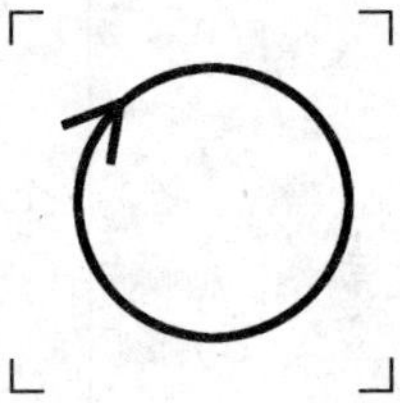	旋转运动、周期数、转数、右旋转运动 turn;revolutions;number of revolutions;right turning	ISO 7000-0258
A126	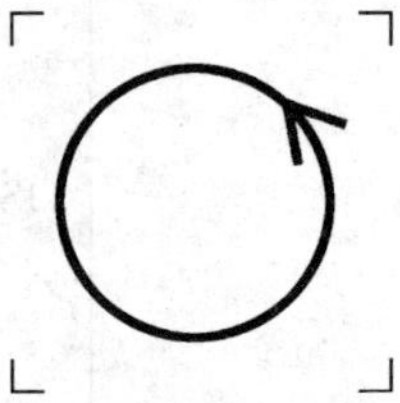	左旋转运动 left turning	ISO 7000-0937

表 1（续）

序号	图形符号	含义	说明
A127	 n/min	转频、每分钟转数 rotational frequency；reverlutions per minute	ISO 7000-0010
A128		开 open	ISO 7000-0024
A129		关 close	ISO 7000-0025
A130	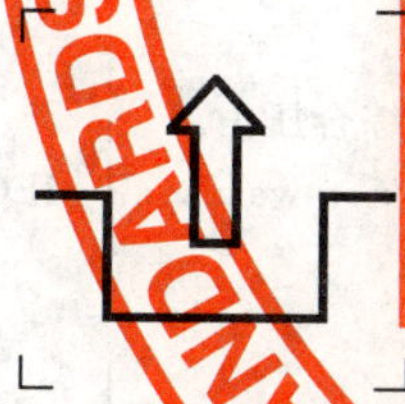	脱离 disengaging	ISO 7000-0023
A131		结合 engaging	ISO 7000-0022
A132	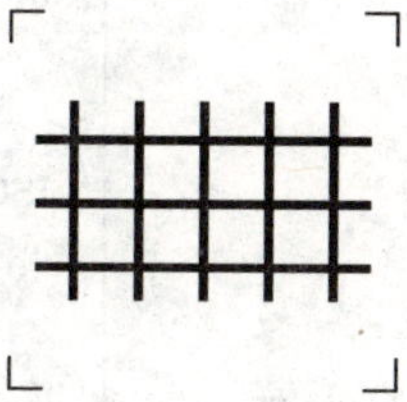	安全罩 safety cover	ISO 7000-0550

表 1（续）

序号	图形符号	含义	说明
A133		冷却 cooling	ISO 7000-0027
A134	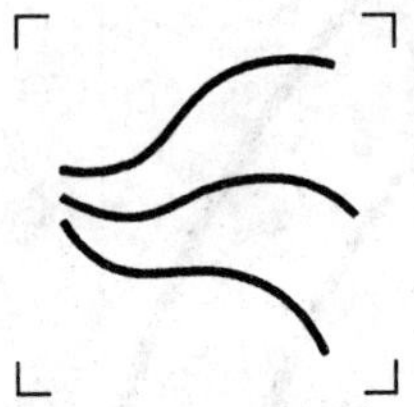	空气 air	ISO 7000-0537
A135		排气 evacuation of air	ISO 7000-0596
A136	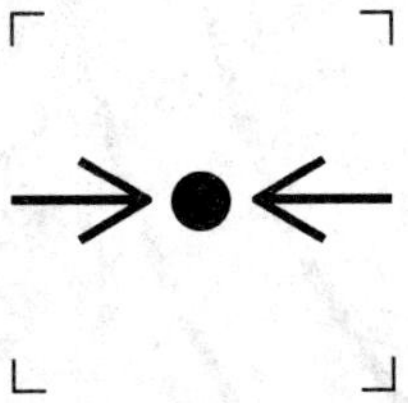	移向参考点的双向效应(作用)、综合压力 effect(action) in both directions towards a reference point;pressure in general	IEC 60417-5028
A137	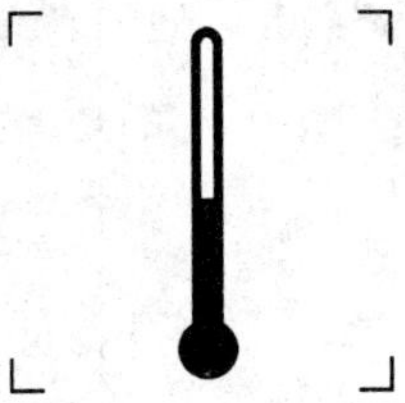	温度计、温度 thermometer;temperature	ISO 7000-0034
A138	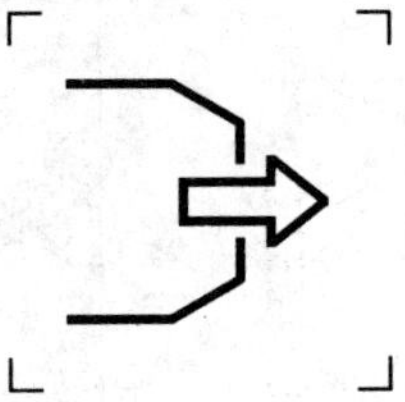	吹风 blowing	ISO 7000-0032

表 1（续）

序号	图形符号	含　　义	说　明
A139		吸风 suction	ISO 7000-0033
A140		混合 admixture	ISO 7000-0181
A141		输送带 conveyor belt	ISO 7000-0229
A142		喷淋 spraying	ISO 7000-0073
A143		探针、传感器、控制器 feeler;sensor;control	ISO 7000-0588
A144		探头在测量范围之外 feeler outside measuring range	ISO 7000-1632

表 1（续）

序号	图形符号	含　　义	说　明
A145	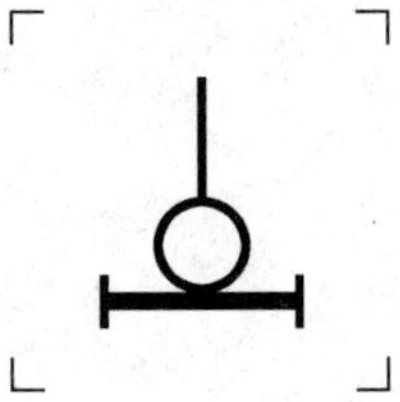	探头在测量范围之内 feeler inside measuring range	ISO 7000-1637
A146	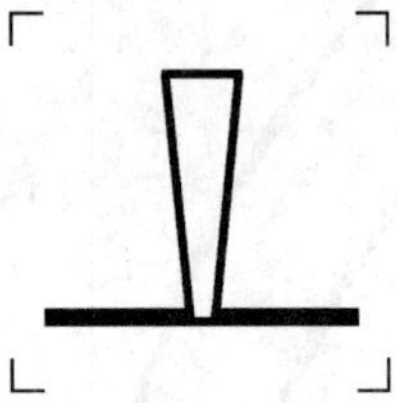	刮、涂、敷 scraping;coating;spreading	ISO 7000-0312
A147	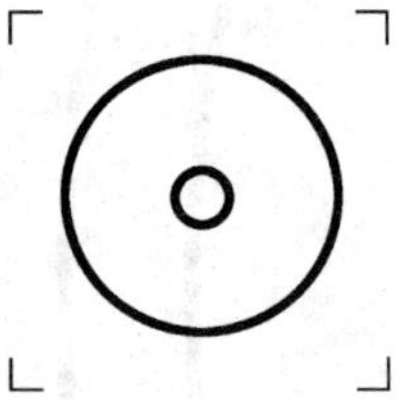	罗拉、辊筒 roller;cylinder	ISO 7000-0566
A148	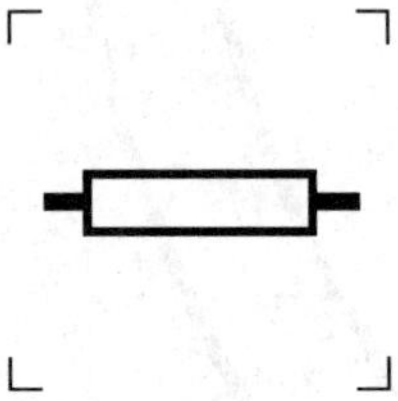	罗拉(从正面观测) roller (front view)	ISO 7000-1094
A149	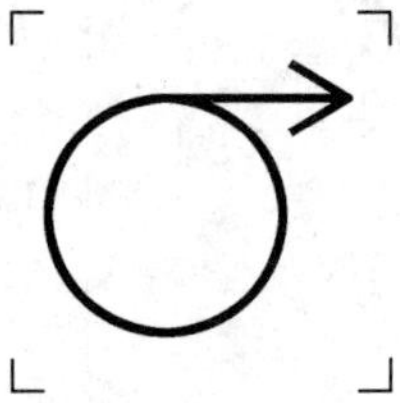	退绕、退卷 unwind;unroll	ISO 7000-0038
A150	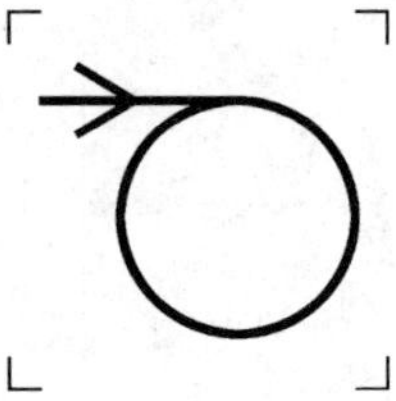	卷绕、成卷、成批 wind;roll;batch	ISO 7000-0037

表 1（续）

序号	图形符号	含　　义	说　明
A151	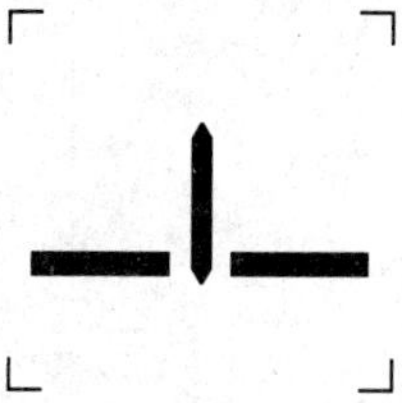	切断 separation, general	ISO 7000-0538
A152	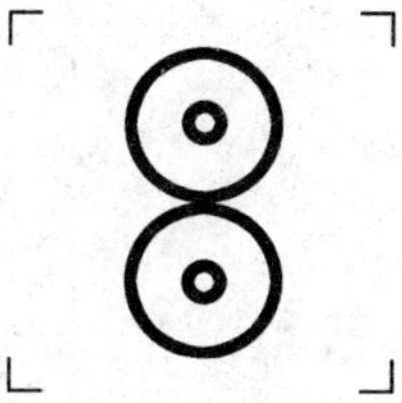	压辊副 press-rollers	ISO 7000-0194
A153	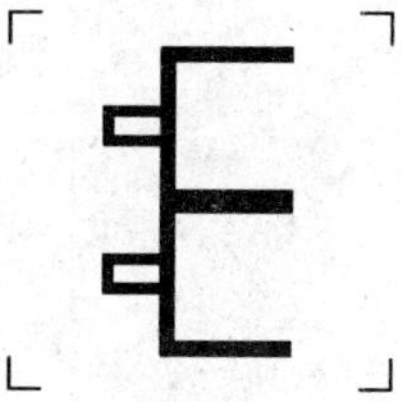	压辊端部 press-roller ends	ISO 7000-0201
A154		准备 stand-by	IEC 60417-5009
A155	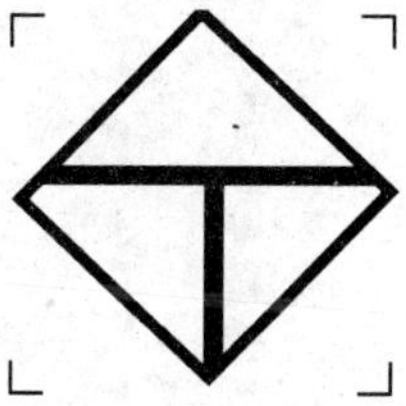	点动 starting with permanent depression	
A156		停机(动作的停止) stop(of action)	IEC 60417-5110

表 1（续）

序号	图形符号	含　　义	说　明
A157		调到最小 adjustment to a minimum	IEC 60417-5146
A158	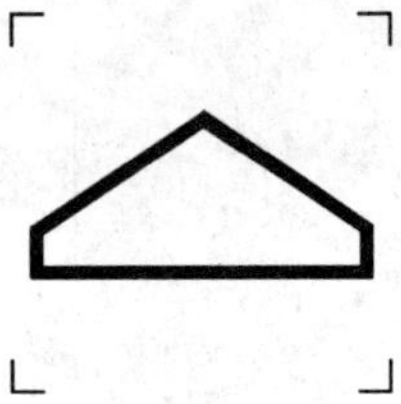	调到最大 adjustment to a maximum	IEC 60417-5147
A159		通风机、鼓风机 air impeller（blower，fan，etc.）	IEC 60417-5015
A160	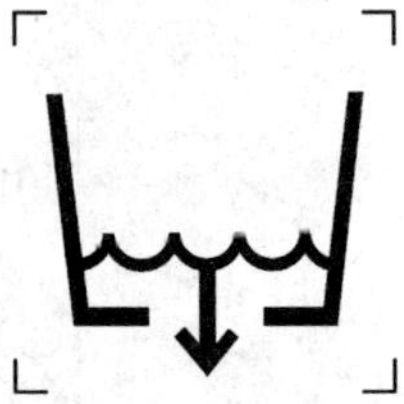	排水 draining	IEC 60417-5236

表 2　B 类:专用图形符号

序号	图形符号	含　　义	说　明
B1		牵伸装置 drafting arrangement	ISO 7000-0512
B2		转杯 spinning rotor	ISO 7000-1071
B3		圆柱形条筒 cylindrical sliver can	ISO 7000-1092
B4		物料输入机器 entry of material into the machine	ISO 7000-0226
B5		物料输出机器 withdrawal of the material from the machine	ISO 7000-0227
B6	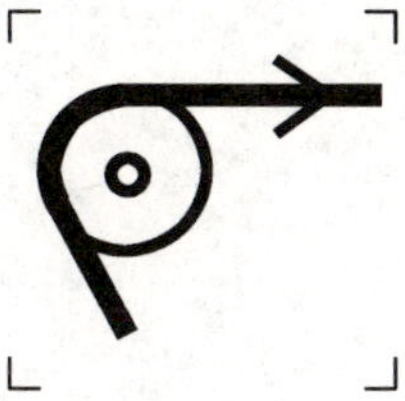	物料通过罗拉 passage of material over roller	ISO 7000-0043

表 2（续）

序号	图形符号	含　　义	说　明
B7		气吹布环装置 loop blowing device	ISO 7000-0593
B8	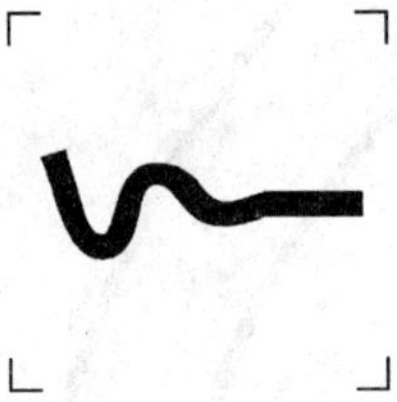	物料(布或纱线)的张力调节 adjust tension of material(cloth or yarn)	ISO 7000-0501
B9		物料(布或纱线)张力相对初始状态的变化 variation of material(cloth or yarn) tension with initial position	ISO 7000-0502
B10	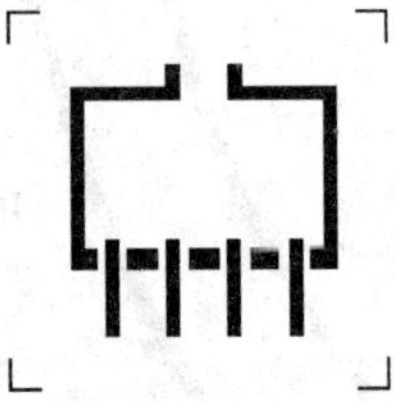	喷丝嘴 spinneret	ISO 7000-0513
B11		绳索展直、绳状织物的开卷或展开 rope uncurling	ISO 7000-0172
B12	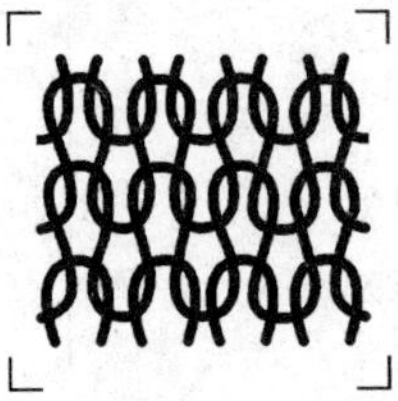	针织物 knitted fabric	ISO 7000-1624

表 2（续）

序号	图形符号	含　　义	说　明
B13	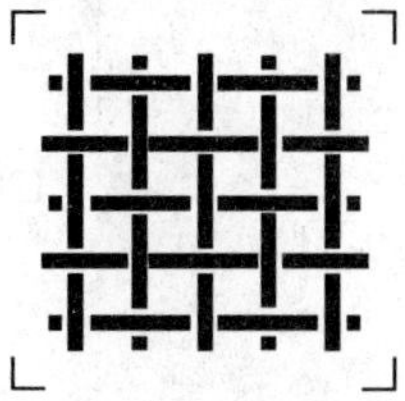	机织物 woven fabric	ISO 7000-1625
B14		单幅织物 fabric web，single track	ISO 7000-0603
B15		多幅织物 fabric web，multi-track	ISO 7000-0604
B16		增大织物的宽度 fabric web width enlargement	ISO 7000-0066
B17		减小织物的宽度 fabric web width narrowing	ISO 7000-0067
B18		探边器 selvedge feeler/monitor	ISO 7000-1073

表 2（续）

序号	图形符号	含　义	说　明
B19	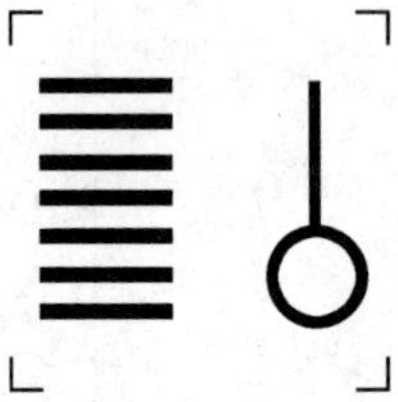	织物离开探边器 fabric away from selvedge feeler/monitor	ISO 7000-1616
B20		织物覆盖于探边器 fabric covering selvedge feeler/monitor	ISO 7000-1617
B21		布边 selvedge	ISO 7000-1097
B22		织物布边位置 fabric selvedge position	ISO 7000-1618
B23	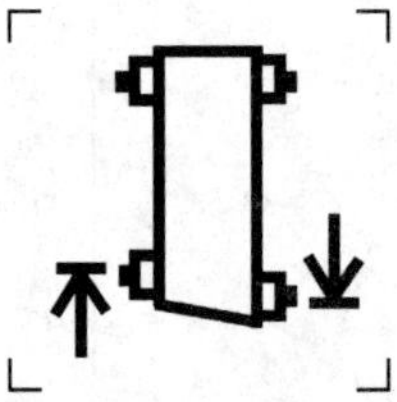	在终端位置控制织物 fabric control in end position	ISO 7000-1633
B24		导布器、吸边器 fabric guiding;fabric guider	ISO 7000-0044

表 2（续）

序号	图形符号	含　　义	说　明
B25		板式剥边器 guide web with selvedge uncurling	ISO 7000-1649
B26		螺纹辊式剥边器 guide web with selvedge roll out	ISO 7000-1650
B27		剥边 selvedge uncurling	ISO 7000-0045
B28		布边硬挺整理、(涂胶) selvedge stiffening;(gumming)	ISO 7000-0056
B29		布边毛圈的开口、开毛边 opening of selvedge loops	ISO 7000-0057
B30		切边与吸边 suction removal of selvedge	ISO 7000-0055

表 2（续）

序号	图形符号	含　义	说　明
B31	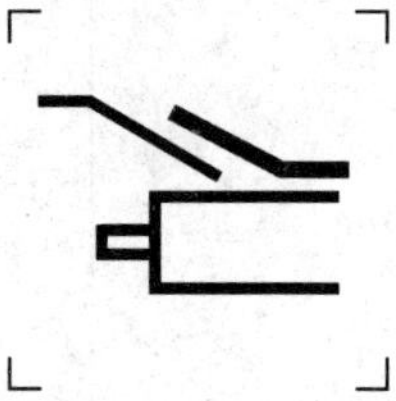	抬起布边 selvedge lifting	ISO 7000-0591
B32		织物幅宽附加调整 additional fabric width adjustment	ISO 7000-0068
B33	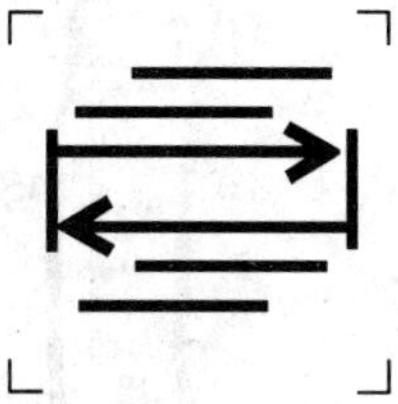	变换织物运行方向、矫正织物运行过程中的偏移 change direction of fabric	ISO 7000-0047
B34	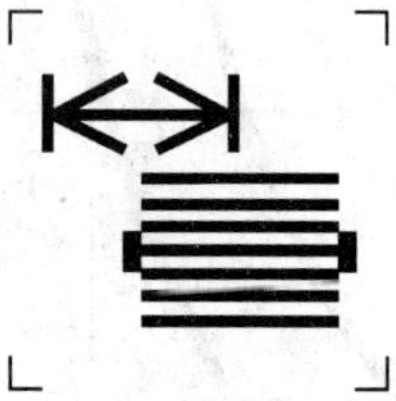	卷绕侧导向 control the winding side	ISO 7000-0208
B35		扩幅 cloth expending	ISO 7000-0046
B36		入口导布 guide track in inlet	ISO 7000-1098

表 2（续）

序号	图形符号	含　　义	说　明
B37		调整右输入侧轨道 adjust right-hand entry guide	ISO 7000-0041
B38		调整左输入侧轨道 adjust left-hand entry guide	ISO 7000-0042
B39		纬弧，中部超喂 fabric bow，centre advanced	ISO 7000-0048
B40		纬弧，布边超喂 fabric bow，selvedges advanced	ISO 7000-0049
B41	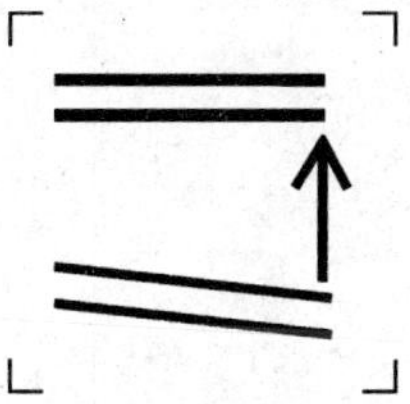	纬斜，右布边超喂 fabric skew，right-hand selvedge advanced	ISO 7000-0050
B42	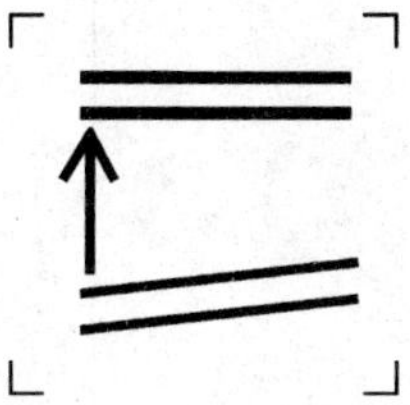	纬斜，左布边超喂 fabric skew，left-hand selvedge advanced	ISO 7000-0051

表 2（续）

序号	图形符号	含　　义	说　明
B43	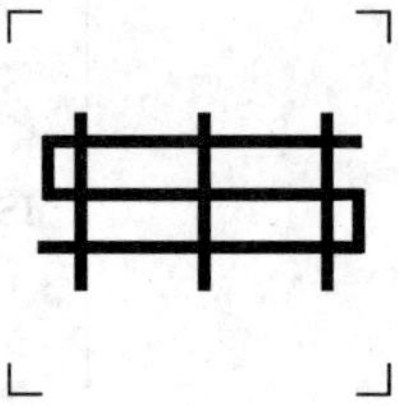	纬纱或针行 weft or stitch row	ISO 7000-1095
B44		经纱 warp	ISO 7000-1096
B45		纬纱控制、针行控制 weft control;stitch row control	ISO 7000-0178
B46		整纬、针行校直 weft adjusting;stitch row straightening	ISO 7000-0177
B47		缝头 seam	ISO 7000-0572
B48		接触弧（包角） arc of contact	ISO 7000-1101

表 2（续）

序号	图形符号	含义	说明
B49	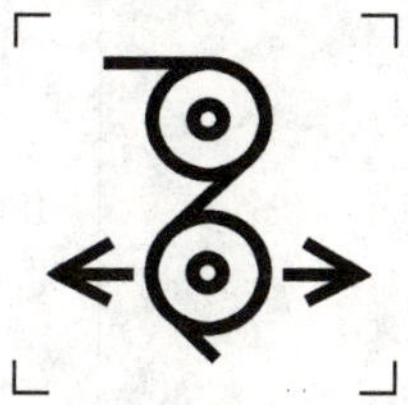	调节接触弧(包角) adjust arc of contact	ISO 7000-0597
B50		减小包角 reduce arc of contact	ISO 7000-0598
B51		增大包角 enlarge arc of contact	ISO 7000-0599
B52	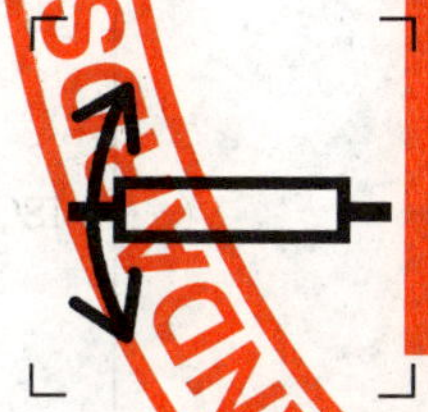	导辊控制 guide-roller control	ISO 7000-0209
B53		导辊向前 guide-roller forwards	ISO 7000-0210
B54	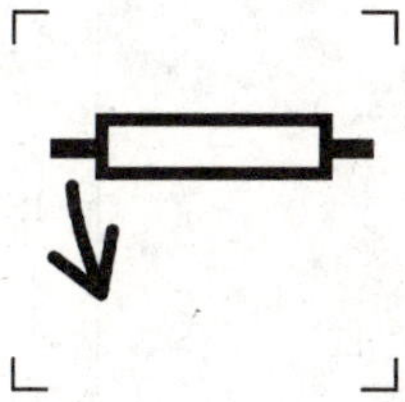	导辊向后 guide-roller backwards	ISO 7000-0211

表 2（续）

序号	图形符号	含　　义	说　明
B55	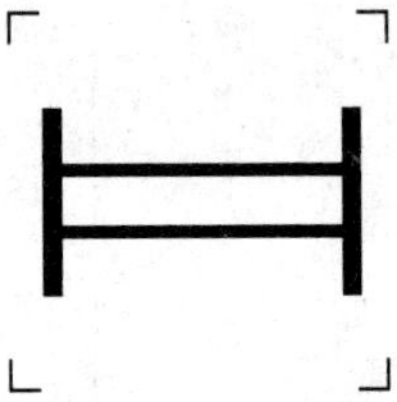	有边筒管、经轴 flanged bobbin;beam	ISO 7000-0236
B56	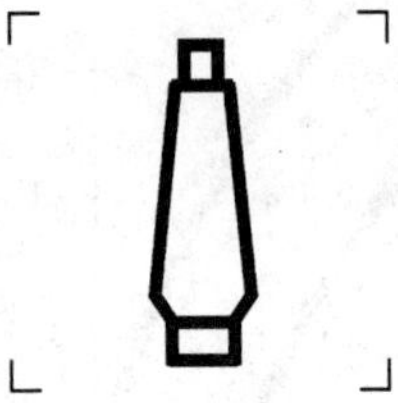	管纱 cop	ISO 7000-1053
B57	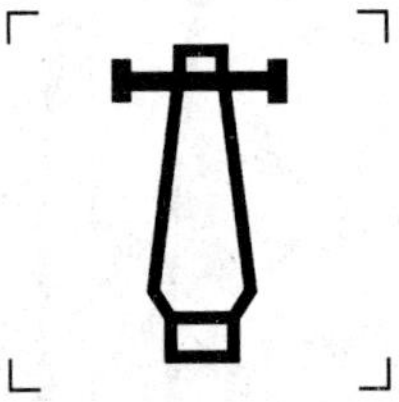	包头纱 top reserve,top bunch	ISO 7000-1054
B58	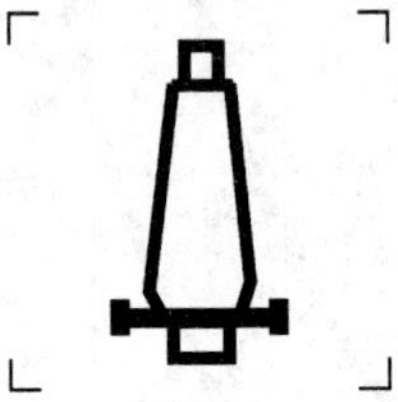	包脚纱 underwinding	ISO 7000-1052
B59	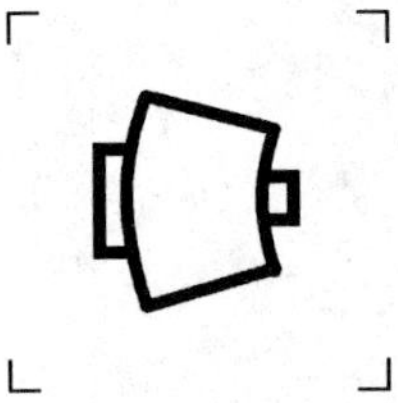	交叉卷绕筒子 cross coil	ISO 7000-1639
B60	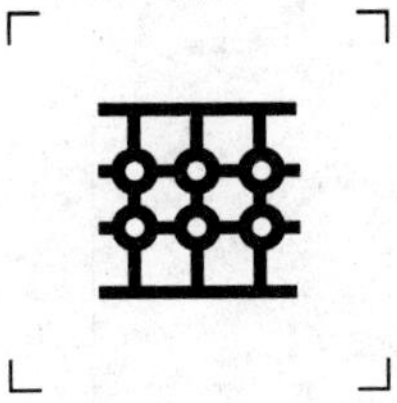	筒子架 creel	ISO 7000-1070

表 2（续）

序号	图形符号	含　　义	说　明
B61		给液罗拉 applicator roller	ISO 7000-0560
B62		蒸汽滚筒、蒸汽锡林 steaming drum/cylinder	ISO 7000-1619
B63		布环、纱环 loop	ISO 7000-1102
B64		布速补偿器 speed compensation for cloth travel	ISO 7000-0223
B65	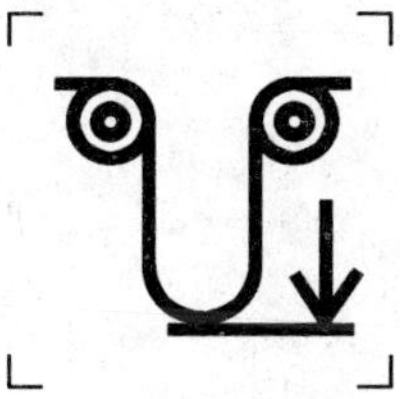	补偿器移动下限 compensator movement to a lower limit	ISO 7000-0600
B66		补偿器移动上限 compensator movement to an upper limit	ISO 7000-0601

表 2（续）

序号	图形符号	含　　义	说　明
B67		堆布装置 cloth scray	ISO 7000-0214
B68		布铗 cloth clip	ISO 7000-0061
B69		布铗清洁器 clip cleaner	ISO 7000-0062
B70	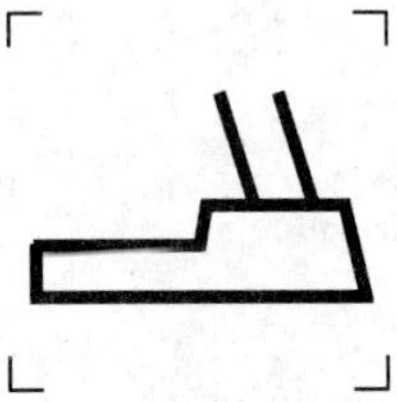	布边针、(针板) edge pin;(pin plate)	ISO 7000-0063
B71		清理布边针、(清理针板) clean edge pins;(clean pin plates)	ISO 7000-0065
B72		针板超喂 overfeed pinning	ISO 7000-0064

表 2（续）

序号	图形符号	含　　义	说　　明
B73	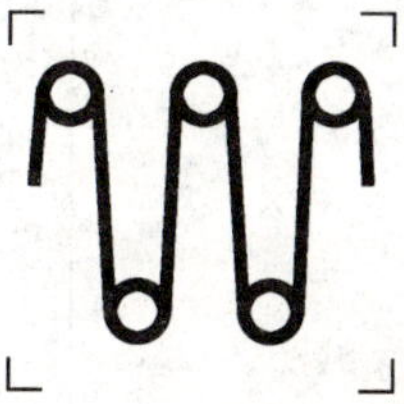	布环区 loop zone	ISO 7000-0602
B74		码布 plaiting	ISO 7000-1106
B75		对折打卷 half-wind winding	ISO 7000-0213
B76		板卷 board wrapping	ISO 7000-0184
B77	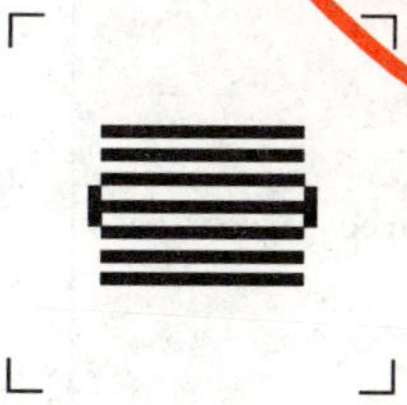	布卷(从正面观测) roll of fabric(front view)	ISO 7000-1099
B78		卷状织物 wound fabric	ISO 7000-0605

表 2（续）

序号	图形符号	含义	说明
B79	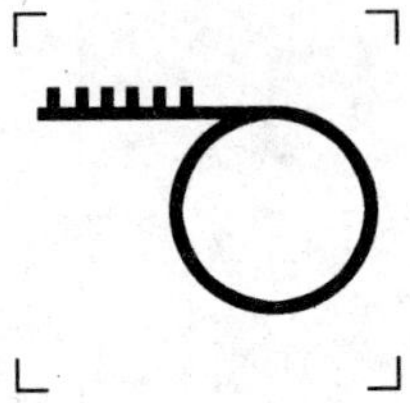	绒面向外卷布 winding, pile outside	ISO 7000-1643
B80	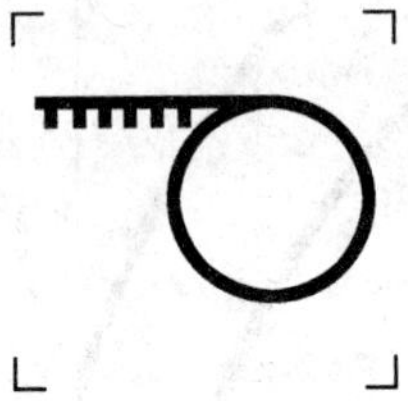	绒面向里卷布 winding, pile inside	ISO 7000-1644
B81		摩擦驱动卷绕 winding with tangential drive	ISO 7000-0556
B82		直接驱动卷绕 winding with direct drive	ISO 7000-0557
B83		摩擦和直接驱动卷绕 winding with tangential and direct drive	ISO 7000-0558
B84		摇纱摆杆装置或络筒摆杆装置 swivel device for reeling or winding	ISO 7000-0590

表 2（续）

序号	图形符号	含　　义	说　明
B85	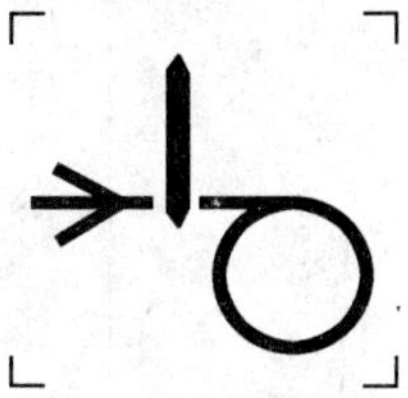	卷切割 winding and cutting	ISO 7000-0212
B86	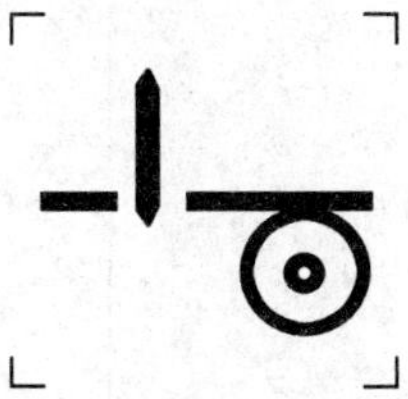	横向切割 transverse cutting	ISO 7000-0552
B87		纵向切割 longitudinal cutting	ISO 7000-0553
B88	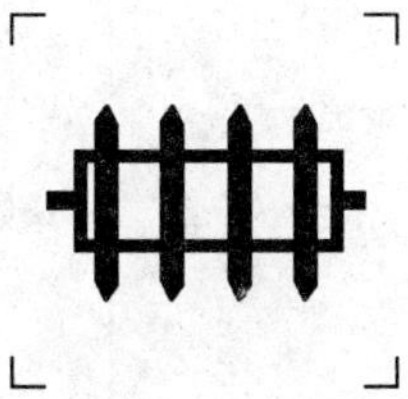	刀轴 knife shaft	ISO 7000-0613
B89		物料中点切割 cutting material at centre	ISO 7000-0052
B90		物料切边 cut selvedges of material	ISO 7000-0054

表 2（续）

序号	图形符号	含　　义	说　　明
B91		物料多点切割 multiple cutting of material	ISO 7000-0053
B92	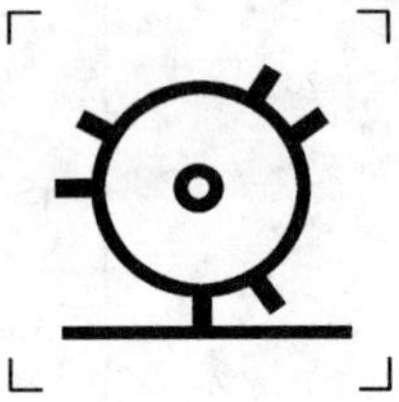	织物清洁 cleaning of fabric	ISO 7000-0072
B93	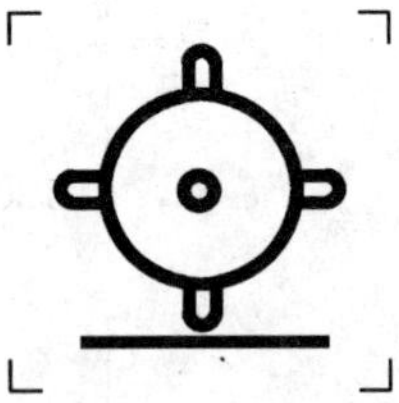	织物敲打工序 beating process of fabric	ISO 7000-0165
B94	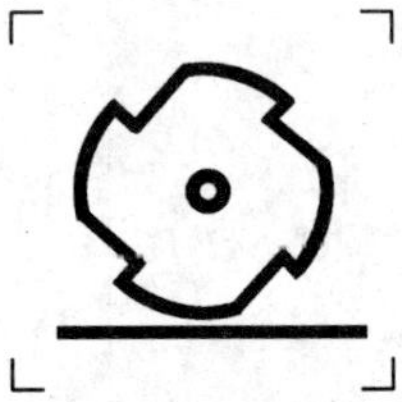	织物上光整理 polishing process of fabric	ISO 7000-0166
B95		起毛 raising of pile	ISO 7000-0578
B96	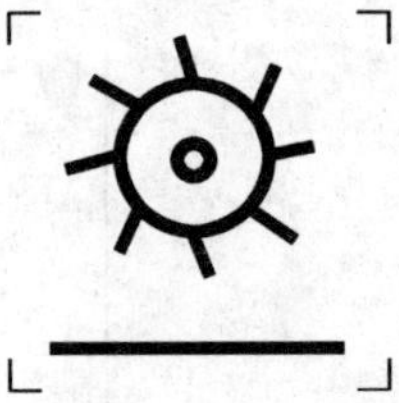	起毛辊脱开 pile-raising roller disengaged	ISO 7000-1621

表 2（续）

序号	图形符号	含　　义	说　明
B97		横刷 cross brush	ISO 7000-1104
B98		横刷刷毛 brushing by means of cross brush	ISO 7000-0170
B99		带刷 brush belt	ISO 7000-1105
B100		带刷刷毛 brushing by means of brush belt	ISO 7000-0071
B101		花样刷毛 pattern brushing	ISO 7000-0611
B102		旋转毛刷 rotating brush	ISO 7000-1103

表 2（续）

序号	图形符号	含　义	说　明
B103	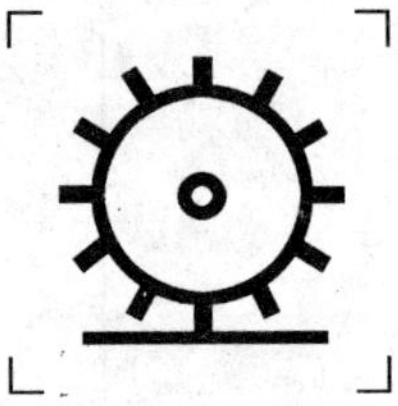	旋转刷刷毛 brushing by means of rotating brush	ISO 7000-0070
B104		刷毛辊脱开 brushing roller disengaged	ISO 7000-0614
B105		逆织物运行方向刷毛 brushing against fabric run direction	ISO 7000-0570
B106		顺织物运行方向刷毛 brushing with fabric run direction	ISO 7000-0571
B107	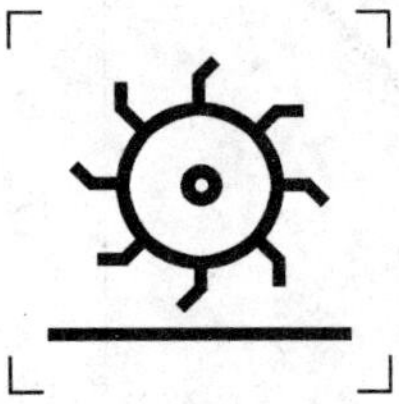	起绒 raising	ISO 7000-0162
B108	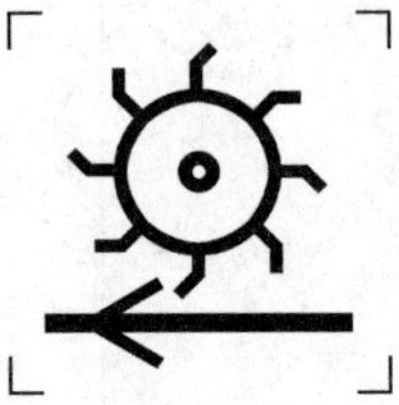	顺向起绒 raising in direction of fabric	ISO 7000-0163

表 2（续）

序号	图形符号	含　　义	说　　明
B109		逆向起绒 raising against direction of fabric	ISO 7000-0164
B110	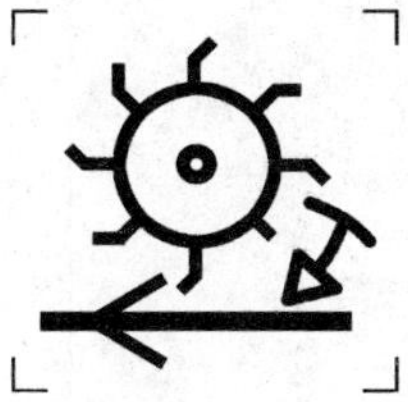	逆织物运行方向缩绒 felting against direction of fabric run	ISO 7000-1647
B111	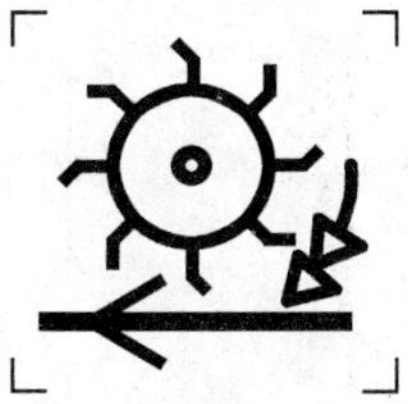	顺织物运行方向缩绒 felting in direction of fabric run	ISO 7000-1648
B112		滚筒 drum	ISO 7000-1634
B113		起绒辊顺布向回转 rotation of raising cylinder in direction of fabric	ISO 7000-0168
B114		起绒辊逆布向回转 rotation of raising cylinder against direction of fabric	ISO 7000-0169

表 2（续）

序号	图形符号	含　　义	说　　明
B115		剪毛、(修剪) shear of fabric;(crop of fabric)	ISO 7000-0069
B116		调节绒头高度 adjust height of pile	ISO 7000-0167
B117	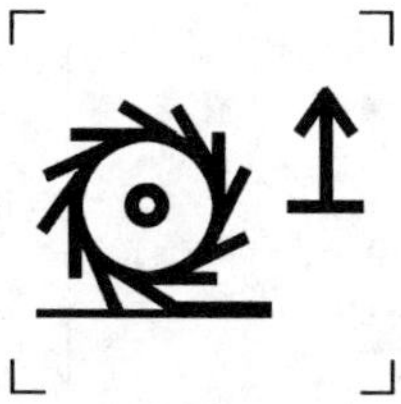	抬起剪毛辊 raise shearing cylinder	ISO 7000-1622
B118	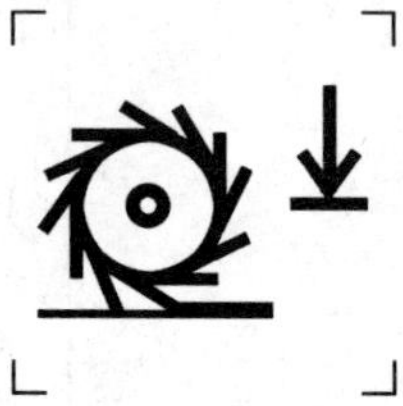	落下剪毛辊 lower shearing cylinder	ISO 7000-1623
B119		调节剪毛装置 adjust shearing unit	ISO 7000-0574
B120		调整剪毛辊相对固定刀片的距离 adjust shearing roller to the ledger blade	ISO 7000-0575

表 2（续）

序号	图形符号	含　　义	说　明
B121		剪毛辊与下方刀片的接触与脱开 engage and disengage shearing roller	ISO 7000-0576
B122		调节剪毛辊 adjust shearing roller	ISO 7000-0577
B123		布架的调整 adjust cloth rest	ISO 7000-0171
B124		倾斜布架 tilt cloth rest	ISO 7000-0616
B125		调整布架左侧 adjust left side of the cloth rest	ISO 7000-0616
B126	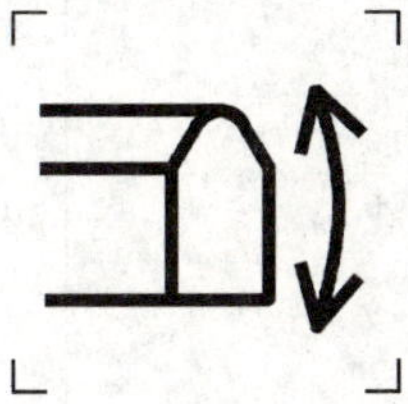	调整布架右侧 adjust right side of the cloth rest	ISO 7000-0617

表 2（续）

序号	图形符号	含　　义	说　　明
B127	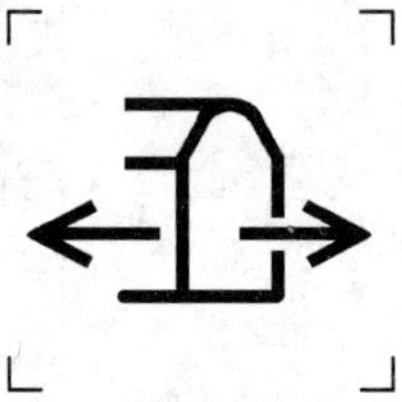	水平调整布架 adjust cloth rest horizontally	ISO 7000-0619
B128		折叠织物 plaiting of fabric	ISO 7000-0039
B129		倍幅折叠 double plaiting	ISO 7000-0610
B130		布堆 cloth pile	ISO 7000-0186
B131		移动码布刀 move the plaiting blade	ISO 7000-0189
B132	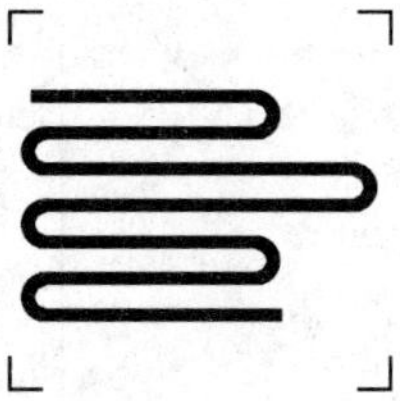	折层稍长 slight fold advance	ISO 7000-0192

表 2（续）

序号	图形符号	含　　义	说　明
B133	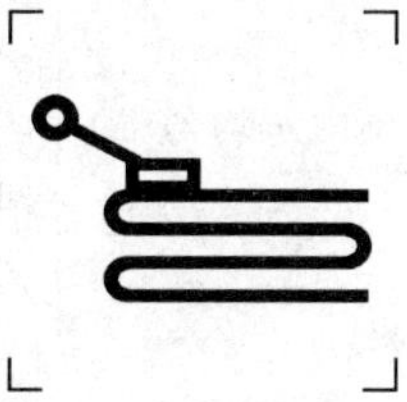	折叠定位器 fold holder	ISO 7000-0567
B134		验布台 inspection table	ISO 7000-0217
B135	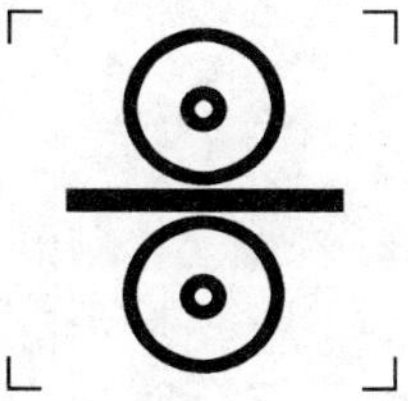	压光、轧光、滚光 smoothing；crushing；rolling	ISO 7000-0529
B136	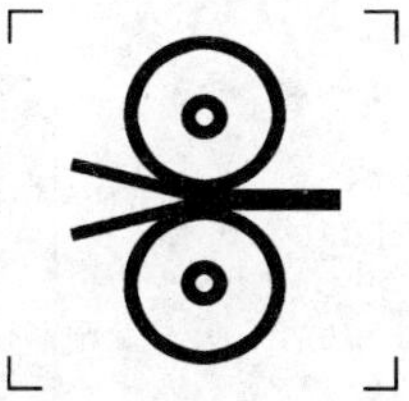	层压、(叠层装置) lamination；(laminating unit)	ISO 7000-0207
B137	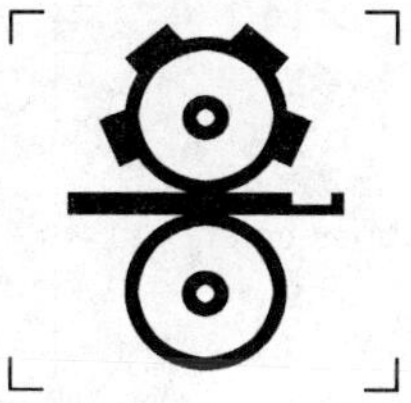	凹凸轧花 embossing	ISO 7000-0235
B138		轧辊副(其中之一为可调整内压均匀辊) press-rollers—one roller with internal pressure	ISO 7000-0564

表 2（续）

序号	图形符号	含　　义	说　明
B139		可调挠度轧辊副(两者均系可调内压均匀辊) press-rollers with internal pressure; (swimming rollers)	ISO 7000-0199
B140	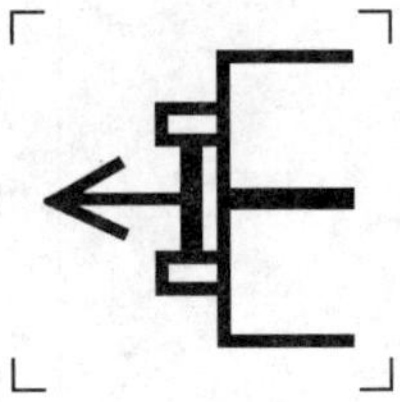	封口垫板脱开 gusset seal off	ISO 7000-0561
B141	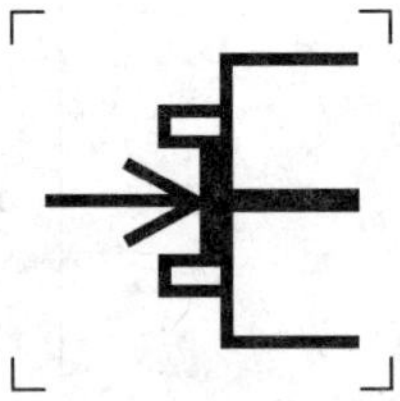	封口垫板上紧 gusset seal on	ISO 7000-0562
B142		呢毯轧光(呢毯轧光机) calendering by felt belt(felt calender)	ISO 7000-1635
B143		胶带轧光(胶带轧光机) calendering by rubber belt(rubber calender)	ISO 7000-1636
B144	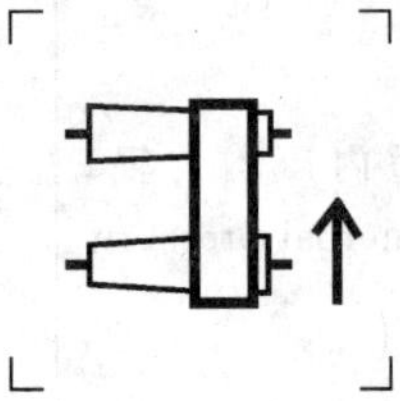	放松锥轮皮带复位 cone belt loosening and reset	

表 2（续）

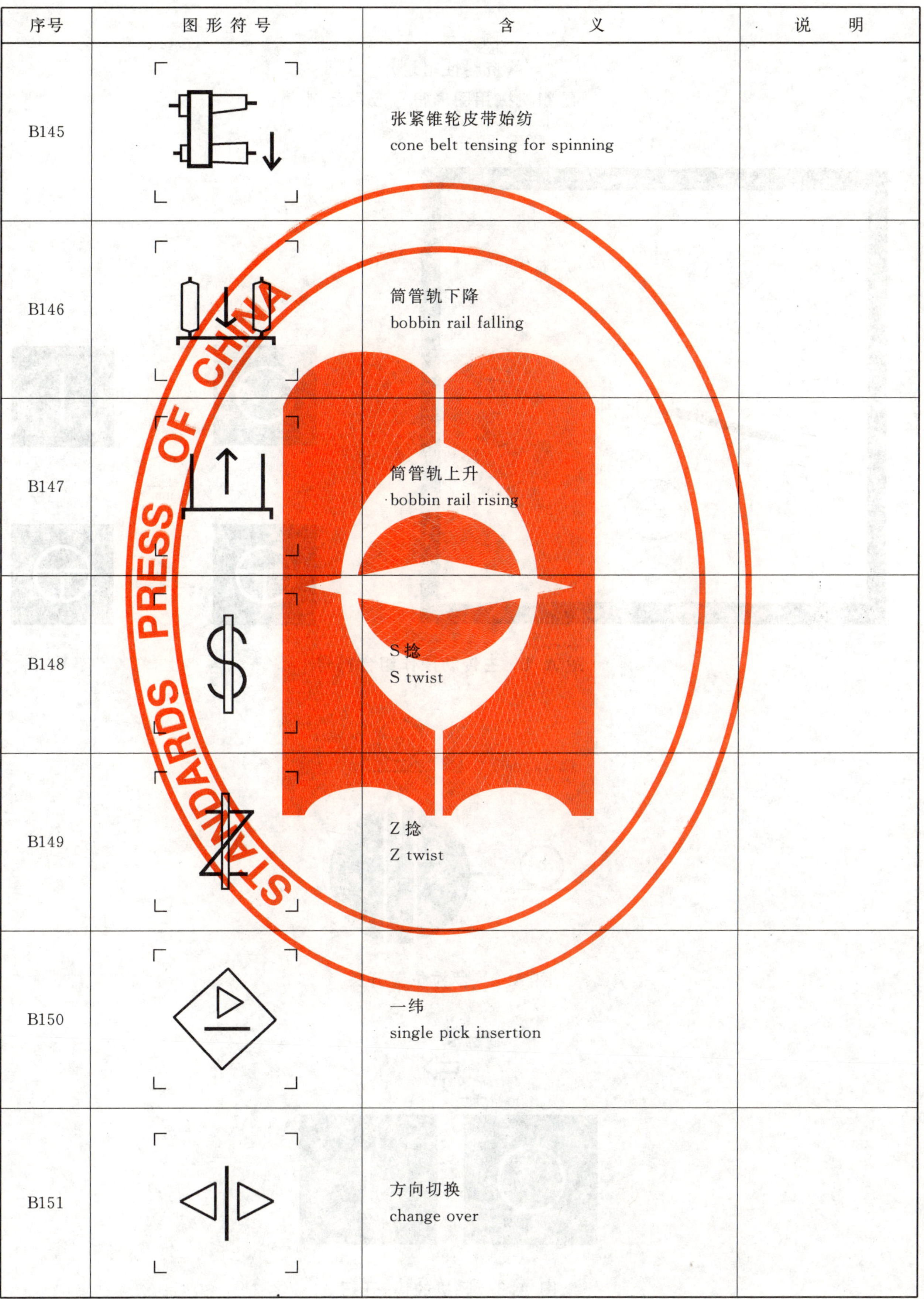

序号	图形符号	含　　　义	说　明
B145		张紧锥轮皮带始纺 cone belt tensing for spinning	
B146		筒管轨下降 bobbin rail falling	
B147		筒管轨上升 bobbin rail rising	
B148		S 捻 S twist	
B149		Z 捻 Z twist	
B150		一纬 single pick insertion	
B151		方向切换 change over	

附　录　A
（资料性附录）
纺织机械用图形符号应用示例

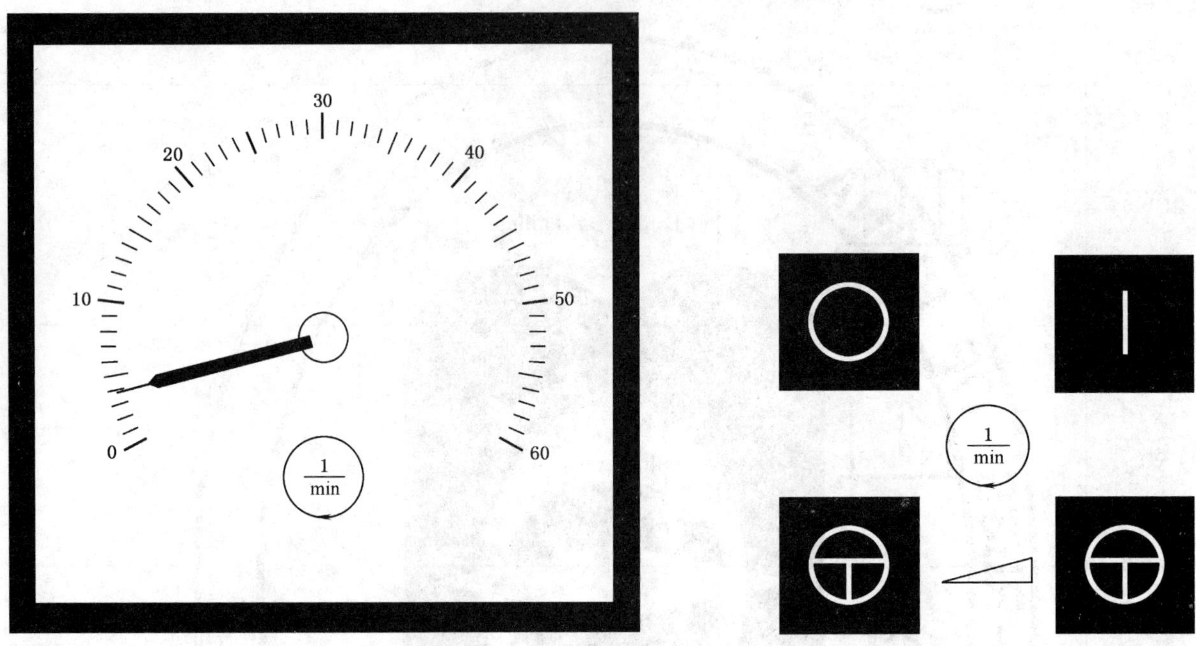

图 A.1　主传动操作组合符号

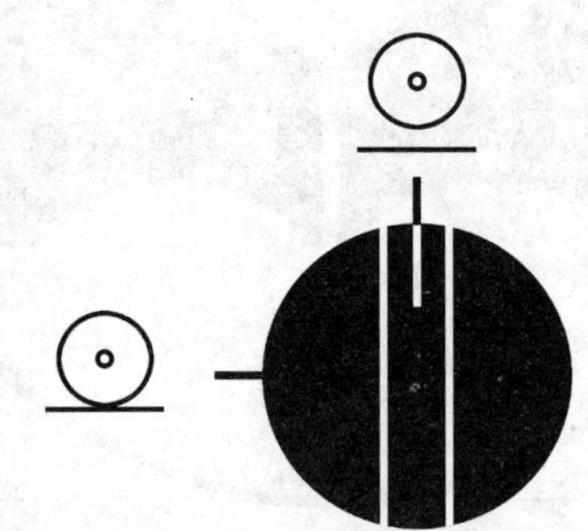

图 A.2　罗拉位置开关

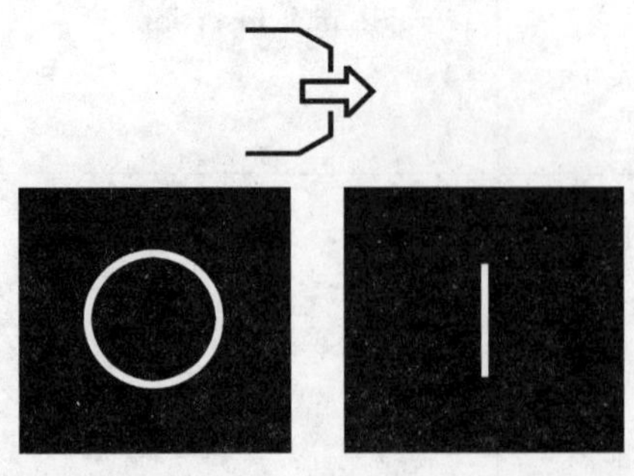

图 A.3　风机的停、开钮

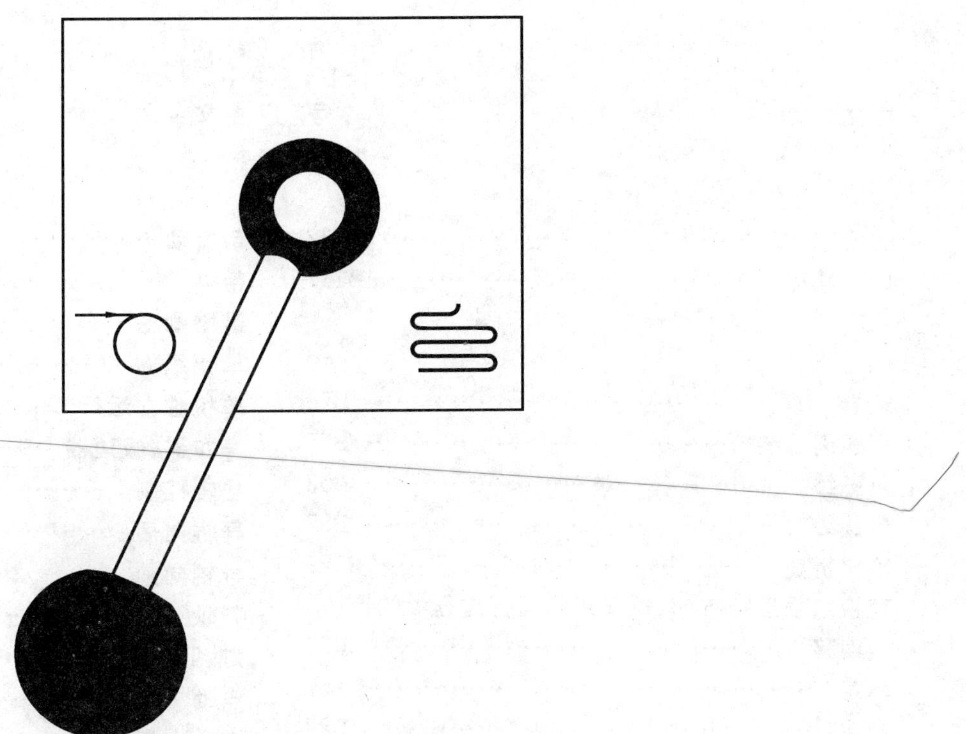

图 A.4 织物卷绕或折叠的操纵杆

中 文 索 引

G

H

J

K

L

M

N

O

英 文 索 引

英文对应词 序号

ICS 11.040.50
C 41

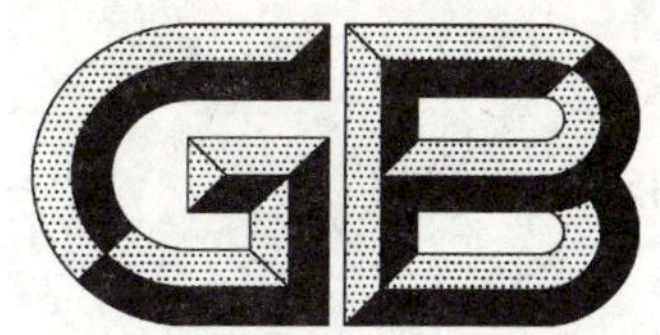

中华人民共和国国家标准

GB/T 15214—2008
代替 GB/T 15214—1994

超声诊断设备可靠性试验要求和方法

Requirements and methods of reliability test for ultrasonic diagnostic equipment

2008-11-03 发布 2009-10-01 实施

中华人民共和国国家质量监督检验检疫总局
中国国家标准化管理委员会 发布

前　言

本标准代替 GB/T 15214—1994《医用 B 型超声诊断设备可靠性试验要求和方法》。

本标准与 GB/T 15214—1994 相比主要变化如下：

——由于本标准适用于所有超声诊断设备，故去掉了标准名称中的“医用 B 型”；

——补充了一些说明性的文字；

——增加了 2 个规范性引用文件(GJB 899 和 GB/T 3358)；

——根据 GB/T 3187 和 GB/T 3358，规范了部分名词术语：判决风险、使用方风险和生产方风险，并增加了英文术语，增加了一个名词术语：实验室可靠性试验；

——补充了 $\alpha=\beta=30\%$ 的试验方案；

——修改补充了“4.3 试验方案的选择”；

——补充了相关的表格：定时截尾试验方案 5：9 和截尾序贯试验方案 4：9；

——补充了置信水平 $C=40\%$ 时的置信限因子；

——更正了相关表格中的一些数字错误；

——将相关表格中的小数点后的有效位统一为 4 位。

本标准的附录 A、附录 B、附录 C 和附录 D 是资料性附录。

本标准由国家食品药品监督管理局提出。

本标准由全国医用电器标准化技术委员会(SAC/TC 10)医用超声设备标准化分技术委员会(SAC/TC 10/SC 2)归口。

本标准由国家武汉医用超声波仪器质量监督检测中心起草。

本标准主要起草人：蒋时霖。

本标准所代替标准的历次发布版本为：

——GB/T 15214—1994。

超声诊断设备可靠性试验 要求和方法

1 范围

本标准规定了超声诊断设备可靠性试验的基本要求和试验方法，并提供了可靠性试验的统计试验方案和参数估计的方法。

本标准适用于失效规律服从指数分布的超声诊断设备的可靠性试验。

2 规范性引用文件

下列文件中的条款通过本标准的引用而成为本标准的条款。凡是注日期的引用文件，其随后所有的修改单(不包括勘误的内容)或修订版均不适用于本标准，然而，鼓励根据本标准达成协议的各方研究是否可使用这些文件的最新版本。凡是不注日期的引用文件，其最新版本适用于本标准。

GB/T 3187 可靠性、维修性术语

GB/T 3358.2 统计学术语 第二部分 统计质量控制术语

GB/T 5080.1 设备可靠性试验 总要求(GB/T 5080.1—1986,idt IEC 60605-1:1978)

GB/T 5080.4 设备可靠性试验 可靠性测定试验的点估计和区间估计方法(指数分布)

GB/T 5080.7 设备可靠性试验 恒定失效率假设下的失效率与平均无故障时间的验证试验方案(GB/T 5850.7—1986,idt IEC 60605-7:1978)

GJB 899—1990 可靠性鉴定和验收试验

3 术语和定义

GB/T 3187 和 GB/T 3358.2 确立的以及下列术语和定义适用于本标准。

3.1

平均无故障时间(MTBF) mean time between failure

无故障工作时间的平均值。

3.1.1

MTBF 假设值的下限值(m_1) lower fictitious value of (MTBF) (m_1)

m_1 是不可接受的 MTBF 值，设备的 MTBF 真值接近 m_1 时，本标准推荐的试验方案将以高概率拒收。

3.1.2

MTBF 假设值的上限值(m_0) upper fictitious value of (MTBF) (m_0)

m_0 是可接受的 MTBF 的值，设备的 MTBF 真值接近 m_0 时，本标准推荐的试验方案将以高概率接收。

3.1.3

MTBF 的预计值(m_p) predicted MTBF(m_p)

m_p 是按照设备的设计、工艺及使用环境，用可靠性预计方法确定的 MTBF 值。

3.1.4

MTBF 的点估计值($\hat{m}$) point estimation of MTBF($\hat{m}$)

设备的总累积相关试验时间除以总相关失效数。累积相关试验时间的计算参见 GB/T 5080.4。

3.2

判决风险　decision risk

由使用方风险(β)、生产方风险(α)和鉴别比(D_m)组成。

3.2.1

使用方风险 (β)　consumer's risk (β)

β是 MTBF 的真值等于 m_1 时，设备被接收的概率。

3.2.2

生产方风险 (α)　producer's risk (α)

α 是 MTBF 的真值等于 m_0 时，设备被拒收的概率。

3.3

鉴别比(D_m)　discrimination ratio (D_m)

D_m 是标准试验方案的参数之一，它是 m_0 与 m_1 的比值。

$$D_m = m_0/m_1 \quad \cdots\cdots(1)$$

3.4

相关试验时间　relevant test duration

相关试验时间是指与受试设备相关失效数有关的用来验证可靠性要求或用来计算可靠性特征值的时间，该时间不包括受试设备的预热时间、维修时间和停机时间。相关试验时间包括预定的接通时间和断开时间。

4　可靠性试验和试验方案

4.1　可靠性试验类型

4.1.1　可靠性测定试验

测定受试设备的可靠性特征值的试验。

4.1.2　可靠性验证试验

验证受试设备的可靠性特征值是否符合其规定的可靠性要求的试验。

4.1.3　实验室可靠性试验

在规定的受控制的工作及环境条件下进行的可靠性验证试验或可靠性测定试验。其工作及环境条件既可以模拟也可以不模拟现场条件。

4.1.4　现场可靠性试验

在现场使用条件下进行的可靠性验证试验或可靠性测定试验。

现场试验可以提供更现实的试验结果，而只需较少的试验设施和试验费用，设备在现场试验中承受实际使用的应力，然而现场试验不可能在严格受控的条件下进行，现场试验的再现性不如实验室试验好。是否采用现场可靠性试验作为可靠性试验或作为它的补充性试验，以及试验条件，试验要求等，由生产方、使用方和第三方共同商定。

进行现场可靠性试验时，现场的工作环境、维修及测量条件需加以记录。

4.2　试验方案

4.2.1　定时截尾试验方案

本标准推荐的定时截尾试验方案见表 1，采用 GB/T 5080.7 中的试验方案 5∶3、5∶6 或 5∶9。试验规定的判定准则是：相关试验时间应累积到超过预定的截尾时间（接收），或出现预定的截尾失效数（拒收）。

表 1 定时截尾试验方案

方案编号	方案的特征			截尾时间（m_0 的倍数）	截尾失效数	实际风险/%	
	标称值/%		D_m			$m=m_0$	$m=m_1$
	α	β				α'	β'
5：3	10	10	3	3.1	6	9.4	9.9
5：6	20	20	2	3.9	6	20.0	21.0
5：9	30	30	2	1.84	3	28.0	28.9

4.2.2 截尾序贯试验方案

本标准推荐的截尾序贯试验方案见表 2，采用 GB/T 5080.7 中的试验方案 4：3、4：6 和 4：9，试验方案规定的判定准则见表 3、表 4 和表 5。

表 2 截尾序贯试验方案

方案编号	方案的特征			$m=m_0$ 时作出判定的期望时间（m_0 的倍数）	最大累积相关试验时间（m_0 的倍数）	实际风险/%	
	标称值/%		D_m			$m=m_0$	$m=m_1$
	α	β				α'	β'
4：3	10	10	3	2.0	3.45	11.1	10.9
4：6	20	20	2	2.4	4.87	22.3	22.5
4：9	30	30	2	1.3	2.25	29.3	29.9
注：试验方案 4：3、4：6 和 4：9 的拒收、接收判决表见表 3、表 4 和表 5。							

表 3 试验方案 4：3 拒收、接收判决表

相关失效数	累积相关试验时间（m_0 的倍数）	
	拒 收（等于或小于）	接 收（等于或大于）
0	—	1.25
1	—	1.80
2	0.19	2.35
3	0.74	2.90
4	1.29	3.45
5	1.84	3.45
6	2.39	3.45
注：相关失效数大于等于 7，一律拒收。		

表 4 试验方案 4∶6 拒收、接收判决表

相关失效数	累积相关试验时间(m_0 的倍数)	
	拒　收 (等于或小于)	接　收 (等于或大于)
0	—	1.40
1	—	2.09
2	0.35	2.79
3	1.04	3.48
4	1.73	4.17
5	2.43	4.87
6	3.12	4.87
7	3.81	4.87
注：相关失效数大于等于 8，一律拒收。		

表 5 试验方案 4∶9 拒收、接收判决表

相关失效数	累积相关试验时间(m_0 的倍数)	
	拒　收 (等于或小于)	接　收 (等于或大于)
0	—	0.86
1	—	1.55
2	—	2.25
注：相关失效数大于等于 3，一律拒收。		

4.3 试验方案的选择

4.3.1 事先规定了试验时间和费用时，推荐使用定时截尾试验方案 5∶3 和 5∶6。

4.3.2 对新研制的产品推荐使用定时截尾试验方案 5∶9。

4.3.3 事先不能确定总的试验时间，并且希望尽快作出接受或拒收的判定时，推荐使用截尾序贯试验方案。

4.3.4 允许试验采取本标准未推荐的其他试验方案，如其他的定时截尾试验方案、截尾序贯试验方案和全数试验方案。

4.3.5 鉴别比 D_m 与使用方风险 (β)和生产方风险 (α)一起构成试验方案的基本参数，鉴别比越大，试验作出判决就越快。必须慎重选择鉴别比，以防鉴别比过大而导致 m_0 相应过大，使试验方案难以实现。

4.3.6 为具体设备的可靠性验证试验选择统计试验方案时，应综合考虑下列因素：

a) 设备的成熟程度及预期的寿命；

b) 设备的进度要求以及可以做试验的时间；

c) 试验设施的准备程度；

d) 决策风险；

e) 鉴别比对 MTBF 检验上限 m_0 的影响；

f) 类似设备的 MTBF 预计值或验证值；

g) 费用、时间的权衡。

5 试验要求

5.1 可靠性预计

可靠性鉴定试验前，应对设备进行可靠性预计，设备的平均无故障时间预计值 m_p 应等于或大于 m_0，以保证可靠性试验方案以高概率接收受试设备。

5.2 预处理

试验前不得对设备进行与交付使用的设备所不同的老练和其他预处理。

试验前允许对设备进行与现场一致的预防性维护处理。

5.3 试验样本的确定

5.3.1 试验样本应符合相关设备的产品标准，从采取同样老练预处理措施的、按正常验收程序验收合格的设备中随机抽取。

5.3.2 试验样本的大小由表6推荐。

5.4 试验时间

5.4.1 预计的试验时间在采用定时截尾试验方案时，为选定方案的截尾时间除以样本大小；采用序贯试验方案时，为选定方案的最大累积相关试验时间除以样本大小。

计算时，$m_0 = D_m \cdot m_1$。

表6 样本大小推荐表

批量	样本大小	最大样本大小
1～3	全部	全部
4～16	3	9
17～52	5	15
53～96	8	19
97～200	13	20
＞200	20	全数的10%(不超过50)

5.4.2 采用定时截尾试验方案时，当试验进行到截尾试验时间或截尾相关失效数时，试验即终止。

5.4.3 采用序贯试验方案时，如果在最大累积相关试验时间以内可以作出判决，试验即行终止。当试验到最大累积相关试验时间时，试验必须终止，并根据判决标准对试验作出判决。

5.5 试验准备

5.5.1 功能与性能的检查与测试

样本在可靠性试验前应按设备的产品标准要求进行功能和性能特性的检查和测试，检查结果应详细记录备查。可靠性试验前的检查中发现的失效不计入相关失效数，不影响设备可靠性试验合格与否的判决。

5.5.2 对试验设备、仪器和仪表的要求

试验期间，试验设备应能满足试验要求，所用测试仪器、仪表应符合规定的计量周期。

5.5.3 制定可靠性试验实施方案

试验前应制定可靠性试验方案，其内容包括：

a) 可靠性试验的目的和要求；

b) 受试设备型号、名称；

c) 受试设备的技术状态和数量；

d) 试验条件、环境以及加载周期；

e) 设备的可靠性指标；

f) 可靠性试验方案的选定；

g) 确定样本大小；

h) 失效判据的规定；

i) 试验设备及测试仪表的要求；

j) 试验时间的安排及测试时间的规定；

k) 各项偏离建议的详细理由；

l) 方案制定以及审核批准人员签署意见。

6 试验应力

6.1 试验应力

6.1.1 气候条件

环境温度：+15 ℃～+35 ℃；

相对湿度：30％～75％；

大气压力：86 kPa～106 kPa。

6.1.2 电应力

通常电源电压的变化范围为标称值的±10％，每 24 h 内，1/3 时间电压为标称值的－10％，1/3 时间电压为标称值，1/3 时间电压为标称值的＋10％。如果设备规范或产品标准对电压允差另有规定时，应执行设备规范或产品标准的规定。

6.2 试验时序图

6.2.1 设备试验时按图 1 所示时序进行。

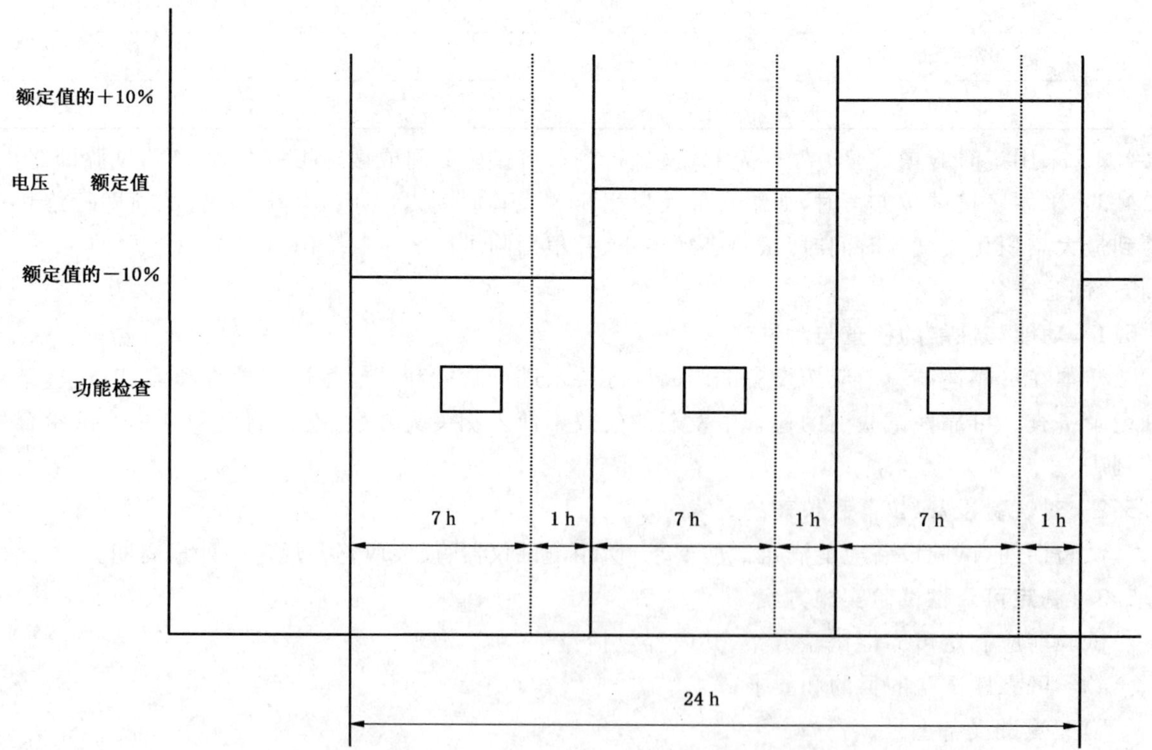

图 1 试验时序图

6.2.2 试验中，通电 7 h，断电 1 h 为一个工作循环，在每个循环内，设备额定工作期间检查面板功能一次，设备额定工作时间不得小于 1 h。

6.2.3 试验中按设备的产品标准要求进行规定性能的测试，在每 1/3 预定试验时间内至少进行一次测试，序贯试验在截尾(接收)前必须进行一次性能特性的测试。

6.2.4 每台样本的累积相关试验时间应不少于全体样本平均相关试验时间的一半。

6.2.5 每 24 h 试验周期内，对具有多探头的设备和具有多个频率的单个探头，原则上应交替进行试验。其工作时序由制造商，购买方和实验室协商制定。工作时序应记录在试验报告中。另外，对具有保护功能的设备，制造商应采取措施保证其工作时间符合 6.2.2 的规定。

7 失效分类和判据

7.1 观察到的每一设备失效均应记录，然后按相关失效和非相关失效分类。

7.1.1 相关失效

所有的相关失效均应加权计入设备的相关失效数中。

下列失效为相关失效：

a) 设计缺陷引起失效；

b) 工艺缺陷引起失效；

c) 制造缺陷引起失效；

d) 元器件的失效和误差引起失效；

e) 软件误差引起失效；

f) 因生产方提供的安装，使用说明不当所引起的失效。

7.1.2 非相关失效

下列失效为非相关失效：

a) 从属失效；

b) 误用失效；

c) 由于外部设备或测量不当所引起的失效；

d) 设备使用说明中所规定的短寿命器件，因试验时间超过其寿命未更换而引起的失效；

e) 非相关试验时间内所发生的失效。

7.2 相关失效的分类

7.2.1 需要立即作出拒收判决

该类失效不允许发生或存在，一旦发生或者发现应立即作出拒收判决：

a) 在按生产方提供的使用说明所规定的方法进行操作时会造成患者或操作者人身危害或不安全的失效；

b) 设备的电气，机械安全指标失效。

7.2.2 严重失效

该类失效严重影响设备执行其规定功能，应如数计入设备的相关失效数：

a) 设备丧失或降低了其基本使用功能；

b) 提供使用人员操作的各种开关、旋钮所具备的功能失效；

c) 设备的数据处理失实；

d) 设备的主要技术性能指标下降，不符合产品标准的要求；

e) 设备的同一过流装置非外部原因，在同一试验周期动作三次；

f) 其他影响设备完成主要功能的失效。

7.2.3 轻度失效

虽不影响设备最终完成规定功能，但确系设备设计、制造或元器件不良引起的失效，按每三次轻度失效折算为一次计入设备的相关失效数：

a) 有重复功能部件的失效；

b) 检测性部件的失效；

c) 辅助的指示性部件的失效(不包括图象显示)；

d) 辅助性字符显示功能的失效；

e) 其他不影响设备最终完成主要功能的失效。

7.3 总相关失效数统计

$$\gamma_z = \gamma_y + \gamma_q/3 \quad \cdots\cdots(2)$$

式中：

γ_z——总相关失效数；

γ_y——严重失效数；

γ_q——轻度失效数。

对小数点的处理采用四舍五入法。

7.4 失效时刻的判决

如果对于发生失效的时刻不能作出确切的判决，则判决此失效发生在上一次观测检查时刻。

7.5 失效的处理

在试验期间，设备一旦失效，应立即退出试验，在修复后重新投入试验。在失效检修之后，重新开始试验之前，允许用试验设施测试受试设备的性能，此时发生的失效不应作为相关失效计数。

7.6 预防性维护

试验过程中的预防性维护按产品标准的要求在试验方案中明确，凡是按计划和规定进行的预防性维护不作为相关失效计数。

8 接收与拒收的判决

8.1 接收

如果没有产生需要立即作出拒收判决的失效，并且统计处理的结果是接收判决，则受试设备不需采取任何进一步措施就应被接收。

8.2 有条件的接收

如果不能按8.1接收，在双方同意情况下设备可以按一定的条件被接收，这些条件可以是：

a) 改进设备的设计或制造；

b) 改进规定的预防性维护；

c) 双方同意的其他修改，但不得修改可靠性指标。

8.3 拒收

如果设备既不能按8.1接收，又不能按8.2有条件的接收，就应该被拒收。

9 试验数据处理

9.1 采用定时截尾试验方案时的数据处理，见附录A。

9.2 采用截尾序贯试验方案时的数据处理，见附录B。

10 可靠性试验报告与记录

10.1 试验报告应为最后判决试验结果提供可靠的数据，内容包括：

a) 受试设备的标识(包括型号、名称及生产厂等)，对所用试样的全面描述(包括对相应试验方案中规定的技术状态的偏离)；

b） 试验的日期和地点；

c） 试验的目的说明，包括类型、测试单位和可靠性的指标或要求；

d） 选定试验方案及试验应力；

e） 多个探头及多频率探头的工作时序；

f） 试验中发生的失效类型和处理情况，以及纠正措施；

g） 试验数据的处理；

h） 试验的最后结论及建议采取的措施；

i） 试验的责任承担人。

10.2 可靠性试验失效分析报告

每个失效都应有一个分析报告。报告的内容应包括：

a） 失效的日期和报告的日期；

b） 失效设备的名称和编号；

c） 失效发生时的试验类型；

d） 对失效情况的说明及失效的判决；

e） 失效的分析及纠正措施；

f） 试验操作人员、维修人员、试验负责人和技术负责人对失效处理签署的意见。

10.3 试验记录

试验的观测及操作情况应作详细记录。试验记录包括可靠性试验日志，功能和性能特性检测记录以及试验执行者的签名。

附 录 A
(资料性附录)
定时截尾试验方案的数据处理

A.1 平均无故障时间点估计值($\hat{m}$)的计算

用累积总相关试验时间 T 除以总累积相关失效数 γ,即

$$\hat{m} = T/\gamma \qquad \text{(A.1)}$$

A.2 平均无故障时间双侧置信区间的估计

A.2.1 当试验作出接收判决时,估计方法如下:

A.2.1.1 按 A.1 计算平均无故障时间的点估计值($\hat{m}$)。

A.2.1.2 按对应的累积相关失效数及规定的置信水平查表 A.1 读出相应的下限因子及上限因子。

A.2.1.3 用下限因子及上限因子分别乘以平均无故障时间的点估计值($\hat{m}$),求得平均无故障置信区间(m)的下限值(m_L)及上限值(m_U)。

A.2.1.4 将上面的计算结果以下列形式表达:

$$m = C,(m_L, m_u) \qquad \text{(A.2)}$$

式中:

C——区间估计的置信水平。

A.2.1.5 对于表中未列出的数值按下式计算下限值和上限值:

$$\text{MTBF 的下限值} = \frac{2T}{\chi^2[(1-C)/2, 2\gamma+2]} \qquad \text{(A.3)}$$

$$\text{MTBF 的上限值} = \frac{2T}{\chi^2[(1+C)/2, 2\gamma]} \qquad \text{(A.4)}$$

式中:

T——总累积相关试验时间;

γ——累积相关失效数;

C——区间估计置信水平;

χ^2——χ^2 分布的下侧分位点值。

A.2.2 当试验作出拒收判决时,估计方法同 A.2.1,其中查表 A.1 改成查表 A.2。对于表中未给出的数值的计算,下限值用式(A.3),将式中自由度 $2\gamma+2$ 改成 2γ,上限值仍用式(A.4)。

表 A.1 定时截尾试验方案 MTBF 验证值的置信限因子(接收时用)

累积相关失效数	置信水平					
	C=40%		C=60%		C=80%	
	70%下限	70%上限	80%下限	80%上限	90%下限	90%上限
1	0.410 0	2.803 7	0.334 0	4.481 4	0.257 1	9.491 2
2	0.553 2	1.822 6	0.467 4	2.426 0	0.375 8	3.760 7
3	0.630 0	1.567 6	0.544 0	1.954 3	0.449 0	2.722 2
4	0.679 1	1.447 3	0.595 2	1.741 6	0.500 4	2.292 6
5	0.713 7	1.376 0	0.632 4	1.618 4	0.539 1	2.055 4
6	0.739 7	1.328 3	0.661 1	1.537 0	0.569 7	1.903 6
7	0.760 1	1.293 7	0.684 1	1.478 8	0.594 7	1.797 3
8	0.776 6	1.267 4	0.703 0	1.434 7	0.615 6	1.718 2
9	0.790 4	1.246 5	0.718 9	1.400 0	0.633 5	1.656 7
10	0.802 0	1.229 6	0.732 6	1.371 9	0.649 1	1.607 4
11	0.811 9	1.215 4	0.744 4	1.348 5	0.662 7	1.566 8
12	0.820 6	1.203 4	0.754 8	1.328 8	0.674 9	1.532 7
13	0.828 3	1.193 1	0.764 1	1.311 8	0.685 7	1.503 6
14	0.835 1	1.184 1	0.772 4	1.297 0	0.695 5	1.478 4
15	0.841 2	1.176 1	0.779 9	1.284 0	0.704 5	1.456 4
16	0.846 7	1.169 0	0.786 7	1.272 5	0.712 6	1.436 9
17	0.851 7	1.162 7	0.792 9	1.262 1	0.720 2	1.419 5
18	0.856 2	1.157 0	0.798 6	1.252 8	0.727 1	1.403 9
19	0.860 4	1.151 8	0.803 9	1.244 4	0.733 5	1.389 8
20	0.864 3	1.147 1	0.808 8	1.236 7	0.739 5	1.376 9
21	0.867 8	1.142 7	0.813 3	1.229 6	0.745 1	1.365 2
22	0.871 2	1.138 7	0.817 6	1.223 1	0.750 3	1.354 4
23	0.874 3	1.135 0	0.821 5	1.217 1	0.755 3	1.344 4
24	0.877 1	1.131 5	0.825 3	1.211 5	0.759 9	1.335 2
25	0.879 9	1.128 3	0.828 8	1.206 3	0.764 3	1.326 7
26	0.882 4	1.125 3	0.832 1	1.201 4	0.768 4	1.318 7
27	0.884 8	1.122 5	0.835 2	1.196 9	0.772 3	1.311 2
28	0.887 1	1.119 9	0.838 1	1.192 6	0.776 1	1.304 2
29	0.889 2	1.117 4	0.840 9	1.188 6	0.779 6	1.297 7
30	0.891 2	1.115 1	0.843 6	1.184 8	0.783 0	1.291 5

表 A.2 定时截尾试验方案 MTBF 验证值的置信限因子(拒收时用)

累积相关失效数	置信水平					
	C=40%		C=60%		C=80%	
	70%下限	70%上限	80%下限	80%上限	90%下限	90%上限
1	0.830 6	2.803 7	0.621 3	4.481 4	0.434 3	9.491 2
2	0.819 9	1.822 6	0.667 9	2.426 0	0.514 2	3.760 7
3	0.829 7	1.567 6	0.701 1	1.954 3	0.563 7	2.722 2
4	0.839 9	1.447 3	0.725 3	1.741 6	0.598 7	2.292 6
5	0.848 8	1.376 0	0.743 9	1.618 4	0.625 5	2.055 4
6	0.856 5	1.328 3	0.758 9	1.537 0	0.646 9	1.903 6
7	0.863 0	1.293 7	0.771 3	1.478 8	0.664 6	1.797 3
8	0.868 7	1.267 4	0.781 8	1.434 7	0.679 6	1.718 2
9	0.873 7	1.246 5	0.790 9	1.400 0	0.692 6	1.656 7
10	0.878 2	1.229 6	0.798 8	1.371 9	0.703 9	1.607 4
11	0.882 2	1.215 4	0.805 8	1.348 5	0.714 0	1.566 8
12	0.885 7	1.203 4	0.812 1	1.328 8	0.723 0	1.532 7
13	0.889 0	1.193 1	0.817 7	1.311 8	0.731 1	1.503 6
14	0.892 0	1.184 1	0.822 9	1.297 0	0.738 5	1.478 4
15	0.894 7	1.176 1	0.827 6	1.284 0	0.745 2	1.456 4
16	0.897 2	1.169 0	0.831 9	1.272 5	0.751 4	1.436 9
17	0.899 6	1.162 7	0.835 9	1.262 1	0.757 2	1.419 5
18	0.901 8	1.157 0	0.839 6	1.252 8	0.762 5	1.403 9
19	0.903 8	1.151 8	0.843 0	1.244 4	0.767 5	1.389 8
20	0.905 7	1.147 1	0.846 2	1.236 7	0.772 1	1.376 9
21	0.907 5	1.142 7	0.849 2	1.229 6	0.776 5	1.365 2
22	0.909 2	1.138 7	0.852 1	1.223 1	0.780 6	1.354 4
23	0.910 8	1.135 0	0.854 7	1.217 1	0.784 4	1.344 4
24	0.912 3	1.131 5	0.857 3	1.211 5	0.788 1	1.335 2
25	0.913 7	1.128 3	0.859 6	1.206 3	0.791 6	1.326 7
26	0.915 1	1.125 3	0.861 9	1.201 4	0.794 8	1.318 7
27	0.916 3	1.122 5	0.864 1	1.196 9	0.798 0	1.311 2
28	0.917 6	1.119 9	0.866 1	1.192 6	0.800 9	1.304 2
29	0.918 7	1.117 4	0.868 1	1.188 6	0.803 8	1.297 7
30	0.919 9	1.115 1	0.869 9	1.184 8	0.806 5	1.291 5

附　录　B
（资料性附录）
截尾序贯试验方案的数据处理

B.1　当试验作出接收判决时估计方法如下：

B.1.1　表 B.1 针对截尾序贯试验方案 4∶3，表 B.2 针对截尾序贯试验方案 4∶6，表 B.3 针对截尾序贯试验方案 4∶9 给出了保守平均无故障时间 70%，80%和 90%的标准置信下限因子 $\theta_L(i)$ 及标准置信上限因子 $\theta_U(i)$；

B.1.2　用试验方案中所确定的平均无故障时间下限值 m_1，乘以 $\theta_L(i)$ 及 $\theta_U(i)$ 便得出实际的置信限和置信区间：

$$m_L = m_1 \cdot \theta_L(i) \qquad \text{(B.1)}$$

$$m_U = m_1 \cdot \theta_U(i) \qquad \text{(B.2)}$$

将上面的计算结果以下列形式表达

$$m = C, (m_L, m_u) \qquad \text{(B.3)}$$

式中：

C——区间估计的置信水平。

表 B.1　接收边界上截尾序贯试验方案 4∶3　MTBF 验证值的置信限因子

累积相关失效数 i	总试验时间 t（m_1 的倍数）	70%下限	70%上限	80%下限	80%上限	90%下限	90%上限
0	3.75	3.114 7	∞	2.330 0	∞	1.628 6	∞
1	5.40	2.083 1	10.513 8	1.691 5	16.805 3	1.295 0	35.592 0
2	7.05	1.775 5	4.662 5	1.490 9	6.214 3	1.186 1	9.645 9
3	8.70	1.633 3	3.405 2	1.397 2	4.260 4	1.135 7	5.962 5
4	10.35	1.554 7	2.884 9	1.345 7	3.495 6	1.108 7	4.650 8
5	10.35	1.426 6	2.611 3	1.250 4	3.105 7	1.048 1	4.017 8
6	10.35	1.311 2	2.300 1	1.157 5	2.703 9	0.981 1	3.448 9

表 B.2　接收边界上截尾序贯试验方案 4∶6　MTBF 验证值的置信限因子

累积相关失效数 i	总试验时间 t（m_1 的倍数）	70%下限	70%上限	80%下限	80%上限	90%下限	90%上限
0	2.80	2.325 6	∞	1.739 7	∞	1.216 0	∞
1	4.18	1.593 3	7.850 3	1.292 7	12.548 0	0.988 0	26.575 4
2	5.58	1.382 2	3.573 2	1.158 1	4.764 0	0.918 1	7.397 5
3	6.96	1.286 5	2.668 1	1.096 8	3.345 3	0.886 9	4.698 5
4	8.34	1.235 1	2.297 8	1.064 3	2.796 3	0.871 0	3.749 6
5	9.74	1.205 4	2.107 3	1.045 9	2.522 5	0.862 6	3.303 3
6	9.74	1.150 2	1.998 3	1.006 6	2.369 3	0.840 3	3.065 2
7	9.74	1.098 6	1.861 3	0.966 2	2.197 1	0.813 3	2.838 7

表 B.3 接收边界上截尾序贯试验方案 4:9 MTBF 验证值的置信限因子

累积相关失效数 i	总试验时间 t（m_1 的倍数）	70%下限	70%上限	80%下限	80%上限	90%下限	90%上限
0	1.72	1.428 6	∞	1.068 7	∞	0.747 0	∞
1	3.10	1.093 9	4.822 3	0.881 4	7.708 0	0.665 6	16.324 9
2	4.50	1.001 1	2.489 4	0.829 8	3.327 7	0.645 1	5.181 1

B.2 当试验作出拒收判决时，估计方法如下：

B.2.1 采用截尾序贯试验方案时，一旦达到了拒收条件，试验可在任一时刻 t 因拒收判决而截止，故表 B.4、表 B.5 及表 B.6 不可能列出所有可能结果的置信因子。采用线性内插法来求无法表列的标准时间 t 值（t 等于实际的总累积相关试验时间 T 除以试验方案所确定的平均无故障时间下限值 m_1 的商），或在特殊的情况下，用 χ^2 分布求精确的置信因子。总累积相关试验时间达 $t \cdot m_1$ 时刻后，作出拒收判决。

B.2.2 若 t 介于表 B.4、表 B.5 及表 B.6 中所列的 2 个值之间，则 70%、80%或 90%置信下限因子按下列方法计算。

B.2.2.1 查表得 $\theta_L(i,t_1)$ 和 $\theta_L(i,t_2)$，这时 $t_1<t<t_2$，且 t_1 是小于 t 的序列中的最大值，t_2 是大于 t 的序列中的最小值；

B.2.2.2 由简单的插值法得出：

$$\theta_L(i,t) = \theta_L(i,t_1) + [\theta_L(i,t_2) - \theta_L(i,t_1)](t-t_1)(t_2-t_1) \quad \text{............(B.4)}$$

B.2.3 若 t 小于表 B.4、表 B.5 及表 B.6 中所列的最小值，则 70%、80%或 90%置信下限因子按式（B.5）计算：

$$\theta_L(i,t) = 2t/\chi^2((1+C)/2, 2\gamma) \quad \text{..................(B.5)}$$

式中：

t——实际的总累积相关试验时间 T 除以试验方案所确定的平均无故障时间下限值 m_1 的商；

γ——导致在 $t \cdot m_1$ 时刻作出拒收判决的总累积相关失效数；

C——区间估计置信水平；

χ^2——χ^2 分布的下侧分位点值。

B.2.4 若 t 介于表 B.4、表 B.5 及表 B.6 中所列的 2 个值之间，则 70%、80%或 90%置信上限因子 $\theta_U(i,t)$ 的计算方法同 B.2.1.1、B.2.1.2。

B.2.5 若 t 小于表 B.4、表 B.5 及表 B.6 中所列的最小值，则 70%、80%或 90%置信上限因子按式（B.6）计算：

$$\theta_U(i,t) = 2t/\chi^2((1-C)/2, 2\gamma) \quad \text{......................(B.6)}$$

式中：

t——实际的总累积相关试验时间 T 除以试验方案所确定的平均无故障时间下限值 m_1 的商；

γ——导致在 $t \cdot m_1$ 时刻作出拒收判决的总累积相关失效数；

C——区间估计置信水平；

χ^2——χ^2 分布的下侧分位点值。

故基于 $t \cdot m_1$ 时刻后拒收的实际平均无故障时间的 80%或 90%置信下限值 m_L 和置信上限值 m_U 为：

$$m_L = m_1 \cdot \theta_L(i,t) \quad \text{......................(B.7)}$$

$$m_U = m_1 \cdot \theta_U(i,t) \quad \text{......................(B.8)}$$

将上面的计算结果以下列形式表达

$$m = C, (m_L, m_U) \quad \text{......................(B.9)}$$

式中：

C——表示双侧置信区间。当计算时取 70%的上、下限因子时，双侧置信区间为 40%；取 80%的上、下限因子时，双侧置信区间为 60%；当计算时取 90%的上、下限因子时，双侧置信区间为 80%。

表 B.4　拒收判决后截尾序贯试验方案 4∶3　MTBF 验证值的置信限因子

累积相关失效数 i	总试验时间 t（m_1 的倍数）	70%下限	70%上限	80%下限	80%上限	90%下限	90%上限
2	0.57	0.233 7	0.519 4	0.190 4	0.691 4	0.146 5	1.071 8
3	2.22	0.625 6	1.201 3	0.527 1	1.510 4	0.422 5	2.138 7
4	3.75	0.833 4	1.496 6	0.714 1	1.837 3	0.584 5	2.511 0
4	3.87	0.855 9	1.532 2	0.733 8	1.878 3	0.601 0	2.560 9
5	5.40	0.993 2	1.702 0	0.861 3	2.055 7	0.715 6	2.743 4
5	5.52	1.009 4	1.724 5	0.875 8	2.080 2	0.728 2	2.770 3
6	7.05	1.104 9	1.830 4	0.966 4	2.185 5	0.811 8	2.869 5
6	7.17	1.116 6	1.845 1	0.977 2	2.200 9	0.821 3	2.885 0
7	8.70	1.184 5	1.914 2	1.042 7	2.266 6	0.882 5	2.942 1
7	10.35	1.311 2	2.076 6	1.157 5	2.435 2	0.981 1	3.109 7

表 B.5　拒收判决后截尾序贯试验方案 4∶6　MTBF 验证值的置信限因子

累积相关失效数 i	总试验时间 t（m_1 的倍数）	70%下限	70%上限	80%下限	80%上限	90%下限	90%上限
2	0.70	0.287 0	0.637 9	0.233 8	0.849 1	0.180 0	1.316 3
3	2.08	0.594 4	1.154 9	0.499 7	1.460 6	0.399 6	2.091 6
4	2.80	0.684 3	1.241 8	0.564 6	1.551 7	0.457 8	2.186 3
4	3.46	0.776 7	1.408 4	0.664 4	1.737 9	0.542 8	2.399 8
5	4.18	0.819 3	1.454 1	0.705 2	1.783 0	0.580 9	2.441 8
5	4.86	0.897 7	1.555 1	0.776 8	1.889 1	0.643 8	2.550 6
6	5.58	0.925 1	1.581 6	0.803 6	1.913 9	0.669 3	2.571 6
6	6.24	0.976 7	1.641 3	0.851 5	1.973 3	0.712 0	2.626 7
7	6.96	0.994 8	1.657 3	0.869 4	1.987 6	0.729 1	2.637 7
7	7.62	1.030 1	1.694 8	0.902 6	2.023 2	0.758 6	2.667 7
8	8.34	1.042 3	1.704 9	0.914 6	2.031 8	0.770 0	2.673 7
8	9.74	1.098 6	1.766 4	0.966 2	2.089 5	0.813 3	2.720 3

表 B.6　拒收判决后截尾序贯试验方案 4∶9　MTBF 验证值的置信限因子

累积相关失效数 i	总试验时间 t（m_1 的倍数）	70%下限	70%上限	80%下限	80%上限	90%下限	90%上限
3	1.72	0.475 7	0.898 7	0.402 0	1.120 5	0.323 2	1.560 7
3	3.10	0.818 3	1.559 4	0.688 5	1.947 3	0.549 4	2.717 1
3	4.50	1.001 1	1.971 0	0.829 8	2.476 3	0.645 1	3.477 9

附 录 C
（资料性附录）
计 算 实 例

验证一台B型超声诊断设备的可靠性指标，$m_1=5\ 000$ h。设备批量200台以上。

C.1 查表6，取样品20台。

C.2 选定 $\alpha=\beta=30\%$，$D_m=2$，则 $m_0=2\cdot m_1=2\cdot 5\ 000$ h$=10\ 000$ h，置信水平为 $C=40\%$

C.3 如选用定时截尾试验方案5：9，查表1，截尾时间为 $T=1.84\cdot m_0=1.84\cdot 10\ 000$ h$=18\ 400$ h。

每台试验时间为18 400 h/20=920 h

在 $T=8\ 000$ h时，出现一个严重失效，在 $T=16\ 000$ h时，出现第二个严重失效。在 $T=18\ 400$ h前未发生其他失效。

根据4.2.1及表1，可判定设备的可靠性指标 $m_1=5\ 000$ h合格。

MTBF的点估计值 $\hat{m}=T/\ \gamma=18\ 400$ h/2=9 200 h

查表A.1，$m_L=0.553\ 2\cdot\hat{m}=0.553\ 2\cdot 9\ 200$ h$=5\ 089$ h

$m_U=1.822\ 6\cdot\hat{m}=1.822\ 6\cdot 9\ 200$ h$=16\ 768$ h

即 $m=40\%$(5 089 h，16 768 h)

这说明MTBF的真值落在这个区间的概率至少为40%，或者说MTBF的真值大于或等于5 089 h的概率为70%，而MTBF的真值小于或等于16 768 h的概率亦为70%。

C.4 如选用截尾序贯试验方案4：9，查表2，$m=m_0$ 时作出判定的期望时间：

$$T=1.3\cdot m_0=1.3\cdot 10\ 000\ \text{h}=13\ 000\ \text{h}$$

在 $T=8\ 000$ h时，有一个严重失效，查表5，在0.86·10 000 h=8 600 h以内有0个严重失效，停止试验。有一个严重失效，须继续试验，直至1.55·10 000 h=15 500 h时未发生新严重失效。

根据4.2.2及表5，可判定设备的可靠性指标 $m_1=5\ 000$ h合格。

查表B.3，$m_L=1.093\ 9\cdot m_1=1.093\ 9\cdot 5\ 000$ h$=5\ 470$ h

$m_U=4.822\ 3\cdot m_1=4.822\ 3\cdot 5\ 000$ h$=24\ 112$ h

即 $m=40\%$(5 470 h，24 112 h)

这说明MTBF的真值落在这个区间的概率至少为40%，或者说MTBF的真值大于或等于5 470 h的概率为70%，而MTBF的真值小于或等于24 112 h的概率亦为70%。

C.5 值得注意的是，比较第C.3章和第C.4章，同样的风险水平，置信水平和试验数据，用截尾序贯试验方案得出的置信区间大于定时截尾试验方案的置信区间，这是因为截尾序贯试验方案在15 500 h时，有一个严重失效，就结束了试验。而定时截尾试验方案的试验时间为18 400 h，看到了第二个严重失效。两种试验方案的试验时间不同，失效个数也不一样。

附　录　D
(资料性附录)
χ^2 分布分位数表

对确定自由度 υ 的 χ^2 分布 $\chi^2(\upsilon)$ 和给定的概率 α，满足关系式(D.1)：

$$P[\chi^2(\upsilon) \leqslant \chi^2(\alpha,\upsilon)] = \alpha \qquad \text{(D.1)}$$

数值 $\chi^2(\alpha,\upsilon)$ 称为 $\chi^2(\upsilon)$ 的 α 下侧分位数，简称分位数。

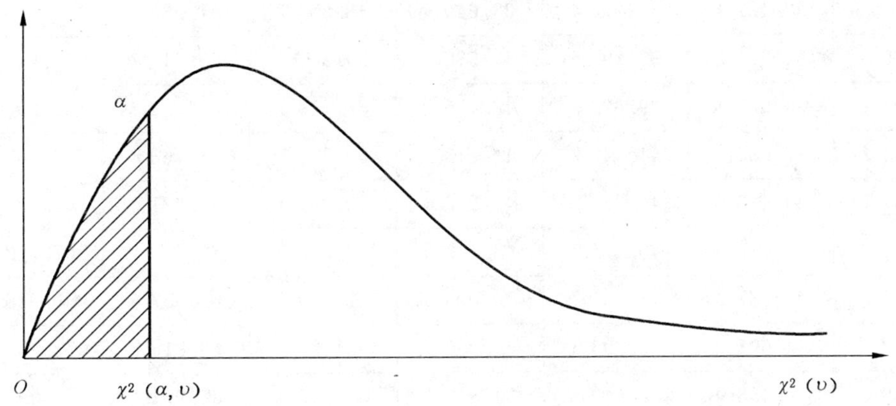

图 D.1　χ^2 分位数示意图

表 D.1　χ^2 分位数表

υ	α							
	0.050	0.100	0.200	0.300	0.700	0.800	0.900	0.950
2	0.102 6	0.210 7	0.446 3	0.713 3	2.407 9	3.218 9	4.605 2	5.991 5
4	0.710 7	1.063 6	1.648 8	2.194 7	4.878 4	5.988 6	7.779 4	9.487 7
6	1.635 4	2.204 1	3.070 1	3.827 6	7.231 1	8.558 1	10.644 6	12.591 6
8	2.732 6	3.489 5	4.593 6	5.527 4	9.524 5	11.030 1	13.361 6	15.507 3
10	3.940 3	4.865 2	6.179 1	7.267 2	11.780 7	13.442 0	15.987 2	18.307 0
12	5.226 0	6.303 8	7.807 3	9.034 3	14.011 1	15.812 0	18.549 3	21.026 1
14	6.570 6	7.789 5	9.467 3	10.821 5	16.222 1	18.150 8	21.064 1	23.684 8
16	7.961 6	9.312 2	11.152 1	12.624 3	18.417 9	20.465 1	23.541 8	26.296 2
18	9.390 4	10.864 9	12.857 0	14.439 9	20.601 4	22.759 5	25.989 4	28.869 3
20	10.850 8	12.442 6	14.578 4	16.265 9	22.774 5	25.037 5	28.412 0	31.410 4
22	12.338 0	14.041 5	16.314 0	18.100 7	24.939 0	27.301 5	30.813 3	33.924 5
24	13.848 4	15.658 7	18.061 8	19.943 2	27.096 0	29.553 3	33.196 2	36.415 0
26	15.379 2	17.291 9	19.820 2	21.792 4	29.246 3	31.794 6	35.563 2	38.885 1
28	16.927 9	18.939 2	21.588 0	23.647 5	31.390 9	34.026 6	37.915 9	41.337 2
30	18.492 7	20.599 2	23.364 1	25.507 8	33.530 2	36.250 2	40.256 0	43.773 0
32	20.071 9	22.270 6	25.147 8	27.372 8	35.664 9	38.466 3	42.584 7	46.194 2
34	21.664 3	23.952 2	26.938 3	29.242 1	37.795 4	40.675 6	44.903 2	48.602 4

表 D.1（续）

υ	α							
	0.050	0.100	0.200	0.300	0.700	0.800	0.900	0.950
36	23.268 6	25.643 3	28.735 0	31.115 2	39.922 0	42.878 8	47.212 2	50.998 5
38	24.883 9	27.343 0	30.537 3	32.991 9	42.045 0	45.076 3	49.512 6	53.383 5
40	26.509 3	29.050 5	32.344 9	34.871 9	44.164 9	47.268 5	51.805 0	55.758 5
42	28.144 0	30.765 4	34.157 4	36.755 0	46.281 7	49.456 0	54.090 2	58.124 0
44	29.787 5	32.487 1	35.974 4	38.640 8	48.395 7	51.638 9	56.368 5	60.480 9
46	31.439 0	34.215 2	37.795 5	40.529 2	50.507 1	53.817 7	58.640 5	62.829 6
48	33.098 1	35.949 1	39.620 5	42.420 1	52.616 1	55.992 6	60.906 6	65.170 8
50	34.764 2	37.688 6	41.449 2	44.313 3	54.722 8	58.163 8	63.167 1	67.504 8
52	36.437 1	39.433 4	43.281 3	46.208 6	56.827 4	60.331 6	65.422 4	69.832 2
54	38.116 2	41.183 0	45.116 7	48.106 0	58.929 9	62.496 1	67.672 8	72.153 2
56	39.801 3	42.937 3	46.955 2	50.005 3	61.030 6	64.657 6	69.918 5	74.468 3
58	41.492 0	44.696 0	48.796 5	51.906 3	63.129 4	66.816 2	72.159 8	76.777 8
60	43.188 0	46.458 9	50.640 6	53.809 1	65.226 5	68.972 1	74.397 0	79.082 0
62	44.889 0	48.225 7	52.487 3	55.713 5	67.322 0	71.125 3	76.630 2	81.381 0
64	46.594 9	49.996 3	54.336 5	57.619 5	69.416 0	73.276 1	78.859 7	83.675 2
66	48.305 4	51.770 5	56.188 0	59.527 0	71.508 5	75.424 5	81.085 5	85.964 9
68	50.020 3	53.548 1	58.041 8	61.435 8	73.599 5	77.570 7	83.307 9	88.250 2
70	51.739 3	55.328 9	59.897 8	63.346 0	75.689 3	79.714 7	85.527 0	90.531 3
72	53.462 3	57.112 9	61.755 8	65.257 5	77.777 7	81.856 6	87.743 1	92.808 3
74	55.189 2	58.900 0	63.615 8	67.170 2	79.865 0	83.996 5	89.956 1	95.081 5
76	56.919 8	60.689 9	65.477 7	69.084 2	81.951 0	86.134 6	92.166 2	97.351 0
78	58.653 9	62.482 5	67.341 5	70.999 2	84.035 9	88.270 9	94.373 5	99.617 0
80	60.391 5	64.277 8	69.207 0	72.915 3	86.119 7	90.405 3	96.578 2	101.879 5
82	62.132 3	66.075 7	71.074 1	74.832 5	88.202 5	92.538 1	98.780 3	104.138 7
84	63.876 2	67.876 1	72.942 9	76.750 7	90.284 2	94.669 3	100.980 0	106.394 9
86	65.623 3	69.678 8	74.813 3	78.669 9	92.365 0	96.799 0	103.177 3	108.647 9
88	67.373 2	71.483 9	76.685 1	80.590 1	94.444 8	98.927 1	105.372 3	110.898 0
90	69.126 0	73.291 1	78.558 4	82.511 1	96.523 8	101.053 7	107.565 0	113.145 2
92	70.881 6	75.100 5	80.433 2	84.433 0	98.601 8	103.179 0	109.755 6	115.389 8
94	72.639 8	76.911 9	82.309 3	86.355 8	100.679 0	105.302 8	111.944 2	117.631 7
96	74.400 6	78.725 4	84.186 7	88.279 4	102.755 4	107.425 4	114.130 7	119.870 9
98	76.163 8	80.540 8	86.065 4	90.203 8	104.831 0	109.546 7	116.315 3	122.107 7
100	77.929 4	82.358 1	87.945 3	92.129 0	106.905 8	111.666 7	118.498 0	124.342 1
102	79.697 5	84.177 3	89.826 5	94.054 9	108.979 8	113.785 5	120.678 9	126.574 1

表 D.1（续）

υ	α							
	0.050	0.100	0.200	0.300	0.700	0.800	0.900	0.950
104	81.467 8	85.998 2	91.708 8	95.981 5	111.053 1	115.903 2	122.858 0	128.803 9
106	83.240 2	87.820 8	93.592 2	97.908 9	113.125 8	118.019 8	125.035 3	131.031 5
108	85.014 9	89.645 1	95.476 8	99.836 9	115.197 7	120.135 2	127.211 0	133.256 9
110	86.791 6	91.471 0	97.362 4	101.765 6	117.269 0	122.249 5	129.385 2	135.480 2
112	88.570 4	93.298 5	99.249 1	103.695 0	119.339 6	124.362 9	131.557 6	137.701 4
114	90.351 1	95.127 6	101.136 8	105.625 0	121.409 6	126.475 2	133.728 6	139.920 7
116	92.133 8	96.958 2	103.025 4	107.555 6	123.478 9	128.586 5	135.898 0	142.138 2
118	93.918 3	98.790 2	104.915 0	109.486 8	125.547 7	130.696 9	138.066 0	144.353 6
120	95.704 6	100.623 6	106.805 6	111.418 6	127.615 9	132.806 3	140.232 6	146.567 3
122	97.492 8	102.458 4	108.697 1	113.350 9	129.683 5	134.914 8	142.397 7	148.779 2
124	99.282 6	104.294 6	110.589 4	115.283 9	131.750 6	137.022 4	144.561 6	150.989 5
126	101.074 2	106.132 2	112.482 7	117.217 3	133.817 1	139.129 2	146.724 1	153.197 9
128	102.867 4	107.971 0	114.376 8	119.151 3	135.883 1	141.235 1	148.885 2	155.404 7
130	104.662 2	109.811 0	116.271 7	121.085 8	137.948 6	143.340 1	151.045 2	157.609 9
132	106.458 6	111.652 3	118.167 4	123.020 8	140.013 5	145.444 4	153.203 9	159.813 5
134	108.256 6	113.494 8	120.063 9	124.956 3	142.078 0	147.547 9	155.361 4	162.015 6
136	110.056 1	115.338 5	121.961 2	126.892 3	144.142 0	149.650 6	157.517 7	164.216 2
138	111.856 9	117.183 3	123.859 3	128.828 8	146.205 6	151.752 5	159.673 0	166.415 3
140	113.659 4	119.029 3	125.758 0	130.765 7	148.268 6	153.853 7	161.827 0	168.613 0
142	115.463 1	120.876 3	127.657 6	132.703 1	150.331 2	155.954 2	163.979 9	170.809 1
144	117.268 3	122.724 4	129.557 8	134.640 9	152.393 4	158.054 0	166.131 8	173.004 0
146	119.074 8	124.573 6	131.458 7	136.579 1	154.455 1	160.153 0	168.282 6	175.197 6
148	120.882 6	126.423 8	133.360 3	138.517 8	156.516 5	162.251 5	170.432 4	177.389 7
150	122.691 8	128.275 0	135.262 5	140.456 9	158.577 4	164.349 2	172.581 2	179.580 6
152	124.502 2	130.127 3	137.165 5	142.396 4	160.637 9	166.446 3	174.729 0	181.770 2
154	126.313 8	131.980 5	139.069 0	144.336 3	162.698 0	168.542 7	176.875 8	183.958 6
156	128.126 8	133.834 6	140.973 2	146.276 5	164.757 7	170.638 5	179.021 6	186.145 8
158	129.940 8	135.689 7	142.878 0	148.217 2	166.817 0	172.733 7	181.166 6	188.331 6
160	131.756 0	137.545 7	144.783 4	150.158 3	168.875 9	174.828 3	183.310 6	190.516 4
162	133.572 5	139.402 6	146.689 4	152.099 7	170.934 5	176.922 3	185.453 7	192.700 1
164	135.390 0	141.260 4	148.595 9	154.041 4	172.992 7	179.015 7	187.595 9	194.882 5
166	137.208 7	143.119 0	150.503 1	155.983 6	175.050 6	181.108 6	189.737 2	197.063 9
168	139.028 4	144.978 5	152.410 8	157.926 0	177.108 1	183.200 9	191.877 7	199.244 2
170	140.849 2	146.838 9	154.319 0	159.868 9	179.165 3	185.292 6	194.017 4	201.423 4

表 D.1（续）

υ	α							
	0.050	0.100	0.200	0.300	0.700	0.800	0.900	0.950
172	142.671 1	148.700 0	156.227 8	161.812 0	181.222 1	187.383 8	196.156 2	203.601 5
174	144.494 0	150.562 0	158.137 1	163.755 5	183.278 6	189.474 5	198.294 3	205.778 6
176	146.317 9	152.424 8	160.047 0	165.699 3	185.334 8	191.564 7	200.431 5	207.954 7
178	148.142 8	154.288 3	161.957 3	167.643 5	187.390 6	193.654 3	202.568 0	210.129 8
180	149.968 7	156.152 6	163.868 2	169.587 9	189.446 2	195.743 4	204.703 6	212.303 9
182	151.795 6	158.017 7	165.779 6	171.532 7	191.501 4	197.832 1	206.838 6	214.477 0
184	153.623 4	159.883 5	167.691 4	173.477 7	193.556 3	199.920 2	208.972 8	216.649 2
186	155.452 2	161.750 0	169.603 7	175.423 1	195.611 0	202.007 9	211.106 3	218.820 4
188	157.281 9	163.617 3	171.516 5	177.368 7	197.665 3	204.095 1	213.239 0	220.990 8
190	159.112 5	165.485 2	173.429 8	179.314 7	199.719 4	206.181 8	215.371 0	223.160 2
192	160.944 0	167.353 9	175.343 5	181.260 9	201.773 1	208.268 1	217.502 4	225.328 8
194	162.776 3	169.223 2	177.257 7	183.207 4	203.826 6	210.353 9	219.633 1	227.496 4
196	164.609 6	171.093 2	179.172 3	185.154 2	205.879 8	212.439 3	221.763 0	229.663 2
198	166.443 6	172.963 9	181.087 3	187.101 3	207.932 7	214.524 3	223.892 4	231.829 2
200	168.278 5	174.835 3	183.002 8	189.048 6	209.985 4	216.608 8	226.021 0	233.994 2
210	177.465 3	184.201 4	192.586 4	198.789 1	220.244 9	227.025 2	236.654 9	244.807 6
220	186.671 1	193.582 5	202.179 8	208.535 8	230.498 2	237.431 7	247.273 9	255.601 8
230	195.894 8	202.977 5	211.782 4	218.288 1	240.745 8	247.829 1	257.878 8	266.378 1
240	205.135 4	212.385 6	221.393 6	228.045 8	250.988 1	258.217 9	268.470 7	277.137 7
250	214.391 5	221.805 9	231.012 8	237.808 5	261.225 3	268.598 7	279.050 4	287.881 5
260	223.662 5	231.237 7	240.639 6	247.575 9	271.457 9	278.971 8	289.618 6	298.610 5
270	232.947 4	240.680 4	250.273 5	257.347 8	281.686 0	289.337 9	300.175 9	309.325 8
280	242.245 4	250.133 4	259.914 2	267.123 9	291.909 9	299.697 2	310.723 0	320.027 8
290	251.555 8	259.596 0	269.561 2	276.903 9	302.129 9	310.050 2	321.260 4	330.717 3
300	260.878 1	269.067 9	279.214 3	286.687 8	312.346 0	320.397 1	331.788 5	341.395 1

ICS 83.080.01
G 31

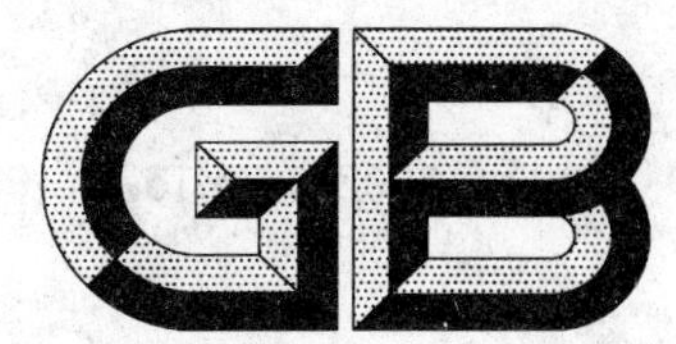

中华人民共和国国家标准

GB/T 15223—2008/ISO 1675:1985
代替 GB/T 15223—1994,GB/T 12007.5—1989

塑料 液体树脂
用比重瓶法测定密度

Plastics—Liquid resins—Determination of density by the pyknometer method

(ISO 1675:1985,IDT)

2008-09-04 发布　　2009-04-01 实施

中华人民共和国国家质量监督检验检疫总局
中国国家标准化管理委员会　发布

前 言

本标准等同采用ISO 1675:1985《塑料——液体树脂——用比重瓶法测定密度》(英文版)。

为便于使用,本标准作了下列编辑性修改:

a) 把“本国际标准”一词改为“本标准”或“GB/T 15223”;

b) 删除了ISO 1675:1985的前言;

c) 增加了本标准的前言;

d) 用我国的小数点符号“.”代替国际标准中的小数点符号“,”。

本标准代替GB/T 15223—1994《液体树脂密度的测定方法 比重瓶法》和GB/T 12007.5—1989《环氧树脂密度测定方法 比重瓶法》,将GB/T 12007.5—1989的内容纳入本标准。

本标准与GB/T 15223—1994相比,主要技术内容改变如下:

a) 更改了标准名称;

b) 增加了定义、目次、前言;

c) 删除了仪器中的烘箱;

d) 删除了允许差;

e) 扩大了GB/T 12007.5—1989的适用范围。

本标准由中国石油和化学工业协会提出。

本标准由全国塑料标准化技术委员会通用方法和产品分会(SAC/TC 15/SC 4)归口。

本标准负责起草单位:国家合成树脂质量监督检验中心、杭州师范大学。

本标准参加起草单位:北京燕山石化树脂所、国家石化有机原料合成树脂质检中心、广州金发科技股份有限公司。

本标准主要起草人:郑宁、蒋建雄、宋桂荣、陈宏愿、李建军、王超先。

本标准所代替标准的历次版本情况为:

——GB/T 15223—1994;

——GB/T 12007.5—1989。

塑料　液体树脂
用比重瓶法测定密度

1　范围

本标准规定了使用比重瓶测定液体树脂密度的方法。

本标准适用于低黏度和中等黏度液体树脂密度的测定，对高黏度树脂也可采用，但在操作上有困难。

2　术语和定义

下列术语和定义适用于本标准。

2.1

密度；质量密度　density；mass density

质量除以体积，单位为克每毫升(g/mL)。

3　原理

测定装在已知体积的比重瓶中的树脂在 23 ℃时的质量。

4　仪器

4.1　比重瓶：为一精密刻度的烧瓶。刻度线以上的细颈高度不超过 50 mm。

比重瓶在 23 ℃±0.1 ℃的标定容积应测准到 1/10 000。它是通过此温度下蒸馏水在比重瓶中的质量来测定(见第 6 章中的注)。

通常所使用的比重瓶具有表 1 所示的特性。

表 1　比重瓶特性

烧瓶体积(V)/mL	细颈内径(d)/mm
100±0.1	13±1
50±0.05	11±1

4.2　漏斗：漏斗其内径应尽可能大，漏斗管应刚好插到比重瓶刻度线。

4.3　天平：分度值 0.2 mg。

4.4　水浴：能维持在 23 ℃±0.1 ℃。

4.5　细滤纸。

4.6　透明锥形瓶：广口(例如 Erienmeyer 氏)，带塞，容积 200 mL～600 mL。

5　步骤

5.1　树脂准备

把至少 150 g 树脂放进锥形瓶(4.6)中，检查锥形瓶中树脂有无气泡。如果观察到气泡，把带塞的锥形瓶放置足够长时间，以使所有气泡消失。在放置之后或在放置的同时将其浸没于水浴(4.4)中，以使锥形瓶和其中的树脂控制在 23 ℃±0.1 ℃。

注：为了加速排出气泡，特别是靠近瓶壁的气泡，应用一根细金属丝穿过锥形瓶细颈来搅动或拨开它们。

5.2 测量密度

称量空比重瓶(4.1),准确到 0.2 mg。

将比重瓶放在水浴(4.4)中,用漏斗(4.2)把树脂装入比重瓶。

操作时应注意:

a) 比重瓶中的树脂中不得有气泡存在。如果有气泡形成,则等待它们消失,必要时,用一根金属丝摩擦比重瓶壁,或者倒空比重瓶,清理后,重新装树脂。推荐使用后一种方法;

b) 将树脂装入比重瓶,准确至刻度线;

c) 移去漏斗时,漏斗管不得与比重瓶细颈接触。

静置至少 30 min,检查比重瓶中树脂水平面是否在刻度线位置。如果需要,补加几滴树脂或用细滤纸(4.5)(可将它缠在一根玻璃棒上)除去多余的树脂。

称量装有树脂的比重瓶,准确到 0.2 mg。

6 结果表示

在 23 ℃时的密度 ρ_{23} 由式(1)得出:

$$\rho_{23} = \frac{m_1 - m_0}{V} + \rho_a \qquad \cdots\cdots(1)$$

式中:

m_1——23 ℃时装有树脂的比重瓶质量,单位为克(g);

m_0——23 ℃时空比重瓶质量,单位为克(g);

V——23 ℃时比重瓶的体积,单位为毫升(mL);

ρ_a——23 ℃时空气的密度,近似等于 0.001 2 g/mL(空气浮力校正)。

结果保留小数点后 3 位。

注:校正或测定在 23 ℃比重瓶的体积时,使用蒸馏水应用式(2):

$$V = \frac{m_2 - m_0}{\rho_e - \rho_a} = \frac{m_2 - m_0}{0.996\ 4} \qquad \cdots\cdots(2)$$

式中:

m_2——23 ℃时装有蒸馏水的比重瓶的质量,单位为克(g);

ρ_e——23 ℃时蒸馏水的密度,等于 0.997 6 g/mL。

7 试验报告

试验报告应包括下列内容:

a) 注明采用本标准;

b) 试验材料的详细说明;

c) 在 23 ℃时的密度 ρ_{23},以克每毫升(g/mL)表示;

d) 本标准未规定的操作步骤细节和可能对结果产生的影响。

ICS 91.100.40
Q 14

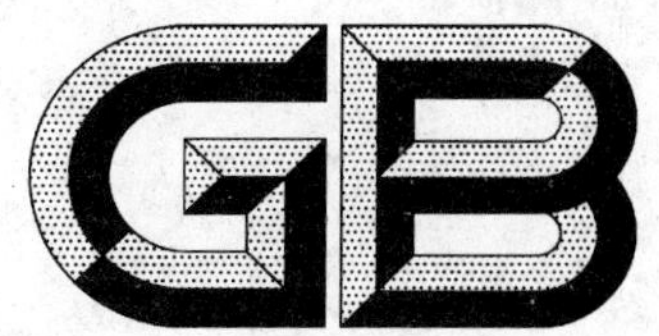

中华人民共和国国家标准

GB/T 15231—2008
代替 GB/T 15231.1～15231.5—1994

玻璃纤维增强水泥性能试验方法

Test methods for the properties of glassfibre reinforced cement

2008-07-30 发布　　　　2009-03-01 实施

中华人民共和国国家质量监督检验检疫总局
中国国家标准化管理委员会　发布

前　言

本标准代替 GB/T 15231.1～15231.5—1994《玻璃纤维增强水泥性能试验方法》。

本标准为 GB/T 15231.1～15231.5—1994 的整合修订，除了将 GB/T 15231.1～15231.5—1994 标准的5个部分调整为整合后标准中各章的内容之外，还对少部分内容进行了修订与补充。本标准与 GB/T 15231.1～15231.5—1994 相比，主要变化如下：

——增加了“术语和定义”；

——增加了“吸水率”试验方法；

——增加了“抗冻性”试验方法；

——将“抗拉性能”简化为“抗拉强度”，取消了“抗拉比例极限强度”和“抗拉弹性模量”的试验方法；

——对用连续玻璃纤维或纤维织物做增强材料的 GRC 试件的抗弯性能试验方法进行了专门规定。

本标准由中国建筑材料联合会提出。

本标准由全国水泥制品标准化技术委员会归口。

本标准起草单位：中国建筑材料科学研究总院、中国建筑材料联合会玻璃纤维增强水泥(GRC)分会。

本标准起草人：崔玉忠、崔琪。

本标准委托中国建筑材料科学研究总院水泥科学与新型建筑材料研究所负责解释。

本标准所代替标准的历次版本发布情况为：

——GB/T 15231.1～15231.5—1994。

玻璃纤维增强水泥性能试验方法

1 范围

本标准规定了玻璃纤维增强水泥试件的体积密度、含水率、吸水率、抗压强度、抗弯性能(抗弯比例极限强度、抗弯破坏强度和抗弯弹性模量)、抗拉强度、抗冲击强度、抗冻性和玻璃纤维含量的试验方法。

2 术语和定义

下列术语和定义适用于本标准。

2.1

玻璃纤维增强水泥 glassfibre reinforced cement(简称:GRC)

以水泥砂浆或水泥净浆为基体、以耐碱玻璃纤维为增强材料而制成的复合材料。

2.2

试验板 test borad

为了评价GRC材料或者GRC产品的性能而成型的平板。试验板应在与产品相同的条件下成型,但不包含面层装饰性材料。

2.3

试件 piece

用于测试某种性能的样品,试件的表面不应含有装饰性材料。通常情况下,试件是从试验板上切割而成;有特殊需求时,试件也可从制品上切割而成。

2.4

玻璃纤维含量 glassfibre content

玻璃纤维在玻璃纤维增强水泥复合材料中所占的质量百分数。

2.5

短切玻璃纤维 chopped glassfibre

用切割器或者其他刀具将玻璃纤维无捻粗纱切断而成的玻璃纤维段,用于GRC中的短切玻璃纤维的长度通常为10 mm~50 mm。

2.6

连续玻璃纤维 continuous glassfibre

以卷装形式提供的连续长纤维。

3 试件制备

通常情况下,按照需要,成型若干块标称尺寸为800 mm×800 mm×10 mm和/或300 mm×300 mm×30 mm的试验板,在距离试验板边缘50 mm以内的部位,切割用于不同性能试验的试件,试件的长度方向根据试验需求确定;试件表面应平整,试件尺寸和数量应符合表1规定。

表 1 试件尺寸和数量

性 能	试件尺寸			试件数量/个	试件外形
	长度/mm	宽度/mm	厚度/mm		
体积密度、含水率、吸水率	100±2	100±2	10±2	6	正方形
抗弯性能	250±2	50±2	10±2	6	长方形
抗拉强度	250±2	30±2	10±2	6	
抗冲击强度	120±2	50±2	10±2	6	
抗压强度	30±2	30±2	30±2	12	正方体
抗冻性	100±2	100±2	10±2	6	正方形

当有特殊需求时，可从制品上切割试件，应保证在切割过程中不对试件造成任何损害，试件的两个表面均应平整并相互平行。根据制品在实际应用时的受力情况，确定试件的长度方向。试件数量应符合表 1 规定，试件标称尺寸宜符合表 1 规定；若从制品上不能切割出符合表 1 规定的试件尺寸时，则试件尺寸应符合表 2 规定。

表 2 试件尺寸

性 能	试 件 尺 寸
体积密度、含水率、吸水率、抗冻性	边长 95 mm～100 mm，厚度为制品的厚度。
抗弯性能	宽度 45 mm～50 mm，长度不小于厚度的 16 倍，厚度不超过 15 mm。
抗拉强度	宽度 25 mm～30 mm，试件的测长与宽度之比不小于 5，厚度不超过 15 mm。
抗冲击强度	宽度 45 mm～50 mm，长度 115 mm～120 mm，厚度不超过 15 mm。
抗压强度	边长为 95 mm～100 mm 的立方体

4 体积密度、含水率和吸水率

4.1 仪器设备

4.1.1 干燥箱：温度可控制在(100±5)℃。

4.1.2 天平：称量范围 0 g～1 000 g，精度 0.1 g。

4.1.3 游标卡尺：测量范围 0 mm～200 mm，精度 0.02 mm。

4.1.4 干燥器。

4.1.5 水容器。

4.2 试验步骤

4.2.1 将试件置于通风良好的室内 3 d，称量其在气干状态的质量 m_1，精确到 0.1 g。

4.2.2 将试件放入温度为(60±5)℃干燥箱中，干燥时间不少于 24 h，然后每间隔 2 h 称量一次，直到连续两次的称量值之差小于较小值的 0.5%时为止。将试件从干燥箱中取出，放入干燥器中冷却到室温，称量其在干燥状态的质量 m_2，精确到 0.1 g。

4.2.3 试件体积的测量方法有以下两种。

4.2.3.1 对于外观规整的试件，其体积 V 的测量方法为：在每对对应边上各测量两次长度，分别取其平均值作为边长 c_1、c_2，精确到 0.1 mm；在四个边的中部各测量一次厚度，取其平均值作为试件的厚度 h，精确到 0.1 mm。

4.2.3.2 对于外观不规整的试件，其体积 V 的测量方法为：

4.2.3.2.1 **仪器设备**

4.2.3.2.1.1 天平：称量范围 0 g～1 000 g，精度 0.1 g。

4.2.3.2.1.2 排水桶：高度 300 mm，直径 150 mm 或边长 150 mm，如图 1 所示。

4.2.3.2.1.3 塑料水容器：容积约为 500 mL，高度约 50 mm，如图 1 所示。

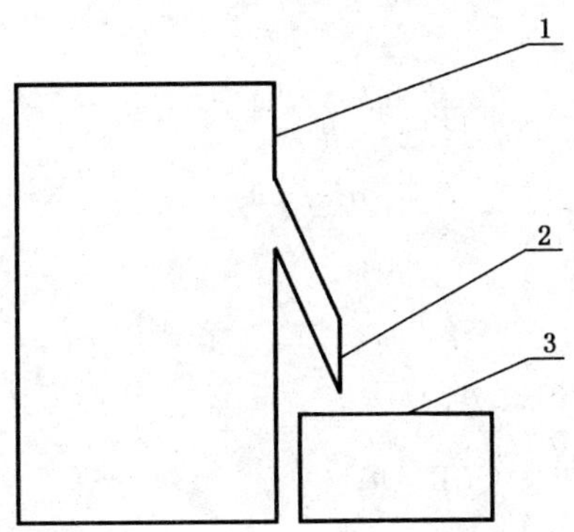

1——排水桶；

2——排水桶溢水口；

3——塑料水容器。

图 1 排水桶示意图

4.2.3.2.1.4 细线：能在试验期间承受试件的重力作用。

4.2.3.2.2 **测量步骤**

4.2.3.2.2.1 把塑料水容器放在排水桶的溢水口下方，保持排水桶稳定，缓慢向排水桶中注水，直到水从溢水口溢出。

4.2.3.2.2.2 等待数分钟，直到溢水口不再滴水。

4.2.3.2.2.3 将水容器中的水倒掉，擦干内、外表面，称其质量 m_r，精确到 0.1 g。

4.2.3.2.2.4 将水容器放置在溢水口下方。

4.2.3.2.2.5 用水浸透细线，并用湿布擦去细线中的多于水分。

4.2.3.2.2.6 取饱水状态的试件(见 4.2.4)，擦干表面水分。

4.2.3.2.2.7 用湿的细线将试件捆绑牢固，并留出约 400 mm 长度。

4.2.3.2.2.8 手提细线末端，将捆绑牢固的试件轻轻沉入桶底，待试件在水中稳定后再松开手提端的细线。应避免试件在沉入过程中对桶内的水造成冲击。

4.2.3.2.2.9 等待数分钟，直到溢水口不再滴水。

4.2.3.2.2.10 擦干水容器外表面，称量水容器和溢出水的质量 m_{rs}，精确到 0.1 g。

4.2.3.2.2.11 重复 4.2.3.2.2.1～4.2.3.2.2.10，进行第二次测量。

4.2.3.2.3 **结果计算**

按照公式(1)计算试件体积，结果以两次测量结果的算术平均值表示，精确到 0.1 cm^3。

$$V=\frac{m_{rs}-m_r}{\rho_{水}} \qquad \cdots\cdots(1)$$

式中：

V——试件的体积，单位为立方立米(cm^3)；

m_r——水容器质量，单位为克(g)；

m_{rs}——水容器和溢出水的质量 m_2，单位为克(g)；

$\rho_{水}$——水的密度，取 $\rho_{水}=1\ g/cm^3$。

4.2.4 再将试件浸泡于温度不低于 10 ℃的水中，浸水时间不少于 24 h，然后每间隔 2 h 称量一次，直到连续两次称量值之差小于较小值的 0.5%时为止。将试件从水中取出，用湿毛巾擦去表面水分，称量其在饱水状态的质量 m_3，精确到 0.1 g。

4.3 结果计算

按照公式(2)计算体积密度，结果以六个试件的算术平均值表示，精确到 0.1 g/cm³；按照公式(3)计算含水率，结果以六个试件的算数平均值表示，精确到 0.1%；按照公式(4)计算吸水率，结果以六个试件的算数平均值表示，精确到 0.1%。

$$\rho = \frac{m_2}{c_1 \times c_2 \times h} \times 10^3 \text{ 或 } \rho = \frac{m_2}{V} \qquad \cdots\cdots(2)$$

$$w_h = \frac{m_1 - m_2}{m_2} \times 100 \qquad \cdots\cdots(3)$$

$$w_x = \frac{m_3 - m_2}{m_2} \times 100 \qquad \cdots\cdots(4)$$

式中：

ρ——体积密度，单位为克每立方厘米(g/cm³)；

w_h——含水率，%；

w_x——吸水率，%；

c_1、c_2——试件的两个边长，单位为毫米(mm)；

h——试件的厚度，单位为毫米(mm)；

V——试件的体积，单位为立方厘米(cm³)；

m_1——在气干燥状态的质量，单位为克(g)；

m_2——试件在干燥状态的质量，单位为克(g)；

m_3——试件在饱水状态的质量，单位为克(g)。

5 抗压强度

5.1 仪器设备

5.1.1 电子试验机：测力范围 0 kN～100 kN，精度 1%。

5.1.2 游标卡尺：测量范围 0 mm～200 mm，精度 0.02 mm。

5.2 试验步骤

5.2.1 将试件置于通风良好的室内 3 d。

5.2.2 将 12 个试件随机分成两组，六个试件的承载方向平行于试件模板面(称为面内受压，即加载方向与纤维分布面平行)，另外六个试件的承载方向垂直于试件模板面(称为面外受压，即加载方向与纤维分布面垂直)。

5.2.3 测量每个试件受压面的尺寸，在试件的中央部位分别测其长度 a 和宽度 b，精确到 0.1 mm。

5.2.4 将试件置于压力机承压板上，确保试件为中心受压，以 2 mm/min～5 mm/min 的速度匀速加载，直至试件破坏。

5.2.5 记录破坏荷载 P_c。

5.3 结果计算

按照公式(5)计算抗压强度，结果以各承载方向六个试件的算术平均值表示，精确到 0.1 MPa。

$$\sigma_c = \frac{P_c}{a \times b} \qquad \cdots\cdots(5)$$

式中：

σ_c——抗压强度，单位为兆帕(MPa)；

P_c——破坏荷载，单位为牛顿(N)；

a——试件受压面长度，单位为毫米(mm)；

b——试件受压面宽度，单位为毫米(mm)。

6 抗弯性能(比例极限强度、破坏强度、弹性模量)

6.1 仪器设备

6.1.1 电子试验机：测力范围 0 kN～20 kN，精度 1%，可记录荷载-挠度曲线；当仅对抗弯破坏强度(通常称为抗弯强度)进行试验时，也可使用无法记录荷载-挠度曲线的电子试验机。

6.1.2 游标卡尺：测量范围 0 mm～200 mm，精度 0.02 mm。

6.1.3 挠度计：测量范围 0 mm～50 mm，精度 0.02 mm。

6.2 试验步骤

6.2.1 将试件置于通风良好的室内 3 d。

6.2.2 抗弯试验装置与加载方式如图 2，该装置用钢材制成，支座圆辊直径 12 mm。以检验制品质量为目的的抗弯试验，试件的跨度可以为厚度的 16 倍～20 倍。

6.2.3 如果需要记录荷载-挠度曲线，则在跨度中央测量挠度。

单位为毫米

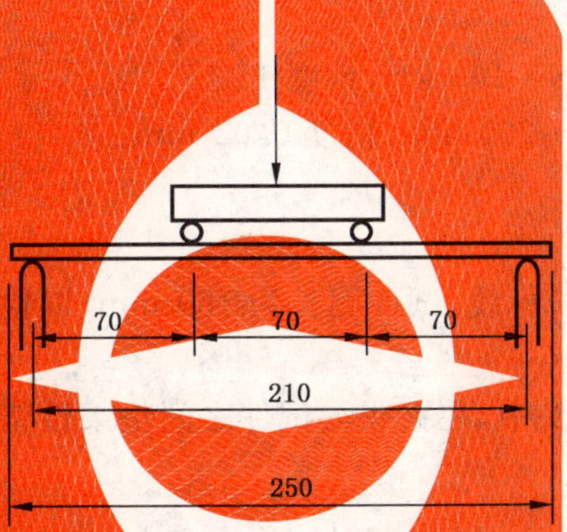

70　70　70

210

250

图 2　抗弯试验装置与加载方式

6.2.4 对于全部用短切玻璃纤维作增强材料的试件，三块试件的模板面朝下，三块试件的模板面朝上；对于用连续纤维或纤维织物作增强材料的试件，以连续纤维或纤维所在的主平面朝下。

6.2.5 以 2 mm/min～5 mm/min 的速度匀速加载，直到试件破坏，记录荷载-挠度曲线或者直接读取抗弯破坏荷载 P_m。

6.2.6 避开破坏断面，在靠近破坏的位置测量试件的宽度 b 和厚度 h，均精确到 0.1 mm。

6.3 结果处理

6.3.1 在荷载-挠度曲线上读取下列数值：

(1) 比例极限荷载 P_1(即：在曲线上刚开始离开直线处的荷载)；

(2) 破坏荷载 P_m(即：曲线上最高点处的荷载)；

(3) $\frac{2}{3}\times P_1$；

(4) $\left(\frac{2}{3}\times P_1\right)$点对应的挠度值 δ。

6.3.2 按照公式(6)计算抗弯比例极限强度，按照公式(7)计算抗弯破坏强度，结果均以六个试件的算术平均值表示，精确到 0.1 MPa；按照公式(8)计算抗弯弹性模量，结果以六个试件的算术平均值表示，精确到 1 MPa。

$$\sigma_{LOP}=\frac{P_1L}{bh^2} \qquad \cdots\cdots(6)$$

$$\sigma_{MOR}=\frac{P_mL}{bh^2} \qquad \cdots\cdots(7)$$

$$E=\frac{23P_1L^3}{162\delta bh^3} \qquad \cdots\cdots(8)$$

式中：

σ_{LOP}——抗弯比例极限强度，单位为兆帕（MPa）；

σ_{MOR}——抗弯破坏强度或抗弯强度，单位为兆帕（MPa）；

E——抗弯弹性模量，单位为兆帕（MPa）；

P_1——抗弯比例极限荷载，单位为牛顿（N）；

P_m——抗弯破坏荷载，单位为牛顿（N）；

L——跨度，单位为毫米（mm）；

δ——跨中挠度，单位为毫米（mm）；

b——试件宽度，单位为毫米（mm）；

h——试件厚度，单位为毫米（mm）。

7 抗拉强度

7.1 仪器设备

7.1.1 电子试验机：测力范围 0 kN～100 kN，精度 1%。

7.1.2 游标卡尺：测量范围 0 mm～200 mm，精度 0.02 mm。

7.2 试验步骤

7.2.1 将试件置于通风良好的室内 3 d。

7.2.2 用软质笔在试件上划出测长标线，试件测长为 180 mm；以检验制品质量为目的的抗拉试验，试件的测长与宽度之比不应小于 5。

7.2.3 如图 3，将试件推入契形夹头中，在夹头与试件之间垫柔性垫片，夹紧试件；保持试件垂直受拉。

单位为毫米

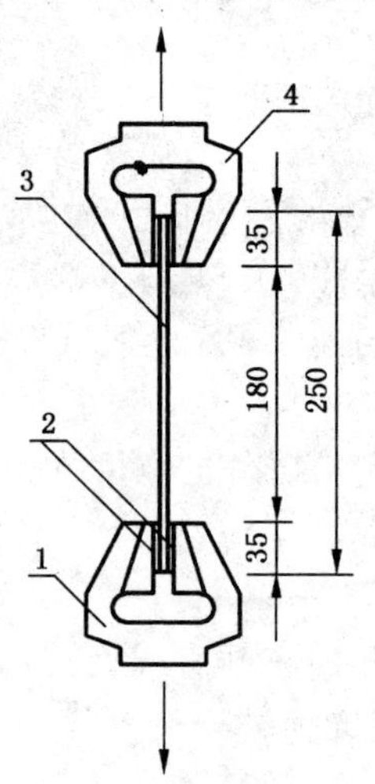

1——下楔形夹头；

2——柔性垫片；

3——试件；

4——上楔形夹头。

图 3 抗拉试验装置

7.2.4 以 2 mm/min～5 mm/min 的加载速度匀速加载，直到在试件破坏，记录抗拉破坏荷载 P_t。

7.2.5 避开破坏断面，在靠近破坏的位置测量试件的宽度 b 和厚度 h，均精确到 0.1 mm。

7.3 结果计算

按照公式(9)计算抗拉强度，结果以六个试件的算术平均值表示，精确到 0.1 MPa。

$$\sigma_t = \frac{P_t}{bh} \qquad \cdots\cdots(9)$$

式中：

σ_t——抗拉强度，单位为兆帕(MPa)；

P_t——抗拉破坏荷载，单位为牛顿(N)；

b——试件宽度，单位为毫米(mm)；

h——试件厚度，单位为毫米(mm)。

8 抗冲击强度

8.1 仪器设备

8.1.1 冲击试验机：摆锤式冲击试验机，可选择附带 0 J～7.5 J、0 J～15 J、0 J～25 J 三个能量级别的摆锤，精度 1%；跨距可调整为 70 mm。

8.1.2 游标卡尺：测量范围 0 mm～200 mm，精度 0.02 mm。

8.2 试验步骤

8.2.1 将试件置于通风良好的室内 3 d。

8.2.2 选用适当能量级别的摆锤，使冲断试件所消耗的能量为该摆锤最大能量的 20%～80%。

8.2.3 三个试件的模板面与竖直支撑面紧密贴合，另外三个试件的抹平面与竖直支撑面紧密贴合。在试件中部用软质笔划线，测量试件划线部位的宽度 b 和厚度 h，均精确到 0.1 mm。

8.2.4 保持试件的稳定，并使试件上的划线对准摆锤的刃口。操作冲击试验机控制机构，使摆锤自由落下，冲击试件使其破坏。

8.2.5 读取并记录冲击能量值，根据所用摆锤的最大能量，估读一位尾数。

8.3 结果计算

按照公式(10)计算抗冲击强度，结果以六个试件的算术平均值表示，精确到 0.1 kJ/m^2。

$$\sigma_I = \frac{A}{bh} \qquad \cdots\cdots(10)$$

式中：

σ_I——抗冲击强度，单位为千焦耳每平方米(kJ/m^2)；

A——冲击能量，单位为焦耳(J)；

b——试件宽度，单位为毫米(mm)；

h——试件厚度，单位为毫米(mm)。

9 抗冻性

9.1 仪器设备

9.1.1 低温箱：温度可调整到(−20±2)℃。

9.1.2 温度计：测量范围 10 ℃～50 ℃。

9.1.3 水容器。

9.1.4 试验架。

9.2 试验步骤

9.2.1 将试件放入不低于 10 ℃的清水中浸泡 24 h，取出，检查不得有因切割而引起的缺陷。

9.2.2 浸泡后的试件侧立在试验架上，间距不小于 15 mm，然后将其放入预先降温至(−20±2)℃的低温箱中，冷冻 2 h，冷冻时间以放入试件后温度重新降至(−20±2)℃时开始计时，取出放入(20±5)℃ 的清水中融化 1 h，为一次循环。

9.2.3 试件每次融化后，需擦干表面，检查试件有无起层、剥落等破坏现象。

9.3 结果表示

抗冻性试验结果有以下两种表示方式。

9.3.1 按产品标准规定的冻融循环次数 n 进行试验时,结果表示为:经 n 次冻融循环后,试件有(或无)起层、剥落等破坏现象。

9.3.2 按产品的极限冻融循环次数 n' 进行试验时,结果表示为:经 n' 次冻融循环后,试件出现起层、剥落等破坏现象。

10 玻璃纤维含量

10.1 仪器

10.1.1 干燥箱:温度可控制在(100±5)℃。

10.1.2 天平:称量范围 0 g~1 000 g,精度 0.1 g。

10.1.3 筛网:三个,外形尺寸约 150 mm×150 mm、深度约 100 mm,网孔尺寸的大小应可使砂粒漏过而纤维不能漏过。

10.1.4 切割刀或者剪刀:可切断或剪断玻璃纤维增强水泥复合材料中的玻璃纤维。

10.1.5 水容器:其尺寸大小应可放入筛网。

10.2 试验步骤

10.2.1 对三个筛网进行标记,分别称其质量 m_s,精确到 0.1 g。

10.2.2 在新成型(即:玻璃纤维可从复合材料中分离出来时的状态)的试验板或者制品上,在距离边缘 50 mm 以内的部位,分散割取三个边长约为 100 mm 的试件,剪去试件边缘裸露的玻璃纤维。

10.2.3 将试件分别放入三个筛网中,称量试件和筛网的总质量 m_{z1},精确到 0.1 g。

10.2.4 将试件连同筛网一起浸入盛有水的容器中,用手指将试件轻轻分散开,仔细清理粘附在玻璃纤维上的异物,最后用清水冲洗,洗出过程中应防止玻璃纤维流失。

10.2.5 将冲洗干净的玻璃纤维连同筛网一起放入温度控制在(105±5)℃的干燥箱中,烘干时间不少于 4 h,然后每隔 1 h 称量一次,直到连续两次的称量值之差小于较小值的 0.5%时为止。记录最后一次称量的玻璃纤维和筛网的总质量 m_{z2},精确到 0.1 g。

10.3 结果计算

按照公式(11)计算玻璃纤维含量,结果以三个试件的算术平均值表示,精确到 0.1%

$$w_f = \frac{m_{z2} - m_s}{m_{z1} - m_s} \times 100 \quad \cdots\cdots(11)$$

式中:

w_f——玻璃纤维含量,%;

m_{z2}——筛网和干燥玻璃纤维的总质量,单位为克(g);

m_s——筛网的质量,单位为克(g);

m_{z1}——筛网和 GRC 的总质量,单位为克(g)。

ICS 55.020
A 80

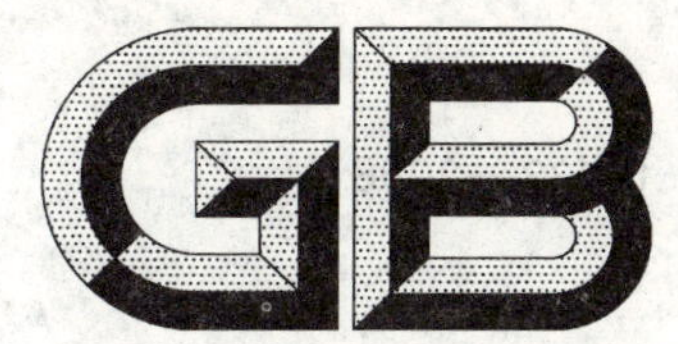

中华人民共和国国家标准

GB/T 15233—2008
代替 GB/T 15233—1994

包装　单元货物尺寸

Packaging—Unit load size

(ISO 3676:1983,Packaging—Unit load size—Dimensions,MOD)

2008-02-01 发布　　2008-07-01 实施

中华人民共和国国家质量监督检验检疫总局
中国国家标准化管理委员会　发布

前　言

本标准修改采用ISO 3676:1983《包装　单元货物尺寸》(英文版)。本标准与ISO 3676:1983的主要差异如下:

——删除了1 200 mm×800 mm单元货物尺寸;

——将单元货物尺寸1 140 mm×1 140 mm修改为1 100 mm×1 100 mm;

——规定的单元货物尺寸是最小尺寸,其允许最大偏差为+40 mm。

本标准代替GB/T 15233—1994《包装　单元货物尺寸》。本标准与GB/T 15233—1994相比主要变化如下:

——将"底平面尺寸"的术语修改为"平面尺寸"(见3.3);

——包装单元货物尺寸由"1 200 mm×1 000 mm""1 200 mm×800 mm""1 140 mm×1 140 mm"三种改为"1 200 mm×1 000 mm""1 100 mm×1 100 mm"两种(见第4章);

——"允许偏差"改为"长、宽最大偏差",数值改为"+40 mm"(见第4章)。

本标准由中国国家标准化管理委员会提出。

本标准由全国包装标准化技术委员会(SAC/TC 49)归口。

本标准起草单位:交通部科学研究院、中国包装联合会、铁道部标准计量研究所、中国出口商品包装研究所。

本标准主要起草人:熊才启、汪炜、王利、张锦、李建华。

本标准所代替标准的历次版本发布情况为:

——GB/T 15233—1994。

包装　单元货物尺寸

1　范围

本标准规定了在货物流通过程中单元货物的最小平面尺寸。

本标准适用于公路、铁路和水路运输的单元货物。

2　规范性引用文件

下列文件中的条款通过本标准的引用而成为本标准的条款。凡是注日期的引用文件，其随后所有的修改单(不包括勘误的内容)或修订版均不适用于本标准，然而，鼓励根据本标准达成协议的各方研究是否可使用这些文件的最新版本。凡是不注日期的引用文件，其最新版本适用于本标准。

GB/T 4122(所有部分)　包装术语

3　术语和定义

GB/T 4122 确立的以及下列术语和定义适用于本标准。

3.1

货物流通　distribution of goods

产品由始发地运至其目的地的过程，包括包装、单元货物、运输、装卸和贮存等基本要素。

3.2

单元货物　unit load

通过一种或多种手段将一组货物或包装件拼装在一起，使其形成一个整体单元，以利于装卸、运输、堆码和贮存。

3.3

平面尺寸　plan dimension

由一个水平面上的四个相互垂直相交的竖直平面在该水平面上所围成的矩形尺寸，这四个竖直平面能包容自由放置于该水平面上的单元货物，见图 1。

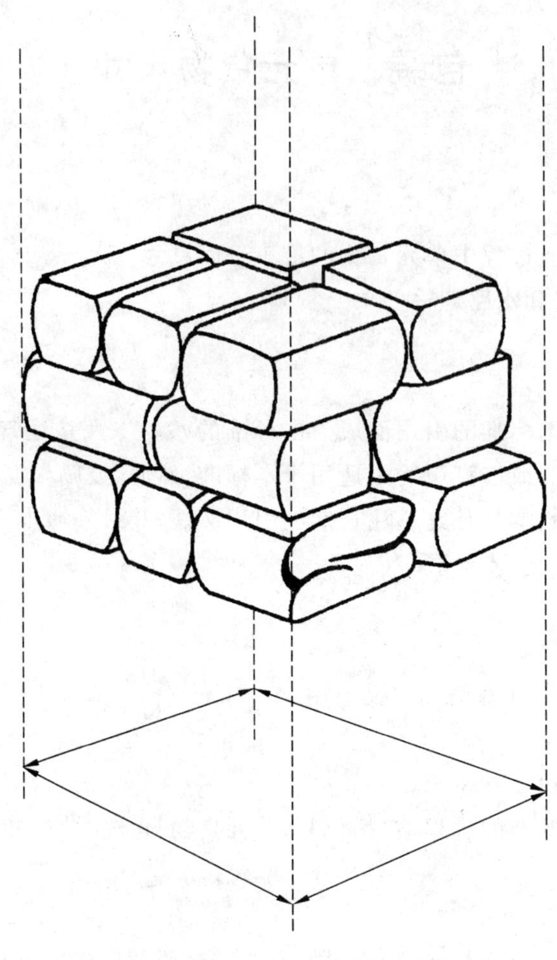

图 1 平面尺寸

4 单元货物的最小平面尺寸

单元货物的最小平面尺寸见表 1。

表 1 单元货物的最小平面尺寸

单位为毫米

长×宽	长、宽最大偏差
1 200×1 000	+40
1 100×1 100	

ICS 13.100
C 65

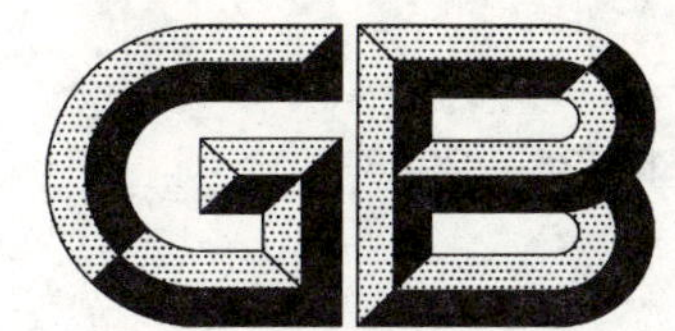

中华人民共和国国家标准

GB/T 15236—2008
代替 GB/T 15236—1994

职业安全卫生术语

Occupational safety and health glossary

2008-12-15 发布　　　　2009-10-01 实施

中华人民共和国国家质量监督检验检疫总局
中国国家标准化管理委员会　发布

前　言

本标准代替 GB/T 15236—1994《职业安全卫生术语》。

本标准与 GB/T 15236—1994 相比，主要修订内容如下：

a) 参照联合国国际劳工局(International Labor Office，ILO)和国际职业安全卫生情报中心(International Occupational Safety and health Information Centre)于 1993 年出版的《Occupational Safety and Health Glossary：Word and expressions used in safety and health at work》，将职业安全卫生术语分为一般术语、事故及其相关主题、测试与评估、应急与防护措施、职业医学与职业病、工作条件与人机工程 6 个主题；
b) 由 37 个词条扩充到 71 个；
c) 加了规范性引用文件；
d) 加了应急救援相关内容。

本标准由国家安全生产监督管理总局提出。

本标准由全国安全生产标准化技术委员会归口。

本标准起草单位：北京市劳动保护科学研究所。

本标准主要起草人：黄燕娣、汪彤、吴芳谷、吕琳、张璞、刘艳、胡玢、刘娜、徐雪娇。

本标准所代替的标准历次发布情况：

——GB/T 15236—1994。

职业安全卫生术语

1 范围

本标准规定了职业安全卫生基本术语的定义。

本标准适用于职业安全卫生标准、法规、文件和书籍等的编写及职业安全卫生管理工作。

2 一般术语 general glossary

2.1

职业安全卫生 occupational safety and health

以保障职工在职业活动过程中的安全与健康为目的的工作领域及在法律、技术、设备、组织制度和教育等方面所采取的相应措施。

2.2

职业安全 occupational safety

以防止职工在职业活动过程中发生各种伤亡事故为目的的工作领域及在法律、技术、设备、组织制度和教育等方面所采取的相应措施。

2.3

职业卫生 occupatioanal health

以职工的健康在职业活动过程中免受有害因素侵害为目的的工作领域及在法律、技术、设备、组织制度和教育等方面所采取的相应措施。

2.4

安全生产 safety production

通过人-机-环的和谐运作,使社会生产活动中危及劳动者生命和健康的各种事故风险和伤害因素始终处于有效控制的状态。

2.5

本质安全 intrinsic safety

通过设计等手段使生产设备或生产系统本身具有安全性,即使在误操作或发生故障的情况下也不会造成事故。

3 事故及其相关主题 accidents and related topic

3.1

事故 accident

造成死亡、疾病、伤害、损伤或其他损失的意外情况。

3.2

职工伤亡事故 injured and fatal accident of worker

职业活动过程中发生的职工人身伤亡或急性中毒事件。

3.3

伤亡事故经济损失 accident loss

职工在劳动生产过程中发生伤亡事故所引起的一切经济损失,包括直接经济损失和间接经济损失。

3.4

直接经济损失 direct loss of accident

因事故造成人身伤亡及善后处理支出的费用和毁坏财产的价值。

3.5

间接经济损失　indirect loss of accident

因事故导致产值减少、资源破坏和受事故影响而造成其他损失的价值。

3.6

物体打击　object strike

物体在重力或其他外力的作用下产生运动中打击人体造成的人身伤亡事故，不包括因机械设备、车辆、起重机械、坍塌等引发的物体打击。

3.7

车辆伤害　vehicle injury

企业机动车辆在行驶中引起的人体坠落和物体倒塌、下落、挤压、撞车或倾覆等造成的人身伤亡事故，不包括起重设备提升、牵引车辆和车辆停驶时发生的事故。

3.8

机械伤害　mechanical injury

机械设备运动(静止)部件、工具、加工件直接与人体接触引起的夹击、碰撞、剪切、卷入、绞、碾、割、刺入等伤害。

3.9

起重伤害　crane injury

各种起重作业(包括起重机安装、检修、试验)中发生的挤压、坠落(吊具、吊重)、折臂、倾翻、倒塌等引起的对人的伤害。

3.10

触电　electric shock

电流流经人体或带电体与人体间发生放电而造成的人身伤害。

3.11

淹溺　drowning

人落水之后，因呼吸阻塞导致的急性缺氧致窒息而造成的伤亡事故。

3.12

灼烫　thermal injury

由于火焰烧伤、高温物体烫伤、化学灼伤(酸、碱及酸碱性物质引起的体内外灼伤)、物理灼伤(光、放射性物质引起的体内外灼伤)而引起的人身伤亡事故。

3.13

火灾　fire

在时间或空间上失去控制的燃烧所造成的灾害。

3.14

高处坠落　fall from height

在高处作业中发生坠落造成的伤亡事故，不包括触电坠落事故。高处作业指距地面 2.0 m 以上高度的作业。

3.15

坍塌　collapse

物体在外力或重力作用下，超过自身的强度极限或因结构稳定性破坏而造成的陷落和倒塌事故，如挖沟时的土石塌方、脚手架坍塌、堆置物倒塌等。

3.16

冒顶片帮　roof fall and wall collapse

在矿山工作面、通道上部、侧壁由于支护不当，侧压力过大造成的坍塌伤害事故。顶板塌落为冒顶，侧壁坍塌为片帮。一般因二者同时发生,称为冒顶片帮。

3.17

透水　water inrush

在地下开采或其他坑道作业时,由于地下水、或地下水层在水压、矿压的作用下,突然涌入矿井、坑道而造成的伤亡事故,不包括地面水害事故。

3.18

放炮事故　blasting accident

爆破作业中发生的伤亡和中毒事故。

3.19

瓦斯爆炸　fire damp explosion

可燃性气体甲烷与空气混合形成的混合物浓度达到爆炸极限,接触火源而引起的化学性爆炸。

3.20

锅炉爆炸　boiler explosion

指锅炉受压部件或集汽箱等在承压状态下瞬时破裂而导致锅炉内储存的大量热能全部释放的爆炸事故。

3.21

容器爆炸　vessel explosion

指容器的物理性爆炸、化学性爆炸和容器破裂后的二次空间爆炸。

注:容器的物理性爆炸指容器在允许的压力下由于容器存在严重质量问题而发生的爆炸;

容器的化学性爆炸指由于误操作使容器内介质发生异常化学反应导致的容器爆炸;

容器的二次空间爆炸指盛装易燃介质的容器爆炸后,易燃介质与空气混合后形成爆炸性混合气体与火花而产生的二次爆炸。

3.22

中毒　poisoning

有毒物质通过不同途径进入体内引起某些生理功能或组织器官受到急性健康损害的事故。

3.23

窒息　asphyxia

机体由于急性缺氧发生晕倒甚至死亡的事故。窒息分为内窒息和外窒息,生产环境中的严重缺氧可导致外窒息,吸入窒息性气体可致内窒息。

4　测试与评估　measurement and evaluation

4.1

职业性危害因素　occupational hazard factor

在职业活动中产生的可直接危害劳动者身体健康的因素,按其性质分为物理性危害因素、化学性危害因素和生物性危害因素。

4.2

职业接触限值　occupational exposure limit,OEL

职业性危害因素的接触限制量值。指劳动者在职业活动过程中长期反复接触,对绝大多数接触者的健康不引起有害作用的容许接触水平。

4.3

时间加权平均容许浓度　permissible concentration-time weighted average,PC-TWA

以时间为权数规定的 8 h 工作日的平均容许接触浓度,亦可是 40 h 工作周的平均容许接触浓度。

4.4

最高容许浓度　maximum allowable concentration，MAC

指工作地点、在一个工作日内、任何时间均不应超过的有毒化学物质的浓度。

4.5

短时间接触容许浓度　permissible concentration-short term exposure limit，PC-STEL

在遵守 PC-TWA 前提下容许短时间(15 min)接触的浓度。

4.6

个体采样　personal sampling

指将空气收集器佩带在采样对象的前胸上部，其进气口尽量接近呼吸带所进行的采样。

4.7

定点采样　area sampling

指将空气收集器放置在选定的采样点、劳动者的呼吸带进行采样。

4.8

安全评价　safety assessment

以实现安全为目的，应用安全系统工程原理和方法，辨识与分析工程、系统、生产经营活动中的危险、有害因素，预测发生事故或造成职业危害的可能性及其严重程度，提出科学、合理、可行的安全对策措施建议，做出评价结论的活动。安全评价可针对一个特定的对象，也可针对一定区域范围。安全评价按照实施阶段的不同分为三类：安全预评价、安全验收评价、安全现状评价。

4.9

安全预评价　safety assessment prior to start

在建设项目可行性研究阶段、工业园区规划阶段或生产经营活动组织实施之前，根据相关的基础资料、辨识与分析建设项目、工业园区、生产经营活动潜在的危险、有害因素，确定其与安全生产法律法规、规章、标准、规范的符合性，预测发生事故的可能性及其严重程度，提出科学、合理、可行的安全对策措施建议，做出安全评价结论的活动。

4.10

安全验收评价　safety assessment upon completion

在建设项目竣工后正式生产运行前或工业园区建设完成后，通过检查建设项目安全设施与主体工程同时设计、同时施工、同时投入生产和使用的情况或工业园区内的安全设施、设备、装置投入生产和使用的情况，检查安全生产管理措施到位情况，检查安全生产规章制度健全情况，检查事故应急救援预案建立情况，审查确定建设项目、工业园区建设满足安全生产法律法规、规章、标准、规范要求的符合性，从整体上确定建设项目、工业园区的运行状况和安全管理情况，做出安全验收评价结论的活动。

4.11

安全现状评价　safety assessment in operation

针对生产经营活动中、工业园区内的事故风险、安全管理等情况，辨识与分析其存在的危险、有害因素，审查确定其与安全生产法律法规、规章、标准、规范要求的符合性，预测发生事故或造成职业危害的可能性及其严重程度，提出科学、合理、可行的安全对策措施建议，做出安全现状评价结论的活动。安全现状评价既适用于对一个生产经营单位或一个工业园区的评价，也适用于某一特定的生产方式、生产工艺、生产装置或作业场所的评价。

4.12

职业病危害预评价　pre-assessment of occupational hazard

对可能产生职业病危害的建设项目，在可行性论证阶段，对建设项目可能产生的职业病危害因素、危害程度、对劳动者健康影响、防护措施等进行预测性卫生学分析与评价，确定建设项目在职业病防治方面的可行性，为职业病危害分类管理提供科学依据。

4.13

职业病危害控制效果评价　effect-assessment for occupational hazard control

建设项目在竣工验收前，对工作场所职业病危害因素、职业病危害程度、职业病防护措施及效果、健康影响等做出综合评价。

4.14

风险评估　risk assessment

评估风险大小以及确定风险是否可容许的全过程。

5　应急与防护措施　preventive and protective measures

5.1

应急预案　emergency response plan

针对可能发生的事故，为迅速、有序地开展应急行动而预先制定的行动方案。

5.2

应急准备　emergency preparedness

针对可能发生的事故，为迅速、有序的开展应急行动而预先进行的组织准备和应急保障。

5.3

应急响应　emergency response

事故发生后，有关组织或人员采取的应急行动。

5.4

应急救援　emergency rescue

在应急响应过程中，为消除、减少事故危害，防止事故扩大或恶化，最大限度地降低事故造成的损失或危害而采取的救援措施或行动。

5.5

防护措施　protection measures

为避免职工在作业时身体的某部位误入危险区域或接触有害物质而采取的隔离、屏蔽、安全距离、个人防护、通风等措施或手段。

5.6

职业病防护设施　facility for control occupational hazard

消除或者降低工作场所的职业病危害因素浓度或强度，减少职业病危害因素对劳动者健康的损害或影响，达到保护劳动者健康目地的装置。

5.7

个人防护用品　personal protective devices

为使职工在职业活动过程中免遭或减轻事故和职业危害因素的伤害而提供的个人穿戴用品。

5.8

应急救援设施　facility for first-aid

在工作场所设置的报警装置、现场急救用品、洗眼器、喷淋装置等冲洗设备和强制通风设备，以及应急救援使用的通讯、运输设备等。

6　职业医学与职业病　occupational medicine and occupational disease

6.1

职业医学　occupational medicine

以个体为主要对象，旨在对受到职业危害因素损害或存在潜在健康危险的个体进行早期健康检查、诊断、治疗和康复处理。

6.2

职业病　occupational disease

劳动者在职业活动中接触职业性危害因素所直接引起的疾病。

6.3

法定职业病　prescript occupatinal disease

国家根据社会制度、经济条件和诊断技术水平,以法规形式规定的职业病。

6.4

职业性中毒　occupational poisoning

劳动者在职业活动中组织器官受到工作场所毒物的毒作用而引起的功能性和器质性疾病。

6.5

职业性急性中毒　occupational acute poisoning

短时间内吸收大剂量毒物所引起的职业性中毒。

6.6

职业性慢性中毒　occupational chronic poisoning

长期吸收较小剂量毒物所引起的职业性中毒。

6.7

职业健康监护　occupational health surveillance

以预防为目的,根据劳动者的职业接触史,通过定期或不定期的医学健康检查和健康相关资料的收集,连续性地监测劳动者的健康状况,分析劳动者健康变化与所接触的职业病危害因素的关系,并及时地将健康检查和资料分析结果报告给用人单位和劳动者本人,以便及时采取干预措施,保护劳动者健康。职业健康监护主要包括职业健康检查和职业健康监护档案管理等内容。

6.8

职业健康检查　occupational physical examination

一次性的应用医学方法对个体进行的健康检查,检查的主要目的是发现有无职业有害因素引起的健康损害或职业禁忌症。我国健康监护技术规范规定职业健康检查包括上岗前、在岗期间、离岗时和离岗后医学随访以及应急健康检查。

6.9

职业禁忌证　occupational contraindication

不宜从事某种作业的疾病或解剖、生理等状态。因在该状态下接触某些职业性危害因素时导致以下情况:原有疾病病情加重、诱发潜在的疾病、对某种职业性危害因素易感、影响子代健康。

6.10

职业病报告　reporting of occupational diseases notification

为加强职业病信息报告管理工作,准确掌握职业病发病情况,为预防职业病提供依据的由国家政府主管部门制定的职业病报告制度。

6.11

职业病诊断　diagnosis of occupational disease

根据劳动者职业病危害接触史及患者的临床表现和医学检查结果,参考作业场所职业病有害因素检测和流行病学资料,依据职业病诊断标准进行综合分析做出健康损害和职业接触之间关系的临床推理判断过程。

6.12

职业病诊断鉴定　appraisal of occupational disease

对职业病诊断结果有争议时,由卫生行政部门组织的对原诊断结论进一步审核诊断。

7 工作条件与人机工程 work condition and ergonomics

7.1

工作场所设计 workplace design

按生产任务和人机工程学的要求，对工作地点和作业区域作出规划和布置。

7.2

微小气候 microclimate

在特定空间范围内，温度、湿度、气流速度和气压等气候因素的综合。

7.3

工作条件 working condition

工作人员在工作中的设施条件、工作环境、劳动强度和工作时间的总和。

7.4

工作环境 work environment

在工作空间中，人周围的物理的、化学的、生物学的、社会的和文化的因素。

7.5

人机工程学 ergonomics

研究各种工作环境中人的因素，研究人和机器以及环境的相互作用以及研究人在工作、生活中怎样才能够同意考虑工作效率、人的健康、安全和舒适等问题的学科。

7.6

安全人机工程学 safety ergonomics

从安全的角度出发，以安全科学、系统科学与行为科学为基础，运用安全原理以及系统工程的方法去研究在人-机-环境系统中人与机以及人与环境保持什么样的关系，才能保证人的安全。

7.7

人体测量 anthropometry

应用标准的测量仪器和测量方法对人体作整体或局部的静态（线性、角度、内积、体积等）和动态（质心、重心、惯性、动作范围等）的测量。

7.8

立姿 standing posture

被测者挺胸直立，头部以法兰克福平面定位，眼睛平视前方，肩部放松，上肢自然下垂，手伸直，手掌朝向体侧，手指轻贴大腿侧面，自然伸直膝部，左、右足后跟并拢，前端分开，使两足大致呈 45°夹角，体重均匀分布于两足。

7.9

坐姿 sitting posture，sitting position

被测者挺胸坐在被调节到排骨头高度的平面上，头部以法兰克福平面定位，眼睛平视前方，左、右大腿大致平行，膝弯屈大致成直角，足平放在地面上，手轻放在大腿上。坐姿一般分为正直坐姿、后倾坐姿、前倾坐姿。

中文索引

英 文 索 引

A

B

C

D

E

F

I

M

O

P

R

S

ICS 17.180.30
N 33

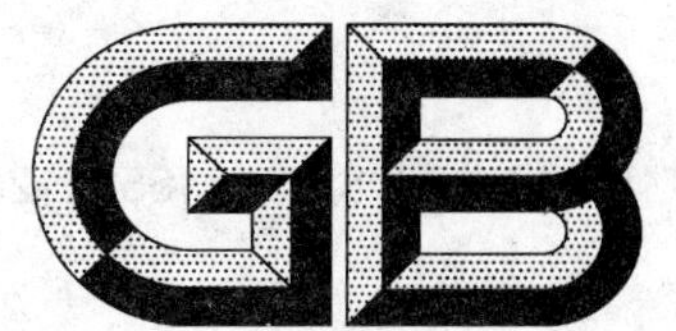

中华人民共和国国家标准

GB/T 15247—2008/ISO 16592:2006
代替 GB/T 15247—1994

微束分析　电子探针显微分析 测定钢中碳含量的校正曲线法

Microbeam analysis—Electron probe microanalysis—Guidelines for determining the carbon content of steels using calibration curve method

(ISO 16592:2006, IDT)

2008-08-20 发布　　2009-04-01 实施

中华人民共和国国家质量监督检验检疫总局
中国国家标准化管理委员会　发布

前　言

本标准等同采用国际标准 ISO 16592:2006《微束分析——电子探针显微分析——校正曲线法测定钢中碳含量》(英文版)。

本标准对 ISO 16592:2006 作了如下编辑性修改：

——附录 B 中 C_S=0.44 改为 C_S=0.444，小数点后多保留一位，以与 $u(C_S)$保留位数一致。

本标准代替 GB/T 15247—1994《碳钢和低合金钢中碳的电子探针定量分析方法　灵敏度曲线法(检量线法)》。

本标准与 GB/T 15247—1994 的主要区别为：

——标准更名为《微束分析　电子探针显微分析　测定钢中碳含量的校正曲线法》；

——在第 1 章中更清楚地规定了本标准的适用范围；

——为了阐述分析原理，在 3.4 中增加了“电子束能量与碳 K_α 峰强度的关系”和“碳 K_α 峰的组成”两张图表；

——增加了“附录 A　校正曲线法中计算值不确定度的评估方法”和“附录 B　钢中碳的质量分数测定和不确定度评估举例”。附录 A 和附录 B 为资料性附录；

——增加了“3　检测不确定度评估”的内容，删除了原标准第 10 章“分析准确度”的内容。

本标准附录 A、附录 B 为资料性附录。

本标准由全国微束分析标准化技术委员会提出。

本标准由全国微束分析标准化技术委员会归口。

本标准起草单位：钢铁研究总院。

本标准主要起草人：朱衍勇、钟振前、毛允静。

本标准所代替标准的历次版本发布情况为：

——GB/T 15247—1994。

微束分析 电子探针显微分析 测定钢中碳含量的校正曲线法

1 范围

本标准规定了用电子探针测定碳钢和低合金钢(其他合金元素质量分数小于 2%)中碳含量的校正曲线法。本标准包含试样制备、X-射线检测、校正曲线建立以及碳含量检测不确定度的评估。本标准适用于测定碳的质量分数小于 1%的钢中碳含量,当含碳量高于 1%时检测准确度会受到很大的影响,不适用于本标准。

本标准适用于垂直入射方式和波谱仪,不适用能谱仪。

2 分析方法

2.1 概述

用校正曲线法测定钢中碳含量,首先要准备合适的参考物质。准确的分析检测尤其要注意防止试样表面碳污染,避免因污染影响碳含量的检测结果。

试样和参考物质中碳的 K_α 线强度的检测需要在相同的实验条件和步骤下进行,即试样制备、加速电压、束流、束斑尺寸、点分析计数模式、线分析时的步长以及背底扣除的方法等都要求一致。

2.2 参考物质

建立检测碳含量的校正曲线,需要一个或一套合适的参考物质。例如以下参考物质:

——从奥氏体区温度淬火得到的 Fe-C 固溶体。系列参考物质应包括不同的碳含量范围,且每种参考物质要求成分均匀;

——Fe-C 化合物 Fe_3C[1]。

参考物质与被测试样的碳 K_α 峰形不同时会降低定量分析的准确度,因此不能采用。

2.3 试样制备

2.3.1 简述

制备试样时,在试样表面形成的碳及其化合物污染会很大程度地影响碳含量分析的准确度。因此制样时需要特别注意防止这类污染的发生。参考物质和待测试样的制备过程(镶嵌、研磨和抛光)要保持一致。

2.3.2 镶嵌

通常情况下试样不需镶嵌,但在分析小的或不规则形状的试样时,需要进行镶嵌。必须认识到镶嵌材料也会成为碳污染的来源。常用的镶嵌材料很多,如酚醛塑料,掺有铜、铝、甚至石墨的树脂等,选用镶嵌材料时要事先对其进行评估,避免对试样带来污染。

分析经镶嵌的试样时,应尽量选择靠近试样中心的区域进行检测,以避免边缘部位由镶嵌材料污染造成的影响。

2.3.3 抛光和清洗

制备好的试样表面应该平整、清洁和干燥。要求按照规范的金相制样方法制备试样,如采用 SiC 砂纸研磨、选用粒度适宜的抛光膏抛光等。最后的抛光所用的抛光剂要求用不含碳的材料,比如氧化铝粉等。抛光后,要用超声波清洗,以彻底去除制样过程中可能在试样表面残留的污染物。

2.4 碳 K_α 线强度检测

2.4.1 电子束能量和束流

由于碳的特征 X-射线产额低,且几乎所有基体材料对碳 K_α 线都有强烈吸收,因此碳的 X-射线出射强度很低。在高于碳 K_α 线的激发电压基础上提高入射电子束能量，能增加电子的穿透深度，从而产生更多的X-射线量。但由于X-射线在到达试样表面前就已被大量吸收(如图1)，产生的X-射线量增加的同时出射X-射线的强度反而会急剧下降。产生最大X-射线出射强度的最佳电子束能量依赖于试样。虽然对于钢中常见的碳化物最佳激发电压是6 keV左右[2]，但综合考虑碳 K_α 强度和入射电子束斑直径，实践上通常使用10 keV～15 keV的电子束能量。高束流可增加X-射线的总量，但同时束斑直径也增加。在束斑直径能够满足分析要求的前提下，为获得好的统计计数，定量分析钢中碳含量时，束流设置值应该尽量高一些。

检测试样和检测参考物质时的束流大小应该保持恒定。但是通过短间隔定时测量束流，来对计数进行归一化也是允许的。

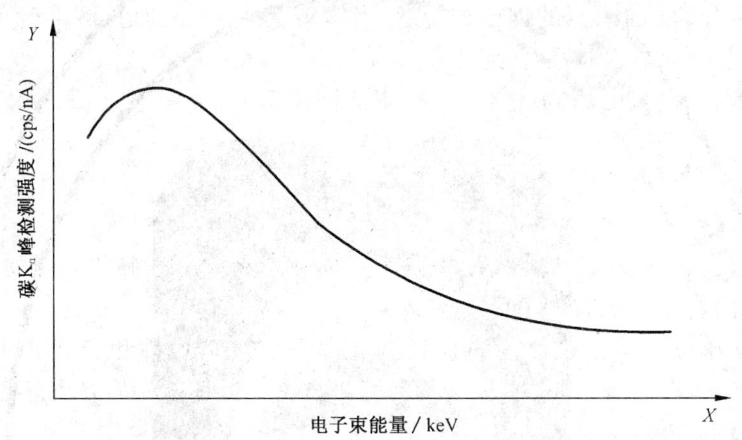

图1 电子束能量与检测碳 K_α 峰强度的关系示意图[2]

2.4.2 计数时间

为了得到更好的结果，EPMA(electron probe microanalyzer，电子探针显微分析仪)应该配置液氮冷却板和/或空气或氧气微漏喷射装置等以有效防止试样污染。仪器计数率稳定后，再开始检测。

注1：对污染率高的仪器，应该尽量提高计数率，缩短采集时间，以降低污染物对计数的影响。当然，最好的解决污染问题的办法应根据具体的仪器状况来制定。

注2：在电子辐照作用下引起试样表面碳污染的污染源有很多(如试样本身、试样室内的残留气体、真空泵中的油、波谱仪机械装置所需的润滑剂等等)。液氮冷却板和空气或氧气喷射装置可以减轻因电子辐照在试样上产生的污染。

2.4.3 脉冲高度分析器(PHA)设置

调整PHA设置以去除所有碳 K_α 峰宽范围内的高阶衍射线。

注1：用碳含量高的试样(比如 Fe_3C)可以很容易地调整PHA的设置。

2.4.4 晶体选择

为获得好的统计计数，所用的晶体应该能在碳 K_α 波长范围内有高的计数率和好的峰背比。旧式仪器使用硬脂酸铅晶体，现在仪器使用经最佳优化d-间距的合成多层晶体，可以得到高强度和高峰背比。

2.5 背底扣除

原子序数较大的元素定量分析时，扣除背底主要注意选择峰两侧合适的背底位置，尽量避免试样中其他元素对检测峰产生的影响。就碳含量分析而言，所检测到的碳 K_αX-射线强度有5种来源，如图2所示。5种来源都来自试样上的碳原子，包括：(A)试样制备时试样表面的碳污染；(B)检测过程中电子辐照作用下形成的碳污染；(C)连续X-射线；(D)重叠峰。为检测试样和参考物质产生的净碳 K_α 强度，应该从检测总强度里面扣除上述附加部分。

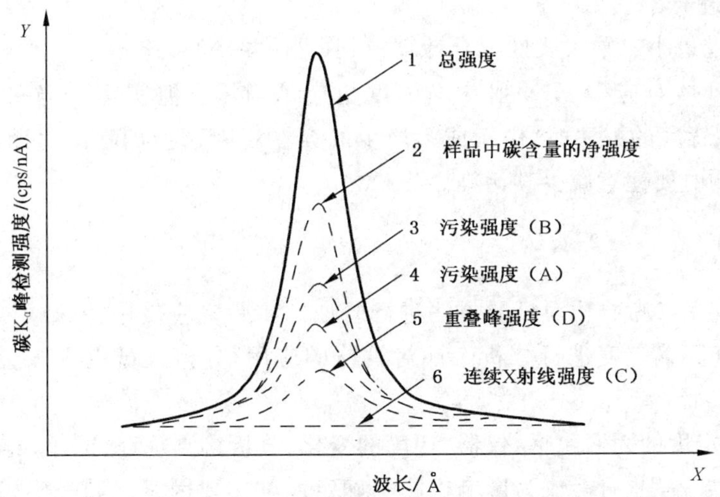

图 2 碳 K_α 峰强度检测值的组成

采用峰形法可以扣除 X-射线连续谱产生的强度，但由于此时的峰高和/或峰面积内还包含污染物(A)和(B)的贡献，还不是试样中的碳 K_α 净强度。采用与检测试样完全相同的条件检测纯铁的碳 K_α 强度的方法，可以较好的估计污染强度。这种方法只需在纯铁试样碳的 K_α 最大峰强位置采集计数以确定碳含量为零时的碳峰强度，而不需要移动到背底位置来测量背底 X-射线强度。如果在测量中出现重叠峰，则需要用适当的参考物质来评估元素对重叠峰强度的贡献。

2.6 建立校正曲线

通过对一系列不同含碳量标准试样所产生的 X-射线的检测，建立碳 K_α 净强度与其含量的关系，即得到测量钢中碳含量的校正曲线，如图 3 所示。

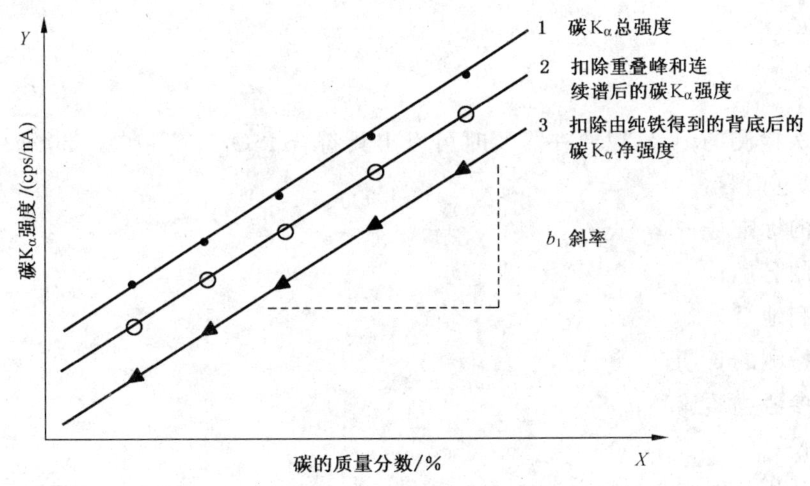

图 3 测定钢中碳含量的校正曲线示意图

在碳的质量分数为 0% 到 1.0% 的范围内，碳 K_α 强度与碳含量存在线性关系。校正曲线可用下面方程式(1)表示：

$$I_i = b_0 + b_1 C_i \quad \cdots\cdots (1)$$

式中：

I_i——参考物质的碳 K_α X-射线检测强度；

C_i——参考物质中碳的质量分数；

b_0——校正曲线在强度轴上的截距；

b_1——校正曲线的斜率。

系数 b_0，b_1 可以通过最小二乘法线性拟合计算得到(见附录 A)。

理论上碳含量为零时，对应碳 K_αX-射线净强度也应该为零。但实际上当采用检测纯铁试样碳 K_αX-射线强度作为扣除背底的方法时，由于或多或少的存在污染，碳的 K_α 净强度往往并不为零，而是某一固定值。因此，检测时要注意减少碳污染。

3 检测不确定度评估

分析测试之前，应使用参考物质对试验方法进行验证。实验室应使用特殊试样对其常用检测方法的检测重现性、再现性和不确定度进行分析。针对具体的应用，分析人员也应该验证其检测方法的有效性。

通常影响检测不确定度的因素包括：仪器、环境的变化、分析检测规程、试样和操作者。试样中不同小区域化学成分存在较大差别，可能成为影响检测不确定度的主要因素。同一实验人员在正常和正确操作情况下，在同一仪器、同一实验条件下，并在较短的时间内反复检测试样的同一小区域，以此可计算该检测方法的重复性。

通过在不同的时间进行重复性实验的方法可以得到检测方法的再现性，如让不同的操作者对试样的不同区域进行重复性实验。参加实验室间的能力验证和比对实验可提供很有用的检测再现性结果。

在同一实验条件下用标准样品(CRM)可以评估检测结果的准确度。使用这种方法即可以溯源到认可标准，还可以确定系统误差。采用已经建立的分析方法获得的结果也可以作为实验室确定其检测准确度的方法。

用附录 A[3],[4] 给出的方法可以评估从校正曲线法得到的计算结果的不确定度。也可以利用重复性/再现性估计因为不规则因素引起的综合检测不确定度。测定钢中碳含量和评定不确定度的应用举例见附录 B。

4 检测报告

应保存仪器及每次检测的记录，以便在需要时可以出具符合 ISO/IEC 17025:2005 中 5.10 相关规定的检测报告，包括以下内容：

a) 本国家标准的标准号；

b) 测试实验室的名址；

c) 客户的名字和地址；

d) 接收和进行检测的日期；

e) 仪器型号和参考物质编号；

f) 仪器检出角；

g) 抽样方法及其相关内容；

h) 建立校正曲线所用的参考物质；

i) 试样制备方法；

j) 电子束能量；

k) 电子束流；

l) 使用的分光晶体；

m) PHA 设置；

n) 碳 K_α 强度的计数时间；

o) 背底扣除方法；

p) 检测结果及检测不确定度(如果客户要求);

q) 校正方法或实验方法的偏离或例外情况,以及其他任何与该校正或实验相关的信息,例如实验环境;

r) 检测日期和报告日期;

s) 相关负责人签名。

附 录 A
（资料性附录）
校正曲线法中计算值不确定度的评估方法
(Method to estimate the uncertainty of the calculated value using a calibration curve)

通过适当的参考物质建立校正曲线的方法，可以计算钢试样中碳的质量分数。本标准中最小二乘法线性拟合的使用前提是：假定参考物质中碳含量的不确定度远小于碳 K_α 净强度检测值的不确定度。因此通常情况下不确定度的计算反映了 EPMA 所检测的碳 K_αX-射线强度不确定度，而不反映参考物质的不确定度。

校正曲线式(A.1)如下：

$$I_i = b_0 + b_1 C_i \qquad \text{(A.1)}$$

式中：

I_i——检测参考物质得到的碳 K_αX-射线强度；

C_i——参考物质中碳的质量分数；

b_0——校正曲线在强度轴上的截距；

b_1——校正曲线的斜率。

标准不确定度 $u_c(y)$ 由式(A.2)给出，其中 y 随变量 $x_1, x_2, \cdots\cdots, x_n$ 而变化（参见参考文献[3]和[4]）。

$$u_c{}^2(y(x_1, x_2, \cdots\cdots)) = \sum_{i=1}^{N}\sum_{j=1}^{N}\frac{\partial y}{\partial x_i}\frac{\partial y}{\partial x_j}u(x_i, x_j) = \sum_{i=1}^{N}\left(\frac{\partial y}{\partial x_i}\right)^2 u^2(x_i) + 2\sum_{i=1}^{N-1}\sum_{j=i+1}^{N}\frac{\partial y}{\partial x_i}\frac{\partial y}{\partial x_j}u(x_i)u(x_j)r(x_i, x_j) \qquad \text{(A.2)}$$

式中 $r(x_i, x_j)$ 是相关系数；

因此，计算不确定度 $u(C_S)$ 的公式为：

$$C_S = (I_s - b_0)/b_1 \qquad \text{(A.3)}$$

$$\begin{aligned} u^2(C_S) &= \left(\frac{1}{b_1}\right)^2 u^2(I_s) + \left(\frac{1}{b_1}\right)^2 u^2(b_0) + \left(\frac{(I_s - b_0)}{b_1{}^2}\right)^2 u^2(b_1) + 2u(b_0)u(b_1)r(b_0, b_1)\left(\frac{(I_s - b_0)}{b_1{}^2}\right) \\ &= \left(\frac{1}{b_1}\right)^2 u^2(I_s) + \left(\frac{1}{b_1}\right)^2 u^2(b_0) + \left(\frac{C_S}{b_1}\right)^2 u^2(b_1) + 2u(b_0)u(b_1)r(b_0, b_1)\left(\frac{C_S}{b_1{}^2}\right) \\ &= \left(\frac{1}{b_1}\right)^2 \{u^2(I_s) + u^2(b_0) + C_S{}^2 u^2(b_1) + 2C_S u(b_0)u(b_1)r(b_0, b_1)\} \end{aligned} \qquad \text{(A.4)}$$

b_0、b_1、$u^2(b_0)$、$u^2(b_1)$、$r(b_0, b_1)$ 的计算公式如下[5]：

$$b_0 = \frac{1}{D}\left(\sum_{i=1}^{n}\frac{I_i}{\sigma_i{}^2}\cdot\sum_{i=1}^{n}\frac{C_i{}^2}{\sigma_i{}^2} - \sum_{i=1}^{n}\frac{I_i C_i}{\sigma_i{}^2}\cdot\sum_{i=1}^{n}\frac{C_i}{\sigma_i{}^2}\right)$$

$$b_1 = \frac{1}{D}\left(\sum_{i=1}^{n}\frac{1}{\sigma_i{}^2}\cdot\sum_{i=1}^{n}\frac{I_i C_i}{\sigma_i{}^2} - \sum_{i=1}^{n}\frac{I_i}{\sigma_i{}^2}\cdot\sum_{i=1}^{n}\frac{C_i}{\sigma_i{}^2}\right)$$

$$D = \sum_{i=1}^{n}\frac{1}{\sigma_i{}^2}\cdot\sum_{i=1}^{n}\frac{C_i{}^2}{\sigma_i{}^2} - \left(\sum_{i=1}^{n}\frac{C_i}{\sigma_i{}^2}\right)^2$$

$$u^2(b_0) = \frac{1}{D}\sum_{i=1}^{n}\frac{C_i{}^2}{\sigma_i{}^2}$$

$$u^2(b_1) = \frac{1}{D}\sum_{i=1}^{n}\frac{1}{\sigma_i{}^2}$$

$$r(b_0,b_1)=-\frac{\sum_{i=1}^{n}\frac{C_i}{\sigma_i^2}}{\sqrt{\sum_{i=1}^{n}\frac{1}{\sigma_i^2}\cdot\sum_{i=1}^{n}\frac{C_i^2}{\sigma_i^2}}}$$

式中：

b_0——校正曲线在强度轴上的截距；

b_1——校正曲线的斜率；

n——校正检测次数；

C_S——测得试样中碳的质量分数；

I_s——检测试样的碳 K_αX-射线强度；

σ_i^2——表示 I_i 的标准偏差；

I_i——参考物质的碳 K_αX-射线检测强度；

C_i——参考物质中碳的质量分数。

附 录 B
（资料性附录）
钢中碳的质量分数测定和不确定度评估举例
(A practical example of the determination of the mass fraction of carbon and the evaluation of uncertainty in a steel)

用准备好的校正曲线来测定碳的质量分数。为此，需要用到五个参考物质，其含碳量分别为：0.089%，0.188%，0.281%，0.460%和0.680%。每个参考物质检测五次碳 K_α 强度，检测结果见表B.1。

表 B.1 检测参考物质和未知试样得到的碳 K_α 强度值 单位：计数

碳的质量分数/%	1	2	3	4	5	平均值	标准偏差
0.089	7 842	7 908	7 806	7 956	7 896	7 882	58.6
0.188	9 360	9 168	9 240	9 396	9 342	9 301	94.3
0.281	10 158	10 230	10 380	10 182	10 218	10 234	86.7
0.460	12 612	12 552	12 546	12 930	12 480	12 624	177.3
0.680	14 730	15 012	14 868	14 736	14 562	14 782	168.5
未知试样	12 372	12 006	12 180	—	—	12 186	183.1

运用附录A中的公式，得到下列结果：

$b_0=6\ 882$

$b_1=11\ 948$

$u(b_0)=66.87$

$u(b_1)=260.46$

$r(b_0,b_1)=-0.794$

在未知试样上检测到的碳 K_αX-射线强度(I_S)为12 186，通过校准曲线计算未知试样中碳的质量分数如下：

$C_S=(12\ 186-6\ 882)/11\ 948=0.444\%$。

不确定度 $u(C_S)$ 计算如下：

$$u^2(C_S)=\left(\frac{1}{b_1}\right)^2\{u^2(I_s)+u^2(b_0)+C_S{}^2u^2(b_1)+2C_Su(b_0)u(b_1)r(b_0,b_1)\}$$

$$=\left(\frac{1}{11\ 948}\right)^2(183.1^2+66.87^2+0.444^2\times260.46^2+2\times0.444\times66.87\times260.46\times(-0.794))$$

$$=0.000\ 273$$

其中，

$u^2(I_s)=183.1^2$ 是在检测未知试样碳 K_αX-射线强度的基础上计算得到。

$u(C_S)=0.017\%$。

参 考 文 献

[1] SAUNDERS, S. R. J., KARDUCK, P. and SLOOF, W. G. Certified reference Materials for Micro-Analysis of Carbon and Nitrogen, Microchimica Acta, 145, 2004, pp. 209-213.

[2] BASTIN, G. F. and HEIJLINGERS, H. J. M. *Quantitative Electron Probe Microanalysis of Carbon in Binary Carbides*. University of Eindhoven, The Netherlands, 1990.

[3] ELLISON, S. L. R., ROSSLEIN, M. and Williams, A. *Quantifying Uncertainty in Analytical Measurement*, 2nd edn, EURACHE/CITAC Guide, 2000.

[4] *Guide to the Expression of Uncertainty in Measurement*, BIPM, IEC, IFCC, ISO, IUPAC, IUPAP, OIML, 1993 (corrected and reprinted 1995).

[5] TAYLOR, J. R. *An Introduction to Error Analysis*, University Science Books, 1982.

ICS 77.040.10
H 22

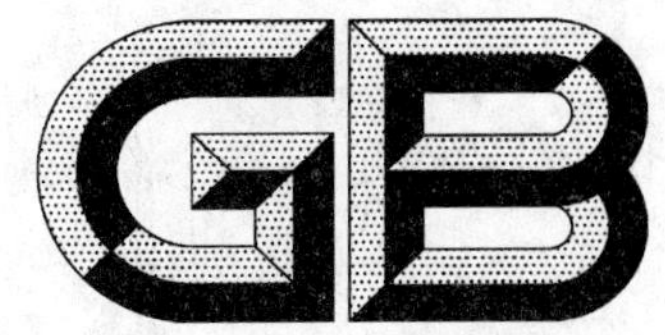

中华人民共和国国家标准

GB/T 15248—2008
代替 GB/T 15248—1994

金属材料轴向等幅低循环疲劳试验方法

The test method for axial loading constant-amplitude low-cycle fatigue of metallic materials

2008-04-09 发布　　2008-10-01 实施

中华人民共和国国家质量监督检验检疫总局
中国国家标准化管理委员会　发布

前　言

本标准代替 GB/T 15248—1994《金属材料轴向等幅低循环疲劳试验方法》。

本标准与 GB/T 15248—1994《金属材料轴向等幅低循环疲劳试验方法》相比，主要变化如下：

——将标准的适用范围从适用于“与时间有关的非弹性应变和与时间无关的非弹性应变相比小得可以忽略不计的温度和应变速率下试验”改为适用于“时间相关的非弹性应变和时间无关的非弹性应变相比较小或与之相当的温度和应变速率”下的试验；

——删除原附录 C“带过渡圆弧试样应变范围修正”及正文中标距内带圆弧的试样及其相关内容；

——删除使用差动变压器和上、下引伸杆组成的引伸计系统示意图；

——在数据处理中推荐采用循环弹性模量进行计算，增加了与循环弹性模量相关的符号和说明；

——对图、表、设备、试样、试验环境、记录和失效判定等中的部分技术内容进行了修改；

——将原标准中表述可能引起分歧的部分及文字错误进行了修改。

本标准的附录 A、附录 B、附录 C 和附录 D 均为资料性附录。

本标准由中国航空工业第一集团公司提出。

本标准由中国航空工业第一集团公司归口。

本次标准起草单位：北京航空材料研究院、中国科学院金属研究所、北京钢铁研究总院。

本标准主要起草人：钟斌、张国栋、何玉怀、金磊、李骋、谢济洲、段作祥、侯静泳。

本标准代替标准的历次版本发布情况为：

——GB/T 15248—1994。

金属材料轴向等幅低循环疲劳试验方法

1 范围

本标准规定了金属材料轴向等幅低循环疲劳试验的设备、试样、试验程序、试验结果的处理及试验报告等。

本标准适用于金属材料等截面和漏斗形试样承受轴向等幅应力或应变的低循环疲劳试验，不包括全尺寸部件、结构件的试验。适用于时间相关的非弹性应变和时间无关的非弹性应变相比较小或与之相当的温度和应变速率。允许在温度、压力、湿度、介质等环境因素下进行试验，但这些因素在整个试验过程中应保持恒定。

注：本标准可作为材料研制、机械设计、工艺和质量控制、产品性能测定和失效分析时低循环疲劳试验的指南。

2 规范性引用文件

下列文件中的条款通过本标准的引用而成为本标准的条款。凡是注日期的引用文件，其随后所有的修改单(不包括勘误的内容)或修订版均不适用于本标准，然而，鼓励根据本标准达成协议的各方研究是否可使用这些文件的最新版本。凡是不注日期的引用文件，其最新版本适用于本标准。

GB/T 10623 金属力学性能试验术语

GB/T 12160 单轴试验用引伸计的标定

JJG 556 轴向加荷疲劳试验机检定规程

3 符号

本标准使用的符号、名称、单位和说明见表 1。

表 1 符号、名称、单位和说明

符号	名称	单位	说明
$\Delta\varepsilon_t$	总应变范围	mm/mm	在一次循环中，最大和最小应变的代数差，即：$\Delta\varepsilon_t=\varepsilon_{max}-\varepsilon_{min}$
$\Delta\varepsilon/2$	应变幅	mm/mm	应变范围的一半
ε_{max}	最大应变	mm/mm	在一次循环中，应变的最大代数值。拉伸为正，压缩为负
ε_{min}	最小应变	mm/mm	在一次循环中，应变的最小代数值
$\Delta\varepsilon_e$	弹性应变范围	mm/mm	等于应力范围除以弹性模量，即：$\Delta\varepsilon_e=\Delta\sigma/E$
$\Delta\varepsilon_p$	塑性应变范围	mm/mm	取总应变范围与弹性应变范围之差，即：$\Delta\varepsilon_p=\Delta\varepsilon_t-\Delta\varepsilon_e$
$\Delta\sigma$	循环应力范围	MPa	在一次循环中，最大应力和最小应力的代数差，即：$\Delta\sigma=\sigma_{max}-\sigma_{min}$
$\Delta\sigma/2$	应力幅	MPa	应力范围的一半
σ_{max}	最大应力	MPa	在一次循环中，应力的最大代数值
σ_{min}	最小应力	MPa	在一次循环中，应力的最小代数值
R_σ	应力比	—	$R_\sigma=\sigma_{min}/\sigma_{max}$
R_ε	应变比	—	$R_\varepsilon=\varepsilon_{min}/\varepsilon_{max}$
N_f	失效循环数	周	到达失效的循环次数
$2N_f$	失效反向数	反向数	到达失效的反向次数

表 1(续)

符号	名　称	单位	说　明
b	疲劳强度指数	—	$\lg(\Delta\sigma/2)-\lg 2N_f$ 或 $\lg(\Delta\varepsilon_e/2)-\lg 2N_f$ 曲线的斜率
c	疲劳延性指数	—	$\lg(\Delta\varepsilon_p/2)-\lg 2N_f$ 曲线的斜率
ε'_f	疲劳延性系数	—	取 $\lg(\Delta\varepsilon_p/2)-\lg 2N_f$ 曲线上 $2N_f=1$ 处的纵坐标截距
σ'_f	疲劳强度系数	MPa	取 $\lg(\Delta\sigma/2)-\lg 2N_f$ 曲线上 $2N_f=1$ 处的纵坐标截距
K'	循环强度系数	MPa	$\lg(\Delta\sigma/2)-\lg(\Delta\varepsilon_p/2)$ 曲线上 $\Delta\varepsilon_p/2=1$ 处的纵坐标截距
n'	循环应变硬化指数	—	$\lg(\Delta\sigma/2)-\lg(\Delta\varepsilon_p/2)$ 曲线的斜率
E	弹性模量	MPa	在弹性范围内,应力与应变的比值,采用单调拉伸或物理方法测得
E^*	循环弹性模量	MPa	在循环加载条件下,按照特定要求测得的弹性范围内的应力与应变的比值。可按 8.1.1 中的方法测得
E_{NT}	拉伸卸载模量	MPa	第 N 次循环中,从峰值拉应力卸载时测得的弹性模量
E_{NC}	压缩卸载模量	MPa	第 N 次循环中,从谷值压应力卸载时测得的弹性模量

4　术语和定义

GB/T 10623 确立的以及下列术语和定义适用于本标准。

4.1

应力/应变-寿命曲线　stress/strain-life curve

应力/应变范围与到达失效反向数的关系曲线。

注:用一组试样,选取若干个应力或应变值,分别测定其到达失效的循环数,然后画出 $\Delta\sigma/2-2N_f$ 或 $\Delta\varepsilon_t/2-2N_f$ 曲线,如图 1 和图 2 所示。根据关系式 $\Delta\varepsilon_t=\Delta\varepsilon_e+\Delta\varepsilon_p$,$\Delta\varepsilon_t/2-2N_f$ 曲线还可处理成图 3 形式,其函数关系式参见附录 A。在确定 $\Delta\sigma/2$ 时,若无明显的循环稳定值,则取 $N_f/2$ 时的应力范围。

4.2

应力-应变迟滞回线　stress-strain hysteresis loop

一次循环中的应力-应变关系曲线,如图 4 所示。

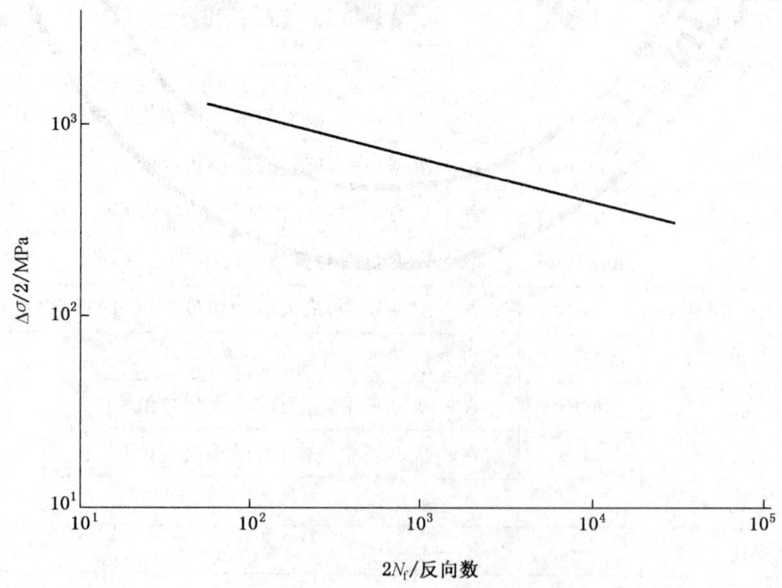

图 1　$\Delta\sigma/2-2N_f$ 曲线

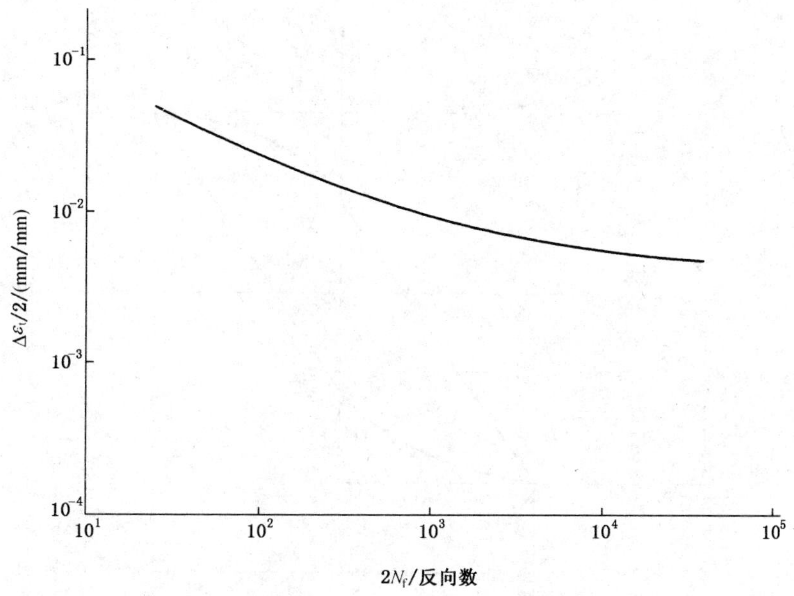

图 2　$\Delta\varepsilon_t/2-2N_f$ 曲线

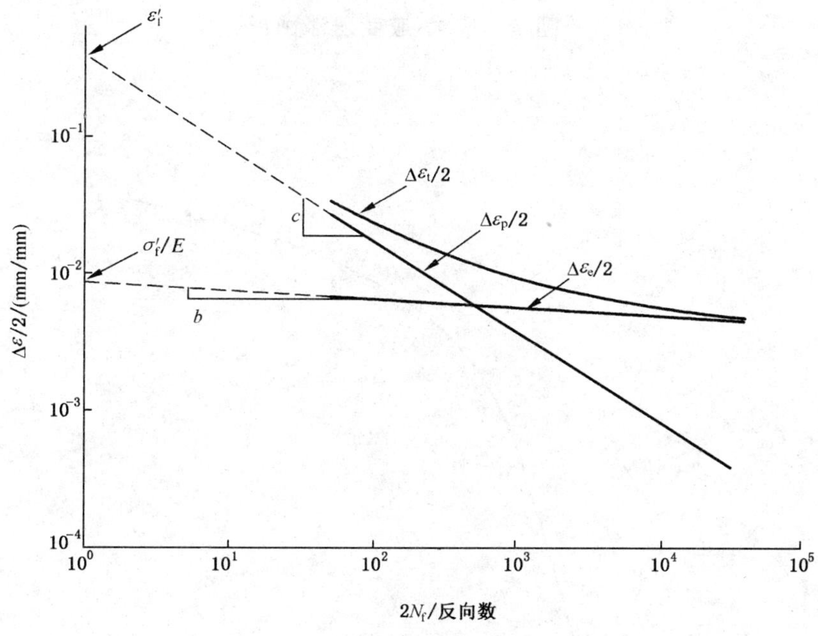

图 3　$\Delta\varepsilon_t/2$、$\Delta\varepsilon_e/2$、$\Delta\varepsilon_p/2-2N_f$ 曲线

4.3

循环应力-应变曲线　cyclic stress-strain curve

在不同总应变范围下得到的一系列稳定迟滞回线顶点的轨迹，如图 5 所示。也可用稳定应力幅和塑性应变幅在双对数坐标上作出的关系曲线表示，如图 6 所示，相应的函数关系式参见附录 A。

注：循环应力-应变曲线与一次应力-应变曲线进行比较，是判断金属材料循环硬化或循环软化的标志。一般采用多试样法获得，如条件不允许，也可采用应变范围自小到大的单试样增级试验法获得。

4.4

循环硬化　cyclic hardening

在循环加载过程中，当控制应变恒定时，其应力随循环数增加而增加，然后渐趋稳定的现象。

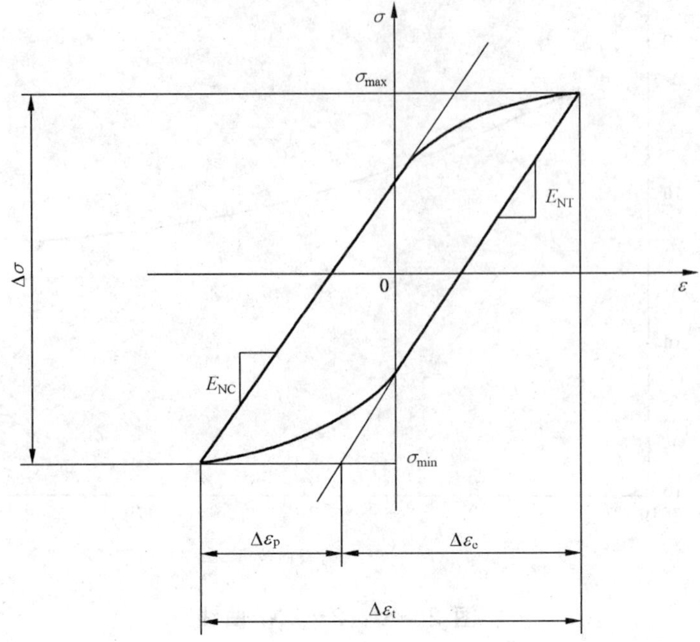

图 4　应力-应变迟滞回线

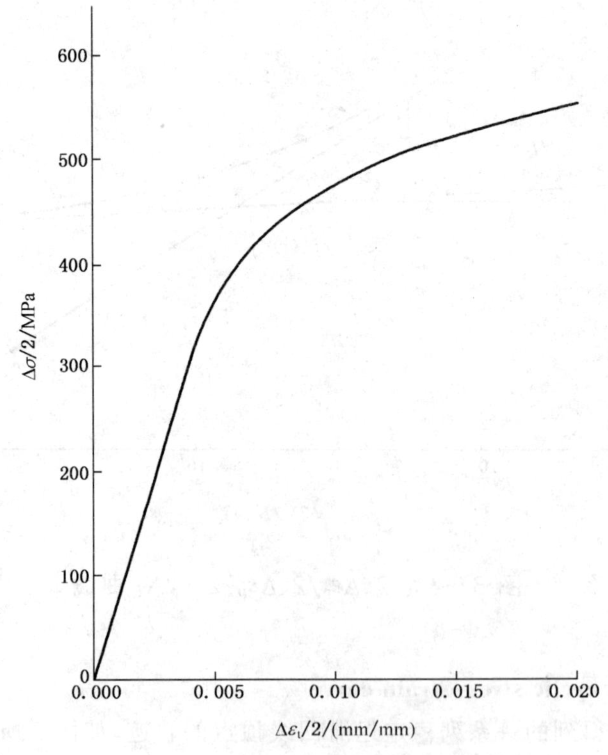

图 5　循环应力-应变曲线

4.5

循环软化　cyclic softening

在循环加载过程中，当控制应变恒定时，应力随循环数的增加而降低，然后渐趋稳定的现象。

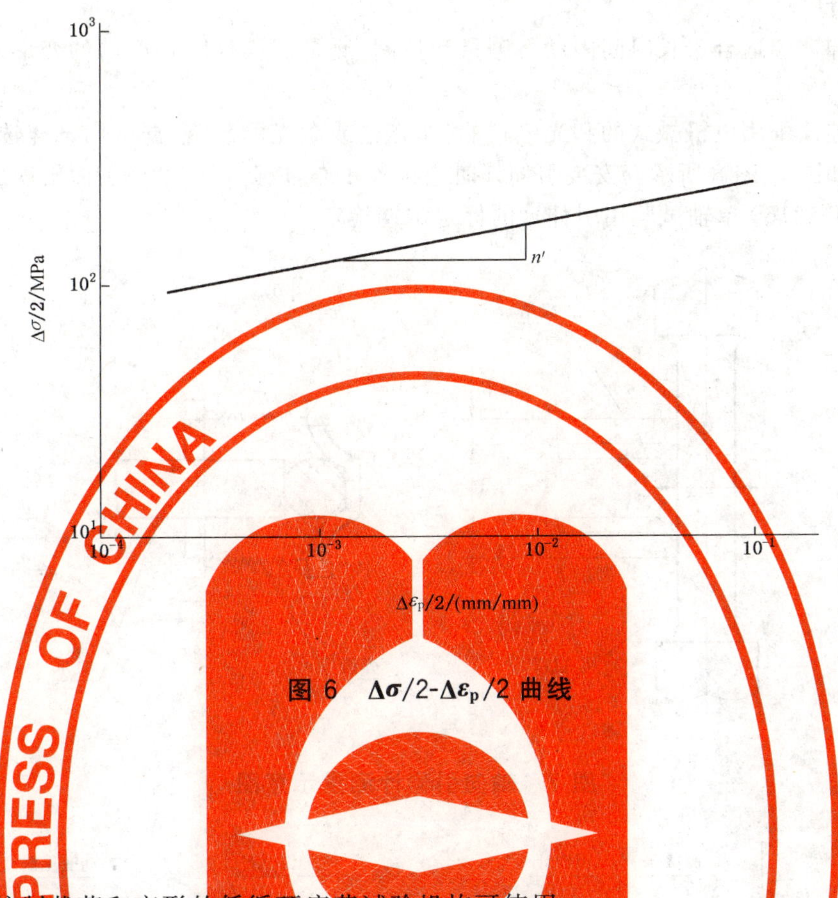

图 6 $\Delta\sigma/2$-$\Delta\varepsilon_p/2$ 曲线

5 设备

5.1 试验机

5.1.1 任何能控制载荷和变形的低循环疲劳试验机均可使用。

5.1.2 试验机的静载荷按 JJG 556 进行定期检定。其系统误差不大于±1%，偏差不大于 1%。

5.1.3 关于应力或应变控制的稳定性。相继两循环的重复性应在所试应力或应变范围的 1%以内，或平均范围的 0.5%以内，整个试验过程应稳定在 2%以内。

5.2 夹具

5.2.1 连接试样的夹头可采用任何方式，如螺纹或带台肩等。但试验时试样与夹头和试验机的连接应固紧，以免载荷换向时试样与夹头松动或造成间隙。

5.2.2 高温试验应对夹具进行冷却，以防止载荷链中的其他元件如力传感器等受到损坏。通常采用水冷装置。应注意水冷装置的使用不应影响力传感器的检定和载荷链的同轴度。

5.2.3 应有良好的同轴度。采用标定试样，在其中部圆周上均匀分布 4 片阻值相同的应变片，在试样的弹性范围内，测量其弯曲变形率。测量时重复 3 次，然后转动 90°再测。其弯曲变形率应在 5%范围内。弯曲变形率(PBS)按公式(1)～公式(4)计算：

$$PBS = \frac{\sqrt{(g_{1.3})^2 + (g_{2.4})^2}}{g_0} \times 100\% \quad \cdots\cdots(1)$$

$$g_0 = (g_1 + g_2 + g_3 + g_4)/4 \quad \cdots\cdots(2)$$

$$g_{1.3} = [(g_1 - g_0) - (g_3 - g_0)]/2 = (g_1 - g_3)/2 \quad \cdots\cdots(3)$$

$$g_{2.4} = [(g_2 - g_0) - (g_4 - g_0)]/2 = (g_2 - g_4)/2 \quad \cdots\cdots(4)$$

式中：

g_1, g_2, g_3, g_4——分别为四个应变片 3 次测得的应变平均值。

5.3 应变引伸计

5.3.1 应变引伸计应适合于长时间内动态测量和控制，测量试样标距长度内的变形时，测量精度应不低于±1%。

5.3.2 应变引伸计采用电机械式的和光电式的（如光电或激光的）。根据所用试样选取轴向的或径向的应变引伸计，如图7、图8所示。安装引伸计时应格外小心，以防损伤试样表面出现过早断裂。

5.3.3 按GB/T 12160单轴试验用引伸计的标定定期检定。

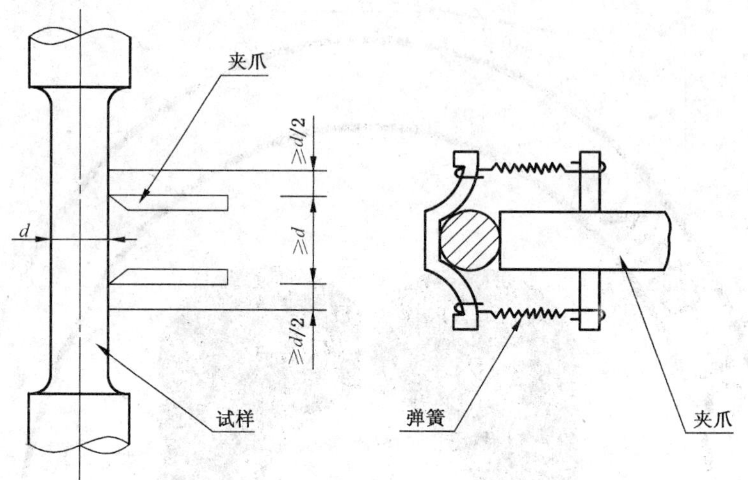

图7 轴向引伸计测量示意图

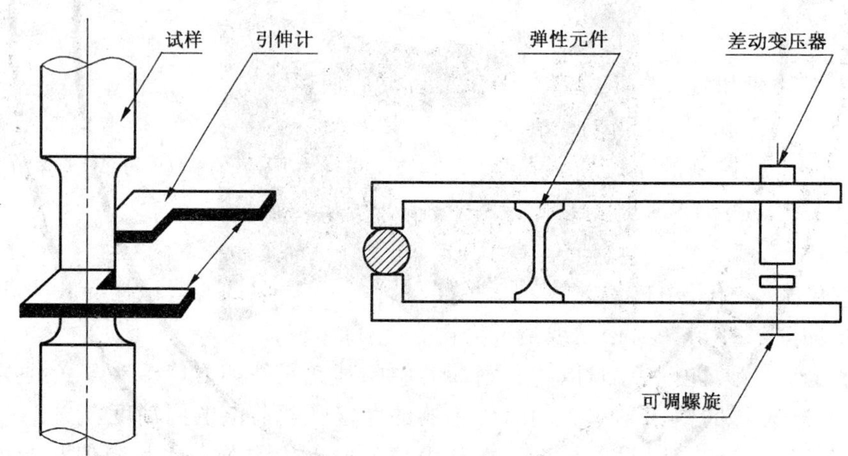

图8 径向引伸计测量示意图

5.4 数据采集与记录系统

5.4.1 数据记录的准确度应保持在满量程的1%以内。

5.4.2 推荐采用电子计算机数据采集系统对载荷、变形及循环次数等试验数据进行采集和存储。数据采集的频率应满足清楚记录应力-应变迟滞回线的需要，采集和存储的数据可随时绘制曲线或传输至打印机。

5.4.3 在条件不具备时，可使用 X-Y 记录仪或带照相功能的示波器记录载荷-变形或应力-应变迟滞回线；使用循环计数器记录总的循环数，并附带一计时器，以便对循环计数器和频率进行检验。

5.4.4 使用漏斗形试样进行径向应变控制的低循环疲劳试验时，试验采集的是径向应变信号，推荐使用应变计算机将径向应变和轴向应力转换成轴向应变。其转换原理和关系式见附录B。

6 试样

6.1 试样设计

6.1.1 概述

试样设计应保证其受载时正常工作，不致失稳，并使试样断在有效工作段。推荐采用如图 9 所示的试样。

6.1.2 圆形截面试样

6.1.2.1 图 9a)为等截面试样，通常选用该试样。图 9b)为漏斗形试样，选用时应根据材料的各向异性和抗弯性进行斟酌。等截面试样通常用于约 2%以内的总应变范围，大于 2%总应变范围的试验，建议采用漏斗形试样。关于漏斗形试样的曲率半径与试样最小半径之比，一般为 12：1，若有特殊需要，可使用 8：1 和 16：1 范围内的各种比例。较低的比值会使应力集中增加，可能影响疲劳寿命。较高的比值会降低试样的抗弯能力。当材料是各向异性时，应采用等截面试样。

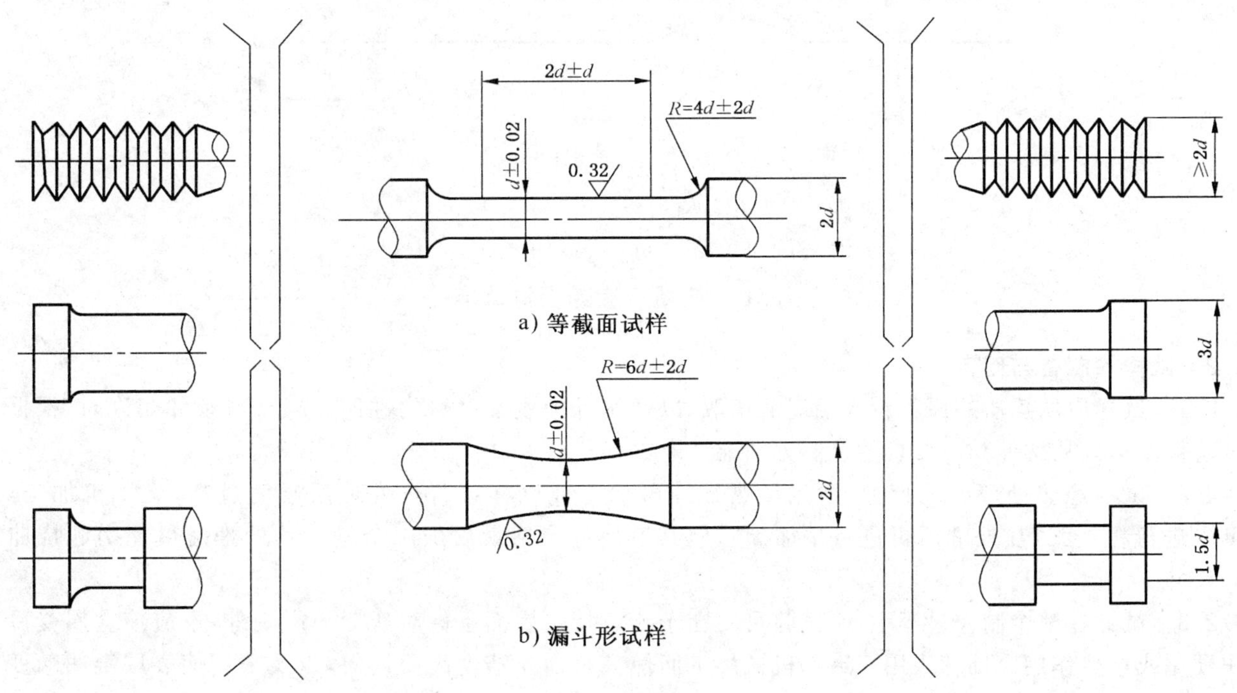

图 9 推荐的低循环疲劳试样

6.1.2.2 推荐工作部分的最小直径为 5 mm。

6.1.2.3 试样的头部根据所用夹具和材料来选择。高温下由于螺纹局部氧化而粘结时，建议采用带台肩试样头部或加防粘结剂。

6.1.3 板材试样

对于板材试样，一般来说，板厚小于 6 mm 时可采用如图 10 所示的试样，但应有特殊夹持装置。

图 10a)所示的矩形横截面试样适合于 2.5 mm 板厚、施加 1%总应变幅值。对于较高的应变幅，建议采用图 10b)中所示的圆形截面漏斗形试样。

6.1.4 非标准试样

在本标准范围内，试样也可设计成管状试样或直径小于 5 mm 的圆形截面试样。建议轴向应变控制等截面试样的标距长度与工作部分直径之比不大于 4；试样夹持部分的截面积与工作部分截面积之比不小于 4。试样工作部分与夹持部分的同轴度应在 0.01 mm 以内。

可以根据具体情况，采用其他形状的试样进行试验，但应在试验报告中说明。

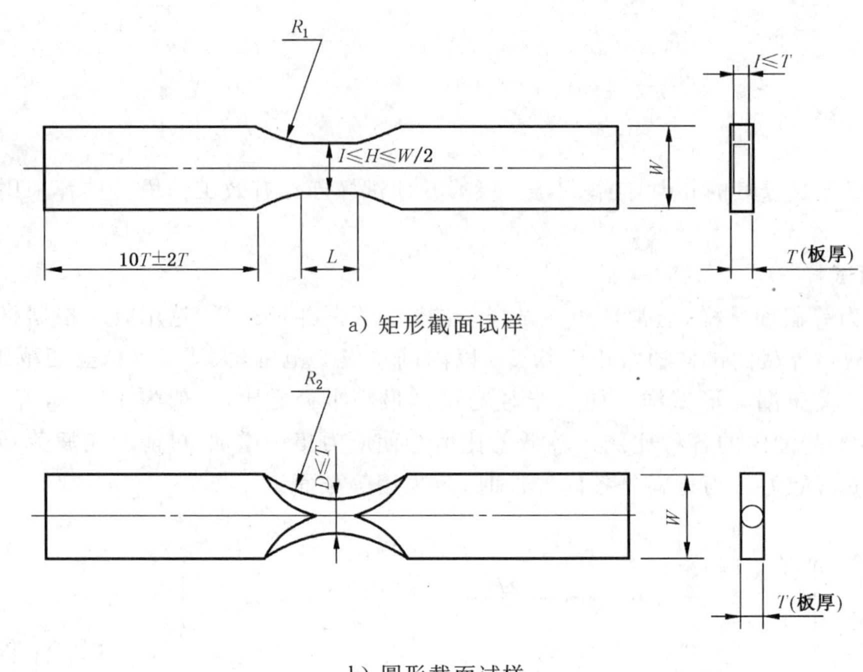

a) 矩形截面试样

b) 圆形截面试样

$L=3T\pm T/2$；$R_1=2T\pm T/2$；$W=4T\pm T$；

$D\geqslant 2.5$ mm；2.5 mm$\leqslant I\leqslant T$；$R_2=6D\pm 2D$

图 10 低循环疲劳板材试样

6.2 试样的制备与储存

6.2.1 试样应从均质的原材料或毛坯上切取，以便统计地表征材料的性能。当材料条件允许时，根据试验目的可以从构件和所要求的轧制方向上切取试样。

6.2.2 试样经热处理后试验时，则先经热处理再加工成试样。若热处理后硬度过高，难于机加工，可先进行粗加工，热处理后再进行精加工。但其毛坯应包括最后加工余量及热处理时可能引起挠曲的尺寸。

6.2.3 试样在整个制作过程中，除试验目的在于测定特定表面条件对疲劳的影响外，不应使金属受冷作硬化或过热作用。推荐采用一致的机械加工而使其表面光洁度高而均匀，以及采用使表层金属畸变最小的机加工或抛光工艺作为最后工序。附录 C 提供了机加工方法实例。

6.2.4 试样精加工后，应仔细清洗，立即防护，妥善保存，以防试样变形、表面损伤和腐蚀。

7 试验程序

7.1 试验环境

7.1.1 室温试验时，应对室温进行检测和记录。超出 10℃～35℃范围的温度应在报告中说明。

7.1.2 高温试验时试样工作部分的温度波动应不大于±2℃，标距长度内的温度梯度应在±2℃或试验温度的 1%（两者取较大值）以内，否则应在报告中说明。其他要求应根据双方要求进行协议。

7.1.3 高温试验可采用高频感应炉、辐射炉或电炉加热。为使试样温度均匀，应有足够的保温时间。使用前两种方法时，建议在炉子和试样之间设一个均热屏。

7.1.4 在空气中进行试验时，应对湿度进行监测和记录。

7.2 试样尺寸的测量

为准确计算试样的横截面积，应采用读数精度不低于 0.01 mm 的测量仪器来测量试样尺寸。对于等截面试样应在标距长度内至少两个不同位置进行测量。

7.3 试验机的控制

7.3.1 根据试验目的，试验时可以控制一个或几个变量，并同时监测其他变量随循环的变化。

7.3.2 低循环疲劳试验中，一般控制总应变范围。根据试验要求也可控制非弹性应变范围。对于低延性材料和较长寿命的低循环疲劳试验，其非弹性应变范围很小，若能保持所要求的应变范围，又能对其载荷范围进行定期调整时，也允许控制载荷。

7.3.3 为了实现能连续控制所规定的试验变量，一般采用闭环控制疲劳试验机。若使用非连续可控的试验机，则应严格控制所用变量的极限。

7.3.4 对于各向异性材料，如定向凝固、单晶材料等，应采用轴向应变控制。

7.3.5 除试验目的是研究起始加载效应外，所有试验应以相同的拉伸或压缩半循环开始。

7.4 波形

7.4.1 除试验目的是测定波形的影响外，在整个试验过程中，应变或应力对时间波形应保持一致。在无特定要求或设备受限制时，一般采用三角波。

7.4.2 带保持时间的高温低循环疲劳试验采用梯形波，试验按附录D进行。

7.5 应变速率或循环频率

7.5.1 除试验目的是测定应变速率或循环频率的影响外，试验的应变速率或循环频率应保持不变。一般来说恒定的应变速率更常用，而恒循环频率试验对于某些机械零件的疲劳分析可能更切合实际。

7.5.2 若由于设备的限制使用非三角波，不能进行恒定应变速率试验，或者由于时间的限制不能进行恒频率试验时，则可采用其他的速率控制方法。通常采用恒定的平均应变速率(应变范围和频率乘积的两倍)。当试验采用非弹性应变控制时，最合适的方法是保持平均非弹性应变速率恒定。

7.5.3 选用的应变速率或频率范围应确保试样温度升高不超过2℃。试验机控制系统的能力和精度要求，以及引伸计的响应频率是限制试验速率或频率的两个重要因素。所用实际频率值应在试验报告中注明。

7.6 记录

若使用计算机数据采集系统，应按适当的间隔(如1,2,5,10,20,……)连续记录循环应力-应变数据。若无计算机数据采集系统，则可使用 X-Y 记录仪记录应力-应变迟滞回线。对于循环数超过100的试验，允许进行间断记录或抽样，除了记录最初的迟滞回线外，还应记录不少于10个的迟滞回线。条件许可时还应记录随时间而变化的其他相关变量。

7.7 失效判定

7.7.1 根据试验目的和所试材料特性确定失效标准。可选择的判定标准如下：

a) 试样断裂；

b) 最大载荷或应力或拉伸卸载弹性模量降低一定百分数；

c) 试样表面出现可检测裂纹时，当此裂纹增长到符合试验目的要求的某一预定尺寸；

d) 拉伸卸载弹性模量 E_{NT} 与压缩卸载弹性模量 E_{NC} 的比值 q_N(即 E_{NT}/E_{NC})降低至首个循环的50%(即 $q_{N_f}=0.5q_1$)时；

e) 迟滞回线的压缩部分出现拐点，拐点的数值 σ_C，即峰值压应力减去压缩加载曲线拐点处的应力，达到峰值压应力的某一规定百分数，如图11所示。

7.7.2 当试验要求规定或条件允许时，试验除按预定的失效外，可一直进行到试样断裂。

7.8 有效性判定

等截面试样断在标距长度内，或漏斗形试样断在最小直径附近，方为有效。若断在其他位置，或在断口上发现有杂质、孔洞或机加工缺陷等情况，则结果无效。

注：若试样总断在同一位置，则可能是同轴度问题或引伸计安装造成的"刀口"断裂，应予以纠正。

7.9 试样数量

7.9.1 测定应力/应变-寿命曲线时，一般需12～15根试样，选取几级应力或应变水平，分别测定其失效循环数。若要求进行统计分析时，则应按试验目的确定试样数量。

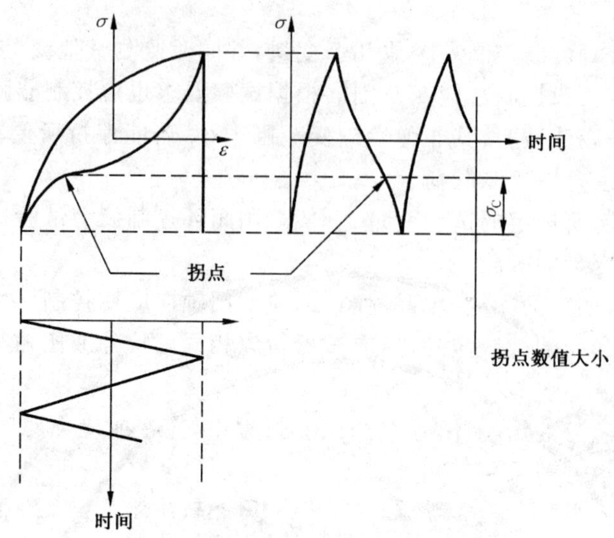

图 11 确定失效拐点的定义

7.9.2 在规定的应力或应变值下测定其到达失效的循环数时，一般不少于 3 根试样。

8 试验结果的处理

8.1 概述

推荐按 8.2 所述方法对试验数据进行处理，也可采用其他模型进行数据处理。

8.2 推荐的试验数据处理方法

8.2.1 绘制出 $\Delta\varepsilon/2(\Delta\sigma/2)-2N_f$ 曲线（图 1、图 2 所示）和 $\Delta\varepsilon_e/2$、$\Delta\varepsilon_p/2-2N_f$ 曲线（图 3），推荐采用双对数坐标。

数据处理时，推荐采用循环弹性模量 E^* 进行计算。在设备条件许可时，E^* 按公式（5）计算：

$$E^*=\frac{E_{NT}+E_{NC}}{2} \qquad \cdots\cdots(5)$$

若由于设备限制无法按公式（5）获得 E^* 时，可采用试验前应力水平低于弹性极限的循环加载试验来测定，或采用单调拉伸弹性模量 E 进行计算。

8.2.2 根据所绘制的图 3 曲线和表 1 中的符号及说明，计算出金属材料在所试条件下的疲劳延性指数 c、疲劳强度指数 b、疲劳延性系数 ε_f' 和疲劳强度系数 σ_f'。在确定 $\Delta\sigma/2$ 时，若无明显的循环稳定值，则取 $N_f/2$ 时的应力范围。

8.2.3 关于循环应力-应变曲线，用成对的稳定应力范围之半与总应变范围之半作出图 5 曲线。或用成对的稳定应力范围和塑性应变范围作出图 6 曲线，其数学表达式见附录 A 中公式（A.1）。

8.2.4 关于循环应变硬化指数 n' 的测定。根据成对的稳定应力幅和塑性应变幅的数据，在双对数坐标上画出 $\Delta\sigma/2-\Delta\varepsilon_p/2$ 曲线，如图 6 所示，其曲线的斜率就是该金属材料在所试条件下的循环应变硬化指数。

8.3 断口形貌观察

根据研究目的，可用扫描电镜对断口形貌进行观察。若研究疲劳过程中所发生的组织变化或冶金组织对疲劳性能的影响，可使用光学金相技术和透射电镜。

9 试验报告

试验报告一般应包括以下内容：

a) 材料的牌号和标准号、生产厂、炉批、规格、化学成分、热处理工艺及常规力学性能；

b) 取样部位、试样形状、尺寸和表面状态；

c) 试验设备的型号；

d) 试验条件，包括试验温度及控制方法、环境介质、循环频率或循环应变速率、波形、应力比或应变比、控制方式；

e) 试验过程中不符合本标准的任何情况；

f) 试验结果：

1) 应力范围、应变范围和非弹性应变范围的起始值、稳定值或 $N_f/2$ 值；

2) 循环弹性模量 E^* 及其测定方法说明；

3) 到达失效的循环数 N_f，以及确定失效的标准；

4) 循环应力-应变性能的分析结果，其中包括循环硬化指数和循环强度系数；

5) 应变-寿命特性分析结果，其中包括疲劳强度指数、疲劳延性指数、疲劳强度系数和疲劳延性系数；

6) 试验日期、试验者和校对者。

附 录 A
（资料性附录）
函数关系式

A.1 概述

用来描述许多金属的低循环疲劳数据的函数关系式见公式(A.1)～(A.4)。

A.2 循环应力-应变关系式

循环应力-应变关系式见公式(A.1)：

$$\Delta\sigma/2 = K'(\Delta\varepsilon_p/2)^{n'} \qquad \text{(A.1)}$$

A.3 疲劳寿命关系式

疲劳寿命关系式见公式(A.2)～(A.4)：

$$\Delta\sigma/2 = \sigma'_f(2N_f)^b \quad \text{或} \quad \Delta\varepsilon_e/2 = \frac{\sigma'_f}{E}(2N_f)^b \qquad \text{(A.2)}$$

$$\Delta\varepsilon_p/2 = \varepsilon'_f(2N_f)^c \qquad \text{(A.3)}$$

$$\Delta\varepsilon_t/2 = \frac{\sigma'_f}{E}(2N_f)^b + \varepsilon'_f(2N_f)^c \qquad \text{(A.4)}$$

附　录　B
（资料性附录）
各向同性材料从径向至轴向应变的换算

各向同性材料从径向至轴向应变的换算方法如下：

a）径向应变换算成轴向应变时，应首先按公式(B.1)和公式(B.2)从总应变中分出弹性和塑性分量：

$$\varepsilon_t = \varepsilon_e + \varepsilon_p \qquad \text{(B.1)}$$

$$\varepsilon_d = \varepsilon_{de} + \varepsilon_{dp} \qquad \text{(B.2)}$$

式中：

ε_t——总轴向应变；

ε_e——弹性应变；

ε_p——塑性应变；

ε_d——径向应变；

ε_{de}——径向弹性应变；

ε_{dp}——径向塑性应变。

b）通过泊松比 ν 把轴向和径向应变联系起来，见公式(B.3)：

$$\varepsilon_e = -\varepsilon_{de}/\nu_e \text{ 和 } \varepsilon_p = -\varepsilon_{dp}/\nu_p \qquad \text{(B.3)}$$

c）将公式(B.3)重新整理成公式(B.4)：

$$\varepsilon_{dp} = \varepsilon_d - \varepsilon_{de}$$

$$\varepsilon = -\varepsilon_{de}/\nu_e - (\varepsilon_d - \varepsilon_{de})/\nu_p \qquad \text{(B.4)}$$

d）借助 ν 和弹性模量 E，将 ε_{de} 与轴向应力联系起来，导出公式(B.5)：

$$\varepsilon_{de} = -(\nu_e\sigma)/E$$

$$\varepsilon = \sigma/E - \varepsilon_d/\nu_p - (\nu_e\sigma)/(\nu_p E) \qquad \text{(B.5)}$$

e）假定塑性变形在恒值条件下发生，即 $\nu_p = 1/2$，则导出公式(B.6)：

$$\varepsilon = (\sigma/E)(1 - 2\nu_e) - 2\varepsilon_d \qquad \text{(B.6)}$$

f）在试验中使用径向引伸计和轴向载荷传感器，σ 和 ε_d 连续可得，若 E 不随循环而改变，则从 $\sigma-\varepsilon_d$ 线的弹性部分斜率可得 ν_e/E。径轴向应变转换原理框图见图 B.1。

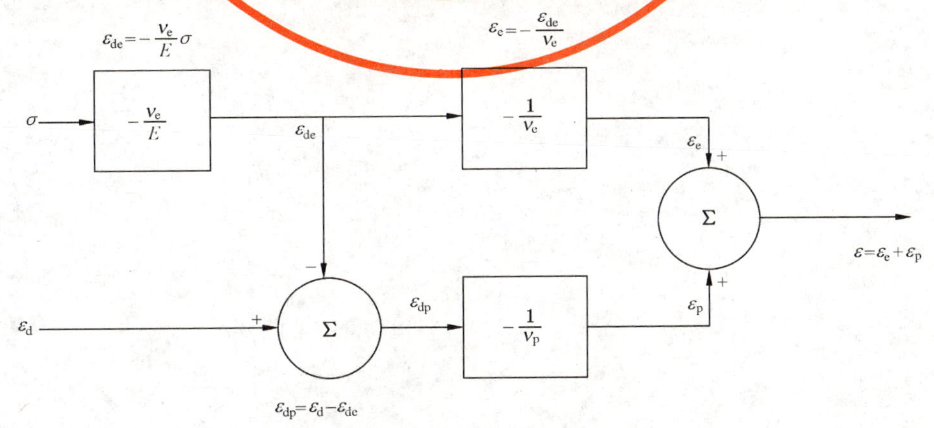

图 B.1　径轴向应变转换原理框图

附　录　C
（资料性附录）
试样机械加工方法实例

C.1　车削

C.1.1　车削粗加工

将试样直径从（X+5）mm（X 为试样名义直径 d 加上表面抛光余量 0.025 mm）车至 X+0.5 mm 时，应逐次减少其切削深度。建议切削深度为 1.25 mm、0.75 mm 和 0.25 mm。

C.1.2　车削精加工

将试样从（X+0.5）mm 车至 X 时，应进一步逐次减少切削深度。建议切削深度为 0.125 mm、0.075 mm 和 0.05 mm。

应采用较小的走刀量，如每转不超过 0.06 mm。

C.2　磨削

对因热处理而提高强度以致不易车削加工的材料，可将试样毛坯直径车至（X+0.5）mm 后进行热处理。然后以每次走刀量不超过 0.005 mm 的速率利用外圆磨削至 X。建议磨削深度为：

比名义直径大 0.1 mm 之前为 0.03 mm；

比名义直径大 0.025 mm 之前为 0.005 mm；

以 0.0025 mm 的磨削深度磨至试样直径 X。

C.3　表面抛光

用逐级变细的砂布或砂纸，沿近似平行于试样的轴向进行机械或手工抛光，去掉试样的最后余量 0.025 mm，以获得表面粗糙度最大为 0.2 μm。

抛光后留下的机加工条纹不应是横向的。在约 20 倍放大镜下用肉眼检查时，在试样圆周表面上无明显的机加工痕迹。

软质材料的试样，如铜、铅、铝等，宁肯用车削和随后抛光去掉最后余量。

C.4　脱脂

对精加工后的试样表面进行脱脂。

附 录 D
（资料性附录）
带保持时间的高温试验

D.1 概述

本附录对出现与时间有关的高温低循环疲劳试验作必要的补充和修正，以扩大本标准的使用范围。

允许在可能出现与时间有关的非弹性应变的温度和应变速率下进行试验。

不限制试样所承受的应力或应变循环形式，允许应力或应变保持。这时会出现与时间有关的非弹性应变，因此，研究应变速率的影响、松弛和循环蠕变行为，也可以根据这类试验进行。

D.2 术语和定义

除第3章规定的术语、定义及符号外，增加如下术语、定义及符号。

D.2.1

非弹性应变 ε_{in}　inelastic strain

在等温条件下，非弹性应变按公式(D.1)计算：

$$\varepsilon_{in} = \varepsilon_t - \varepsilon_e \qquad \text{(D.1)}$$

式中：

ε_t——总应变；

ε_e——弹性应变。

在高温下，时间相关非弹性应变按公式(D.2)计算：

$$\varepsilon_{in} = \varepsilon_c + \varepsilon_p \qquad \text{(D.2)}$$

式中：

ε_c——蠕变应变；

ε_p——疲劳塑性应变。

D.2.2

保持时间 τ_h　hold period

一个循环中应力或应变保持恒定的时间，其中包括拉伸和压缩保持时间两部分。

D.2.3

循环周期 τ_t　total cycle period

一个循环的总时间，其中包括保持和非保持两部分。

$$\tau_t = \tau_h + \tau_{nh} \qquad \text{(D.3)}$$

式中：

τ_{nh}——一次循环中非保持部分的时间。当频率不变时，τ_t 是频率的倒数。

D.2.4

瞬时应力-应变关系　instantaneous stress-strain relationships

常采用公式(D.4)（参看图D.1）确定许多金属材料的瞬时应力-应变关系：

$$\varepsilon_t = \varepsilon_{in} + \varepsilon_e \qquad \text{(D.4)}$$

式中：$\varepsilon_e=\sigma/E^*$；E^* 代表材料的变量，可能是环境和试验条件的函数，在试验中随试样发生冶金或物理变化而改变，但在许多情况下却是一个常量。E^* 可采用试验前应力水平低于弹性极限的循环加载试验来测定。

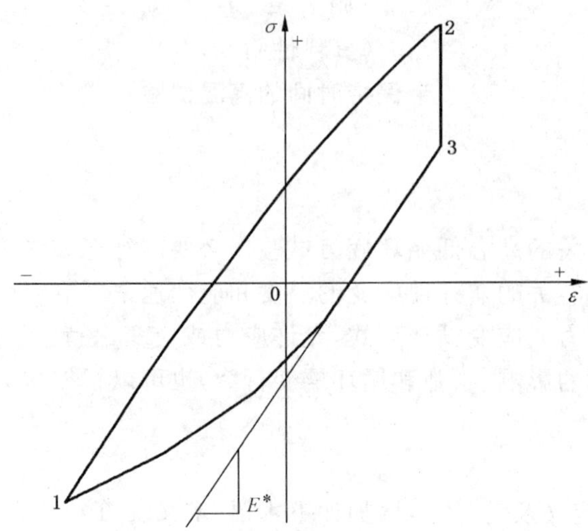

图 D.1 应变保持 σ-ε 迟滞回线

从点 1 到点 3,应变的变化为公式(D.5):

$$\varepsilon_{t3}-\varepsilon_{t1}=(\varepsilon_{3in}+\sigma_3/E^*)-(\varepsilon_{1in}+\sigma_1/E^*) \quad \cdots\cdots(D.5)$$

整理后可得公式(D.6):

$$\varepsilon_{3in}-\varepsilon_{1in}=\varepsilon_{t3}-\varepsilon_{t1}+\sigma_1/E^*-\sigma_3/E^* \quad \cdots\cdots(D.6)$$

同样,应变保持期间,非弹性应变的变化为公式(D.7):

$$\varepsilon_{3in}-\varepsilon_{2in}=(\sigma_2-\sigma_3)/E^* \quad \cdots\cdots(D.7)$$

D.3 设备

高温试验需增加对设备的冷却装置,如水冷圈等,以防损坏载荷传感器、应变引伸计和其他试验机零件。安装时要小心,以免影响传感器标定和加载系统的同轴度。

除对连续循环试验使用三角波外,对保持时间试验需要带可调保持时间的装置。

D.4 试验机的控制

当存在与时间有关的效应时,可不再采用仅仅是所规定的应力或应变范围。可连续控制必要的控制参数,以获得所需的应力-应变关系。

采用保持时间和出现与时间有关的非弹性应变时应格外谨慎。例如,保持径向应变将允许在循环过程中总应变是变化的,但得不到准确的松弛数据。

研究与时间有关的效应时,为了记录而降低试验速度将会改变应力-应变特性,这时应考虑这种周期性的速率降低对试样疲劳寿命的影响。

复合波形与时间有关的非弹性应变大大地缩小了极限控制方法的可行性。若需要对试验机作周期性的调整,以便产生预期的应力-应变特性时,应在报告中说明。

D.5 数据的表达

当存在明显的与时间有关的非弹性应变时，附录A中给出的经验表达式无效。为此，全部数据应在报告中提出，数据处理方法应精心推敲，并提出资料，以便用其他目前流行的分析方法进行分析。

松弛数据也包括在保持时间试验里，其中包括松弛应力值，松弛的总量以及保持周期中非弹性应变量的变化。

ICS 83.060
G 40

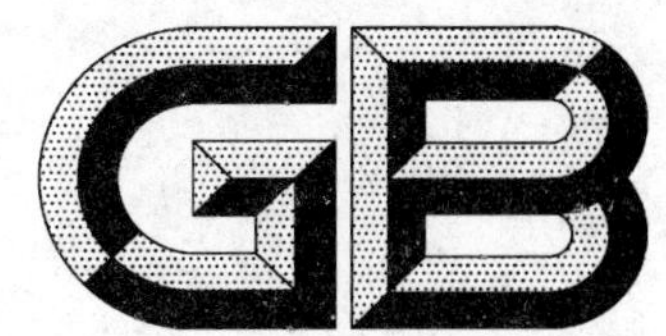

中华人民共和国国家标准

GB/T 15251—2008
代替 GB/T 15251—1994,GB/T 3514—1992

橡胶　游离硫的测定

Rubber—Determination of free sulfur

(ISO 7269:1995,MOD)

2008-05-15 发布　　　　2008-11-01 实施

中华人民共和国国家质量监督检验检疫总局
中国国家标准化管理委员会　发布

前　言

本标准修改采用ISO 7269:1995《橡胶　游离硫的测定》(英文版),包括其修改单ISO 7269:1995/Cor.1:2002(英文版)。

本标准代替GB/T 3514—1992《硫化橡胶中游离硫含量的测定　亚硫酸钠法》,GB/T 15251—1994《橡胶　游离硫的测定　铜螺旋法》。

本标准根据ISO 7269:1995重新起草。

本标准与国际标准ISO 7269:1995的主要差异及其原因、章条结构变化如下:

——增加了碘标准滴定溶液和硫代硫酸钠标准滴定溶液的配制及标定方法(本标准5.1.7、5.1.8),以提高本标准的可操作性。

——在亚硫酸钠法中,加热时加入瓷沸石(本标准7.1.2);使用普通锥形瓶(本标准7.2.1);硅藻土厚度由5 mm改为2 mm(ISO 7269:1995的7.3.3;本标准7.3.3);用小漏斗代替表面皿盖上锥形瓶口(ISO 7269:1995的7.3.1;本标准7.3.1)。这样规定提高了本标准的可操作性。

为便于使用,本标准做了下列编辑性修改:

a) “本国际标准”改为“本标准”;

b) 删除国际标准前言;

c) 增加了资料性附录B。

本标准是对GB/T 3514—1992和GB/T 15251—1994的整合修订,技术内容与GB/T 3514—1992和GB/T 15251—1994相比,主要变化如下:

——增加了引言;

——增加了警示语;

——增加了标准的局限性说明(本版4);

——增加了快速抽提法、铜螺旋法B(本版6);

——增加了测定方法所使用的玻璃仪器的规格(GB/T 3514—1992的4,GB/T 15251—1994的5;本版5.2,6.2,7.2);

——增加了碘标准滴定溶液和硫代硫酸钠标准滴定溶液的配制及标定方法(本版的5.1.7,5.1.8);

——修改了胶料的处理方法(GB/T 3514—1992的5,GB/T 15251—1994的6;本版的5.3,6.3,7.3);

——在亚硫酸钠法中:加热时为防止起泡,增加了液体石蜡(本版的7.1.10,7.3.1);用硅藻土代替石棉作为过滤填料(GB/T 3514—1992的3.8和5;本版的7.1.9和7.3.3);

——修改了试验步骤:用反滴定法代替直接滴定法(GB/T 3514—1992的5;本版的7.3.4);

——增加了试验报告内容要求(本版8);

——将试验平行测定的允许偏差改为资料性附录B(GB/T 3514—1992的7;本版的附录B);

——增加了资料性附录,促进剂对试验结果的影响(本版的附录A)。

本标准的附录A和附录B均为资料性附录。

本标准由中国石油和化学工业协会提出。

本标准由全国橡标委橡胶物理和化学试验方法分技术委员会(SAC/TC 35/SC 2)归口。

本标准的主要起草单位：北京橡胶工业研究设计院，杭州中策橡胶有限公司。

本标准的主要起草人：姜云平、伍江涛、张燕、项蝉、杨煜、鲁毅、薛秀。

本标准所代替标准的历次版本发布情况为：

——GB/T 3514—1992；

——GB/T 15251—1994。

引　言

未硫化橡胶胶料中的游离硫的含量(例如胶料中的未结合的硫的含量)应代表全部添加的单体硫。随着硫化的进行以及硫与橡胶的逐渐结合,游离硫的数量将逐渐减少,所以在配方已知并且单体硫(包括其他成分)的配比适当的情况下,在任何特定产品中的游离硫数量都与其硫化程度有一定的关系。

游离硫比例高的硫化橡胶更容易喷霜,因此在一些特定产品说明书中需要标出最大游离硫含量值。

橡胶　游离硫的测定

警告——使用本标准的人员应有正规实验室工作的实践经验。本标准并未指出所有可能的安全问题。使用者有责任采取适当的安全和健康措施，并保证符合国家有关法规规定的条件。

1　范围

本标准规定了三种测定硫化橡胶中游离硫的方法，即两种铜螺旋法和一种亚硫酸钠法。

本标准适用于各种硫化橡胶，两种铜螺旋法也适用于第4章描述局限范围内的未硫化胶料。

附录A提供了多种促进剂商品对游离硫测定方法的影响，用质量分数表示。

2　规范性引用文件

下列文件中的条款通过本标准的引用而成为本标准的条款。凡是注日期的引用文件，其随后所有的修改单(不包括勘误的内容)或修订版均不适用于本标准，然而，鼓励根据本标准达成协议的各方研究是否可使用这些文件的最新版本。凡是不注日期的引用文件，其最新版本适用于本标准。

GB/T 3516　橡胶　溶剂抽出物测定法(GB/T 3516—2006,ISO 1407:1992, MOD)

ISO 383:1976　实验室玻璃仪器　可互换的锥形接口

3　原理

3.1　铜螺旋法

3.1.1　方法A

按照GB/T 3516规定的溶剂抽提方法，用丙酮抽提出试料中的游离硫，并且在盛放丙酮的烧瓶中放置一个螺旋状的铜网。铜与抽提出的硫反应并产生铜的硫化物。用盐酸处理留在烧瓶中的不溶于丙酮的铜及铜的硫化物。用乙酸镉缓冲溶液吸收生成的硫化氢，最后用碘量法测定生成的镉的硫化物。

3.1.2　方法B

快速铜螺旋法B与铜螺旋法A相似，不同的是方法B利用有蒸气套的索氏抽提器来减少抽提时间。索氏抽提器是通过减少容积(容积为6 mL)来增加抽提温度。

3.2　亚硫酸钠法

试料中的游离硫与亚硫酸钠反应，用碘量法测定生成的硫代硫酸钠。

4　局限性

4.1　铜螺旋法通常只能测定单体硫的含量，但秋兰姆类二硫化物及二胺硫化物类硫载体硫化剂也会导致结果偏高。此外，对于未硫化橡胶，如果添加的单体硫不溶于丙酮，即所谓的不溶性或无定形硫，则铜螺旋法不适用。试料中的游离硫总质量应该在0.2 mg～10 mg之间。

4.2　亚硫酸钠法对硫载体硫化剂以及防老剂过于敏感，并且不应用于未硫化橡胶。

4.3　这些方法在没有硫载体固化剂的情况下相对准确。

注：实际上，除了单质硫的测定，一些有活性的化合硫，如在秋兰姆二硫化物及多硫化物的硫，也会产生同样的实验效果。

5 铜螺旋法 A

5.1 试剂和材料

除非另有说明，分析过程中仅使用分析纯试剂和新制蒸馏水或同等纯度的水。

5.1.1 丙酮。

5.1.2 乙酸镉缓冲溶液：溶解 25 g 二水合乙酸镉[$(CH_3COO)_2Cd \cdot 2H_2O$]和 25 g 三水合乙酸钠于 100 mL 水中，加入 100 mL 冰乙酸，并加水稀释至 1 000 mL。

5.1.3 铜网，筛孔孔径 250 μm～420 μm(40 目～60 目)。

5.1.4 滤纸或聚酰胺织物，用来包裹橡胶试料。

5.1.5 盐酸溶液，1+1 ($V+V$)：把 1 体积的浓盐酸[36%(质量分数)]，$\rho_{20}=1.18\ \mathrm{Mg/m^3}$，加入 1 体积水中。

5.1.6 硝酸溶液，$c(HNO_3)=10$ mol/ L。把 10 体积的浓硝酸[70%(质量分数)]，$\rho_{20}=1.42\ \mathrm{Mg/m^3}$，加入 6 体积水中。

5.1.7 碘溶液，$c\left(\frac{1}{2}I_2\right)\approx 0.05$ mol/ L。

5.1.7.1 配制：称取 6.5 g 碘及 17.5 g 碘化钾，溶于 100 mL 水中，稀释至 1 000 mL，摇匀，贮存于棕色瓶中。

5.1.7.2 标定：量取 35.00 mL～40.00 mL 配制好的碘溶液，置于碘量瓶中，加 150 mL 水(15℃～20℃)，用硫代硫酸钠标准滴定溶液[$c(Na_2S_2O_3)=0.05$ mol/ L]滴定，近终点时加 2 mL 淀粉指示液(10 g/L)，继续滴定至溶液蓝色消失。

同时做空白试验：取 250 mL 水(15℃～20℃)，加 0.05 mL～0.20 mL 配制好的碘溶液及 2 mL 淀粉指示液(10 g/L)，用硫代硫酸钠标准滴定溶液[$c(Na_2S_2O_3)=0.05$ mol/ L]滴定至溶液蓝色消失。

碘标准滴定溶液的浓度$\left[c\left(\frac{1}{2}I_2\right)\approx 0.05\ \mathrm{mol/L}\right]$，数值以摩尔每升(mol/L)表示，按式(1)计算：

$$c\left(\frac{1}{2}I_2\right)=\frac{(V_1-V_2)c_1}{V_3-V_4} \qquad \cdots\cdots(1)$$

式中：

V_1——硫代硫酸钠标准滴定溶液的体积数值，单位为毫升(mL)；

V_2——空白试验硫代硫酸钠标准滴定溶液的体积数值，单位为毫升(mL)；

c_1——硫代硫酸钠标准滴定溶液的浓度的准确数值，单位为摩尔每升(mol/L)；

V_3——碘溶液的体积的准确数值，单位为毫升(mL)；

V_4——空白试验中加入的碘溶液的体积的准确数值，单位为毫升(mL)。

5.1.8 硫代硫酸钠标准滴定溶液，$c(Na_2S_2O_3)=0.05$ mol/ L。

5.1.8.1 配制：称取 13 g 硫代硫酸钠($Na_2S_2O_3 \cdot 5H_2O$)(或 8 g 无水硫代硫酸钠)，加 0.1 g 无水碳酸钠，溶于 1 000 mL 水中，缓缓煮沸 10 min，冷却。放置两周后过滤。

5.1.8.2 标定：称取 0.09 g 于 120℃±2℃干燥至恒重的工作基准试剂重铬酸钾，置于碘量瓶中，溶于 25 mL 水，加 2 g 碘化钾及 20 mL 硫酸溶液(20%)，摇匀，于暗处放置 10 min。加 150 mL 水(15℃～20℃)，用配制好的硫代硫酸钠溶液滴定，近终点时加 2 mL 淀粉指示液(10 g/L)，继续滴定至溶液由蓝色变为亮绿色。同时做空白试验。

硫代硫酸钠标准滴定溶液的浓度[$c(Na_2S_2O_3)=0.05$ mol/ L]，数值以摩尔每升(mol/L)表示，按式(2)计算：

$$c(Na_2S_2O_3) = \frac{m \times 1\,000}{(V_1 - V_2)M} \qquad \cdots\cdots(2)$$

式中：

m——重铬酸钾的质量的准确数值，单位为克(g)；

V_1——硫代硫酸钠溶液的体积的数值，单位为毫升(mL)；

V_2——空白试验硫代硫酸钠溶液的体积的数值，单位为毫升(mL)；

M——重镉酸钾的摩尔质量的数值，单位为克每摩尔(g/mol)，$\left[M\left(\frac{1}{6}K_2Cr_2O_7\right)=49.031\right]$。

5.1.9 淀粉溶液，10 g/L 溶液。

5.1.10 重铬酸钾，基准试剂。

5.1.11 纯氮(99.95%)。

5.1.12 甘油。

5.2 仪器

需要普通实验室仪器以及 5.2.1～5.2.10 中规定的仪器，并且按图 1 及图 2 组装。允许使用功能相同的仪器取代上述仪器。所有的磨口接口都要遵从 ISO 383 中的要求，并在组装前用甘油(5.1.11)密封。

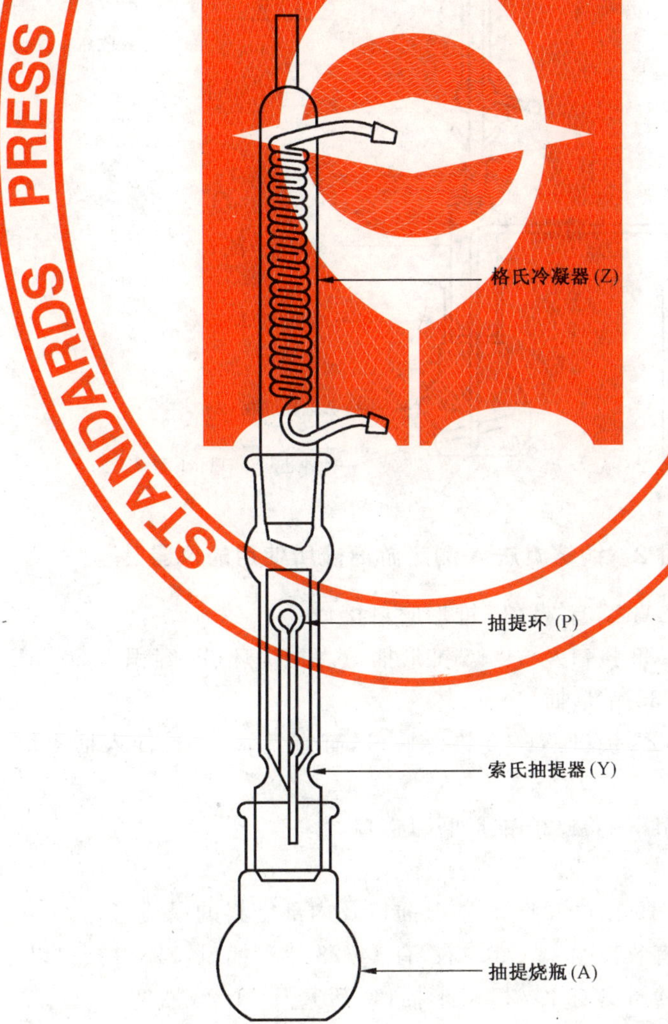

图 1 铜螺旋法 A 抽提游离硫所使用的仪器

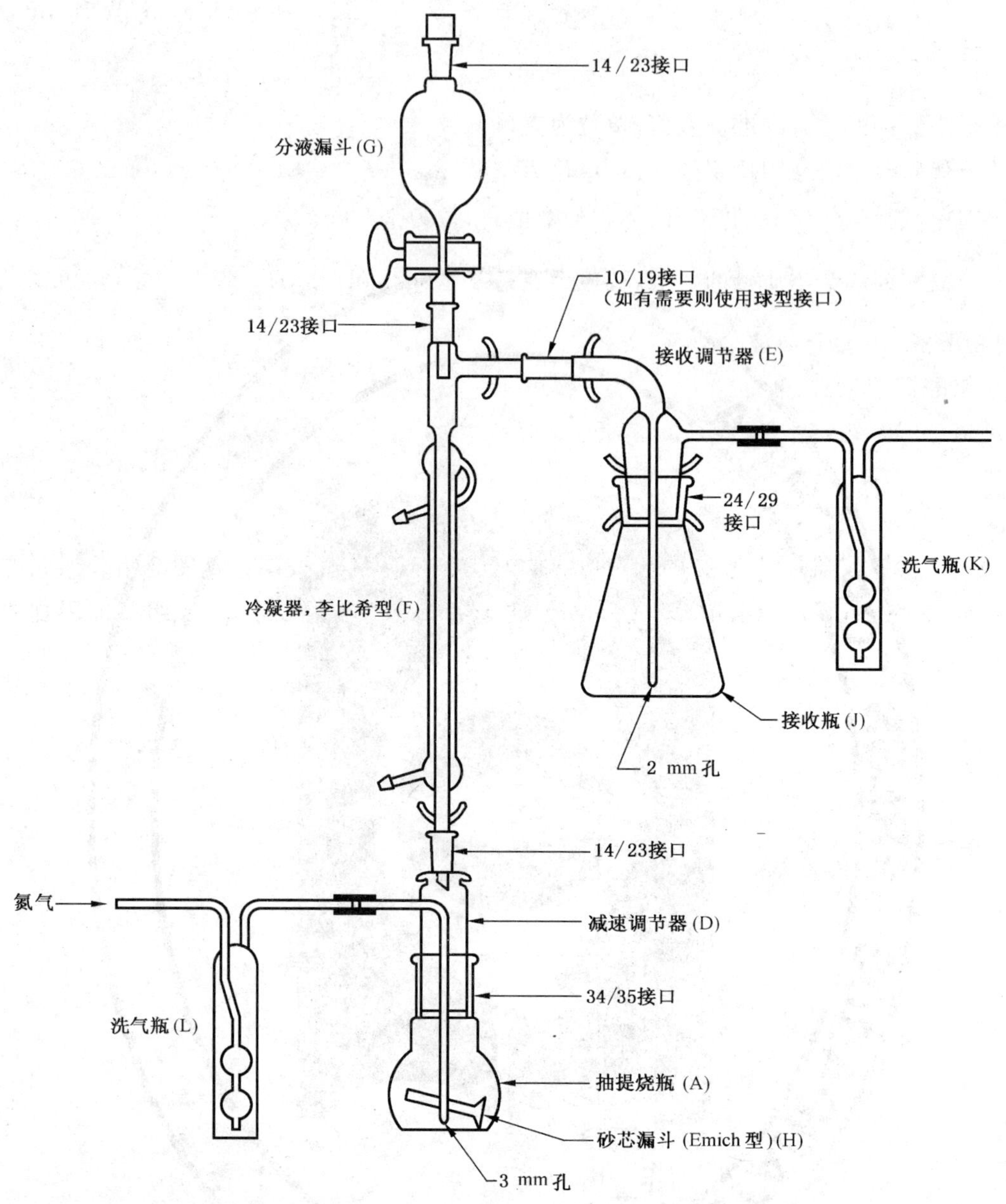

图 2 铜螺旋法 A 测定游离硫所使用的仪器

5.2.1 抽提烧瓶(A),容积 150 mL,有 34/35 锥形磨口接口。

5.2.2 索氏抽提器(Y),有 34/35 接口及 34/35 锥形插口。抽提环(P)容积为 20 mL～30 mL。

5.2.3 格氏冷凝器(Z),有 34/35 锥形插口。

5.2.4 减速调节器(D),有 14/23 接口,34/35 锥形插口,有进气管,并且伸入抽提烧瓶(5.2.1)并距离底部小于 3 mm。

5.2.5 接收瓶(J),容积 250 mL,有 24/29 锥形磨口接口。

5.2.6 洗气瓶(K 及 L)。

5.2.7 接收调节器(E),有 10/19 接口,24/29 锥形插口及内部密封的浸渍管。

5.2.8 冷凝器,李比希型(F),有效长度 22 cm 左右,有 14/23 锥形插口,14/23 接口以及 10/19 侧插口。

5.2.9 分液漏斗(G),容积 100 mL,有 14/23 锥形插口,活塞及 14/23 瓶塞。

5.2.10 砂芯漏斗(Emich 型)(H),颈长约 75 mm,圆盘直径 10 mm,多孔等级 3。

5.2.11 实验室研磨器。

5.3 分析步骤

5.3.1 铜螺旋的制备

5.3.1.1 称取约 5 g 铜网(5.1.3),剪成约 10 mm 窄条若干段,并松散地卷成一个螺旋。用预先处理过的铜丝捆住铜螺旋。

5.3.1.2 铜螺旋在使用前需要在冷的稀硝酸溶液中(5.1.6)浸泡几秒钟,使其清洁光亮。用水反复冲洗,彻底去除酸迹,再用丙酮(5.1.1)冲洗并晾干。

5.3.2 游离硫的抽提

5.3.2.1 将试料剪成可以通过 1.70 mm 滤网的颗粒或研磨成屑度不超过 0.5 mm 的颗粒,并称取约 1 g,精确至 0.1 mg(质量为 m)。如果是喷霜的胶料,称取 0.5 g 试料,同样精确到 0.1 mg。

如果是未硫化的胶料,则称取的试料中不能含有超过 10 mg 的游离硫。

5.3.2.2 将按 5.3.1 中准备好的铜螺旋放在容积 150 mL 的抽提烧瓶(A)(5.2.1)中,并将试样抽提 4 h 以上,按照 5.3.2.3 中规定的步骤。

5.3.2.3 将称量好的试样用经丙酮抽提过的滤纸或聚酰胺织物(5.1.4)包好,形成一个松卷,使胶料既不会脱落也不会相互接触。把卷放入索氏抽提器(Y)(5.2.2)中,并向抽提烧瓶(A)中倒入 75 mL 丙酮。组装仪器并调节加热速度,使蒸馏出的丙酮每小时装满抽提器 10~20 次。

5.3.2.4 如果在抽提结束后,铜螺旋严重变黑,则需要再加入一个按 5.3.1 规定制备的铜螺旋,并继续抽提 2 h。如果没有变黑,则可再加入一片 10 mm 左右的铜网并继续抽提 1 h。

5.3.2.5 抽提结束后,拆除抽提瓶,并用砂芯漏斗(H)(5.2.10)滤掉丙酮。用热丙酮洗涤铜螺旋 3 次,每次约 20 mL。并用上述砂芯漏斗滤去洗涤液。

5.3.3 游离硫的测定

5.3.3.1 按图 2 组装放有铜螺旋的抽提烧瓶(A)、砂芯漏斗(H)以及减速调节器(D)。往接收瓶(J)(5.2.5)中加入 100 mL 乙酸镉溶液(5.1.2),并以同一溶液倒入洗气瓶(K 和 L)(5.2.6)中,深度约 10 mm。向仪器中通入氮气(5.1.11)以排出仪器中的空气,然后调整吸收瓶 J 中气流速度为每秒产生 1 个气泡。

5.3.3.2 从分液漏斗(G)(5.2.9)中向抽提烧瓶(A)中缓慢加入 50 mL 盐酸溶液(5.1.5),缓慢加热至沸腾,并保持微沸 20 min~30 min。终止加热后,加大氮气流量以清除所有的硫化氢痕迹。洗气瓶 K 中的溶液应是澄清无色的。否则,表明气流速度过快并且应该使用小一些的试样或更慢的气流速度重新测试。从冷凝器的侧插口上拆除接收调节器(E)(5.2.7),同时保持一定的角度,用移液管向接收瓶(J)中加入已知体积的碘溶液(5.1.7)(通常为 20 mL)。此时碘溶液过量。

5.3.3.3 使碘与粘在接收调节器上的沉淀物反应,待所有沉淀物都被溶解后,移走并清洗接收调节器。将溶液冷却至 15℃左右。用硫代硫酸钠溶液(5.1.8)(体积为 V_1)滴定过量的碘,并用淀粉(5.1.9)作指示剂。

5.3.3.4 同时进行空白试验,记录所消耗的标准硫代硫酸钠标准滴定溶液的体积(V_2)。

5.3.3.5 空白试验中消耗的硫代硫酸钠标准滴定溶液的体积与测试过程中所消耗的硫代硫酸钠标准滴定溶液的体积的差,即是与硫化镉反应的碘的量。

5.4 分析结果的表述

用式(3)计算游离硫含量,以质量分数 X 计,数值以%表示:

$$X = \frac{3.2(V_2 - V_1)c}{m} \qquad \cdots\cdots(3)$$

式中:

V_1——滴定试样所消耗的硫代硫酸钠标准滴定溶液(5.1.8)的体积(见 5.3.3.3),单位为毫升(mL);

V_2——空白试验中滴定碘(5.1.7)所消耗的硫代硫酸钠溶液(5.1.8)的体积(见 5.3.3.4),单位为毫升(mL);

c——硫代硫酸钠标准滴定溶液(5.1.8)的浓度,单位为摩尔每升(mol/L)(见 5.1.8);

m——试样的质量,单位为克(g)(见 5.3.2.1)。

平行测定的允许偏差见附录 B。

6 铜螺旋法 B

6.1 试剂和材料

见 5.1。

6.2 仪器

普通实验室仪器以及 6.2.1～6.2.4，并且按图 3 组装。允许使用功能相同的仪器取代上述仪器。所有的磨口接口都要遵从 ISO 383 中的要求，并在组装前用甘油(5.1.12)密封。

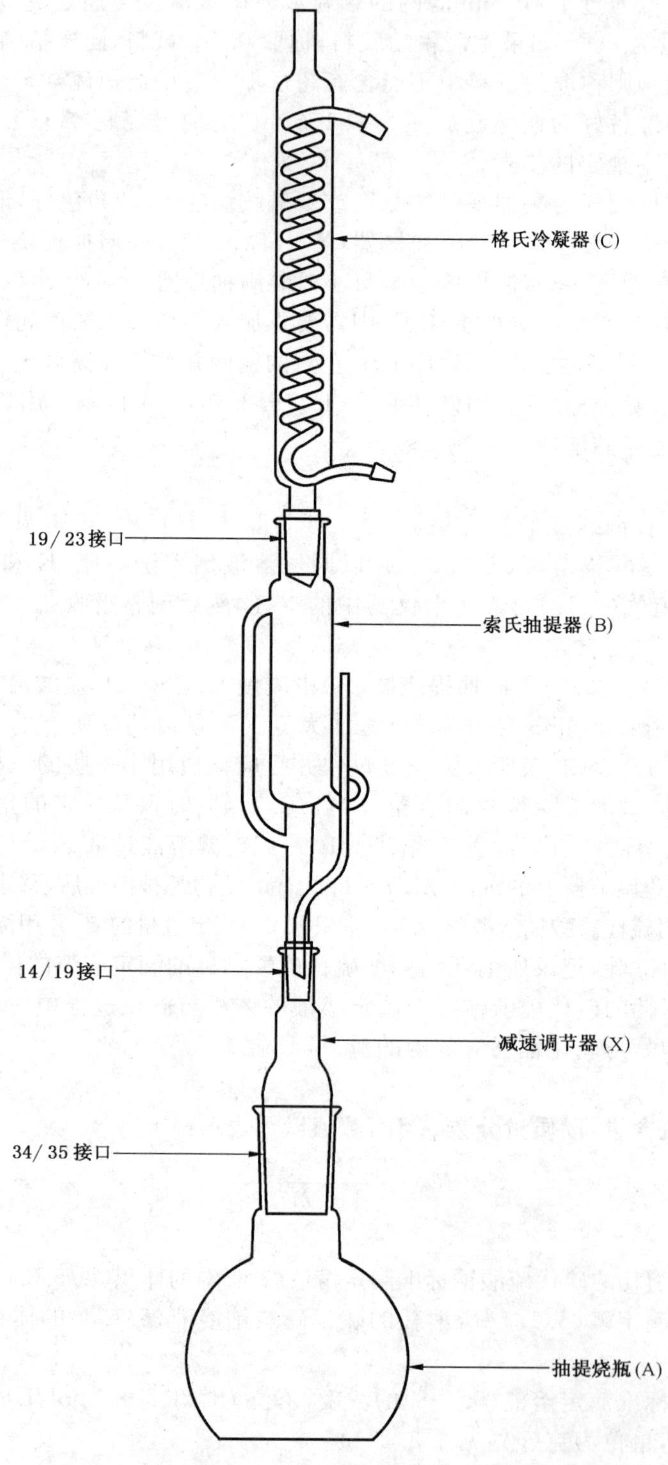

图 3 铜螺旋法 B 测定游离硫所使用的仪器

6.2.1 抽提烧瓶(A),容积 150 mL,有 34/35 锥形磨口接口。

6.2.2 索氏抽提器(B),有 19/23 接口及 14/19 锥形插口。抽提器(P)容积为 6 mL。

作为有蒸汽套的索氏抽提器的替代品,可使用 GB/T 3516 中的如图 2 描述的索氏抽提器。

6.2.3 格氏冷凝器(C),有 19/26 锥形插口。

6.2.4 减速调节器(X),有 14/19 接口,34/35 锥形插口。

6.3 分析步骤

参照 5.3 分析步骤进行测定,但是在此变化如下:

a) 将 5.3.2.2 改为:

将按 5.3.1 中准备好的铜螺旋放在容积 150 mL 的抽提烧瓶(A)(6.2.1)中,并将试样抽提 1 h 以上,按照 5.3.2.3 中规定的步骤。

b) 将 5.3.2.4 改为:

如果在抽提结束后,铜螺旋严重变黑,则需要再加入一个按 5.3.1 规定制备的铜螺旋,并继续抽提 10 min。如果没有变黑,则可再加入一片 10 mm 左右的铜网并继续抽提 10 min。

c) 将 5.3.2.5 改为:

拆除抽提瓶,移走减速调节器(X)(6.2.4),并用砂芯漏斗(H)(5.2.10)滤掉丙酮。用热丙酮洗涤铜螺旋 3 次,每次约 20 mL。并用上述砂芯漏斗滤去洗液。

6.4 分析结果的表述

见 5.4。

7 亚硫酸钠法

7.1 试剂及材料

除非另有说明,分析过程中仅使用分析纯试剂和新制蒸馏水或同等纯度的水。

7.1.1 亚硫酸钠溶液

称取 50 g 无水亚硫酸钠(Na_2SO_3)或 100 g 七水合亚硫酸钠($Na_2SO_3 \cdot 7H_2O$)溶于 1 L 水中。

溶液应在使用前的一周内配制以保证新鲜。

7.1.2 瓷沸石。

7.1.3 活性炭:颗粒,经 250℃～300℃加热 45 min,冷却后备用。

7.1.4 甲醛溶液,300 g/L～400 g/L。

7.1.5 冰乙酸。

7.1.6 碘溶液,$c\left(\frac{1}{2}I_2\right) \approx 0.05$ mol/L(配制及标定见 5.1.7)。

7.1.7 硫代硫酸钠标准滴定溶液,$c(Na_2S_2O_3) = 0.05$ mol/L(配制及标定见 5.1.8)。

7.1.8 淀粉溶液,10 g/L 溶液。

7.1.9 硅藻土,用作过滤填料。

7.1.10 液体石蜡。

7.2 仪器

普通实验室仪器,以及:

7.2.1 锥形瓶,容积 500 mL。

7.2.2 布氏漏斗,60 mm。

7.2.3 布氏烧瓶。

7.2.4 加热板。

7.2.5 实验室研磨器。

7.3 分析步骤

7.3.1 将试料剪成可以通过 1.70 mm 滤网的颗粒或研磨成屑度不超过 0.5 mm 的颗粒，并称取约 2 g，精确至 0.1 mg。移入锥形瓶(7.2.1)中，并加入 100 mL 亚硫酸钠溶液(7.1.1)。为防止起泡，加入 3 cm^3～5 cm^3 液体石蜡(7.1.10)及 4～5 粒瓷沸石(7.1.2)。用小漏斗盖上锥形瓶口，将锥形瓶置于加热板上，在微沸状态下加热 4 h。

7.3.2 冷却后，加入 5 g 活性炭(7.1.3)并放置 30 min。残渣吸附在活性炭上。

7.3.3 用布氏漏斗(7.2.2)真空抽滤掉所有不溶物质。布氏漏斗上先铺一张定性滤纸，在滤纸上盛放约 2 mm 厚的硅藻土(7.1.9)。用热水洗涤锥形瓶 3 次，每次用 25 mL。在布氏烧瓶(7.2.3)中收集过滤后的洗涤液。再用 25 mL 热水清洗滤下的残渣，洗液收集到布氏烧瓶中。

7.3.4 向布氏烧瓶中的滤液加入 10 mL 甲醛溶液(7.1.4)，放置 5 min 后再加入 5 mL 冰乙酸(7.1.5)，搅拌使其混合均匀，冷却至 15℃左右，再加入已知准确体积的碘溶液[通常为 20 mL (7.1.6)]，此时有过量的碘存在。轻轻摇晃使其完全混合，加入淀粉溶液(7.1.8)并用硫代硫酸钠溶液(7.1.7)滴定过量的碘(体积为 V_3)。

7.3.5 进行空白试验。记录消耗的硫代硫酸钠标准滴定溶液的体积(V_4)。

7.4 分析结果的表述

用式(4)计算游离硫含量，以质量分数 X 计，数值以%表示：

$$X=\frac{3.2(V_4-V_3)c}{m} \qquad (4)$$

式中：

V_3——滴定试样所消耗的硫代硫酸钠溶液(7.1.7)的体积(见 7.3.4)，单位为毫升(mL)；

V_4——空白试验中消耗的硫代硫酸钠溶液(7.1.7)的体积(见 7.3.5)，单位为毫升(mL)；

c——硫代硫酸钠溶液(7.1.7)的实际浓度，单位为摩尔每升(mol/L)；

m——试样质量，单位为克(g)。

平行测定的允许偏差见附录 B。

8 试验报告

试验报告应至少包含以下内容：

a) 引用的国家标准编号；
b) 样品鉴定的完整细节；
c) 使用的方法：铜螺旋法 A 或 B，或者亚硫酸钠法；
d) 试验结果；
e) 试验过程中异常的现象；
f) 本标准中或涉及的本标准中没有包括的操作以及可选择的操作；
g) 试验日期。

附 录 A
（资料性附录）
不同的促进剂对铜螺旋法和亚硫酸钠法分析结果的对比
（由马来西亚橡胶工艺研究协会的 Tun Abdul Razak 实验室提供信息）

不同的促进剂对铜螺旋法和亚硫酸钠法的对比见表 A.1。

表 A.1 不同的促进剂对铜螺旋法和亚硫酸钠法分析结果的对比

促 进 剂	游离硫含量（质量分数）/%（铜螺旋法）	游离硫含量（质量分数）/%（亚硫酸钠法）
六硫化双亚戊基秋兰姆	22.5	26.4
四硫化双亚戊基秋兰姆	20.0	20.3
4,4′-二硫化二吗啡啉	10.3	21.0
4-二硫代吗啉基苯并噻唑	6.1	20.0
异丙基黄原酸锌	4.6	3.5
二硫化四甲基秋兰姆	1.4	38.6
二甲基二硫代氨基甲酸次磺酰胺	0.92	16.6
硫化四甲基秋兰姆	<0.01	33.3
二甲基二硫代氨基甲酸锌	<0.01	21.4
2-巯基苯并噻唑锌盐	<0.01	5.1
亚乙基硫脲	<0.01	7.6
二正丁基二硫代磷酸二环己铵盐	<0.01	8.0
N-环己烷-2-苯并噻唑次磺酰胺	<0.01	0.7
2-巯基苯并噻唑	<0.01	12.5
2,2′-二硫化二苯并噻唑	<0.01	11.2

附 录 B
（资料性附录）
平行测定的允许偏差

B.1 试验的平行测定的允许偏差为：

游离硫含量	允许差
0.1%～0.5%	≤0.025%
<0.1%	≤0.005%

B.2 试验结果的有效数字可保留二位数字。

ICS 83.060
G 35

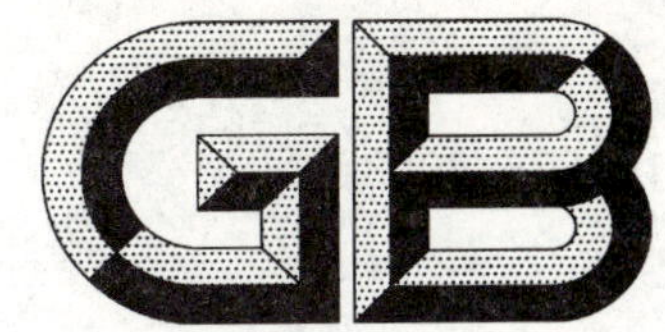

中华人民共和国国家标准

GB/T 15257—2008
代替 GB/T 15257—1994

混合调节型氯丁二烯橡胶 CR321、CR322

Mixed modulation chloroprene rubber CR321、CR322

2008-06-19 发布 2009-02-01 实施

中华人民共和国国家质量监督检验检疫总局
中国国家标准化管理委员会 发布

前　言

本标准代替 GB/T 15257—1994《混合调节型氯丁橡胶 CR321、CR322》。

本标准与 GB/T 15257—1994 的主要差异：

——修改范围的内容；

——规范性引用文件由不注日期引用改为注日期引用；

——GB/T 4498—1997 代替 GB 6736；

——GB/T 15340—1997 代替 GB 6735；

——GB/T 19187—2003 代替 GB 6734；

——GB/T 21462—2008 代替附录 A；

——HG/T 3928—2007 代替 HG 9004；

——删除了 GB/T 2941、GB/T 5577、GB/T 6038；

——删除了 CR321、CR322 牌号规定及划分；

——修改了产品的技术要求；

——本标准灰分设为型式检验项目；

——删除了附录 A 和附录 B；

——附录 A 代替附录 C。

本标准的附录 A 为规范性附录。

本标准由中国石油化工集团公司提出。

本标准由全国橡胶与橡胶制品标准化技术委员会合成橡胶分技术委员会（SAC/TC 35/SC 6）归口。

本标准主要起草单位：山西合成橡胶集团有限责任公司、中国石油天然气股份有限公司兰州化工研究中心、重庆长寿化工有限责任公司。

本标准主要起草人：宿士斌、翟月勤、张芳、赵海军、邢世霞、汤妍雯、涂智明、左祥东。

本标准所代替标准的历次发布情况为：

——GB/T 15257—1994。

混合调节型氯丁二烯橡胶 CR321、CR322

1 范围

本标准规定了混合调节型氯丁二烯橡胶CR321系列中CR3211、CR3212、CR3213和CR322系列中CR3221、CR 3222、CR 3223的技术要求、检验方法、检验规则以及包装、标志、储存、运输。

本标准适用于以氯丁二烯为单体，硫磺和调节剂丁为调节剂，经乳液聚合制得的CR3211、CR3212、CR3213、CR3221、CR3222、CR3223。

2 规范性引用文件

下列文件中的条款通过本标准的引用而成为本标准的条款。凡是注日期的引用文件，其随后所有的修改单(不包括勘误的内容)或修订版本均不适用于本标准，然而，鼓励根据本标准达成协议的各方研究是否可使用这些文件的最新版本。凡是不注日期的引用文件，其最新版本适用于本标准。

GB/T 528—1998 硫化橡胶或热塑性橡胶拉伸应力应变性能的测定(eqv ISO 37:1994)

GB/T 1232.1—2000 未硫化橡胶 用圆盘剪切粘度计进行测定 第一部分:门尼粘度的测定(neq ISO 289-1:1994)

GB/T 1233—2008 未硫化橡胶初期硫化特性的测定 用圆盘剪切黏度计进行测定(ISO 289-2:1994,MOD)

GB/T 4498—1997 橡胶 灰分的测定(eqv ISO 247:1990)

GB/T 15340—1994 天然、合成生胶取样及制样方法(idt ISO 1795:1992)

GB/T 19187—2003 合成生胶抽样检查程序

GB/T 21462—2008 氯丁二烯橡胶(CR) 评价方法

HG/T 3928—2007 工业活性轻质氧化镁

3 技术要求

3.1 外观

米黄色或浅棕色片状、块状物，不含滑石粉以外的机械杂质，无焦烧粒子(目测)。

3.2 技术指标

CR3211、CR3212、CR3213、CR3221、CR3222、CR3223的技术指标见表1。

表1 CR3211、CR3212、CR3213、CR3221、CR3222、CR3223技术指标

项目			指标		
			优等品	一等品	合格品
生胶门尼黏度 ML(1+4)100 ℃	CR3211、CR3221		25～40		
	CR3212、CR3222		41～60		
	CR3213、CR3223		61～80		
门尼焦烧时间 MSt_5/min		≥	25	20	16
500%定伸应力/MPa		≥	2.0～5.0		
拉伸强度/MPa		≥	25.0	22.0	20.0

表 1（续）

项　　目		指　　标		
		优等品	一等品	合格品
拉断伸长率/%	≥	900	850	800
挥发分的质量分数/%	≤	1.2	1.5	1.5
灰分的质量分数/%	≤	1.2	1.3	1.5

4 检验方法

4.1 门尼黏度

按 GB/T 19187—2003 抽取实验室混合样品，抖落表面滑石粉后，按 GB/T 15340—1994 中 8.2.2.2 过辊法制备样品（辊温 20 ℃±5 ℃，辊距 1.4±0.1mm，过辊 10 次），按 GB/T 1232.1—2000 测定门尼黏度。

4.2 门尼焦烧时间

取 GB/T 21462—2008 制备的混炼胶片，按 GB/T 1233—1992 进行测定，采用小转子，在 120 ℃下预热 1 min，取上升 5 个门尼值所对应的时间为结果，以 MSt_5 表示。

4.3 500%定伸应力、拉伸强度、拉断伸长率

按 GB/T 528—1998 进行测定。按 GB/T 21462—2008 规定的配方 1，开炼法 A 混炼，炼胶机挡板距 150 mm，Ⅰ型裁刀。氧化镁应符合 HG/T 3928—2007 的规定。

4.4 挥发分的质量分数

样品按 GB/T 15340—1994 均化，均化温度 20 ℃±5 ℃，按附录 A 测定。

4.5 灰分的质量分数

按 GB/T 4498—1997 方法 A 进行，试样约 2 g，灼烧温度为 850 ℃±25 ℃。

5 检验规则

5.1 本标准所列检验项目除灰分，其他均为出厂检验项目；正常情况下，每月至少进行一次型式检验。

5.2 进行质量检验时，抽样按 GB/T 19187—2003 的规定进行。

5.3 生产厂应按本标准对出厂的 CR321、CR322 进行检验，每批出厂的产品应符合本标准的要求。产品应附有一定格式的质量证明书。质量证明书上应注明名称、牌号、生产厂（公司）名称、生产批号、等级等有关内容。

5.4 出厂检验时，按 GB/T 15340—1994 中第 7 章的实验室混合样品进行检验，出厂检验项目中任何一项不符合等级要求时，应重新自双倍量的包装中取样、复检。复验结果仍不符合相应的等级要求时，则该批产品应降等或定为不合格品。

5.5 用户有权按本标准对收到的 CR321、CR322 进行验收，如果不符合本标准要求时，应在到货后半个月内提出异议。使用单位因保管、使用不当等原因造成产品质量下降，应由使用单位负责。供需双方如发生质量争议，可协商解决或由质量仲裁单位进行仲裁检验。如果发生橡胶净含量争议，可在整批胶中随机抽取 40 包（少于 40 包时全部抽取），称量实际的总净含量，实际的总净含量应大于或等于额定总含量。

6 包装、标志、储存和运输

6.1 内层用聚乙烯薄膜包装，其厚度为 0.04 mm～0.06 mm、熔点不大于 110 ℃；外层用复合塑料编织袋包装。或采用用户认可的其他形式包装。每袋净含量 25 kg±0.25 kg 或其他包装单元。

注：包装时可以适当撒入滑石粉以防止粘结。

6.2 包装袋上应清楚地标明产品名称、牌号、净含量、生产厂(公司)名称、地址、注册商标、标准编号、生产日期、防潮防晒、等级和生产批号等。

6.3 贮存过程中,必须通风干燥,严防日光曝晒,勿近热源,防止受潮或混入杂质,保持包装完好无损。长期超温贮存会引起颜色改变、黏度及门尼焦烧时间的变化。

6.4 运输过程中,应防止日光直接照射和雨水浸泡,运输车辆应整洁,避免包装破损和杂物混入。

6.5 质量保证期自生产日期起在 20 ℃以下保质期为 1 年,30 ℃以下保质期为半年。

附 录 A
（规范性附录）
氯丁二烯橡胶 CR321、322 挥发分的测定

A.1 范围

本附录规定了烘箱法测定 CR321、CR322 生胶中水分和其他挥发性物质的方法。

A.2 原理

试样在烘箱中干燥一定时间，此过程中的质量损失即为挥发分含量。

A.3 设备

A.3.1 烘箱：鼓风式，能将温度控制在 105 ℃±5 ℃。

A.3.2 铝皿或玻璃表面皿：深约 15 mm、直径（或长度）约 80 mm。

A.4 操作步骤

A.4.1 取 4.4 均化的橡胶样品约 50 g 在辊温 20 ℃±5 ℃、辊距 0.25 mm±0.05 mm 条件下压成薄片。剪取两份边长约 2 mm 的试样约 5 g，置于铝皿或玻璃表面皿中（A.3.2）称量，精确至 1 mg（质量 m_1）。

A.4.2 如果样品粘辊而不能压成薄片，则直接从样品中剪取两份边长约 2 mm 的试样约 5 g，置于铝皿或玻璃表面皿中（A.3.2）称量，精确至 1 mg（质量 m_1）。

A.4.3 将已称量的试样放入温度 105 ℃±5 ℃的烘箱（A.3.1）中干燥 1 h，干燥过程中应打开鼓风。取出试样，放入干燥器中冷却至室温后称量（质量 m_2）。

A.5 结果表示

挥发分的质量分数 w，用%表示，按式（A.1）计算：

$$w=\frac{m_1-m_2}{m_1}\times 100 \qquad \cdots\cdots(A.1)$$

式中：

m_1——干燥前试样的质量，单位为克（g）；

m_2——干燥后试样的质量，单位为克（g）。

所得结果应表示至两位小数。

A.6 允许差

挥发分含量小于 0.22%时，两次平行测定结果之差不大于 0.04%。

挥发分含量在 0.23%～0.70%时，两次平行测定结果之差不大于 0.15%。

挥发分含量在 0.71%～1.50%时，两次平行测定结果之差不大于 0.22%。

A.7 实验报告

实验报告应包括以下内容：

a） 关于样品的详细说明；

b） 每个试样的测试结果；

c） 本附录未包括的任何自选操作；

d） 试验日期。

ICS 01.040.73
D 04

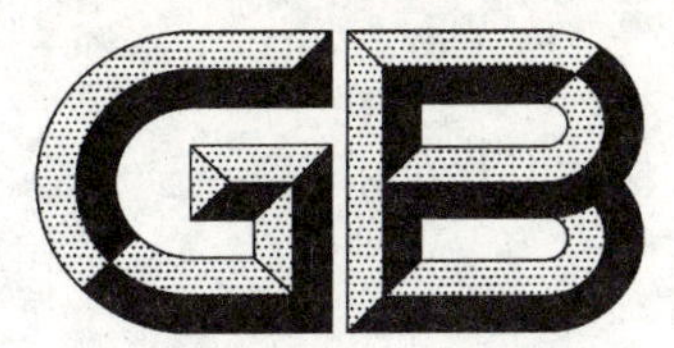

中华人民共和国国家标准

GB/T 15259—2008
代替 GB/T 15259—1994

矿山安全术语

Terms relating to mine safety

2008-12-23 发布 2009-12-01 实施

中华人民共和国国家质量监督检验检疫总局
中国国家标准化管理委员会 发布

前　言

本标准是对 GB/T 15259—1994《矿山安全术语》的修订。

本次修订对原标准的结构做了较大调整，并删去了部分条目和增加了部分条目，也对部分保留条目进行了修改。

——标准结构变化方面，将原标准中"地下开采"、"露天开采"两部分合并为"矿山开采"；将原标准"井巷掘进"、"矿山机械"，分别改为"井巷掘进与支护""、"矿山提升运输"；将原标准中"矿山辐射防护"、"地质、石油、天然气"等归并为"其他"部分，其中取消了地质方面的内容，增加了"矸石山、尾矿库"、"矿山冲击地压"、"矿山热害"等分部分内容；增加了"矿山安全监测监控"部分。

——原标准共有 339 个条目。为建立矿山安全方面的基本的术语体系，按本标准各部分结构要求，删除了原标准的部分条目，增加了部分条目。修订后的标准共有 540 个条目。

——原标准保留条目中，对部分条目中文名称、英文名称、定义或说明做了修改。

本标准由国家安全生产监督管理总局提出。

本标准由全国安全生产标准化技术委员会归口。

本标准起草单位：重庆大学资源及环境科学学院。

本标准主要起草人：曹树刚、周翔、谢波、卢义玉、顾义磊、康勇、司鹄、刘延保、李勇。

本标准所代替标准的历次版本发布情况为：

——GB/T 15259—1994。

矿 山 安 全 术 语

1 范围

本标准规定了矿山的一般安全、井巷掘进与支护、矿山开采、矿山通风、矿山提升运输、矿山电气、矿山安全监测监控、矿山爆破、矿井瓦斯、矿山防水、矿山防尘、矿山防灭火、矿山救援等方面的安全术语。

本标准适用于煤矿、金属矿、非金属矿以及石油、天然气等类矿山安全有关的文件、标准、规程、规范、书刊、教材和手册等。

2 一般安全

2.1

矿山安全　mine safety

矿山生产过程中人的身心免受外界因素危害的存在状态(即健康状况)及其保障条件。

2.2

矿山安全标志　safety sign in mine

由安全色、几何图形和图形符号构成,用以表达特定的矿山安全信息的标志。

2.3

矿山事故　mine accident

矿山生产过程中由于不安全因素的影响,突然发生的危害人的身心、损坏财物、影响生产正常进行的意外事件。

2.4

矿山安全评价　mine safety evaluation;mine safety assessment

矿山生产过程的安全状况评估。

注:运用定量或定性的方法,对矿山建设项目或生产经营单位存在的职业危害因素和有害因素进行识别、分析和危害程度评估。

2.5

事故预防　accident prevention

为减少事故发生预先采取的措施和手段。

2.6

事故调查　accident investigation

发生事故后进行的调查和分析的过程。

3 井巷掘进与支护

3.1

封口盘　shaft cover

为保证凿井作业安全,在井口设置的带有盖门和孔口的盘状结构物。

3.2

固定盘　shaft collar

为保证凿井作业安全和进筒测量等目的在封口盘下方适当位置设置的盘状结构物。

3.3

安全梯　safety ladder

凿井时,悬吊于井筒工作面上方,供紧急情况下人员安全升井的梯子。

3.4

梯子间　ladder compartment

井筒内专门为人员上下使用的梯子设置的隔间。

3.5

人行道　pedestrian way

矿井中专门用于行人的通道。

3.6

安全道 escape way

由井颈通达地面的人行安全通道。

3.7

躲避硐　man hole;refuge pocket

在巷道一侧专为人员躲避行车或爆破作业危害而设置的硐室。

3.8

保护岩柱　protective rock plug

在井筒延深段的顶部，为保护延深作业安全而暂留的一段岩柱。

3.9

护顶盘　protective stage

为防止延深井筒的保护岩柱松动冒落，而紧贴其下设置的承重结构物。

3.10

人工保护盘　protective bulkhead

为保护延深工作面作业安全，在原井筒的井窝内构筑的防止坠落伤人的临时结构物。

3.11

安全棚　safe shed

掘进天井时，为保护平台操作人员安全而在操作平台上方设置的盘状结构物。

3.12

支护　supporting

锚杆、支架及其安装作业或构筑防护体作业的总称。

3.13

背板　lagging

铺设在支架、井圈外围将地压均匀传给支架并防止碎石掉落的构件。

3.14

超前支护　forepoling; advance timbering

在松软或破碎带，为了防止岩石冒落，超前于掘进工作面而进行的支护。

3.15

锚杆　bolt

锚固在矿(岩)体内维护围岩稳定的杆状受力结构物。

3.16

空帮　the gap between support and wall

井巷壁与岩矿帮间未加充填物或充填料流失或支架与岩(矿)帮间未嵌入背板而产生的空隙。

3.17

止浆垫　grout cover; grouting pad

井筒工作面欲注浆时，预先在含水层上方构筑的，能承受最大注浆压力(压强)并防止向掘进工作面漏浆、跑浆的混凝土结构体。

3.18

吊盘　sinking platform

工作盘　hanging scaffold

服务于立井井筒掘进、永久支护、安装等作业，悬吊于井筒中可以升降的双层或多层盘状结构物，它可以拉紧稳绳、保护工作面作业人员安全。

3.19

稳绳　guide rope

立井施工时，悬吊在井筒中专门用作吊桶升降导向的钢丝绳。

3.20

临时支护　temporary supporting

在永久支护前，为暂时维护围岩稳定和保障工作面安全而进行的支护。

3.21

井圈　crib ring

立井掘进时，用以支撑背板维护围岩稳定的组装式圈形金属骨架。

3.22

撞楔法　wedging method

在不稳定地层或破碎带掘进或修复巷道时，先从巷道工作面支架的顶梁与棚腿的外侧成排地打入带有尖端的木板、型钢或钢轨，而后在其掩护下施工的方法。

4　矿山开采

4.1

矿山压力　underground pressure; rock pressure

地压　underground pressure

矿压　underground pressure

地下采掘活动在井巷、硐室及采矿工作面周围矿(岩)体和人工支护物上引起的力。

注：停止使用"岩体压力"、"岩层压力"、"岩石压力"等术语。

4.2

矿山压力显现　phenomenon of underground pressure

地压活动　phenomenon of underground pressure

由于矿山压力作用，在井巷、硐室、采矿工作面周围矿(岩)体和人工支护物上产生的各种力学现象。

注："矿(岩)体"表示"矿体或者岩体"。

4.3

矿山压力控制　underground pressure control; strata control

岩层控制　strata control

人为地调节、改变和利用矿山压力作用的各种工程技术措施的总称。

4.4

顶板　roof

影响井下巷道、采矿工作面工作空间安全的上覆邻近岩层的总称。

4.5

底板　floor

影响井下巷道、采矿工作面工作空间安全的下伏邻近岩层的总称。

4.6

伪顶　false roof

紧靠矿层顶部，随着矿层开采而垮落的岩层。

4.7

直接顶　immediate roof

直接位于采矿工作面矿层或伪顶之上的一层或几层随回撤支柱或前移支架而垮落的岩层。

4.8

老顶　main roof

基本顶　basic roof

位于直接顶或直接位于矿层之上的厚度大、强度高，对采矿工作面顶板控制影响较大的岩层。

4.9

人工假顶　artificial roof

人工顶板　artificial roof

厚矿层分层开采条件下，为防止上分层开采时垮落矸石进入下分层采矿空间而采用人工材料形成的隔离层。

4.10

再生顶板　regenerated roof

厚矿层分层开采条件下，上分层开采的垮落岩石在上覆岩层或其他因素作用下重新固结而成的顶板。

4.11

工作面顶板管理　roof control; strata control

采矿工作面(采场)顶板支护方式和支护过程的总称。

注：停止使用“地压管理”、“工作面地层控制”等术语。

4.12

敲帮问顶　knocking; drumming

采掘工作面作业时，通过敲击围岩(或矿层)以了解其稳定性的简易检查方法。

4.13

放顶　caving the roof

通过移动或回收采矿工作面支架支架，缩小工作空间宽度，使采空区悬露顶板及时垮落的作业。

4.14

强制放顶　controlled caving

强制崩落顶板　controlled caving

对邻近采矿工作面的不能自行垮落的采空区顶板采用爆破、注水等手段使其垮落的作业。

4.15

顶板垮落　roof caving

巷道、采矿工作面或采空区顶板垮落的现象。

4.16

大面积冒顶　general collapse; mass caving

采矿工作面或巷道顶板在短时间内大面积垮落的现象。

4.17

冒顶　roof-fall; roof collapse

冒落　roof-fall

垮落　roof-fall

崩落　roof-fall

采掘工作空间或井下其他工作场所顶板岩石发生的垮落现象。

4.18

片帮　wall spilling

采矿工作面或巷道矿(岩)壁产生片状或块状塌落的现象。

注:“矿(岩)壁”表示“矿壁或岩壁”。

4.19

底臌　floor heave

由于矿山压力或水的影响,巷道、硐室或采矿工作面底板出现隆起的现象。

4.20

采空区　goaf; gob

老塘　goaf

采矿以后不再维护的地下或地面空间。

4.21

采空区处理　disposition of mined-out area

以安全为目的而处理采空区的工程技术措施的总称。

4.22

采空区充填　backfill

利用各种固体材料充填采空区的工程技术措施的总称。

4.23

封闭采空区　blockading goaf; sealing goaf

用人工构筑物堵塞采空区与生产区的联系通道,使采空区的冒顶、瓦斯、水、火等可能的危害不影响生产区和防止人员误入的控制措施的总称。

4.24

老顶初次来压　first weighting

采矿工作面从切割眼向前推进到一定距离,老顶发生第一次断裂破坏引起采场出现强烈的矿山压力显现。

4.25

老顶周期来压　periodic weighting

老顶初次来压以后,随工作面继续向前推进,老顶发生周期性断裂破坏引起采场出现周期性的、强烈的矿山压力显现。

4.26

开采沉陷　mining subsidence; excavating subsidence

采动沉陷　excavating subsidence

地下采矿引起上覆岩层移动和地表沉陷的现象。

4.27

地表移动　surface movement

采矿引起采空区及邻近区域上覆岩层移动破坏波及到地表,使地表产生移动、变形和破坏的现象。

4.28

下沉盆地　subsidence basin

移动盆地　subsidence basin

采矿引起采空区及邻近区域上方地表下沉形成的盆地。

4.29

断层破碎带　distributed fault zone

由于地质挤压、搓揉作用在断层附近发生破坏的部分岩层(体)。

4.30

安全开采深度　critical depth of safe mining

临界开采深度　critical depth of safe mining

地下采矿使地表受护物产生移动和破坏所允许的最小开采深度。

4.31

缓冲沟　buffering trench

为减轻或阻断地表水平变形对建(构)筑物的损害,在建(构)筑物周围地面开挖的槽沟。

4.32

充填料泄漏　leakage of backfill material

跑砂　leakage of backfill material

采用充填采矿法时,充填材料从工作面砂门泄入井巷的事故。

4.33

砂门　sand grizzly

砂门子　sand grizzly

截留固体充填材料并滤出废水的设施。

4.34

矿柱　pillar

为保证采掘活动安全而人为留下的部分矿层(体)。

4.35

岩柱　rock pillar

为保证采掘活动安全而人为留下的部分岩层(体)。

4.36

安全跨度　safe span

硐室、巷道和矿房顶板不垮落所允许的最大悬露距离。

4.37

塌陷区　subsidence zone

地面、井下因下部采空或存在岩溶空洞引起的垮塌区域。

4.38

人工支护　artificial support

利用人工材料支撑巷道围岩或采矿工作面顶底板的支护方式的总称。

4.39

临时支架　temporary support; preliminary support

为保证采掘活动安全,在巷道、采矿工作面等地点临时加设的支架。

4.40

加强支护　bracing support

在硐室、巷道、采矿工作面正常支架基础之上,为增大支护力而增设支架的支护方式。

4.41

密集支护　closed support; intensive support

在采矿工作面利用密集布置的支柱控制局部顶板的支护方式。

4.42

特种支架　extra support

为满足采矿工作面特殊的顶底板控制需要而提供的支架。

4.43

安全出口 emergency exit

紧急情况下便于人员逃离的通道。

4.44

安全平盘 safety berm

安全平台 safety berm

为保持边坡稳定和阻拦落石而在露天采场非工作面帮上设置的人工材料制作的盘形物。

4.45

安全台阶 safety berm

露天台阶开采时，为保持边坡稳定和阻拦落石在上、下工作平台之间增设的窄台阶。

4.46

防护栏 protective grating

护栏 protective grating

露天采场、铁道两侧或溜井四周为人员安全而设置的构筑物。

4.47

边坡安全系数 slope safety factor

边坡稳定性分析时，反映边坡岩体稳定程度的系数。

4.48

边坡塌落 slope collapse

边坡岩体突然坍塌的现象。

4.49

边坡滑移 slope slipping; slope slump

在重力或水作用下，边坡岩体沿软弱结构面滑动的现象。

4.50

边坡倾倒 slope topple; slope tumble

在重力作用下，边坡岩体向临空面坍塌的现象。

4.51

滑坡 slide; landslip

边坡(帮)岩体滑动的现象。

注："边坡(帮)"即"边坡或边帮"。

4.52

临界滑面 critical sliding face

最险滑面 critical sliding face

边坡(帮)中安全系数最低的可能滑面。

4.53

边坡加固 slope reinforcement

提高边坡稳定性的工程措施的总称。

4.54

边坡监测 slope monitoring

对边坡岩体变形破坏过程进行观察和测定的工作。

4.55

滑坡预报 slide prediction

对可能发生滑坡的时间和范围提前做出的判断。

5 矿山通风

5.1

矿井通风 mine ventilation

向井下连续输送新鲜空气到各用风地点，供给人员呼吸，稀释并排出有毒、有害气体和浮尘，改善井下气候条件及救灾时控制风流的作业。

5.2

排氡通风 removing radon ventilation

降低矿井空气中氡及其子体浓度的矿井通风技术。

5.3

有毒有害气体 harmful gases

泛指在一定条件下有损人体健康，危害作业安全的气体，包括有毒气体、可燃气体和窒息性气体。

5.4

窒息性气体 black damp; asphyxiating gas

使矿井空气中氧气含量下降，危害人员呼吸的气体。

5.5

可燃性气体 inflammable gas; combustible gas

可燃气 inflammable gas

与空气混合后能燃烧或爆炸的气体。

5.6

矿井气候条件 climate conditions in mine

矿井空气的温度、湿度、大气压力和风速等参数反映的综合状态。

5.7

矿井空气调节 mine air conditioning

对矿井空气温度、湿度和风速进行调节的作业。

5.8

进风风流 intake air flow

进风 intake air

进入井下各用风地点以前的风流。

5.9

回风风流 exhaust air; return air current

回风 return air

从井下各用风地点流出的风流。

5.10

局部阻力 local resistance; shock resistance

风流速度或方向的变化，导致风流剧烈冲击，形成涡流而引起的阻力。

5.11

通风阻力 ventilation resistance; pressure drop

风流的摩擦阻力与局部阻力之总称。

5.12

等积孔 equivalent orifice

衡量矿井或井巷通风难易程度的假想薄板孔口的面积值。

5.13

机械通风　mechanical ventilation；fan ventilation

利用通风机产生的风压对矿井或井巷进行通风的方法。

5.14

自然通风　natural ventilation；natural draught

利用自然风压对矿井或井巷进行通风的方法。

5.15

局部通风　local ventilation

利用局部通风机或主要通风机产生的风压对局部地点进行通风的方法。

5.16

全风压通风　ventilation of total pressure

总风压通风　ventilation of total pressure

利用主要通风机产生的风压进行通风的方法。

5.17

扩散通风　diffusion ventilation

利用矿井中空气自然扩散运动对局部地点进行通风的方法。

5.18

分区通风　separate ventilation

并联通风　parallel ventilation

井下各用风地点的回风风流直接进入采区的回风道或总回风巷，不再进入其他采掘工作面的通风方式。

5.19

串联通风　series ventilation

井下各用风地点的回风流再次进入其他用风地点的通风方式。

5.20

压入式通风　forced ventilation；forced draught

正压通风　positive pressure ventilation

通风机向井下或风筒内输送新鲜空气的通风方法。

5.21

抽出式通风　exhaust ventilation

负压通风　negative pressure ventilation

从井口、井筒或井下局部地点抽出污浊空气的通风方法。

5.22

上行通风　ascensional ventilation

上行风　ascensional ventilation

风流沿工作面(采场)由下向上流动的通风方式。

5.23

下行通风　descensional ventilation

下行风　descensional ventilation

风流沿工作面(采场)由上向下流动的通风方式。

5.24

独立通风　isolated ventilation

独立风流　separate air current

井下爆破材料库或充电硐室等重要硐室的回风流直接进入矿井主要回风道的通风方式。

5.25

循环风　recirculation of air

部分或全部回风再进入同一进风道的通风方式。

5.26

矿井通风系统　mine ventilation system；underground mine ventilation system

矿井主要通风机工作方法，进、出风井的布置方式和通风网络、通风设施的总称。

5.27

通风系统图　mine ventilation diagram；ventilation schematic

表示矿井通风网络、通风设备、设施、风流的方向和风量等参数的平面图或立体图。

5.28

通风网络图　ventilation network chart；ventilation network schematic

用通风路线表示矿井巷道连接关系、风流方向，风阻和风量等参数的示意图。

5.29

主要通风机　primary fan；primary mine ventilating fan

主风机　primary fan

安装在地面向全矿井、一翼或一个分区供风的通风机。

5.30

局部通风机　auxiliary ventilating fan

向井下局部地点供风的通风机。

5.31

辅助通风机　booster fan

矿井通风系统某一分区风路的风阻过大，主要通风机不能供给足够风量时安装的通风机。

5.32

通风机特性曲线　fan characteristic curve；fan performance curv

通风机风压、功率和效率分别与风量关系的曲线。

5.33

通风机个体特性曲线　singular fan characteristic cure

表示某台通风机在直径、转数、叶片角度一定时，其风压、功率和效率分别与风量关系的曲线。

5.34

通风机工况点　fan operation point

通风机个体特性曲线与矿井或通风管道特性曲线在同一坐标图上的交点。

5.35

通风机附属装置　accessory equipment of fan

主要通风机附属装置　accessory equipment of primary fan

与主要通风机配套使用的扩散器、防爆门、反风装置和风硐等的总称。

5.36

风硐　fan drift；air drift

引风道　fan drift

主要通风机和风井之间的联络通道。

5.37

扩散器　fan diffuser；fan evase

与通风机出口相连且断面逐渐扩大的排风装置。

5.38

防爆门　explosion-proof door；breakaway explosion door

安装在出风井口，防止瓦斯、煤尘爆炸时毁坏通风机的安全设施。

5.39

反风道　reversing air way

用于实现风流倒转的专用风道。

5.40

风量　air quantity

单位时间内流过井巷或风筒的空气体积或质量。

5.41

风量调节　air regulation

为满足采掘工作面和硐室等的所需风量，对矿井总风量或局部风流风量进行调节的工作。

5.42

风量分配　air distribution

将矿井总进风量按各采掘工作面、硐室所需的风量进行分配。

5.43

风量自然分配　natural distribution of air flow

自然分风　natural distribution of air flow

在通风网络中，依各井巷风阻大小，进行风量分配的方法。

5.44

矿井有效风量　effective air quantity

送到采掘工作面、硐室和其他用风地点风量的总和。

5.45

漏风　ventilation leakage；air leakage

与生产无关的通道中漏失的风流。

5.46

矿井外部漏风　surface air leakage

装有通风机的井口及其附属装置处所漏失的风流。

5.47

矿井内部漏风　underground air leakage

未经采掘工作面、硐室或其他用风地点，直接漏入回风道的无效风流。

5.48

矿井外部漏风率　surface leakage rate

矿井外部漏风量占通风机风量的百分数。

5.49

矿井内部漏风率　underground leakage rate

矿井内部漏风量占矿井总进风量的百分数。

5.50

矿井有效风量率　ventilation efficiency；effective rate of air quantity

矿井有效风量占矿井总进风量的百分数。

5.51

风桥　air crossing；air bridge

设在进、回风交叉处而又使回风、进风不混合的设施。

5.52

风门　air door；ventilating door

在需要通过人员和车辆的巷道中设置的隔断风流的门。

5.53

反风　reversing air；ventilation reversal

为防止灾害的扩大和抢救人员的需要，所采取的迅速倒转风流方向的措施。

5.54

反向风门　reversing door；door for air reversing

反风风门　door for air reversing

反风闸门　door for air reversing

与正常风门开启方向相反的风门。

5.55

风窗　air regulator；ventilation regulator

调节风门　air regulator

安装在风门或其他通风设施上可调节风量的窗口。

5.56

风墙　air barrage；air stopping

密闭　air stopping

为截断风流而在巷道中设置的隔墙。

5.57

风障　brattice；air brattice

风幛　air brattice

在矿井巷道或工作面内，引导风流的设施。

5.58

夹风墙　air compartment

在矿井巷道或工作面中，用刚性材料作成的引导风流的设施。

5.59

风帘　brattice sheeting；air curtain

用柔性材料做成的减少或隔断风流的设施。

5.60

风筒　air tube；ventilation tube

引导风流沿着一定方向流动的管道。

5.61

测风站　air measuring station

用以测定巷道通过风量，表面光滑，断面规整的一段平直巷道。

6　矿山提升运输

6.1

安全制动　safety braking

矿用提升机在运行过程中发生非常情况时的紧急停车。

6.2

安全制动器　safety brake

提升机正常停止后向主轴施加制动力矩的安全装置。

6.3

安全绞车　safety winch

防止采矿机械因事故下滑，保证安全生产的专用绞车。

6.4

安全器　safety device

爬罐的主机或辅机自重下降速度超过预定极限速度时能使其制动的装置。

6.5

保护伞　protective umbrella

支承于罐笼上方，起安全保护作用的伞形构件。

6.6

带式输送机运输监控　mine belt conveyor monitoring

对矿山带式输送机系统运行过程的集中监控。

注："监控"内容包括胶带打滑、断带、跑偏、堆矿等故障的监控。

6.7

防坠器　container catcher

当提升钢丝绳或连接装置断裂时，能自动防止提升容器坠落的保护装置。

6.8

防撞绳　crash-avoiding rope

使用钢丝绳罐道的立井中，为防止上、下提升容器发生碰撞事故而在两个提升容器之间加设的钢丝绳。

6.9

防跑车装置　anti-runaway device

斜井提升时，为防止坠车事故，设置在矿车上的叉形止车装置和抓钩，或装在线路上的阻车器和挡车栏。

6.10

防倒装置　anti-tilting device

防止液压支架倾倒的装置。

6.11

防滑装置　anti-skid

防止支架移动时下滑的装置。

6.12

钢丝绳静防滑安全系数　static antislip safety coefficient of steel rope

按照尤拉公式计算的提升装置上钢丝绳打滑时的钢丝绳静张力差与提升装置钢丝绳实际最大静张力差的比值。

6.13

钢丝绳动防滑安全系数　dynamic antislip safety coefficient of steel rope

提升系统加速或减速运行过程中，按照尤拉公式计算的提升装置上钢丝绳打滑时的钢丝绳张力差与提升装置钢丝绳实际最大动张力差的比值。

6.14

过卷　overwind；overtravel

提升容器超过其允许停车的位置。

6.15

过卷距离　overtravel distance

提升容器超过其正常或允许停车位置的距离。

6.16

过速 overspeed

提升容器运行速度超过速度图规定值。

6.17

过放距离 overfall height

为避免过放时容器碰到井底而损坏,井底必须有同过放距离相应的空余距离。

6.18

轨道运输监控 mine track haulage supervision

对矿井轨道运输进行的集中监控。

注:在对机车位置、信号机、转辙机等状态监测的基础上,实现进路、信号、道岔等的集中联锁和闭锁。

6.19

缓冲绳 buffer rope

断绳后用以吸收下坠罐笼的动能以保证罐笼制动过程平稳的钢丝绳。

6.20

落道 derailment

采矿机械的部分或全部局向靴脱离其导向体的故障。

6.21

锚固装置 anchoring device

在大倾角的采矿工作面,为防止输送机下滑,在机头机尾采用的防滑装置。

6.22

卡轨器 clamping chuck

把装岩机固定在钢轨上,防止移动的构件。

6.23

平道闭锁装置 interlocking device for level track

斜井人车由坡道进入平道时,防止防坠器误动的机构。

6.24

深度指示器 depth indicator

指示提升容器在井筒或斜坡道中运行位置的装置。

6.25

安全系数 safety coefficient of hoisting steel rope

提升钢丝绳的全部钢丝破断拉力总和与其所承受的载荷之比。

6.26

提升信号装置 winding signalling apparatus; hoisting signaling apparatus

用作提升机房、井口、井下各生产水平之间信号联络并具有必要闭锁的装置。

6.27

稳定器 stabilizer

保证钻机钻头沿固定方向钻进,防止钻头偏斜和摆动的组件。

6.28

阻车器 stopblock

挡车器 stopblock

装在轨道上或罐笼或翻车机内使矿车停止、定位的装置。

6.29

制动绳 brake rope

在防坠器起作用时,供其抓捕机构捕捉的钢丝绳。

6.30

制动空行程时间　time lag; dead time

安全制动时,由保护回路断电起到闸块或闸瓦与制动盘或制动轮接触止所经历的时间。

7　矿山电气

7.1

爆炸性环境用电气设备　electrical apparatus for explosive atmospheres

Ex

防爆电气设备　electrical apparatus for explosive atmospheres

按规定条件设计制造而不会引起周围爆炸性混合物爆炸的电气设备。

7.2

隔爆型电气设备　flameproof electrical apparatus

d

具有隔爆外壳的防爆电气设备。

7.3

矿用本质安全型电气设备　intrinsic safe electrical apparatus for mine

il

矿用本安型电气设备　intrinsic safe electrical apparatus for mine

全部电路为本质安全电路的矿用防爆电气设备。

7.4

增安型电气设备　increased safety electrical apparatus

e

在正常和认可的过载条件下不会引起周围爆炸性混合物爆炸的电气设备。

7.5

隔爆外壳　flameproof enclosure

能承受内部爆炸性气体混合物的爆炸压力并阻止内部的爆炸向外壳周围爆炸性混合物传播的电气设备外壳。

7.6

隔爆性能试验　test for non-transmission (of an internal explosion)

检验隔爆型电气设备内部规定的爆炸性气体混合物爆炸时能否点燃设备周围同一爆炸性气体混合物的试验。

7.7

本质安全电路　intrinsic safe circuit

i

本安电路　intrinsic safe circuit

在规定的试验条件下,正常工作或在规定的故障状态下产生的电火花和热效应均不能点燃规定的爆炸性混合物的电路。

7.8

特殊型电气设备　special type electrical apparatus

s

具有特殊防爆功能的电气设备。

注:该类电气设备异于一般的防爆型式,必须符合国家有关规定,并具有经国家认可的检验机构出具的检验证明。

7.9

无火花型电气设备 sparkless electrical apparatus

n

在正常运行条件下，不会产生电火花，不会点燃周围爆炸性混合物，且一般不会发生有点燃作用故障的防爆电气设备。

7.10

正压型电气设备 pressurized electrical apparatus

p

外壳内充有保护性气体并保持其压力高于周围爆炸性环境的压力，以阻止外部爆炸性混合物进入的防爆电气设备。

7.11

防爆型式 type of protection

为防止点燃周围爆炸性混合物而对电气设备采取各种特定措施的型式。

7.12

自动隔爆装置 triggered barrier

探测到爆炸信号后，能自动、及时地喷出消焰物质，抑制爆炸或阻止其传播的装置。

7.13

隔爆性 non-transmission of internal explosion

壳体内部规定的爆炸性气体混合物爆炸时，不点燃壳体周围同一爆炸性气体混合物的性能。

7.14

耐爆性 explosion resistance stability

在壳体内爆炸性气体混合物爆炸压力的作用下，外壳有足够的机械强度不致产生损害隔爆性能的变形或损坏。

7.15

综合保护装置 versatile protector

具有短路、过负荷、断相、漏电等功能的保护装置。

7.16

超前切断电源装置 power source release apparatus in lead

在电缆或电气设备发生故障时，能在电火花或高温点燃爆炸性混合物前将电源切断的保护装置。

7.17

总接地网 general earthed system

用导体将所有应连接的接地装置连成一个接地系统。

7.18

井下主接地极 main earthed electrode

埋设在井底主、副水仓或集中井的金属接地极。

7.19

局部接地极 local earthed electrode

在集中或单个装有电气设备的地点单独埋设的接地极。

7.20

接地装置 earthing device

各接地极、接地导线和接地引线的总称。

7.21

接地母线 earth busbar

与主接地极连接，供井下主变电所、主水泵房等所用电气设备外壳进行连接的母线。

7.22

总接地网接地电阻　earthing resistance of general earthed system

总接地网上任意点的对地电阻。

7.23

辅助接地母线　auxiliary earth busbar

井下区域、采区变电所、机电硐室和工作面配电点内的电气设备外壳与局部接地极、电缆的接地部分连接的母线。

7.24

短路保护　short-circuit protection

当电气设备的实际电流达到设定的短路电流时，保护装置切断电源实现保护。

7.25

漏电保护　earth leakage protection

电网漏电电流超过设定值时，能自动切断电路或发出报警信号。

7.26

安全电压　safety extra-low voltage (SELV)

为防止触电事故而采用的特定电源供电的电压系列。

注：这个系列的上限值，在任何情况下，两导体间或任一导体与地之间的电压均不得超过交流(50 Hz～500 Hz)有效值 50 V。

7.27

跨步电压　step voltage

人站立在有电流流过的大地上，存在于两足之间的电压。

7.28

静电事故　electrostatic accident

因静电放电或静电力作用，导致发生危险损害的现象、状态和性质。

7.29

泄漏电流　leakage current

在没有故障的情况，流入大地或电路中外部导电部分的电流。

7.30

漏电闭锁　earth leakage search; lockout

当检测分断状态的馈电开关或电磁起动器负荷侧绝缘电阻低于设定值时使其不能合闸送电的功能。

7.31

漏泄电缆　leaky coaxial cable

一种同轴电缆式的漏泄馈线。

注：其外导体具有疏编、开槽或孔等"开放"结构，电磁波可在缆中纵向传播，同时可横向辐射。射频能量可由电缆发到外界，或从外部传入电缆。

7.32

漏泄馈线　leaky feeder

具有"开放"或"半开放"式结构的射频传输线。

注：电磁波在沿该线纵向传播的同时，还通过其结构上的开放处向其周围空间辐射。

7.33

爬电距离　creepage distance

在两个导电部分之间沿绝缘材料表面的最短距离。

7.34

杂散电流　stray current

任何不按指定通路而流动的电流。

7.35

最小点燃电流　minimum igniting current;MIC

在规定的试验条件下,能点燃最易点燃混合物的最小电流。

7.36

最大试验安全间隙　maximum experimental safe gap;MESG

在标准规定试验条件下,隔爆接合面的最大间隙。

7.37

最大许可间隙　maximum permitted gap

根据隔爆型电气设备的类别、级别、隔爆外壳的容积和隔爆接合面的长度而规定的间隙最大值。

7.38

最高表面温度　maximum surface temperature

电气设备在容许的最不利条件下运行时,暴露于爆炸性混合物中的表面的任何部分,不可能引起电气设备周围爆炸性混合物爆炸的最高温度。

8　矿山安全监测监控

8.1

安全监控系统(矿井安全监测系统)　safe monitor and control system

监控系统　monitor and control system

监测矿井环境参数、设备开停状态,具有模拟量、开关量、累计量采集、传输、存储、处理、显示、打印、声光报警、控制等功能的系统。

8.2

人员定位系统　personnel positioning system

人员定位考勤系统　personnel attendance system

监测井下人员位置,具有携卡人员出/入井时刻、重点区域出/入时刻、限制区域出/入时刻、工作时间、井下和重点区域人员数量、井下人员活动线路等监测、显示、打印、储存、查询、报警和管理等功能的系统。

8.3

自然发火束管监测系统　naturally fire beam tube monitor system

束管系统　beam tube system

通过一束管道采样测定矿井采空区、密闭区以及巷道空气中气体浓度,并根据气体变化趋势而判断自然发火程度的自然发火监测系统。

注:可分为地面监测型和井下监测型。

8.4

监控分站　monitoring substation

分站　substation

接收来自传感器的信号,并按预先约定的复用方式远距离传送给传输接口,同时接收来自传输接口多路复用信号的装置。

注:监控分站对传感器输人的信号和传输接口传输来的信号能够进行简单的线性校正、超限判别、逻辑运算等处理,并控制执行器工作。

8.5

故障闭锁功能　fault interlocking function

当与闭锁控制有关的设备未投人正常运行或故障时，必须切断该监控设备所控制区域的全部非本质安全型电气设备的电源并闭锁的功能。

8.6

馈电异常　abnormal feed

被控设备的馈电状态与系统发出的断电命令/复电命令不一致的现象。

8.7

传输误差　transmission error

传感器输出值(显示值)与中心站计算机显示值之间的误差。

8.8

巡检周期　cycle of loop check

系统在满容量条件下，传感器输出变化到中心站计算机显示所需要的时间。

8.9

报警值　alarm value

预示危险的限值。

8.10

断电值　cut off power source value

需要切断被监测区域电源的限值。

8.11

超限　over limit

监测的参数高于规定限值。

8.12

甲烷传感器　methane transducer

连续监测矿井环境气体中甲烷浓度的装置。

8.13

低浓度甲烷传感器　mow concentration methane transducer

监测量程为0%～4%甲烷浓度的装置。

8.14

高浓度甲烷传感器　high concentration methane transducer

监测量程上限值大于4%甲烷浓度的装置。

8.15

高低浓度甲烷传感器　high-low concentration methane transducer

既能监测0%～4%甲烷浓度，又能监测超过4%甲烷浓度的装置。

8.16

载体催化元件　carrier catalytic sensor

在铂丝上涂有载体并浸有催化剂，用于检测甲烷浓度的气体敏感元件。

8.17

热导元件　thermal conductivity sensor

利用铂丝导热原理来检测甲烷浓度的气体敏感元件。

8.18

便携式甲烷报警仪　portable methane detector and alarm instrument

报警仪　alarm instrument

用于检测甲烷浓度，并能在超限的情况下发出声光报警的便携式仪表。

8.19

甲烷断电仪　methane breaker

断电仪　breaker

甲烷浓度超限时，能自动切断被控设备电源的装置。

8.20

光干涉式甲烷测定器　optical principle methane detector

利用光学原理测试甲烷浓度的装置。

8.21

一氧化碳传感器　carbon monoxide transducer

连续监测矿井中一氧化碳浓度的装置。

8.22

一氧化碳元件　carbon monoxide sensor

将空气中一氧化碳气体浓度转换成电信号的气体敏感元件。

8.23

二氧化碳传感器　carbon dioxide transducer

连续监测矿井环境气体中二氧化碳浓度的固定式仪表。

8.24

氧气传感器　oxygen transducer

连续监测矿井环境气体中氧气浓度的装置。

8.25

氧气元件　oxygen sensor

将空气中氧气气体浓度转换成电信号的气体敏感元件。

8.26

风速传感器　air velocity transducer

连续监测矿井通风巷道中风速大小的装置。

8.27

温度传感器　temperature transducer

连续监测矿井环境温度高低的装置。

8.28

风压传感器　wind pressure transducer

负压传感器　negative pressure transducer

连续监测矿井通风压力的装置。

8.29

烟雾传感器　smoke transducer

连续监测矿井中是否存在烟雾粒子的装置。

8.30

粉尘浓度传感器　dust concentration transducer

连续监测矿井空气中粉尘浓度的装置。

8.31

风筒开关传感器　air tube switch transducer

连续监测风筒是否有风的装置。

8.32

风门开关传感器　air door switch transducer

连续监测矿井风门开关的装置。

8.33

开停传感器　switch transducer

连续监测电气设备开停状态的装置。

8.34

馈电传感器　feed transducer

连续监测矿井中馈电开关或电磁启动器负荷侧有无电压的装置。

8.35

风电闭锁装置　interlocked circuit breaker

当掘进工作面局部通风机停止运转或风筒风量低于规定值时,能自动切断被控设备电源的装置。

8.36

甲烷风电闭锁装置　methane interlocked circuit breaker

当掘进工作面局部通风机停止运转或风筒风量低于规定值时,或空气中甲烷浓度超限时,能自动切断被控设备电源的装置。

9　矿山爆破

9.1

煤矿许用炸药　coal mine permitted (permissible) explosive

允许用于有可燃气体和煤尘爆炸危险的矿井和工作面的炸药。

9.2

煤矿许用雷管　coal mine permitted detonator

允许用于有可燃气体和煤尘爆炸危险的矿井和工作面的雷管。

9.3

抗杂散电流电雷管　anti-stray-current electric detonator

具有抗杂散电流性能的电雷管。

9.4

耐高温雷管　high temperature resistance detonator

具有耐高温性能的工业电雷管。

9.5

炮泥　stemming

堵塞炮眼(孔)使用的有可塑性的泥质充填物。

9.6

水炮泥　water stemming

用塑料薄膜圆筒充水的炮眼充填物。

9.7

毫秒爆破　millisecond blasting

微差爆破　short delay blasting

相邻炮眼或药包群之间的起爆时间间隔以毫秒计的延期爆破。

9.8

最大安全电流　maximum safety current

电雷管在规定时间内,通过恒定直流电不会引起电雷管爆炸的最大电流值。

9.9

最小发火电流　minimum firing current

使电雷管达到规定的发火概率所需施加的最小电流。

9.10

殉爆安全距离　safety gap

主爆药与受爆药之间不发生殉爆的最小距离。

9.11

消焰剂　flame-cooling agent

能缩短炸药爆炸时产生的火焰长度及持续时间，降低炸药的爆温，并能对可燃气体或煤尘的氧化反应起负催化作用的物质。

9.12

最小抵抗线　minimum resist line

炮眼内炸药卷任何一点到自由面的最短直线距离。

9.13

残眼　socket

残孔　incomplete hole

爆破后残留的部分炮孔。

9.14

拒爆　misfire

瞎炮　blownout shot

起爆后，爆炸材料未发生爆炸的现象。

9.15

间隙效应　channal effect

管道效应　piping effect

炮眼直径与药卷(包)直径之间的间隙值在一定范围内，造成长柱状装药传爆中断的现象。

9.16

熄爆　incomplete detonation

爆轰波不能沿炸药继续传播而中止的现象。

9.17

避炮掩体　blasting shelter

露天矿爆破时，为保护人身安全在飞石危险区域设置的建筑物。

9.18

爆破警戒　blast warning

进行爆破时，为保证所有人员的安全，在放炮危险区边界上布设的岗哨、路障或警戒标志。

9.19

爆破防护　blast protection

利用掩盖物改善爆破作业安全的一种防护设施。

9.20

早爆　premature explosion

爆炸材料比预定起爆时间提前爆炸的现象。

9.21

挑顶　roof stripping

在巷道中挑落部分顶板岩石的作业。

9.22

岩爆　rock burst

岩石突出　rock outburst

在高地应力的岩体中进行采掘工作，因围岩应力变化，岩体突然破裂并抛出的动力现象。

9.23

临界直径　**critical diameter**

在一定的装药密度条件下,爆轰能稳定传播的最小装药直径。

10　矿井瓦斯

10.1

瓦斯(矿井瓦斯)　**gas; methane (mine gas)**

主要由煤层气构成的以甲烷为主的气体。有时单独指甲烷(沼气)。

10.2

低瓦斯矿井　**low gas mine**

矿井相对瓦斯涌出量小于或等于 10 m^3/t 且矿井绝对瓦斯涌出量小于或等于 40 m^3/min 的矿井。

10.3

高瓦斯矿井　**high gas mine**

矿井相对瓦斯涌出量大于 10 m^3/t 或矿井绝对瓦斯涌出量大于 40 m^3/min 的矿井。

10.4

煤与瓦斯突出矿井　**coal and gas outburst mine**

发生过煤与瓦斯突出现象的矿井。

10.5

煤层瓦斯含量　**the gas content of coal seam**

单位质量或单位体积煤体中所含有的瓦斯量。

10.6

瓦斯压力　**gas pressure**

瓦斯在煤岩体中所呈现的压力。

10.7

瓦斯涌出　**gas gushes**

从煤层或岩层中均匀地释放出瓦斯的现象。

10.8

瓦斯抽放　**gas drainage**

采用专门设施把煤岩体和采空区中的瓦斯直接抽取到地面的措施。

10.9

瓦斯积聚　**gas gathering**

由于通风不善,或采掘空间具有孔洞而使瓦斯在采掘空间慢慢聚集的现象。

10.10

瓦斯爆炸　**gas explosion**

瓦斯和空气混合达到一定浓度范围后,遇高温热源发生剧烈连锁氧化反应,并伴有高温和压力剧烈上升的现象。

10.11

煤与瓦斯突出　**coal and gas outburst**

在地应力和瓦斯的共同作用下,煤和瓦斯(二氧化碳)由煤(岩)体内突然地、快速地向采掘空间抛出或喷出的异常动力现象。

注:"煤(岩)体"即煤体或岩体。在各种煤与瓦斯突出现象中,存在岩体裂隙、孔隙内瓦斯参与突出的情况。

10.12

瓦斯风化带　**gas weathered zone**

由于风化作用,煤层相对瓦斯涌出量小于 2 m^3/t 或煤层瓦斯组分中甲烷体积百分比小于 80%的地带。

10.13

残存瓦斯 residual gas

煤岩体中未释放的残留瓦斯。

10.14

瓦斯压力梯度 gas pressure gradient

单位深度增加的瓦斯压力。

10.15

矿井瓦斯涌出量 mine gas emission rate

单位时间内从煤(岩)体以及采落的煤(岩)块涌入矿井中的瓦斯总量,以及矿井进行瓦斯抽放时还包括抽放瓦斯量。

10.16

绝对瓦斯涌出量 absolute gas gushing quantity

单位时间内从煤(岩)体以及采落的煤(岩)块涌入矿井中的瓦斯总量。

10.17

相对瓦斯涌出量 relative gas emission rate

煤矿平均每产 1 t 煤所涌出的瓦斯量。

10.18

矿井瓦斯涌出量预测 prediction of mine gas emission rate

计算出矿井在一定生产时期、生产方式和配产条件下的瓦斯涌出量。

10.19

瓦斯排放 degas

对于采掘空间的积聚瓦斯实施的安全排除措施。

10.20

透气性系数 gas permeability coefficient

表征煤(岩)体对瓦斯流动的阻力,反映瓦斯沿煤(岩)体流动难易程度的系数。

10.21

百米钻孔瓦斯流量衰减系数 damping factor of gas flow-rate per 100 metre of hole

表示每 100 m 钻孔瓦斯流量随时间延长衰减变化的系数。

10.22

邻近层抽放 gas drainage from adjacent seam

对开采煤层上部或下部相邻煤岩体瓦斯的抽放。

10.23

本煤层抽放 inseam gas drainage

对开采层瓦斯的抽放。

10.24

采空区抽放 gas drainage from goaf(gob)

对采空区空间瓦斯的抽放。

10.25

围岩瓦斯抽放 gas drainage from surrounding strata

对煤层围岩裂隙或孔洞中瓦斯的抽放。

10.26

地面抽放 gas drainage on surface

通过地面钻孔对煤岩体瓦斯实施抽放。

10.27

预抽　gas pre-drainage

对未卸压煤岩体实施瓦斯预先抽放。

10.28

卸压抽放　gas drainage in distressed zone

对已卸压煤岩体实施瓦斯抽放。

10.29

边采边抽　gas drainage while extracting

在开采同时实施瓦斯抽放。

10.30

边掘边抽　gas drainage while developing

在掘进同时实施瓦斯抽放。

10.31

钻孔抽放　gas drainage from borehole

利用在煤岩体中实施的钻孔抽放瓦斯。

10.32

埋管抽放　gas drainage using preburied pipes

利用预先埋设的管道实施瓦斯抽放。

10.33

顺层钻孔　inseam borehole

沿煤岩体层理的钻孔。

10.34

穿层钻孔　cross-measure borehole

垂直或斜交穿过煤岩体层面的钻孔。

10.35

高抽巷　upper gas drainage drive

在开采层顶部一定距离的采动裂隙带岩层中布置的专用瓦斯抽放巷道。

10.36

综合抽放瓦斯　comprehensive gas drainage

同时采用两种或两种以上方法进行瓦斯抽放。

10.37

强化抽放　reinforced gas drainage

对于采用常规的瓦斯预抽方式难以奏效的低透气性煤层而采用的特殊抽放方式。

10.38

水力压裂　hydraulic cracking

在钻孔内以水作为动力，在无自由面的情况下使煤岩体裂隙畅通的一种提高煤岩体瓦斯透气性措施。

10.39

水力割缝　hydraulic cutting

在钻孔内运用高压水射流对钻孔两侧的煤岩体进行切割，形成一定深度的扁平缝槽的一种使煤岩体卸压措施。

10.40

深孔预裂爆破　deep-hole pre-splitting blasting

在钻孔内利用炸药爆破作为动力，使煤岩体裂隙增大，提高煤岩体透气性的一种措施。

10.41

抽放浓度　gas drainage concentration

抽放管道内瓦斯浓度。

10.42

抽放流量　gas drainage flow rate

在标准状态下，抽放管道单位时间的纯瓦斯流量。

10.43

瓦斯抽放率　gas drainage efficiency

抽放瓦斯量占瓦斯涌出总量（包括抽放量和通风排出量）的百分数。

10.44

抽放负压　gas drainage acuum

标准大气压力与抽放管道绝对压力的差值。

10.45

放水器　drainage pipe water dumping device

安装在瓦斯抽放管道上，用于储存和放出瓦斯抽放管道中积水的专用装置。

10.46

防回火装置　flame arrestor

安装在瓦斯抽放管道中，阻止火焰蔓延的安全装置。

10.47

水封防爆箱　water-sealed explosion-proof box

安装在瓦斯抽放泵附近管道中，作隔爆用的水箱式安全装置。

10.48

瓦斯爆炸浓度界限　gas explosion concentration range

瓦斯和空气混合后，具有爆炸性的浓度范围。

10.49

隔爆水袋　explosion-suppression water bag

阻止瓦斯爆炸传播的盛水的塑料袋。

10.50

隔爆水槽　explosion-suppression water tub

阻止瓦斯爆炸传播的盛水的倒梯形脆性塑料槽。

10.51

岩粉棚　rock dust barrier

为阻止爆炸传播，安设在巷道中的装载岩粉的设施。

10.52

自动隔爆装置　automatic device for explosion suppression

依靠对爆炸信息的超前探测，强制性地把消焰剂抛撒到火焰阵面上，将火焰扑灭，阻止爆炸传播的装置。

10.53

突出煤层　coal and gas outburst seam

在采掘过程中发生过煤与瓦斯突出的煤层。

10.54

突出危险区　coal and gas outburst area

具有煤与瓦斯突出危险的区域。

10.55

突出威胁区 potential coal and gas outburst area

有可能发生煤与瓦斯突出危险的区域。

10.56

无突出危险区 non coal and gas outburst area

没有煤与瓦斯突出危险的区域。

10.57

突出强度 outburst quantity

一次煤与瓦斯突出所抛出的煤(岩)量和喷出的瓦斯(二氧化碳)量。

10.58

瓦斯喷出 blower

从煤岩体裂隙中或钻孔中迅速喷出瓦斯的现象。

10.59

延时突出 delayed outburst

延期性突出 extension outburst

在煤(岩)和瓦斯(二氧化碳)突出煤(岩)体中掘进或石门揭开突出危险煤层,用爆破诱导时,没有立即发生而是间隔一段时间后才发生的突出。

10.60

综合防突措施 synthesized coal and gas outburst prevention measure

在煤(岩)和瓦斯(二氧化碳)突出煤岩体中进行采掘作业前和采掘过程中实施的突出预测、防突措施、措施效果检验和安全保护措施的"四位一体"的防突措施。

10.61

突出预测预报 outburst forecast

利用煤层的煤结构,煤的物理力学性质、瓦斯、地应力等的某些特征参数及其变化或利用工作面的某些特征、突出前的预兆预测采掘工作面突出的危险性的工作。

10.62

突出预测敏感指标 outburst forecast sensitive index

预测煤(岩)和瓦斯(二氧化碳)突出具有敏感性的指标。

10.63

突出预测临界值 outburst forecast critical value

预测煤(岩)和瓦斯(二氧化碳)突出发生的临界指标值。

10.64

煤炮 coal cannon

发生煤(岩)和瓦斯(二氧化碳)突出前的声音现象。

10.65

喷孔 borehole blowout

在具有煤(岩)和瓦斯(二氧化碳)突出危险的煤岩体中打钻时,钻屑和瓦斯(二氧化碳)突然从钻孔中喷射出钻孔口外的动力现象。

10.66

卡钻 drill pipe jamming

在具有煤(岩)和瓦斯(二氧化碳)突出危险的煤岩体中打钻时,钻杆被钻屑抱死,钻杆无法钻进、退出和旋转的动力现象。

10.67

顶钻　drill pipe blocking

在具有煤(岩)和瓦斯(二氧化碳)突出危险的煤岩体中打钻时,钻杆无法钻进,但可以退出和旋转的动力现象。

10.68

钻屑量法(钻屑法)　drill cuttings quantity method

用每单位钻孔体积排出的钻屑量来评估煤(岩)和瓦斯(二氧化碳)突出的危险程度的方法。

10.69

钻屑量　drill cuttings quantity

单位钻孔长度排出的钻屑重量或体积。

10.70

钻屑瓦斯解吸指标　drill cuttings gas desorption index

用在特定条件下,标准煤样在一定时间内解吸出的瓦斯量来评估煤(岩)和瓦斯(二氧化碳)突出的危险程度的参数。

10.71

瓦斯放散初速度　initial gas desorption rate

在特定条件下,标准煤样在一定时间内解吸出的瓦斯量。

10.72

预测孔　coal and gas outburst forecast borehole

用于预测煤(岩)和瓦斯(二氧化碳)突出危险的专门钻孔。

10.73

防突措施　coal and gas outburst prevention measure

在预测有突出危险的区域和采掘前方局部煤岩体实施的消除突出危险的技术措施。

10.74

保护层　protective seam

为消除或削弱在开采相邻近煤层时的突出(冲击地压)危险而预先开采的煤层或矿层。

10.75

被保护层　protected seam

开采保护层后受到采动影响而削弱或消除了突出(冲击地压)危险的突出煤层或矿层。

10.76

石门揭煤　exposing outburst seam by crosscut

石门自底(顶)板岩层与煤层法线距离 10 m 外开始,进入或穿过突出煤层顶(底)板(法线距离大于 2 m)的全部作业过程。

10.77

震动爆破　concussion blasting; shock blasting

在石门揭穿突出煤层或在突出煤层中掘进时,在采取严格安全管理及防护措施的条件下,用增加炮眼数、加大装药量等方式诱导煤(岩)与瓦斯突出,以保障现场施工人员安全的一种爆破作业。

10.78

排放孔　gas releasing borehole

用于排放具有煤(岩)和瓦斯(二氧化碳)突出危险煤岩体内瓦斯(二氧化碳)的专门钻孔。

10.79

超前钻孔　advance releasing hole

在采掘前,从工作面向前方煤岩体打一定数量的钻孔,并保持一定的超前距,达到消除或降低突出危险的一种局部防突措施。

10.80

防突效果检验　coal and gas outburst prevention inspection

用突出预测的方法对防突措施进行效果检验的技术措施。

10.81

安全防护措施　safe preventive measure

经防突效果检验无突出危险的区域和地点进行采掘作业时采用的保障人身安全的技术措施。

11　矿山防水

11.1

充水通道　water filling channel

水流入矿井的通道，如导水断层、岩层裂隙、溶隙等。

11.2

矿井充水　water filling of mine; flooding to mine

矿井开采时各种来源的水，通过各种方式流入矿井的现象。

11.3

矿井水　mine water

(露天)矿坑水　water in open pit

采矿中，从各种来源流入矿井的水，或流经矿井排水系统的水，或汇集于采场、巷道内的水体。

11.4

裂隙水　fissure water

存在于岩层裂隙中的地下水。

11.5

岩溶水　karst water

赋存于岩溶化岩体中的地下水的总称。

11.6

老窑水　goaf water; abandoned mine water

积存于采空区、老窑和废弃巷道中的水。

11.7

矿井涌沙　sand gushing in mine

流沙突然涌入井巷的现象。

11.8

矿井水灾　mine water disaster

矿井在建设和生产过程中，地面水和地下水通过各种通道涌入矿井，当矿井涌水超过正常排水能力时，造成井巷被淹或人员伤亡、生产停顿的现象。

11.9

矿井透水　water inrush in mine

矿井突水　water inrush in mine

大量地下水突然集中涌入井巷的现象。

11.10

淹井　mine flooding

由于矿井突水或其他原因，涌水量大于排水能力，在较短时间内把坑道或整个矿井淹没的现象。

11.11

直接充水含水层　direct water filling aquifer

直接向矿井或矿坑充水的含水层。

11.12

隔水层　aquifuge

一般指透水性极弱的岩层。

11.13

承压水　confined water

充满于上下两个相对隔水层间的具有承压性质的地下水。

11.14

矿井涌水量　mine inflow; water yield of mine

单位时间内流入矿井的水量。

11.15

矿井最大涌水量　maximum mine inflow; maximum water yield of mine

矿井开采期间,正常情况下矿井涌水量的高峰值,主要与人为条件和降雨量有关。

11.16

矿井正常涌水量　normal water yield of mines

矿井开采过程中,应疏放的水量。

11.17

顶底板安全水压值　safety water pressure value of top and bottom layer

开采矿层顶、底板岩层能承受含水层的最大水头压力值。

11.18

防突水安全宽度　safety width of water bursting prevention

矿床侧向岩层不被破坏而导致突水所需的宽度。

11.19

顶底板安全厚度　safety thickness of top and foot walls

在一定水压力下,保证不发生矿井突水的顶、底板最小厚度。

11.20

安全水头　safety water head

不致造成隔水顶、底板突水的承压水头的最大值。

11.21

矿井探水　water prospecting of mine

采掘时用超前钻孔探明采掘工作面周围水源的措施。

11.22

矿井堵水　water blocking in mine

用各种方法和防水材料堵塞井下突水点和进水通道。

11.23

截流　water division

为使局部地点的涌水不危及其他开采区域,需要永久或暂时截住水源,将开采区与水源隔开的措施。

11.24

防水门　water-proof door

在井下可能受到水害威胁的地点设置的截水闸门。

11.25

防水墙 water-proof dam

在井下可能受到水害威胁的地点设置的截堵水源的挡水墙。

11.26

防水矿柱 water burst preventing pillar

为防止水体突入矿井，而在井巷中保留下来的具有一定宽度或厚度的矿(体)柱。

11.27

注浆堵水 grouting for water-blocking; grout off

把浆液压入井下突水或可能突水的地点，以拦截水源、减少或消除矿井涌水的措施。

11.28

防水警戒线 warning line of water bursting

当采掘工作面距突水水源一定距离时，为防止突水而划定出的加强突水前兆观察和防水措施的安全警戒线。

11.29

突水点封堵 sealing and blocking water bursting point

用某种止水材料封堵突水点及周围破碎带的措施。

11.30

灌浆帷幕堵水 water blocking with heavy grouting curtain

对矿(井)区透水边界(或集中迳流带)进行钻孔注浆，使之形成地下不透水帷幕的防水措施。

11.31

探水钻孔 water exploratng borehole

为探明矿区周围水体、含水层和含水构造等的具体位置而布置的钻孔。

11.32

疏干降压 draining depressurization; dewatering depressurization

用人工排水措施，降低含水层的水位或水压，减少巷道的涌水量，防止井下突水的作业。

12 矿山防尘

12.1

矿尘 mine dust

粉尘 dust

矿井生产过程中产生的粉尘。

12.2

煤尘 coal dust

细微颗粒的煤炭粉尘。

12.3

岩尘 stone dust

岩粉 rock powder

细微颗粒的岩石粉尘。

12.4

浮游粉尘 airborne dust

浮尘 floating dust

悬浮在空气中的粉尘。

12.5

沉积粉尘 deposited dust

落尘 landing dust

因自重而降落在物体和巷道周边上的粉尘。

12.6

全尘 full dust

总粉尘 total dust

用一般敞口采样器采集到一定时间内悬浮在空气中的全部固体微粒。

12.7

呼吸性粉尘 respirable dust

能被吸入人体肺胞区的细微尘粒。

12.8

可燃粉尘 combustible dust

与空气混合后可能燃烧或闷燃、在常温常压下与空气形成爆炸性混合物的粉尘。

12.9

粉尘比电阻 specific resistance of a dust particle

长为 1 cm、截面积为 1 cm^2 的粉尘层在规定试验条件下的电阻。

12.10

粉尘粒度 dust diameter

粉尘粒径 dust particle size

粉尘颗粒的直径。

12.11

粉尘粒度分布 dust size distribution

粉尘分散度 dust dispersion

在含尘空气中，各种不同粒径粉尘的质量或颗粒数占粉尘总质量或总颗粒数的百分比。

12.12

粉尘比表面积 specific surface area of a dust

单位质量粉尘所有颗粒总外表面积之和。

12.13

粉尘湿润性 dust wettability

粉尘吸湿性 dust hygroscopicity

粉尘浸润性 dust invasive

粉尘粒子被水(或其他液体)湿润的难易程度。

12.14

粉尘荷电性 particle chargability

粉尘在其产生和运动过程中，由于相互碰撞、摩擦、放射线照射、电晕放电及接触带电体等原因而带有一定电荷的性质。

12.15

粉尘浓度 dust concentration

单位体积空气中含有粉尘的质量或颗粒数。

12.16

尘源 source of dust

向周围空间排放粉尘的场所、设备和装置。

12.17

产尘强度　dust generating rate

单位时间内进入矿内空气中的粉尘量。

12.18

相对产尘强度　relative dust generating rate

每采掘单位质量矿(岩)所产生的粉尘量。

12.19

煤尘爆炸　coal dust explosion

悬浮在空气中的煤尘遇火源而发生剧烈氧化反应,并伴有高温和压力上升的现象。

12.20

煤尘爆炸特性　explosion characteristic of coal dust

衡量煤尘爆炸难易程度和爆炸猛烈程度的性质。

12.21

尘肺病　pneumoconiosis

由于在职业活动中长期吸入生产性粉尘并在肺内滞留而引起的以肺组织弥漫性纤维化为主的全身性疾病。

12.22

粉尘采样器　dust sampling device

在含尘空气中采集粉尘试样的便携式器具。

12.23

综合防尘　comprehensive dust suppression measures

防止或减少粉尘产生、降低粉尘浓度,控制或减小粉尘危害的各种技术或措施。

12.24

湿式凿岩　wet drilling

用凿岩机打眼时,将压力水通过凿岩机送入孔底,抑制岩尘产生,湿润、冲洗并排出岩尘。

12.25

喷雾降尘　dust suppression by water spray

用喷出水雾以湿润粉尘,使其沉降,减少空气中的含尘量或抑制落尘的飞扬。

12.26

洒水降尘　dust suppression by water sprinkling

用水湿润沉积在煤堆、岩堆、巷道周壁、支架等处的粉尘,增加尘粒间附着力,抑制粉尘飞扬的措施。

12.27

煤层注水　water injection

通过钻孔向煤层中注入压力水或水溶液,湿润煤体,减少煤尘产生的行为。

12.28

静压注水　static pressure water infusion

利用地面或上水平的静水压力,通过矿井防尘管网直接由钻孔将水注入矿体的作业。

12.29

动压注水　dynamic pressure water infusion

利用水泵或其他机械装置提供的压力向矿体注水的作业。

注:水泵或其他机械装置可以设在地面集中加压,也可直接设在注水地点进行加压。

12.30

湿润剂　surfactant

为提高降尘效果,在水中添加的表面活性物质。

12.31

孔口捕尘器　drilling dust extractor

钻矿岩孔时,将孔内钻粉吸出并集中在专用容器内的设备。

12.32

通风防尘　dust control by ventilation

通风除尘　ventilation dust

用通风的方法排出、稀释含尘空气,降低作业场所粉尘浓度的措施。

12.33

负压二次降尘　secondary dust suppression by negative pressure

利用高压引射原理,喷嘴喷雾时,喷射口形成负压,粉尘进入射筒形成二次降尘,阻止和减少粉尘向外扩散。

12.34

水幕　water curtain

为净化空气,在巷道中用喷嘴喷出的水雾构成的屏障,用以降尘、净化风流的设施。

12.35

除尘器　dust collector

集尘器　dust collector

收尘器　dust collector

能将气流或空气中含有固体粒子分离并捕集起来的装置。

12.36

旋风除尘器　cyclone collector

利用含尘空气旋转运动所产生的离心力,将粉尘从空气中分离和捕集的装置。

12.37

湿式除尘器　wet dust collector

以水为介质分离和捕集空气中粉尘的装置。

12.38

过滤除尘器　filter collector

利用纤维层、颗粒层拦截分离和捕集粉尘的装置。

12.39

除尘效率　efficiency of dust collection

集尘率　dust collection rate

捕集效率　trapping efficiency

含尘气流通过除尘器时所捕集下来的粉尘量占进入除尘器粉尘量的百分数。

注:在同一时间内除尘器捕集的尘量与进入装置的尘量之比。

12.40

防尘口罩　dust mask

防止或减少空气中粉尘进入人体呼吸器官的个人防护器具。

12.41

泡沫防尘　foam dust suppression

用泡沫使粉尘颗粒湿润、过滤而加以捕集的除尘方法。

12.42

抑尘剂防尘　suppression of dust

利用吸湿保湿性、粘和固结性的湿润剂防止粉尘的措施。

13 矿山防灭火

13.1

矿井火灾 mine fire

煤田火灾 coal fire

发生在矿井或煤田范围内，造成人员伤亡、资源损失、环境破坏、设备或工程设施毁坏的非控制性燃烧而形成的火灾。

13.2

外因火灾 exogenous fire

外源火灾 exogenous fire

由于明火或高温热源等外部火源作用引起可燃物燃烧而形成的火灾。

13.3

内因火灾 spontaneous mine fire

可燃物(煤、硫化矿物等)与空气接触，由于物理、化学变化以及积聚热量而引发的火灾。

13.4

自然发火 spontaneous combustion

自燃 spontaneous combustion

煤、硫化矿物等与空气接触，由于物理、化学作用蓄热而引发的自燃。

13.5

自热温度 self-heating temperature

临界温度 critical temperature

能使煤自发燃烧的最低温度。

13.6

自然发火期 spontaneous combustion period

发火期 combustion period

从煤炭或硫化矿物等被开采破碎接触空气到产生自然发火现象所经历的时间。

13.7

自燃倾向性 spontaneous combustion tendency

煤(或硫化矿物等)自身的氧化能力。

13.8

自燃发火预测预报 prediction of spontaneous combustion

根据煤炭(或硫化矿物等)自燃过程中发生的物理化学现象，对煤体自燃危险程度、自然发火期及最易自燃区域的预测。

13.9

标志气体 indicator gas of coal spontaneous combustion

指标气体 indicators gas

能反映煤炭自热或可燃物燃烧初期阶段特征的、并可作为火灾早期预报的气体。

13.10

散热带 non-spontaneous combustion zone

采空区内，由于氧化生热小、散发热量多而不发生自燃的区域。

13.11

自燃带 spontaneous combustion zone

采空区内，由于具有漏风和蓄热条件，可能发生自燃的区域。

13.12

窒息带　suffocation zone

不燃带　no spontaneous zone

采空区内不具备自燃条件、以及即使已发生自燃也能窒息的区域。

13.13

自然发火等级　classification of spontaneous combustion risks

根据煤自燃倾向性，以特定测试指标对煤层自然发火的难易程度进行划分，以区分煤层的自燃危险程度。

13.14

火区　fire area

因火灾而被封闭的采矿区域。

13.15

火区封闭　fire area sealing

火区密闭　fire area sealing

在矿井火灾防止措施失败或不能采取直接灭火措施时，及时封闭火灾区域，防止火灾势态扩大。

13.16

火区管理　managing sealed fire area

对火区进行定期的资料分析、整理和火区监测与检查。

13.17

火区启封　opening sealed area

打开火已被确认熄灭的火区。

13.18

均压防灭火　balancing pressure on stopping

降低采空区和已采区两侧的风压差、减少漏风，以达到预防和消灭火灾的技术或措施。

13.19

防火墙　fire dam

防火密闭　fire sealing

火区封闭时砌筑的密闭构筑物。

13.20

防爆墙　explosion-proof wall

防爆密闭墙　explosion-proof sealing wall

在封闭火区时，为防止火区内发生爆炸造成冲击伤害，用砂袋、土袋等砌筑的能抗爆炸冲击的防火墙。

13.21

火风压　temperature induced flow pressure

井下发生火灾时，高温烟气流经有海拔高程差的井巷时产生的附加风压。

13.22

防火门　fire-proof door

井下为防止火灾蔓延和控制风流设置的构筑物。

13.23

阻化剂　inhibitor

阻氧剂　prevent oxidant

吸附在煤或硫化矿物表面，抑制氧化自燃的化学药剂。

13.24

阻化剂防灭火　fire extinguishing by inhibitors

利用阻化剂在煤或硫化矿物表面的吸附作用，阻止或隔绝煤等物质与氧接触，预防或扑灭井下火灾的技术或措施。

13.25

凝胶防灭火　fire extinguishing by gelatin

利用胶冻状硅酸盐溶液等凝胶物质的吸热、充填堵塞或阻化等作用，预防或扑灭井下火灾的技术或措施。

13.26

泡沫防灭火　fire extinguishing by foam

利用化学泡沫的吸热、充填堵漏以及惰性气体的窒息等作用，预防或扑灭井下火灾的技术或措施。

13.27

惰性气体防灭火　fire extinguishing by inert gas injection

利用氮气、二氧化碳等气体降低氧气浓度，防止煤或硫化矿物氧化自燃、窒息火源的技术或措施。

13.28

注浆　grouting

灌浆　grouting

通过输浆设备和管路向采空区、突出和冒落孔洞等防火或灭火地点输送泥浆的作业。

13.29

溃浆　slurry slump

灌浆防、灭火时，积聚的泥浆因压力过大而破坏滤浆密闭，突然大量流出的事故。

13.30

洒浆　slurry spraying

通过管道向采空区遗煤喷洒泥浆的作业。

13.31

注浆防灭火　grouting fire prevention and control

灌浆防灭火　grouting fire prevention and control

将注浆材料注入防、灭火区域内，封堵涌风通道、包裹煤岩阻止氧化、冷却煤岩温度而预防或扑灭矿井火灾的一项技术措施。

注：“煤岩”即煤体和岩体。

13.32

防火煤柱　fire preventive pillar

防火矿柱　pillar of fire

保安煤柱　security pillar

为防止漏风和隔绝火区而不采的煤柱或矿柱。

13.33

火灾监测　fire detection

利用敏感元件对火灾气体、烟雾、温度或火焰等信息进行探测，分析确定火灾发生的部位，发生时间与火势，并能自动报警和断电。

13.34

自动灭火　automatic fire suppression

根据敏感元件探测到火灾信息，自动启动灭火装置动作，阻止火势蔓延或扑灭火灾。

14 矿山救援

14.1

矿山救护　mine rescue

矿山救援　mine rescue

矿山发生灾害时,能迅速赶赴灾区现场抢救人员和处理灾害的救护行为或措施。

14.2

矿山救护队　mine rescue crew

矿山发生灾害时,能迅速赶赴现场抢救人员处理灾害的专业救护队伍。

14.3

矿工自救系统　miner self-rescue system

为延长避灾待救时间,放置在井下采掘工作面、大巷或井底车场临时避灾地点的供氧等自救装置。

14.4

呼吸器　oxygen respirator

氧气呼吸器　oxygen breathing apparatus

救护人员在有毒、有害气体中工作时配戴的供氧或空气呼吸器具。

14.5

自救器　self-rescuer

为防止发生灾害时有毒有害气体对人身的伤害,供个人佩带逃生用的呼吸器具。

14.6

苏生器　automatic resuscitator

对中毒或窒息的伤员自动进行人工呼吸或输氧的急救器具。

14.7

救灾钻机　drill rig for mine rescue

井下发生灾害时,救护人员用于打通安全通道,挽救被困人员生命的机具。

14.8

气体爆炸性测定仪　explosive gas detector

测爆仪　burst detector

通过对井下灾区特定气体成分的检测,判定气体爆炸危险性的仪器或装置。

14.9

救灾通讯　communication for mine rescue

在处理事故时为保持抢救指挥部与地面和井下基地、井下基地与灾区工作小队以及灾区工作人员的经常联系,保证抢救工作指挥灵活,行动协调,而建立的通讯系统。

14.10

避难硐室　refuge chamber

当井下事故发生,人员无法及时撤出灾区时,为防止有毒、有害气体侵袭而设置的待救避难场所。

14.11

救生舱　refuge compartment

为矿井发生事故后无法及时撤离的矿工提供的安全的密闭空间(装置)。

注:该密闭空间(装置)能够抵御外部的爆炸冲击、高温烟气的危害和隔绝外部的有毒、有害气体,能够消除内部的有毒、有害气体,向被困矿工提供氧气、食物和水,以便赢得较长的生存时间。同时,被困人员还能通过内部的通讯监测设备,引导外部救援。

15 其他

15.1 石油、天然气开采

15.1.1

井漏 lost circulation; loss of circulation

钻孔漏失 bored loss

钻井液经井下地层裂缝或孔隙流失的现象。

15.1.2

井涌 kick

地层流体侵入井中，使返出的钻井液量大于泵入量而涌出的现象。

15.1.3

井喷 blowout

地层流体(油、气或水)无控制地涌入井筒，喷出地面的现象。

15.1.4

地下井喷 underground blowout

油井流体或(和)地层流体无控制地由高压层流进浅部低压层或地表的现象。

15.1.5

井喷失控 out of control for blowout

发生井喷后，无法用常规方法控制井口而出现敞喷的现象。

15.1.6

爆炸灭火法 fire-extinguishing by explosion

在井口上空利用炸药爆炸产生强大冲击波压力和二氧化碳隔绝层扑灭大火的方法。

15.1.7

防火堤 fire wall

油(气)井或油罐周围所砌筑的堤坝、墙等隔离设施。

15.1.8

卡钻 drill pipe jamming

夹钻 stick of tool

钻具在孔(井)内被夹住不能上提、下放、转动或钻井液不能循环等现象的统称。

15.1.9

压井 killing well

向失去压力平衡的井筒内泵入高密度钻井液，以恢复和重建压力平衡的作业。

15.1.10

空井压井 empty well control

井内无钻具或只有少量钻具而发生井喷，井内钻井液已大部分甚至全部喷空，但能关井时的压井作业。

15.1.11

置换式压井法 displacement method

顶部压井法 top killing method

向井内挤入定量钻井液，关井使钻井液下落至井底，然后泄掉定量井口压力，重复以上过程，直至井口压力降到一定程度，再强行下钻到底完成压井作业。

15.1.12

关井 closing well

发生井涌时，关闭防喷器、节流阀，阻止地层流体侵入井筒的作业。

15.1.13

防喷器　blowout preventer

钻进过程中用以控制油(气)井或钻杆外井喷的装置。

15.1.14

救险井　relief well

为抢救井喷或着火而施工的定向井。

15.1.15

天然气紧急泄放系统　emergency gas relief system

能迅速向大气排放高压天然气的管道控制装置。

15.1.16

工业动火　hotwork

在充满油气的易燃易爆危险区域内和油(气)容器、油(气)管线、油(气)设备或盛装过易燃易爆物品的容器上,进行焊割、加热、加温、打磨等能直接或间接产生明火的施工作业。

15.1.17

阈限值　threshold limit value; TLV

所有工作人员长期暴露都不会产生危害的某种有毒物质在空气中的最大浓度。

15.1.18

安全临界浓度　safe critical concentration

工作人员在露天安全工作 8 h 可接受的某种有毒物质在空气中的最高浓度。

15.1.19

危险临界浓度　dangerous threshold concentration limit value

有毒物质在空气中达到此浓度时,对生命和健康产生不可逆转的或延迟性的影响。

15.1.20

最大允许操作压力　maximum allowable operating pressure; MAOP

容器、管道内的油品、天然气处于稳态(非稳态)时的最大允许操作压力。

15.1.21

碰天车　run into crown-block

在起钻过程中,由于故障或误操作而造成游动滑车碰撞天车的事故。

15.1.22

窜气　gas blow-by

天然气净化过程中由于停电等原因造成高压气窜至中低压设备的现象。

15.2　矸石山、尾矿库

15.2.1

矸石　refuse; waste

矸子　waste rock

碴石　waste rock

洗矸　waste rock

采矿过程中,从井下或露天矿采场排出的或混入矿石中的岩石(废石)。

15.2.2

煤矸石　coal waste

煤矿生产过程中产生的废渣。

注:煤矸石包括岩石巷道掘进时产生的掘进矸石,采煤过程中从顶板、底板和夹在煤层中的岩石夹层里采出来的矸石,以及洗煤厂生产过程中排出的洗选废石。一般常将采煤过程和洗煤厂生产过程中排出的矸石通称煤矸石。

15.2.3

矸石处置　waste disposal

为安全排放矿山产生的矸石所采取的各种技术措施。

15.2.4

矸石山　waste dump；refuse heap

集中排放和处置矸石形成的堆积物。

15.2.5

矸石山喷爆　explosion and blower of waste heap

矸石山自燃引发爆炸，突然向周围抛出矸石的异常动力现象。

15.2.6

矸石山自燃　spontaneous combustion of waste heap

堆置的矸石中可燃成分在自然条件下氧化发热达到燃点发生燃烧的现象。

15.2.7

排土场滑坡　dump slide；waste dump slide

排土场松散岩土体自行或随基底变形或滑动的现象。

15.2.8

排土场泥石流　dump mud-rock flow；waste dump mud-rock flow

排土场松散土岩受水冲刷和浸透形成的泥石流。

15.2.9

危险尾矿库　hazardous tailings tank

尾矿坝体出现严重的管涌、流土、裂缝、坍塌和滑动迹象，库内水位超过限制的最高洪水位，在用排水井倒塌或者排水管(洞)坍塌堵塞等有垮坝、洪水漫顶危险、丧失或者降低排洪能力等尾矿库。

15.2.10

溃坝　dam collapse

尾矿库坝体坍塌。

15.2.11

有效库容　effective storage capacity

某坝顶标高时，初期坝内坡面、堆积坝外坡面以里(对下游式尾矿筑坝则为坝内坡面以里)，沉积滩面以下，库底以上的空间，即容纳尾矿的库容。

15.2.12

调洪库容　flood regulation storage capacity

某坝顶标高时，沉积滩面、正常水位以上的库底、正常水位三者以上，最高洪水位以下的空间。

15.2.13

总库容　total storage capacity

设计最终堆积标高时的全库容。

15.2.14

最小干滩长度　minimum beach width

设计洪水位时的干滩长度。

15.2.15

安全超高　free height

尾矿坝沉积滩顶至设计洪水位的高差。

15.2.16

最小安全超高　minimum free height

规定的安全超高最小允许值。

15.2.17

总坝高　total dam height

与总库容相对应的最终堆积标高时的坝高。

15.2.18

尾矿库挡水坝　water dam of tailings pond

长期或较长期挡水的尾矿坝,包括不用尾矿堆坝的主坝及尾矿库侧、后部的副坝。

15.2.19

尾矿库安全设施　safety establishment installation of tailings pond

直接影响尾矿库安全的设施。

注:包括初期坝、堆积坝、副坝、排渗设施、尾矿库排水设施、尾矿库观测设施及其他影响尾矿库安全的设施。

15.3　矿山冲击地压

15.3.1

冲击地压　rock burst

冲击矿压　rock burst

井巷或采矿工作面周围矿(岩)体由于弹性变形能的瞬时释放而产生的以瞬时剧烈破坏为特征的动力现象。

15.3.2

岩石劈裂　cleavage of stone

岩石积蓄的弹性变形能超过岩石强度,导致岩石瞬时破裂的动力现象。

15.3.3

顶板崩落　roof caving

顶板岩层积蓄的弹性变形能超过极限强度,发生瞬时破坏塌落的动力现象。

15.3.4

矿柱崩落　pillar bursting

矿柱积蓄的弹性变形能超过极限强度,发生瞬时破坏塌落的动力现象。

15.3.5

矿震　mine seismic

围岩内部岩层破裂或采空区上覆岩层断裂引起采掘工作面震动的动力现象。

15.3.6

岩爆　rock outburst

在地应力高的岩体中进行采掘活动,围岩应力突然释放而引起岩块破裂并抛出的动力现象。

15.4　矿井热害

15.4.1

矿井热害　underground thermal hazard

因地温升高和机电设备产生的热量造成工作效率下降或有损人体健康的矿井工作环境恶化的现象。

15.4.2

井下热害源　thermal hazard source in mines

产生井下热害的热源。

15.4.3

地热　geothermal

深井高温的主要原因。离地表越深,岩石温度越高。

15.4.4

地温梯度　geothermal gradient

地热梯度　geothermal gradient

表示地球内部温度不均匀分布程度的参数。

注：一般埋藏深度越大的地点，温度值越高，一般以每百米垂直深度增加的摄氏度数表示。不同地点的地温梯度值不同，通常为(1～3)℃/hm。火山活动区的地温梯度较高。

15.4.5

地下热水　geothermal water

温度显著高于当地年平均气温，或高于观测深度内围岩温度的地下水。

15.4.6

热水型矿床　ore deposit of hot-water type

充水水源为热水并造成热害的矿床。

15.4.7

热害矿床　ore deposit of thermal-hazard type

矿井温度超过安全生产规定标准的矿床。

15.4.8

矿井降温　mine cooling

人工制冷　cooling

矿井空调　mine cooling

当采用加大风量等冷却措施都无法使矿井高温风流温度达到规定标准时，采取的人工制冷措施。

15.5　矿山辐射

15.5.1

矿山辐射防护　mine radiation protection

为保护井下工作人员不受放射性物质辐射影响所采取的防护措施的总称。

15.5.2

射气系数　emanation coefficient

矿(岩)石逸出到周围空间的氡的数量与矿(岩)石内全部氡的数量的比值。

15.5.3

矿井总排氡量　total quantity of radon released from mine

某一时间段内经矿井排风口排出的氡的总量。

15.5.4

防氡覆盖层　coat for radon

为减小氡析出率而在矿体表面涂敷的涂层。

15.5.5

矿山防氡　radon protection in mine

防止氡及氡子体的危害，将氡及氡子体采用通风等方法稀释并排放出矿井外的措施的总称。

15.5.6

放射性粉尘　radioactive dust

铀矿开采过程中产生的具有放射性危害的粉尘。

15.5.7

粉尘放射性辐射强度　radiative strength of radioactive dust

铀矿中放射性粉尘的辐射强度。

15.5.8

矿井应急照射　emergency radialization

为了阻止具有放射性的矿山事故的扩大或进行抢救、抢修等工作，人员接受超过正常限值的照射。

15.5.9

事故照射　radicalization in accident

放射性矿山事故情况下，工作人员非自愿接受的超过正常限值的照射。

15.5.10

导出限值　derived limit

具有放射性的工作场所及相邻地区的围岩表面(包括地面)与设备最大控制的污染水平。

15.5.11

放射防护评价　assessment of radiation protection

根据放射防护基本原则和标准对放射防护的质量与效能所作的评价。

15.5.12

放射损害　detriment

放射引起的所有有害影响。

注："所有有害影响"包括对人身健康的影响和其他影响。

汉语拼音索引

D

E

F

G

L

M

Z

英 文 索 引

A

D

E

F

G

H

I

K

L

M

N

O

P

R

S

T

U

V

W

ICS 17.140.50
C 41

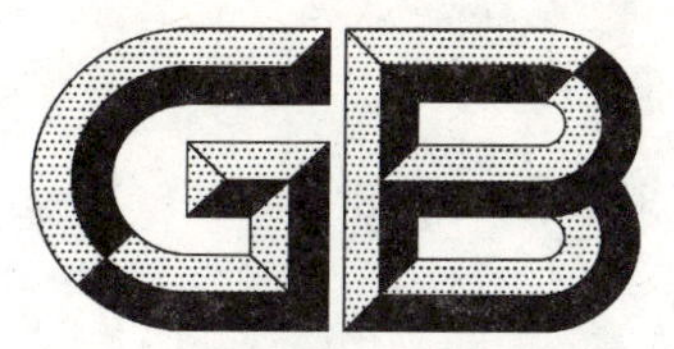

中华人民共和国国家标准

GB/T 15261—2008
代替 GB/T 15261—1994

超声仿组织材料声学特性的测量方法

Measurement methods for acoustic properties of ultrasonically tissue-mimicking materials

2008-01-22 发布　　2008-09-01 实施

中华人民共和国国家质量监督检验检疫总局
中国国家标准化管理委员会　发布

前　言

本标准代替 GB/T 15261—1994《超声仿人体组织材料声学特性的测量方法》。

本标准与 GB/T 15261—1994 相比主要变化如下：

——标准的中英文名称更为规范；

——对测量设备和样品技术要求的表述更为严密细致；

——与国际惯例相一致，测量采用的标准温度条件由 25℃改为 23℃；

——密度测量改用 GB/T 4472—1984 中的浮力法和容量瓶法；

——声衰减系数的测量取消单样品法，改为仅用双样品法；

——声衰减系数与频率关系的相关处理由一般直线拟合改为过坐标原点直线拟合与曲线拟合两种；

——增加了背向散射系数测量的内容；

——对声速和声衰减系数测量增加了不确定度分析部分；

——附录中增加了水的密度、声速和声衰减系数与温度关系的内容；

——增加了参考文献部分。

本标准的附录 A、附录 B、附录 C、附录 D、附录 E 均是资料性附录。

本标准由国家食品药品监督管理局提出。

本标准由全国医用电器标准化技术委员会(SAC/TC 10)归口。

本标准起草单位：中国科学院声学研究所。

本标准主要起草人：牛凤岐、朱承纲、程洋。

本标准于 1994 年首次发布。

超声仿组织材料声学特性的测量方法

1 范围

本标准规定了超声仿组织材料声学特性参数的测量方法。

本标准适用于超声仿组织材料密度及其在 1 MHz～10 MHz 频率范围内声速、声衰减系数和背向散射系数的测量，该类材料主要用于制作超声体模。

2 规范性引用文件

下列文件中的条款通过本标准的引用而成为本标准的条款。凡是注日期的引用文件，其随后所有的修改单（不包括勘误的内容）或修订版均不适用于本标准，然而，鼓励根据本标准达成协议的各方研究是否可使用这些文件的最新版本。凡是不注日期的引用文件，其最新版本适用于本标准。

GB 3102.7—1993 声学的量和单位

GB/T 3947—1996 声学名词术语

GB/T 4472—1984 化工产品密度、相对密度测定通则

YY/T 0458—2003 超声多普勒仿血流体模的技术要求（IEC 61685:2001，MOD）

3 术语和定义

GB/T 3947—1996 中确立的以及下列术语和定义适用于本标准。

3.1

超声仿组织材料 ultrasonically tissue-mimicking（TM）material

在超声波传播特性方面模仿人体软组织的材料，简称 TM 材料。

3.2

超声体模 ultrasound phantom

模仿人体的某些超声传播特性，供做医用超声设备的性能测量及研究试验，或将被模拟的生理结构可视化的无源装置。

3.3

声衰减系数斜率 slope of attenuation coefficient

声衰减系数随频率的变化率。

单位：分贝每厘米兆赫兹，dB/(cm · MHz)。

3.4

背向散射系数 backscattering coefficient

在与入射声波成 180°角的方向上，每单位体积和单位立体角的微分散射截面。

单位：每厘米球面度，$cm^{-1} \cdot sr^{-1}$。

4 测量原理

4.1 密度测量

4.1.1 概述

按形态学分类，超声仿组织材料可能是固体、凝胶体或液体，而凝胶又有整体和散体之分，故其密度

测量应综合采用 GB/T 4472—1984 中所述容量瓶法和浮力法。对固体材料,一般采用浮力法,载质大多用蒸馏水;不宜用水时可改用其他液体。对水基整体凝胶材料,载质可以是与被测材料成分相同的水溶液,也可是适当的非水液体。对水基散体凝胶材料,宜采用广口容量瓶法。对液态超声仿组织媒质,宜采用传统(即玻璃制,磨口)容量瓶法。

需要强调指出:

——在浮力法中用作载质的液体,不可使被测材料发生物理或化学变化;

——在浮力法中,若所用载质不是蒸馏水,其密度应采用容量瓶法予以标定;

——采用浮力法时,考虑到载质的密度既可能高于也可能低于被测材料,且为了不因夹持、挂钩等损伤样品,应将样品置于载样筐内;

——广口容量瓶和载样筐的制作方法和要求参见附录 A。

4.1.2 采用浮力法时的计算公式

$$\rho = \frac{m_2 \rho_w}{m_2 - (m_1 - m_0)} \qquad \cdots\cdots (1)$$

式中:

ρ——样品材料的密度,单位为克每立方厘米(g/cm^3);

$\rho_w(\rho_0)$——蒸馏水(或其他液体载质)的密度,单位为克每立方厘米(g/cm^3);

m_2——样品的质量,单位为克(g);

m_1——载样筐与样品的总浮质量,单位为克(g);

m_0——载样筐的浮质量,单位为克(g)。

4.1.3 采用容量瓶法时的计算公式

$$\rho = \frac{\rho_w (m_2 - m_0)}{m_1 - m_0} \qquad \cdots\cdots (2)$$

式中:

ρ——样品材料的密度,单位为克每立方厘米(g/cm^3);

ρ_w——蒸馏水的密度,单位为克每立方厘米(g/cm^3);

m_2——样品与容量瓶的总质量,单位为克(g);

m_1——水与容量瓶的总质量,单位为克(g);

m_0——空容量瓶的质量,单位为克(g)。

蒸馏水的密度与温度的关系见附录 B。若所用载质不是蒸馏水,其密度标定也采用容量瓶法,计算也采用式(2),此时 ρ 即为被标定载质的密度 ρ_0。

4.2 声速和声衰减系数的测量

4.2.1 概述

声速和声衰减系数测量采用插入取代法。即在测试水槽中,将被测材料样品插在发射换能器与接收换能器之间的平面波声束路径上,令其取代相同长度的水,借助于样品插入前后声脉冲信号传播时间的变化求得该材料中声速,借助于插入不同厚度样品时接收信号幅度的变化求得该材料的声衰减系数。

如图 1 所示,在配有恒温装置的水槽中充以除气蒸馏水,接收换能器定位在发射换能器的近远场交界处,以避免声束扩展引起的修正。射频脉冲发生器以电脉冲激励发射换能器使之产生猝发音脉冲向水中辐射,由接收换能器接收并送至示波器显示。

需要强调指出的是,当样品为水基(整体和散体)凝胶或液体时,应将其封装在圆筒状容器中,容器与声束轴垂直的端面应封以透声良好的薄膜。

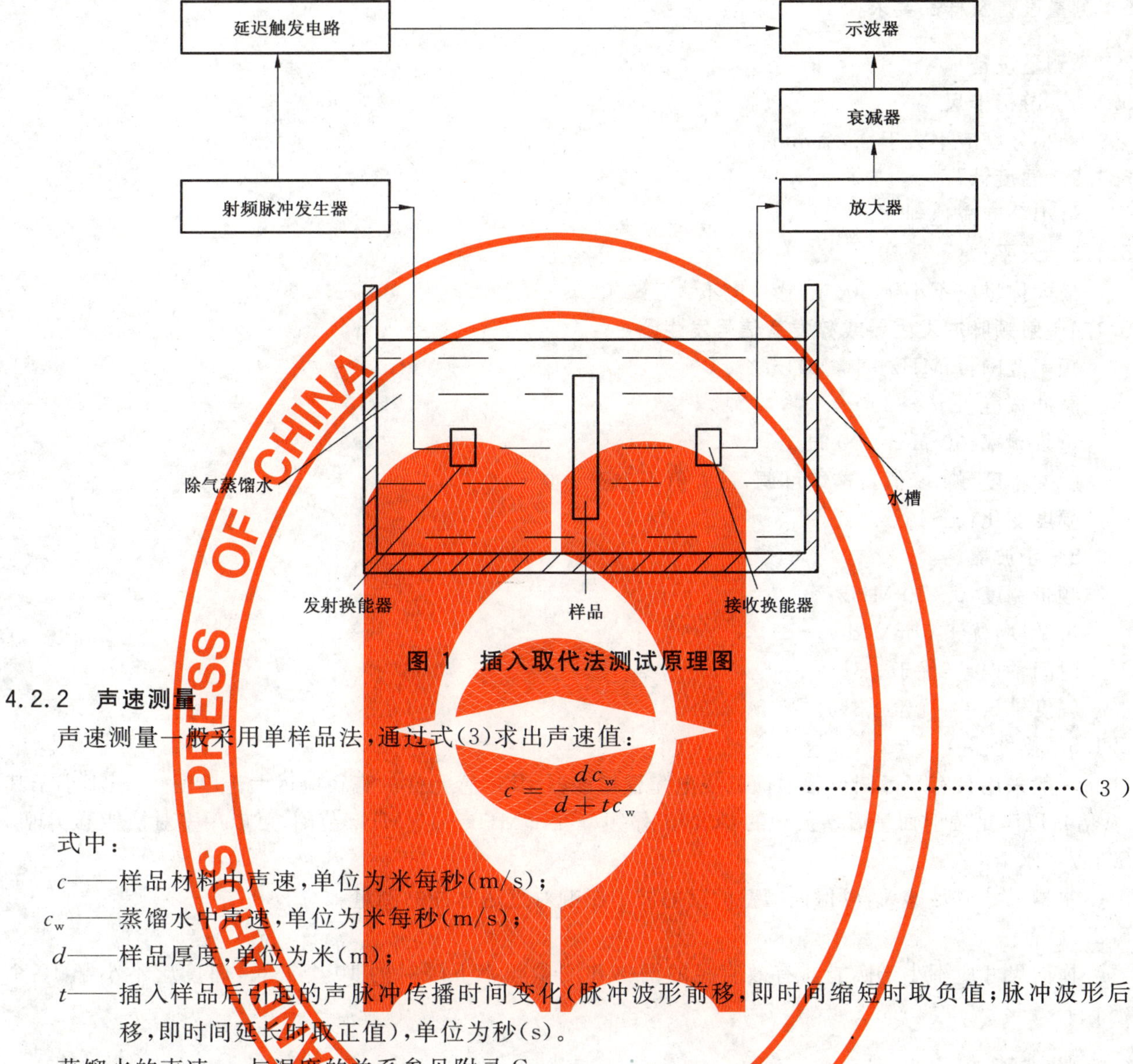

图1 插入取代法测试原理图

4.2.2 声速测量

声速测量一般采用单样品法，通过式(3)求出声速值：

$$c=\frac{dc_w}{d+tc_w} \qquad \cdots\cdots(3)$$

式中：

c——样品材料中声速，单位为米每秒(m/s)；

c_w——蒸馏水中声速，单位为米每秒(m/s)；

d——样品厚度，单位为米(m)；

t——插入样品后引起的声脉冲传播时间变化(脉冲波形前移，即时间缩短时取负值；脉冲波形后移，即时间延长时取正值)，单位为秒(s)。

蒸馏水的声速 c_w 与温度的关系参见附录C。

4.2.3 声衰减系数测量

声衰减系数测量采用双样品法。当样品足够厚，与声束轴垂直方向两界面间不出现驻波，且不考虑水中声衰减的影响时，其声衰减系数按式(4)计算：

$$\alpha=\frac{20}{d_l-d_s}\log\left(\frac{A_s}{A_l}\right) \qquad \cdots\cdots(4)$$

式中：

α——被测材料的声衰减系数，单位为分贝每厘米(dB/cm)；

d_l——较厚样品的厚度，单位为厘米(cm)；

d_s——较薄样品的厚度，单位为厘米(cm)；

A_l——插入较厚样品时接收信号幅度，单位为伏(V)；

A_s——插入较薄样品时接收信号幅度，单位为伏(V)。

水中声衰减及其对样品声衰减系数测量的影响与修正，参见附录D和附录E。

4.3 背向散射系数的测量

其原理和方法遵照YY/T 0458—2003中规定。

5 测量设备及样品要求

5.1 测量设备

5.1.1 游标卡尺

最小分度应不大于 0.02 mm。

5.1.2 温度计

最小分度应达到 0.1℃。

5.1.3 天平

最大称量应不小于 300 g,感量应不大于 0.01 g。

5.1.4 射频脉冲发生器或猝发音信号发生器

频率范围:1 MHz～10 MHz;

脉冲宽度:1 μs～30 μs;

重复频率:50 Hz～200 Hz;

脉冲幅度(峰-峰值):连续可调,最大值不小于 100 V;

幅度变化:±1%。

5.1.5 示波器

频带宽度:0～40 MHz;

灵敏度:优于 5 mV/div;

时间轴误差:优于±3%;

幅度轴误差:优于±3%。

5.1.6 换能器

一般采用具有平面圆形辐射面的压电陶瓷换能器,其敏感元件的直径应远大于厚度(一般不小于其 10 倍),以满足辐射面呈活塞振动的要求,工作频率在 1 MHz～10 MHz 范围,可以用多对换能器实现。

5.1.7 水槽

水槽尺寸应足够大,以保证槽壁的反射波不影响对直达脉冲的测量。

5.2 样品

横向尺寸应不小于换能器有效直径的两倍和测量频率下限时的 10 个波长,厚度应不小于 10 个波长。

6 测量步骤

6.1 密度测量

6.1.1 非蒸馏水载质密度标定

6.1.1.1 首先在精密天平上称取容量瓶的质量 m_0。

6.1.1.2 将蒸馏水装满容量瓶,插好瓶塞,拭干外壁,在天平上称取其总质量 m_1。

6.1.1.3 将蒸馏水倒出,在 105℃恒温箱中烘干并冷却至室温,装满所选载质,插好瓶塞,拭干外壁,在天平上称取其总质量 m_2。

6.1.1.4 按式(2)求出所选载质密度 ρ_0。

6.1.2 固体或整体凝胶型材料密度测量

6.1.2.1 首先将蒸馏水或已作密度标定的液体载质装入适当容量的玻璃烧杯或有机玻璃圆筒,然后将按附录 A 所述方法制作的载样筐浸没于液面之下,并保证在天平开启时其顶部不会露出。

6.1.2.2 将载样筐上方的小钩挂在天平左盘上方的钩子上。升启天平,称取载样筐的浮质量 m_0。

6.1.2.3 放下天平,将样品放入载样筐,升启天平,称取二者总浮质量 m_1。

6.1.2.4 取出样品,拭干表面液体,称取其质量 m_2。

6.1.2.5 若载质为蒸馏水，其密度由附录B查取；若载质不是蒸馏水，则采用经标定获得的密度值，按式(1)求出样品密度。

6.1.3 散体凝胶型材料密度测量

将传统容量瓶改为按附录A制作的广口容量瓶，重复6.1.1.1至6.1.1.4各项步骤，按式(2)求出样品密度。必须注意：由于广口容量瓶系有机玻璃加工而成，不可烘烤而只能用风扇吹干或自然风干。

6.1.4 液体媒质密度测量

采用传统容量瓶，重复6.1.1.1至6.1.1.4各项步骤，按式(2)求出样品密度。

6.2 声速测量

6.2.1 将样品放入装有除气蒸馏水的测试水槽中，保持温度起伏不超过±0.1℃，在预定温度(通常取在23℃±3℃范围内)恒定1 h以上，使样品表面充分浸润且不附有气泡，用精密温度计测量水的温度。

6.2.2 开启测量仪器，预热30 min。调节射频脉冲发生器的输出至适当幅度，观察示波器的波形显示，声轴对准，使第一次接收信号幅度为最大。

6.2.3 取用较窄的发射脉冲，使接收信号中央呈明显的极大值，用数字示波器测量其频率。

6.2.4 在发射-接收换能器之间声束路径上插入样品，调节示波器的扫描档和延迟触发，使样品插入前后接收信号波形的时间分辨率足够大。

6.2.5 选择接收脉冲信号极大值峰尖或过零点作为标记位置，用示波器的电子游标测量样品插入前后的时间差 t，并按4.2.2中注释的原则确定其正负。

6.2.6 用游标卡尺测出样品厚度 d。

6.2.7 由附录C查出蒸馏水在测量所在温度下的声速 c_w。

6.2.8 将相关数值代入式(3)求出样品中声速 c。

6.3 声衰减系数测量

6.3.1 测量准备同6.2.1和6.2.2。

6.3.2 调节射频脉冲发生器的输出，使接收信号包含15～18个正弦波，并用数字示波器测量其频率 f。

6.3.3 在发射-接收换能器之间的声束路径上插入较薄样品，调节射频脉冲发生器的输出，使接收信号幅度至满屏，然后换为较厚样品，读取两种情况下的接收信号幅度 A_s 和 A_l。

6.3.4 用游标卡尺测出两个样品的厚度 d_s 和 d_l。

6.3.5 将有关数值代入式(4)，求出被测材料在该频率下的声衰减系数 α，并在必要时就水中声衰减的影响进行修正，其方法和原则见附录D和附录E。

6.3.6 在必要时，可以以 f 为自变量，α 为因变量，进行过坐标原点直线拟合，即

$$\alpha = \alpha_0 f \qquad \cdots\cdots (5)$$

以求取声衰减系数斜率 α_0；也可进行曲线拟合，即

$$\alpha = \alpha_0 f^n \qquad \cdots\cdots (6)$$

以求取其系数 α_0 和指数 n。

6.4 背向散射系数测量

测量操作和数据处理方法遵照YY/T 0458—2003中规定。

7 声速和声衰减系数测量的不确定度

7.1 声速测量的不确定度

由式(3)可见，由于水中声速值系由公认文献查得，可视为常数，故声速测量的不确定度实际上取决于样品厚度和其插入前后时移二者的测量不确定度。再者，由误差传递关系可以证明，样品与水之声速值越相近者，其测量的不确定度越小。据此，在确保获得足够接收信号幅度的前提下，应尽可能采用较厚样品。以声速为1 540 m/s者为例，在23℃时，样品厚度为5 cm，插入前后时移为－1.067 μs，按照本

标准中规定的条件,声速测量的不确定度即为±0.099%。

7.2 声衰减系数测量的不确定度

由式(4)可见,声衰减系数测量的不确定度取决于两个样品厚度和两个接收信号幅度测量的不确定度。再者,误差传递关系表明,声衰减系数越大者,其测量的不确定度越小。以声衰减系数斜率为0.7 dB/(cm·MHz)者为例,在3.5 MHz时,若样品厚度分别为1.5 cm和3.0 cm,接收信号幅度分别为8 div和5.24 div,按照本标准中规定的条件,则声衰减系数测量的不确定度为±4.0%。

附 录 A
（资料性附录）
载样筐和广口容量瓶的结构与制作方法

A.1 载样筐

载样筐的基本结构如图 A.1 所示。其侧壁由塑料薄片围成，也可从现成的塑料瓶上截取，并开有供样品进出的口。上口和下口以尼龙线编织成网。下口的网上放置有高密度不锈材料制作的重块，以确保当样品密度低于载质时不使载样筐浮出液面。上口拴以尼龙线并接有线套或金属小钩以便悬挂。

图 A.1 载样筐结构示意图

A.2 广口容量瓶

广口容量瓶是对玻璃制、带磨口传统容量瓶的扩展。其本体与盖子的基本结构如图 A.2 所示，均系有机玻璃加工而成。本体内腔为圆柱下接半球形，以防注入样品时窝存气体，容积不小于 30 cm^3。盖、本体的侧壁及底部最薄处厚度均不小于 0.5 cm。盖沿内径与本体外径呈滑配合。

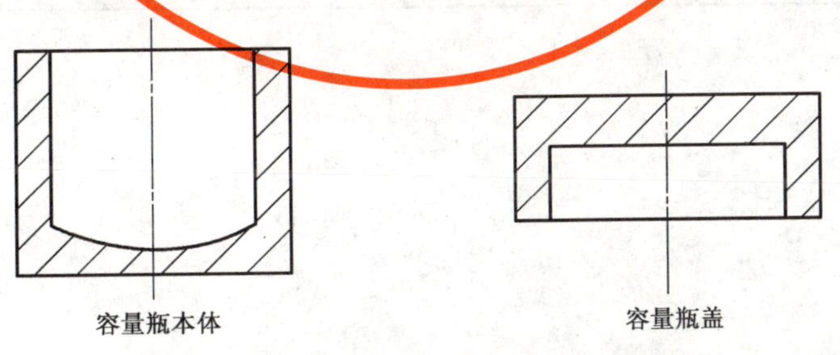

图 A.2 广口容量瓶的结构示意图

附　录　B
（资料性附录）
蒸馏水的密度与温度的关系

表 B.1　0℃～100℃温度范围内除气蒸馏水的密度

温度 T/℃	密度 ρ/(kg/m³)	温度 T/℃	密度 ρ/(kg/m³)	温度 T/℃	密度 ρ/(kg/m³)
0	999.840	21	997.991	42	991.435
1	999.899	22	997.769	43	991.034
2	999.940	23	997.537	44	990.626
3	999.964	24	997.295	45	990.211
4	999.972	25	997.043	46	989.789
5	999.964	26	996.782	47	989.361
6	999.940	27	996.511	48	988.925
7	999.902	28	996.231	49	988.483
8	999.848	29	995.943	50	988.034
9	999.781	30	995.645	55	985.691
10	999.700	31	995.339	60	983.193
11	999.605	32	995.024	65	980.547
12	999.497	33	994.701	70	977.760
13	999.377	34	994.370	75	974.840
14	999.244	35	994.030	80	971.790
15	999.099	36	993.682	85	968.614
16	998.942	37	993.327	90	965.318
17	998.774	38	992.964	95	961.901
18	998.594	39	992.593	100	958.367
19	998.404	40	992.214		
20	998.203	41	991.828		

附 录 C
（资料性附录）
蒸馏水的声速与温度的关系

表 C.1　0℃～100℃温度范围内除气蒸馏水的声速

温度 T/℃	声速 c/(m/s)	温度 T/℃	声速 c/(m/s)	温度 T/℃	声速 c/(m/s)
0	1 402.74	21	1 485.69	42	1 532.37
1	1 407.71	22	1 488.63	43	1 533.88
2	1 412.57	23	1 491.50	44	1 535.33
3	1 417.32	24	1 494.29	45	1 536.72
4	1 421.96	25	1 497.00	46	1 538.06
5	1 426.50	26	1 499.64	47	1 539.34
6	1 430.92	27	1 502.20	48	1 540.57
7	1 435.24	28	1 504.68	49	1 541.74
8	1 439.46	29	1 507.10	50	1 542.87
9	1 443.58	30	1 509.44	55	1 547.70
10	1 447.59	31	1 511.71	60	1 551.30
11	1 451.51	32	1 513.91	65	1 553.76
12	1 455.34	33	1 516.05	70	1 555.12
13	1 459.07	34	1 518.12	75	1 555.45
14	1 462.70	35	1 520.12	80	1 554.81
15	1 466.25	36	1 522.06	85	1 553.25
16	1 469.70	37	1 523.93	90	1 550.79
17	1 473.07	38	1 525.74	95	1 547.50
18	1 476.35	39	1 527.49	100	1 543.41
19	1 479.55	40	1 529.18		
20	1 482.66	41	1 530.80		

附　录　D
（资料性附录）
蒸馏水的声衰减与温度的关系

表 D.1　0℃～100℃温度范围内除气蒸馏水的声衰减

温度 T/℃	声衰减(α_w/f^2)/(10^{-15} Np·s^2/m)	温度 T/℃	声衰减(α_w/f^2)/(10^{-15} Np·s^2/m)	温度 T/℃	声衰减(α_w/f^2)/(10^{-15} Np·s^2/m)
0	56.9	30	19.9	80	7.89
5	44.1	40	14.61	90	7.24
10	35.8	50	11.99	100	6.87
15	29.8	60	10.15		
20	25.3	70	8.71		

附 录 E
（资料性附录）
水中声衰减对声衰减系数测量的影响及修正方法

如正文 4.2.3 条所言，式(4)并未考虑水中声衰减的影响。但作为真实媒质，水的声衰减系数并不为零，式(4)给出的实际是样品材料声衰减系数与水中声衰减系数的差值。对于其声衰减系数与水中声衰减系数可以相比的样品，如超声仿血液及医用超声耦合剂等，无疑应予以修正即追加。

修正的具体步骤是：(1) 从附录 D 查得蒸馏水在测量所在温度的 α_w/f^2 值；(2) 将该值乘以测量所用频率 f 的平方值，求得水中声衰减系数 α_w；(3) 则修正后的样品材料声衰减系数值按照式(E.1)计算：

$$\alpha = \frac{20}{d_l - d_s}\log\frac{A_s}{A_l} + \alpha_w \qquad \text{(E.1)}$$

式中：

α——被测材料的声衰减系数，单位为分贝每厘米(dB/cm)；
d_l——较厚样品的厚度，单位为厘米(cm)；
d_s——较薄样品的厚度，单位为厘米(cm)；
A_l——插入较厚样品时接收信号幅度，单位为伏(V)；
A_s——插入较薄样品时接收信号幅度，单位为伏(V)；
α_w——水的声衰减系数，单位为分贝每厘米(dB/cm)。

ICS 59.060.10
W 41

中华人民共和国国家标准

GB/T 15268—2008
代替 GB/T 15268—1994

桑 蚕 鲜 茧

Mulberry silkworm fresh cocoons

2008-08-07 发布 2008-12-01 实施

中华人民共和国国家质量监督检验检疫总局
中国国家标准化管理委员会 发布

前　言

本标准代替 GB/T 15268—1994《桑蚕鲜茧》。

本标准与 GB/T 15268—1994 相比主要变化如下：

a) 解舒检验引用了 GB/T 9111《桑蚕干茧试验方法》。

b) 对分级指标作了适当调整：将各级的解舒丝长下限提高了 10 m，并明确了分级范围。

c) 对"术语和定义"作了较大的调整。

d) 对部分章条作了删节、调整。

本标准由中国纤维检验局提出并归口。

本标准参加起草单位：中国纤维检验局、国家茧丝质量监督检验中心（筹）、湖州市纤维检验所、浙江省第三茧质检定所、浙江省出入境检验检疫局。

本标准主要起草人：邢秋明、毕海忠、楼奇云、叶澄宇、冯建强、周恩东、居培华。

本标准 1994 年首次发布，本次为第一次修订。

桑 蚕 鲜 茧

1 范围

本标准规定了桑蚕鲜茧的质量分级和试验方法。

本标准适用于桑蚕鲜茧采用缫丝检定的茧质检验。

2 规范性引用文件

下列文件中的条款通过本标准的引用而成为本标准的条款。凡是注日期的引用文件，其随后所有的修改单(不包括勘误的内容)或修订版均不适用于本标准。然而，鼓励根据本标准达成协议的各方研究是否可使用这些文件的最新版本。凡是不注日期的引用文件，其最新版本适用于本标准。

GB/T 8170 数值修约规则

GB/T 9111 桑蚕干茧试验方法

GB/T 19113 桑蚕鲜茧分级(干壳量法)

3 术语和定义

GB/T 9111、GB/T 19113 确定的以及下列术语和定义适用于本标准。

3.1

解舒率 reelability percentage

缫丝粒数占添绪次数的百分数。

3.2

茧丝长 length of cocoon filament

平均每粒茧所缫得的茧丝长度。

3.3

解舒丝长 length of non-broken cocoon filament

每粒茧添绪一次所缫得的茧丝平均长度。

4 质量分级

桑蚕鲜茧按解舒丝长进行分级，分级指标见表1。

表 1 桑蚕鲜茧分级指标

茧 级	解舒丝长/m	茧 级	解舒丝长/m
特 3	1 060 及以上	9	580～609
特 2	1 010～1 059	10	550～579
特 1	960～1 009	11	520～549
1	910～959	12	490～519
2	860～909	13	460～489
3	810～859	14	430～459
4	760～809	15	410～429
5	720～759	16	390～409
6	680～719	17	370～389
7	640～679	18	350～369
8	610～639	级外	349 及以下

5 取样

5.1 仪器

电子秤:量程 5 kg,分度值 1 g;量程 1 kg,分度值 1 g。

5.2 抽样数量

批样按售茧批量抽取:600 kg 及以下抽取 3 kg 批样 1 份;600 kg～1 000 kg 抽取 3 kg 批样 2 份;1 000 kg 以上抽取 3 kg 批样 3 份。

5.3 抽样方法

5.3.1 逐筐随机抽取批样,抽样时应顾及到筐内上、中、下各部位。

5.3.2 批样充分混匀后,从每份批样中称取 1 000 g 作为实验室样品,装入网袋,作好标识并加封,应在抽取后 18 h 内送达承检单位。

6 试验方法

6.1 试样干燥

试样应在抽样后 24 h 内使用烘茧设备进行干燥。烘干温度控制范围:75 ℃～120 ℃。要先将烘温升到 120 ℃后缓缓降至 75 ℃。烘干时间为 6 h 左右,直至达到适干程度。烘干后的试样经过充分冷却,称取干茧质量,装入布质袋内。

6.2 试样剥选

6.2.1 剥茧

用剥茧机剥去茧衣。

6.2.2 选茧

按 GB/T 9111 规定的方法执行。

6.2.3 试样分区

试样按下列规定等粒等量分区,分别记录每区试样粒数和称取质量,其中检测区、备试区各半:

a) 试样质量 1 000 g,等分 2 区;

b) 试样质量 2 000 g,等分 4 区;

c) 试样质量 3 000 g,等分 6 区。

6.3 解舒检验

6.3.1 煮茧

按 GB/T 9111 规定的方法执行。

6.3.2 缫丝

按 GB/T 9111 规定的方法执行。

6.3.3 结果计算

解舒丝长按式(1)计算。

$$L_R = \frac{L \times R}{100} \qquad (1)$$

式中:

L_R——解舒丝长,单位为米(m);

L——茧丝长,单位为米(m);

R——解舒率,%。

注：L、R 等有关指标使用按 GB/T 9111 规定检验确定的结果。

计算结果按 GB/T 8170 修约至 1 位小数。

7 定级

根据解舒检验结果,按表 1 确定茧级。

ICS 25.100.70
J 43

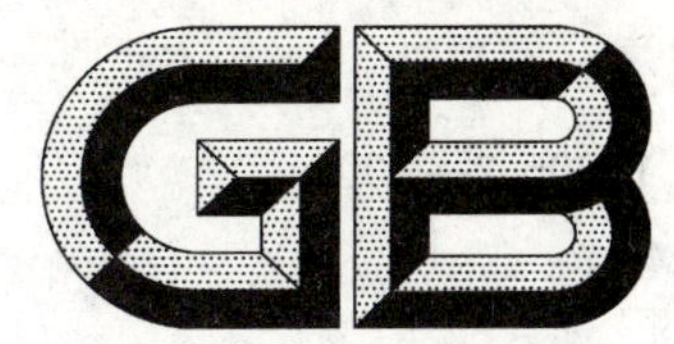

中华人民共和国国家标准

GB/T 15305.2—2008
代替 GB/T 15305.2—1994

涂附磨具　砂卷

Coated abrasives—Abrasive rolls

(ISO 3366:1999,MOD)

2008-06-03 发布　　　　2009-01-01 实施

中华人民共和国国家质量监督检验检疫总局
中国国家标准化管理委员会　发布

前　言

GB/T 10305 的本部分修改采用 ISO 3366:1999(E)《涂附磨具　砂卷》(英文版)。与 ISO 3366:1999(E)相比,本部分技术性修改内容如下:

——3.1 将"型号和尺寸"修改为"型号、尺寸和公差";

——将表 1 表题"尺寸"修改为"尺寸和公差";

——增加了 230 mm 的砂卷宽度尺寸及其公差±2 mm;

——增加了 690 mm、920 mm、1370 mm 的砂卷宽度尺寸及其公差±3 mm;

——第 5 章中将"标志内容应由制造者自定,"修改为"砂卷上应标注内容为:a)粒度;b)制造厂名称或注册商标。"

为便于使用,本部分还进行了如下编辑性修改:

——将"本国际标准"一词改为"本部分";

——删除国际标准的前言。

本部分代替 GB/T15305.2—1994 中"涂附磨具　卷状砂布砂纸　尺寸和公差"的规定。与 GB/T 15305.2—1994 相比,主要变化如下:

——增加了前言、产品型号、测试条件、标记和标志;

——修改了砂卷产品的宽度和长度的尺寸规格,及其表示宽度、长度的符号。

本部分由中国机械工业联合会提出。

本部分由全国磨料磨具标准化技术委员会(SAC/TC 139)归口。

本部分起草单位:白鸽磨料磨具有限公司。

本部分主要起草人:洪凌、赵新立。

本部分所代替标准的历次版本发布情况为:

——GB/T 15305.2—1994。

涂附磨具　砂卷

1　范围

GB/T 15305 的本部分规定了砂卷的型号、尺寸和公差及其标记。

2　规范性引用文件

下列文件中的条款通过 GB/T 15305 的本部分的引用而成为本部分的条款。凡是注日期的引用文件，其随后所有的修改单(不包括勘误的内容)或修订版均不适用于本部分，然而，鼓励根据本部分达成协议的各方研究是否可使用这些文件的最新版本。凡是不注日期的引用文件，其最新版本适用于本部分。

ISO 554:1976　限定与/或测试时的标准大气环境　技术条件

3　要求

3.1　型号、尺寸和公差

见图 1、图 2 和表 1。

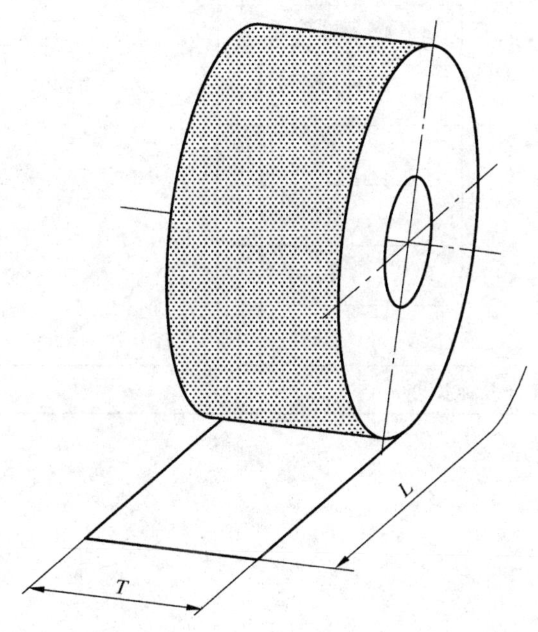

图 1　A 型　未装卡盘砂卷

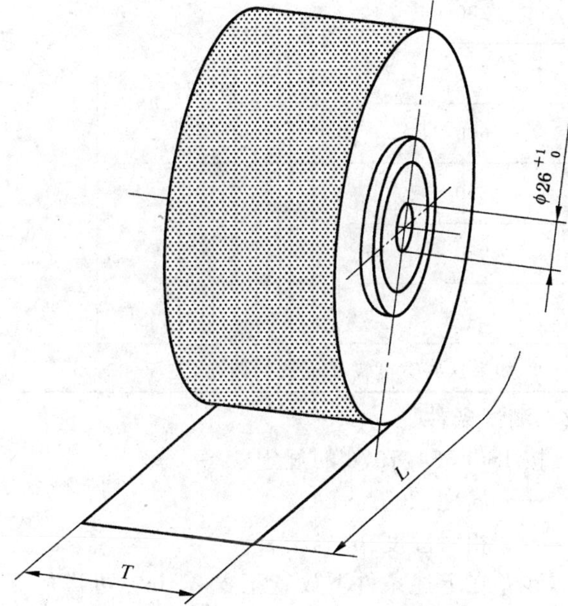

图 2　B 型　装有卡盘砂卷

表 1 尺寸和公差

单位为毫米

<table>
<tr><th colspan="2">T</th><th rowspan="2">L
±1%</th><th rowspan="2">A 型</th><th rowspan="2">B 型</th></tr>
<tr><th>尺寸</th><th>公差</th></tr>
<tr><td>12.5</td><td rowspan="3">±1</td><td rowspan="8">25 000 或
50 000</td><td>×</td><td>×</td></tr>
<tr><td>15</td><td>×</td><td>×</td></tr>
<tr><td>25</td><td>×</td><td>×</td></tr>
<tr><td>35</td><td rowspan="12">±2</td><td>×</td><td>×</td></tr>
<tr><td>40</td><td>×</td><td>×</td></tr>
<tr><td>50</td><td>×</td><td>×</td></tr>
<tr><td>80</td><td>×</td><td>×</td></tr>
<tr><td>93</td><td>×</td><td>×</td></tr>
<tr><td>100</td><td rowspan="10">50 000[a]</td><td>×</td><td rowspan="10">—</td></tr>
<tr><td>115</td><td>×</td></tr>
<tr><td>150</td><td>×</td></tr>
<tr><td>200</td><td>×</td></tr>
<tr><td>230</td><td>×</td></tr>
<tr><td>300</td><td>×</td></tr>
<tr><td>600</td><td>×</td></tr>
<tr><td>690</td><td rowspan="3">±3</td><td>×</td></tr>
<tr><td>920</td><td>×</td></tr>
<tr><td>1 370</td><td>×</td></tr>
<tr><td colspan="5">[a] 如果这些宽度需要更长的砂卷，在 50 000 mm 长度栏内可有多种长度。</td></tr>
</table>

3.2 测试条件

按 ISO 554:1976 的规定：

——温度：20℃±2℃

——相对湿度：65%±5%

砂卷在上述条件下放置至少 24 h 方可进行测试。

4 标记

砂卷应标记的内容和格式如下：

a) 砂卷；

b) 执行标准号；

c) A 型或 B 型；

d) 尺寸 $T \times L$，单位为毫米。

示例 宽度 T=25 mm,长度 L=50 000 mm 的 A 型砂卷标记为:

砂卷 GB/T 15305.2—2008 A 25×50 000 mm

5 标志

砂卷上应标注内容为:

a) 粒度;

b) 制造厂名称或其注册商标。

ICS 25.100.01
J 41

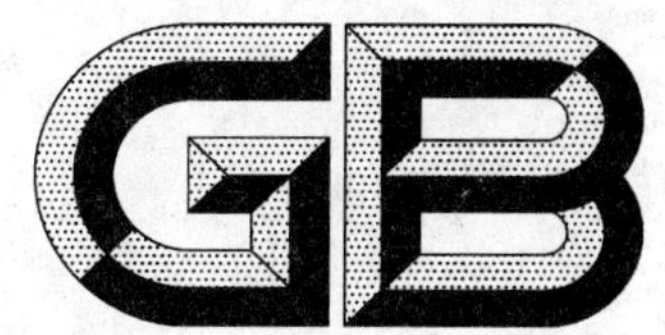

中华人民共和国国家标准

GB/T 15306.1—2008
代替 GB/T 15306.1—1994

陶瓷可转位刀片 第1部分:无孔刀片尺寸(G级)

Indexable inserts for cutting tools—Ceramic inserts with rounded corners—Part 1:Dimensions of inserts without fixing hole(Class G)

(ISO 9361-1:1991,Indexable inserts for cutting tools—Ceramic inserts with rounded corners—Part 1:Dimensions of inserts without fixing hole,MOD)

2008-06-03 发布　　　　2009-01-01 实施

中华人民共和国国家质量监督检验检疫总局
中国国家标准化管理委员会　发布

前　言

GB/T 15306《陶瓷可转位刀片》分为四个部分：

——第1部分：无孔刀片尺寸(G级)；

——第2部分：带孔刀片尺寸；

——第3部分：无孔刀片尺寸(U级)；

——第4部分：技术条件。

本部分为GB/T 15306的第1部分。

本部分修改采用ISO 9361-1：1991《切削刀具用可转位刀片　刀尖倒圆陶瓷可转位刀片　第1部分：无孔刀片尺寸》(英文版)。

本部分根据ISO 9361-1：1991重新起草。

本部分与ISO 9361-1：1991相比有下列技术差异和编辑性的修改：

——"本国际标准"一词改为"本部分"；

——用小数点"."代替作为小数点的逗号","；

——删除了国际标准的前言；

——增加了标记示例和技术条件。

本部分是对GB/T 15306.1—1994《陶瓷可转位刀片　无孔刀片尺寸(G级)》的修订。

本部分代替GB/T 15306.1—1994。

本部分与GB/T 15306.1—1994相比主要变化如下：

——取消了原标准5.1中的文字：也可选用K、P型；

——修改了切削刃截面形状符号S、K(原标准5.2图1切削刃截面形状符号S修改为K，符号K修改为S)；

——增加了切削刃截面形状符号K(原标准5.2图2)；

——修改了侧视图里的角度(原标准8.1图4中的角度11°修改为11°±1°)；

——修改了侧视图里的角度(原标准8.2图6中的角度11°修改为11°±1°)；

——修改了标记示例(原标准第9章标记示例中的牌号修改为材料代号)；

——修改了附录A的计量器具名称(原附录A中的块规修改为量块、千分表修改为指示表)。

本部分的附录A和附录B为资料性附录。

本部分由中国机械工业联合会提出。

本部分由全国刀具标准化技术委员会(SAC/TC 91)归口。

本部分起草单位：成都工具研究所。

本部分主要起草人：刘玉玲、査国兵。

本部分所代替标准的历次版本发布情况为：

——GB/T 15306.1—1994。

陶瓷可转位刀片
第1部分:无孔刀片尺寸(G级)

1 范围

GB/T 15306的本部分规定了刀尖倒圆、无固定孔、法向后角为0°和11°、精度为G级、用陶瓷切削材料制成的可转位刀片的尺寸。这些刀片主要从顶部夹紧在车刀和镗刀刀杆上。

本部分适用于用各种陶瓷切削材料制成的G级无孔可转位刀片。

陶瓷切削材料由各种不同的氧化物、氮化物和碳化物及金属等组成。例如,这类陶瓷材料有:氧化物陶瓷(主要由氧化铝 Al_2O_3 组成)、氧化物-碳化物陶瓷(主要由氧化铝和其他材料如碳化钛 TiC 组成)、氮化物陶瓷(一般由氮化硅 Si_3N_4 和其他材料如氧化钇 Y_2O_3 及氧化铝组成)。

2 规范性引用文件

下列文件中的条款通过GB/T 15306的本部分的引用而成为本部分的条款。凡是注日期的引用文件,其随后所有的修改单(不包括勘误的内容)或修订版均不适用于本部分,然而,鼓励根据本部分达成协议的各方研究是否可使用这些文件的最新版本。凡是不注日期的引用文件,其最新版本适用于本部分。

GB/T 2075 切削加工用硬切削材料的分类和用途 大组和用途小组的分类代号(GB/T 2075—2007,ISO 513:2004,IDT)

GB/T 2076 切削刀具用可转位刀片型号表示规则(GB/T 2076—2007,ISO 1832:2004,MOD)

GB/T 15306.4 陶瓷可转位刀片 第4部分:技术条件

3 刀片的型式

本部分规定的陶瓷可转位刀片的型式如下:

TN:法向后角为0°的正三角形刀片;

TP:法向后角为11°的正三角形刀片;

SN:法向后角为0°的正方形刀片;

SP:法向后角为11°的正方形刀片;

CN:法向后角为0°和刀尖角为80°的菱形刀片;

DN:法向后角为0°和刀尖角为55°的菱形刀片;

RN:法向后角为0°的圆形刀片。

本部分所规定的刀片无断屑槽。

一般应使用带有倒棱切削刃或倒圆切削刃的陶瓷刀片,见第5章。

附录B表B.1给出了刀片的尺寸范围。

4 允许偏差

本部分规定的陶瓷可转位刀片按GB/T 2076规定的G级精度供货。

按照GB/T 2076规定的允许偏差值列于表2至表5中。

5 切削刃

5.1 切削刃截面形状

本部分规定的陶瓷可转位刀片的切削刃截面形状可从 GB/T 2076 规定的那些截面形状中选择。

5.2 附加信息

倒棱切削刃 T、S、K 或 P 的尺寸，可在制造厂的产品样本中予以规定，作为附加符号放在表示切削刃截面形状的字母符号后面。如规定这种附加信息，其附加符号应由 5 位数字符号组成，前三位以 0.01 mm 为单位表示 b_γ 的值；后两位为 γ_b 的值，单位为度。见图 1。

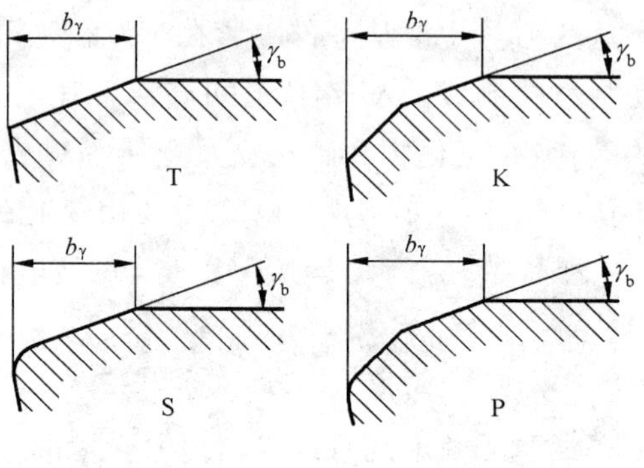

图 1

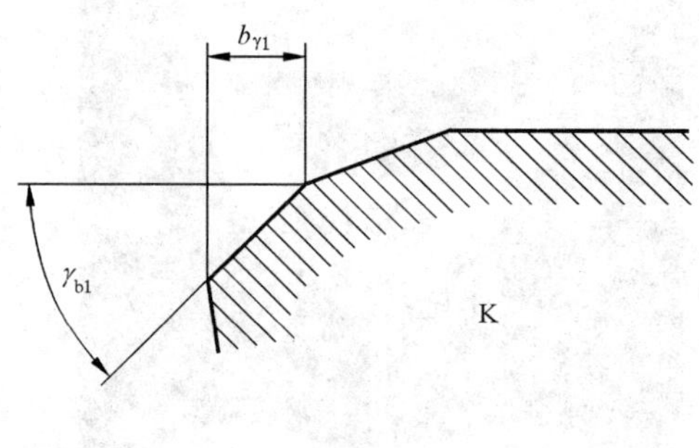

图 2

注：当主切削刃截面形状为 K 和 P 时，倒棱 $b_{\gamma1}$ 和倒棱前角 γ_{b1}（如图 2 所示）由制造厂自定。它不作为 5.2 所规定的附加信息（5 位数字）的一部分。

示例：

TNGN 160412 刀片上倒棱切削刃 T 的参数为：

$b_\gamma = 0.2$ mm

$\gamma_b = 20°$

其型号为：

TNGN 160412T 02020

6 型号

按照本部分的陶瓷可转位刀片，其型号应与 GB/T 2076 一致。

除按 GB/T 2076 规定的型号外，还可以附加下列一个或两个内容：

a) 有关切削刃截面形状尺寸的附加符号，按 5.2 条；

b) 陶瓷的商业牌号。

7 测量

陶瓷可转位刀片尺寸 m 的测量方法参见附录 A。

8 推荐尺寸

常用尺寸的选取，限制在表 2 至表 6 中所列的规格范围内。建议尽可能都要采用这些标准刀片(第一优先采用)。当需要其他刀片时，刀片尺寸应从表 B.1 中的非阴影部分选取(第二优先采用)。表 B.1 阴影部分所表示的刀片不予推荐。

尺寸 m 用刀尖圆弧半径 r_ε 的实际值计算，计算时，r_ε 圆整到小数点后三位数字。r_ε 的计算值见表 1。

表 1 计算尺寸 m 时 r_ε 的计算值

单位为毫米

r_ε 的代号	04	08	12	16	20	24
r_ε 的计算值	0.397	0.794	1.191	1.588	1.984	2.381

8.1 正三角形刀片(见图 3、图 4 及表 2)

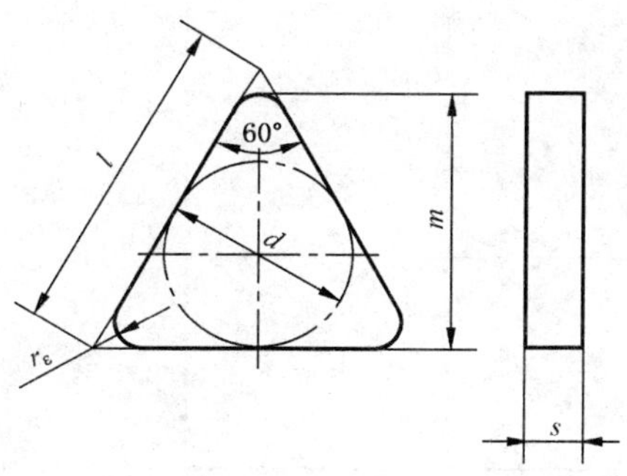

图 3 TNGN 0°法后角 无断屑槽

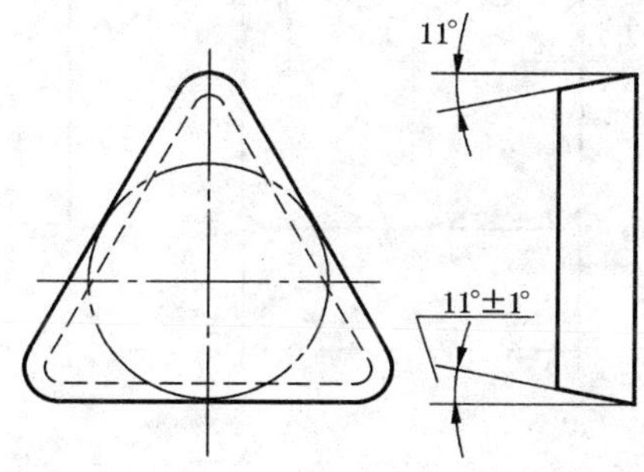

图 4 TPGN 11°法后角 无断屑槽

表 2　正三角形刀片尺寸

单位为毫米

<table>
<tr><th colspan="2">刀　片</th><th>l
≈</th><th>d
±0.025</th><th>s
±0.13</th><th>m
±0.025</th><th>r_ε
±0.1</th></tr>
<tr><td>TNGN 110304</td><td>—</td><td rowspan="3">11</td><td rowspan="3">6.35</td><td rowspan="5">3.18</td><td>9.128</td><td>0.4</td></tr>
<tr><td>TNGN 110308</td><td>TPGN 110308</td><td>8.731</td><td>0.8</td></tr>
<tr><td>TNGN 110312</td><td>TPGN 110312</td><td>8.334</td><td>1.2</td></tr>
<tr><td>—</td><td>TPGN 160308</td><td rowspan="12">16.5</td><td rowspan="12">9.525</td><td>13.494</td><td>0.8</td></tr>
<tr><td>—</td><td>TPGN 160312</td><td>13.097</td><td>1.2</td></tr>
<tr><td>TNGN 160404</td><td>—</td><td rowspan="5">4.76</td><td>13.891</td><td>0.4</td></tr>
<tr><td>TNGN 160408</td><td>—</td><td>13.494</td><td>0.8</td></tr>
<tr><td>TNGN 160412</td><td>—</td><td>13.097</td><td>1.2</td></tr>
<tr><td>TNGN 160416</td><td>—</td><td>12.7</td><td>1.6</td></tr>
<tr><td>TNGN 160420</td><td>—</td><td>12.304</td><td>2</td></tr>
<tr><td>TNGN 160708</td><td>—</td><td rowspan="8">7.94</td><td>13.494</td><td>0.8</td></tr>
<tr><td>TNGN 160712</td><td>—</td><td>13.097</td><td>1.2</td></tr>
<tr><td>TNGN 160716</td><td>—</td><td>12.7</td><td>1.6</td></tr>
<tr><td>TNGN 160720</td><td>—</td><td>12.304</td><td>2</td></tr>
<tr><td>TNGN 160724</td><td>—</td><td>11.907</td><td>2.4</td></tr>
<tr><td>TNGN 220712</td><td>—</td><td rowspan="3">22</td><td rowspan="3">12.7</td><td>17.859</td><td>1.2</td></tr>
<tr><td>TNGN 220716</td><td>—</td><td>17.463</td><td>1.6</td></tr>
<tr><td>TNGN 220720</td><td>—</td><td>17.066</td><td>2</td></tr>
</table>

8.2　正方形刀片(见图 5、图 6 及表 3)

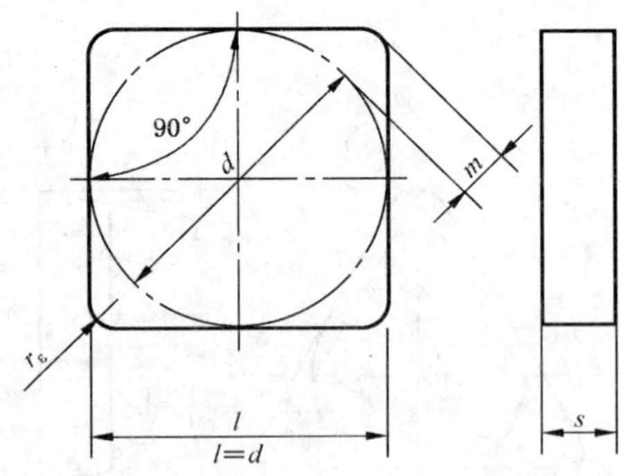

图 5　SNGN 0°法后角　无断屑槽

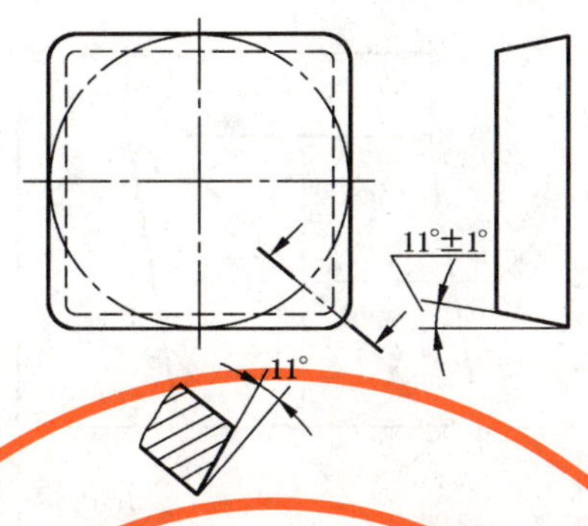

图 6　SPGN 11°法后角　无断屑槽

表 3　正方形刀片尺寸

单位为毫米

刀片		d ±0.025	s ±0.13	m ±0.025	r_ε ±0.1
SNGN 090304	SPGN 090304	9.525	3.18	1.808	0.4
SNGN 090308	SPGN 090308			1.644	0.8
SNGN 090404	—		4.76	1.808	0.4
SNGN 090408	—			1.644	0.8
SNGN 090412	—			1.479	1.2
—	SPGN 120304	12.7	3.18	2.466	0.4
—	SPGN 120308			2.301	0.8
—	SPGN 120312			2.137	1.2
SNGN 120404	—		4.76	2.466	0.4
SNGN 120408	SPGN 120408			2.301	0.8
SNGN 120412	SPGN 120412			2.137	1.2
SNGN 120416	SPGN 120416			1.972	1.6
SNGN 120420	—			1.808	2
SNGN 120708	—		7.94	2.301	0.8
SNGN 120712	—			2.137	1.2
SNGN 120716	—			1.972	1.6
SNGN 120720	—			1.808	2
SNGN 120724	—			1.644	2.4
SNGN 150708	—	15.875		2.959	0.8
SNGN 150712	—			2.795	1.2
SNGN 150716	—			2.63	1.6
SNGN 150720	—			2.466	2
SNGN 150724	—			2.301	2.4
SNGN 190712	—	19.05		3.452	1.2
SNGN 190716	—			3.288	1.6
SNGN 190720	—			3.123	2
SNGN 190724	—			2.959	2.4

8.3　刀尖角为 80°的菱形刀片(见图 7 及表 4)

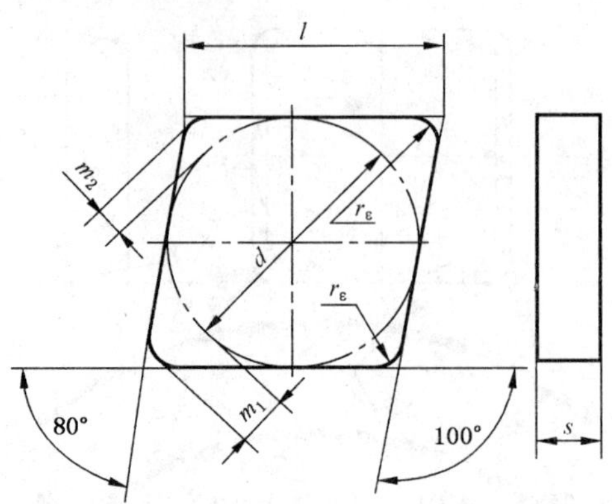

图 7　**CNGN** 0°法后角　无断屑槽

表 4　刀尖角为 80°的菱形刀片尺寸

单位为毫米

刀　　片	l ≈	d ±0.025	s ±0.13	m_1 ±0.025	m_2 ±0.025	r_ε ±0.1
CNGN 120404	12.9	12.7	4.76	3.308	1.818	0.4
CNGN 120408				3.088	1.697	0.8
CNGN 120412				2.867	1.576	1.2
CNGN 120416				2.647	1.455	1.6
CNGN 120708			7.94	3.088	1.697	0.8
CNGN 120712				2.867	1.576	1.2
CNGN 120716				2.646	1.454	1.6
CNGN 160708	16.1	15.875		3.97	2.182	0.8
CNGN 160712				3.749	2.061	1.2
CNGN 160716				3.529	1.939	1.6
CNGN 160720				3.308	1.818	2
CNGN 160724				3.088	1.697	2.4

8.4　刀尖角为 55°的菱形刀片(见图 8 及表 5)

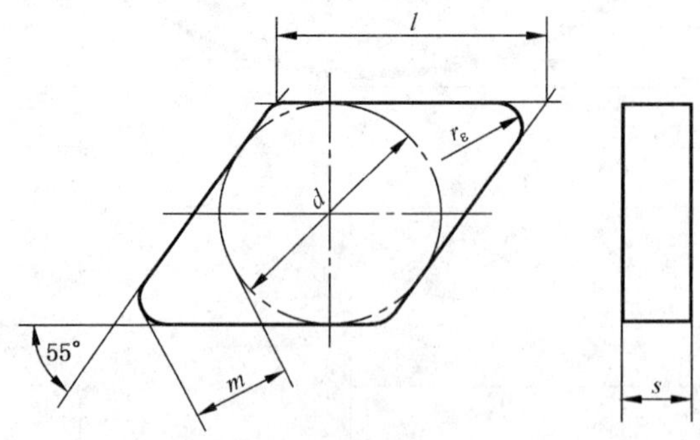

图 8　**DNGN** 0°法后角　无断屑槽

表 5　刀尖角为 55°的菱形刀片尺寸

单位为毫米

刀　　片	l ≈	d ±0.025	s ±0.13	m ±0.025	r_{ε} ±0.1
DNGN 150408	15.5	12.7	4.76	6.478	0.8
DNGN 150412				6.015	1.2
DNGN 150416				5.552	1.6
DNGN 150608			6.35	6.478	0.8
DNGN 150612				6.015	1.2
DNGN 150616				5.552	1.6
DNGN 150708			7.94	6.478	0.8
DNGN 150712				6.015	1.2
DNGN 150716				5.552	1.6

8.5　圆形刀片(见图 9 及表 6)

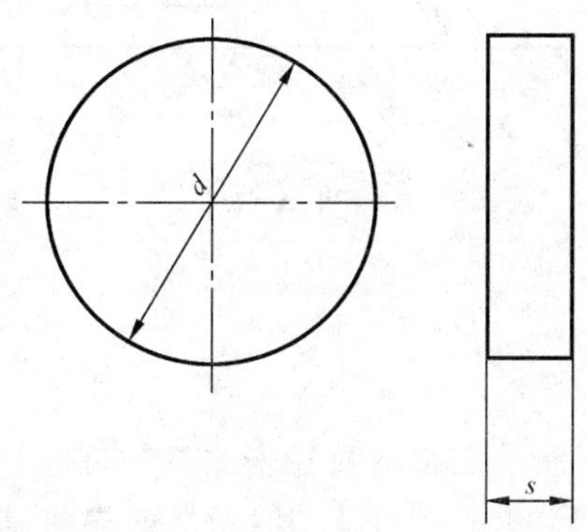

图 9　RNGN 0°法后角　无断屑槽

表 6　圆形刀片尺寸

单位为毫米

刀　　片	d ±0.025	s ±0.13
RNGN 090400	9.525	4.76
RNGN 120400	12.7	
RNGN 120700		7.94
RNGN 150700	15.875	
RNGN 190700	19.05	
RNGN 250900	25.4	9.52

9　标记示例

材料代号为 CM-P05、型号为 TNGN 160412T 02020 的陶瓷可转位刀片：

陶瓷刀片 CM-P05 TNGN 160412T 02020 GB/T 15306.1—2008

10　技术条件

陶瓷可转位刀片的技术条件按 GB/T 15306.4 的规定。

附 录 A
（资料性附录）
刀片尺寸 *m* 的测量方法

A.1 正三角形刀片

尺寸 m 是被测刀尖至对边的距离。将刀片置于图 A.1 所示的平面上，用尺寸与 m 的基本尺寸相同的量块将指示表校准在零位上。当测量刀片时，可在指示表上直接读出偏差。

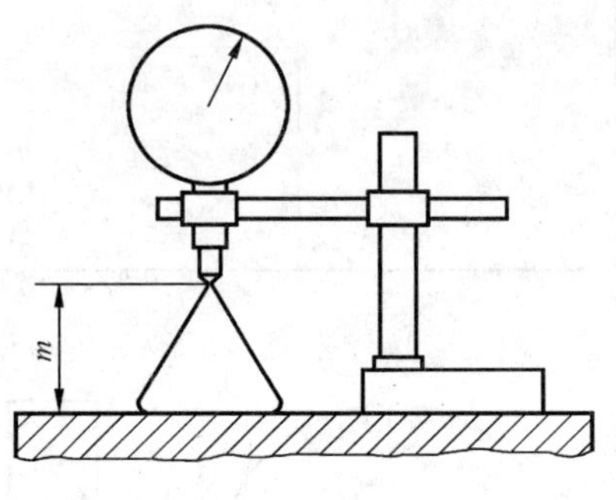

图 A.1

A.2 正方形刀片

正方形刀片的 m 尺寸是借助于基准圆柱的直径来测量的，该圆柱的直径与刀片内切圆的基本尺寸 d 相同。如图 A.2 所示，将刀片置于 90°的 V 形块上，测量前先将基准圆柱置于 90°的 V 形块上，再在其上加一尺寸与 m 的基本尺寸相同的量块，将指示表校准在零位上。当测量刀片时，就可在指示表上直接读出偏差。

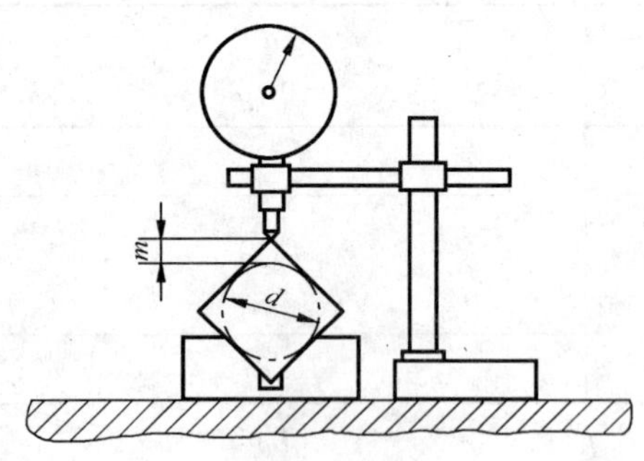

图 A.2

A.3 菱形刀片

菱形刀片的 m 尺寸是借助于基准圆柱的直径来测量的，该圆柱的直径与刀片内切圆的基本尺寸 d 相同。如图 A.3 所示，将刀片置于 55°、80°或 100°的 V 形块上，测量前先将基准圆柱置于 55°、80°或 100°的 V 形块上，再在其上加一尺寸与 m 的基本尺寸相同的量块，将指示表校准在零位上。当测量刀片时，就可在指示表上直接读出偏差。

图 A.3

A.4 圆形刀片

直径 d 是用千分尺或类似的仪器来测量的。

附　录　B
（资料性附录）
形状包括在本标准中的刀尖倒圆、无圆柱形固定孔的尺寸范围

表 B.1　尺寸范围

单位为毫米

d	法后角 α_n															
	0°									11°						
	代号	$d/2$	刀尖圆弧半径 r_ε							代号	刀尖圆弧半径 r_ε					
			0.4	0.8	1.2	1.6	2	2.4	3.2		0.4	0.8	1.2	1.6	2	2.4
6.35	TNGN 1103		+	+	+					TPGN 1103		+	+			
9.525	TNGN 1603									TPGN 1603		+	+			
	TNGN 1604		+	+	+	+	+			TPGN 1604						
	TNGN 1607			+	+	+	+	+								
12.7	TNGN 2204															
	TNGN 2207				+	+	+									
15.875	TNGN 2707															
9.525	SNGN 0903		+	+						SPGN 0903	+	+				
	SNGN 0904		+	+	+					SPGN 0904						
12.7	SNGN 1203									SPGN 1203	+	+	+			
	SNGN 1204		+	+	+	+	+			SPGN 1204		+	+	+		
	SNGN 1207			+	+	+	+	+								
15.875	SNGN 1507			+	+	+	+	+								
19.05	SNGN 1907				+	+	+	+								
25.4	SNGN 2507															
12.7	CNGN 1204		+	+	+	+				CPGN 1204						
	CNGN 1207			+	+	+										
15.875	CNGN 1607			+	+	+	+	+								
19.05	CNGN 1907															
19.05	DNGN 1504			+	+	+										
	DNGN 1506			+	+	+										
	DNGN 1507			+	+	+										
9.525	RNGN 090400	+														
12.7	RNGN 120400	+														
15.875	RNGN 120700	+														
19.05	RNGN 190700	+														
25.4	RNGN 250700															
	RNGN 250900	+														

注：+第一优先用的刀片，本标准所包括的刀片（见表 2 至表 6）。

□ 非阴影部分，第二优先采用的刀片，本标准不包括这些刀片。

■ 阴影部分，不推荐的刀片。

ICS 25.100.01
J 41

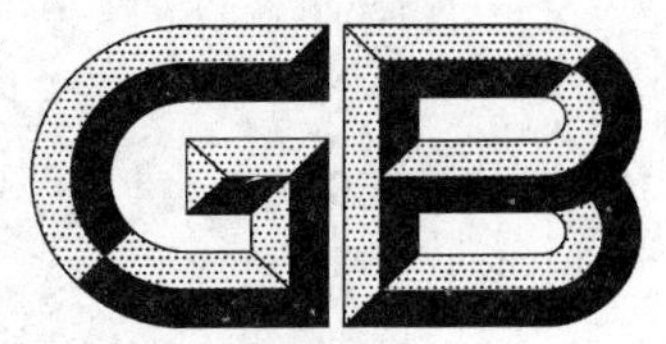

中华人民共和国国家标准

GB/T 15306.2—2008
代替 GB/T 15306.2—1994

陶瓷可转位刀片 第2部分:带孔刀片尺寸

Indexable inserts for cutting tools—Ceramic inserts with rounded corners—Part 2: Dimensions of inserts with cylindrical fixing hole

(ISO 9361-2:1991,MOD)

2008-06-03 发布　　　　2009-01-01 实施

中华人民共和国国家质量监督检验检疫总局
中国国家标准化管理委员会　发布

前言

GB/T 15306《陶瓷可转位刀片》分为四个部分：

——第1部分：无孔刀片尺寸(G级)；

——第2部分：带孔刀片尺寸；

——第3部分：无孔刀片尺寸(U级)；

——第4部分：技术条件。

本部分为GB/T 15306的第2部分。

本部分修改采用ISO 9361-2:1991《切削刀具用可转位刀片　刀尖倒圆陶瓷可转位刀片　第2部分：带圆柱形固定孔刀片尺寸》(英文版)。

本部分根据ISO 9361-2:1991重新起草。

本部分与ISO 9361-2:1991相比有下列技术差异和编辑性的修改：

——"本国际标准"一词改为"本部分"；

——用小数点"."代替作为小数点的逗号","；

——删除了国际标准的前言；

——增加了标记示例和技术条件。

本部分是对GB/T 15306.2—1994《陶瓷可转位刀片　带孔刀片尺寸》的修订。

本部分代替GB/T 15306.2—1994。

本部分与GB/T 15306.2—1994相比主要变化如下：

——取消了原标准6.1中的文字：也可选用K、P型；

——修改了切削刃截面形状符号S、K(原标准6.2　图1切削刃截面形状符号S修改为K，符号K修改为S)；

——增加了切削刃截面形状符号K(原标准6.2图2)；

——修改了正三角形刀片尺寸r_ε值(原标准9.1表3中的刀片TNGA 220608至TNGA 220620对应的r_ε值由0.4、0.8、1.2、1.6分别修改为0.8、1.2、1.6、2)；

——修改了正方形刀片尺寸s值和r_ε值(原标准9.1表4中的刀片SNGA 120416对应的s值由6.35修改为4.76，刀片SNGA 1200620对应的r_ε值由2.6修改为2)；

——取消了圆形刀片尺寸注中m值符号(原标准9.5表7)；

——修改了标记示例(原标准第10章标记示例中的牌号修改为材料代号)；

——修改了附录A的计量器具名称(原附录A中的块规修改为量块、千分表修改为指示表)。

本部分的附录A、附录B和附录C为资料性附录。

本部分由中国机械工业联合会提出。

本部分全国刀具标准化技术委员会(SAC/TC 91)归口。

本部分起草单位：成都工具研究所。

本部分主要起草人：刘玉玲、查国兵。

本部分所代替标准的历次版本发布情况为：

——GB/T 15306.2—1994。

陶瓷可转位刀片
第2部分:带孔刀片尺寸

1 范围

GB/T 15306 的本部分规定了刀尖倒圆、带圆柱形固定孔、法向后角为 0°、用陶瓷切削材料制成的可转位刀片的尺寸。这些刀片主要从顶部和孔,或只通过孔夹紧在车刀和镗刀刀杆上。

本部分适用于各种陶瓷切削材料制成的带孔可转位刀片。

陶瓷切削材料由各种不同的氧化物、氮化物和碳化物及金属等组成。例如,这类陶瓷材料有:氧化物陶瓷(主要由氧化铝 Al_2O_3 组成)、氧化物-碳化物陶瓷(主要由氧化铝和其他材料如碳化钛 TiC 组成)、氮化物陶瓷(一般由氮化硅 Si_3N_4 和其他材料如氧化钇 Y_2O_3 及氧化铝组成)。

2 规范性引用文件

下列文件中的条款通过 GB/T 15306 的本部分的引用而成为本部分的条款。凡是注日期的引用文件,其随后所有的修改单(不包括勘误的内容)或修订版均不适用于本部分,然而,鼓励根据本部分达成协议的各方研究是否可使用这些文件的最新版本。凡是不注日期的引用文件,其最新版本适用于本部分。

GB/T 2075 切削加工用硬切削材料的分类和用途 大组和用途小组的分类代号(GB/T 2075—2007,ISO 513:2004,IDT)

GB/T 2076 切削刀具用可转位刀片型号表示规则(GB/T 2076—2007,ISO 1832:2004,MOD)

GB/T 15306.4 陶瓷可转位刀片 第4部分:技术条件

3 刀片的型式

本部分规定的陶瓷可转位刀片的型式如下:

TN:法向后角为 0°的正三角形刀片;

SN:法向后角为 0°的正方形刀片;

CN:法向后角为 0°和刀尖角为 80°的菱形刀片;

DN:法向后角为 0°和刀尖角为 55°的菱形刀片;

RN:法向后角为 0°的圆形刀片。

本部分所规定的刀片无断屑槽。

一般应使用带有倒棱切削刃或倒圆切削刃的陶瓷刀片,见第6章。

附录 C 中表 C.1 给出了刀片的尺寸范围。

4 允许偏差

本部分规定的陶瓷可转位刀片按 GB/T 2076 规定的 G 级和 M 级精度供货。

按照 GB/T 2076 规定的允许偏差值列于附录 A 的表 A.1 中,其他公差列于表 3 至表 7 中。

5 固定孔

为了保证刀片安装的互换性,固定孔的直径 d_1 根据刀片内切圆的直径 d 选取,其尺寸按表 1。

表 1 固定孔尺寸

单位为毫米

d	9.525	12.7	15.875	19.05
$d_1 \pm 0.8$	3.81	5.16	6.35	7.94

6 切削刃

6.1 切削刃截面形状

本部分规定的陶瓷可转位刀片的切削刃截面形状可从 GB/T 2076 规定的那些截面形状中选择。

6.2 附加信息

倒棱切削刃 T、S、K 或 P 的尺寸，可在制造厂的产品样本中予以规定，作为附加符号放在表示切削刃截面形状的字母符号后面。如规定这种附加信息，其附加符号应由 5 位数字符号组成，前三位以 0.01 mm为单位表示 b_γ 的值；后两位为 γ_b 的值，单位为度。见图 1。

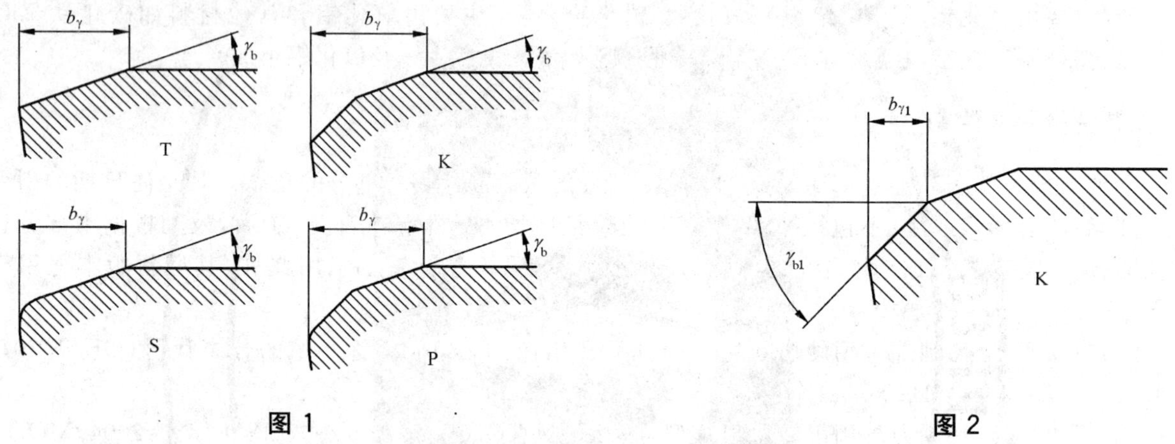

图 1

图 2

注：当主切削刃截面形状为 K、P 时，倒棱 $b_{\gamma1}$ 和倒棱前角 γ_{b1}（如图 2 所示）由制造厂自定。它不作为 6.2 所规定的附加信息（5 位数字）的一部分。

示例：

TNGN 160412 刀片上倒棱切削刃 T 的参数为：

$b_\gamma = 0.2$ mm

$\gamma_b = 20°$

其型号为：

TNGN 160412T 02020

7 型号

按照本部分的陶瓷可转位刀片，其型号应与 GB/T 2076 一致。

除按 GB/T 2076 规定的型号外，还可以附加下列一个或两个内容：

a） 有关切削刃截面形状尺寸的附加符号，按 6.2 条；

b） 陶瓷的商业牌号。

8 测量

陶瓷可转位刀片尺寸 m 的测量方法参见附录 B。

9 推荐尺寸

常用尺寸的选取，限制在表 3 至表 7 中所列的规格范围内。着重建议，尽可能都要采用这些标准刀片（第一优先采用）。当需要其他刀片时，刀片尺寸应从表 C.1 中的非阴影部分选取（第二优先采用）。

表 C.1 阴影部分所表示的刀片不予推荐。

尺寸 m 用刀尖圆弧半径 r_ε 的实际值计算，计算时，r_ε 圆整到小数点后三位数字。r_ε 的计算值见表 2。

表 2　计算尺寸 m 时 r_ε 的计算值

单位为毫米

r_ε 的代号	04	08	12	16	20	24
r_ε 的计算值	0.397	0.794	1.191	1.588	1.984	2.381

9.1　正三角形刀片(见图 3 及表 3)

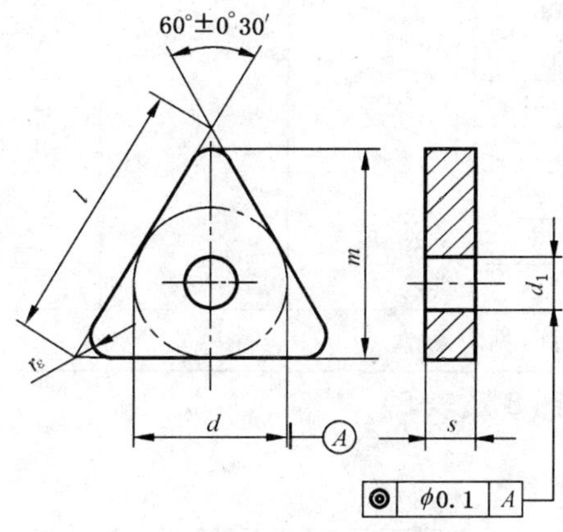

图 3　TNGA　TNMA

表 3　正三角形刀片尺寸

单位为毫米

刀片		l ≈	d	s	m	r_ε ±0.1	d_1 ±0.08
TNGA 160404	TNMA 160404	16.5	9.525	4.76	13.891	0.4	3.81
TNGA 160408	TNMA 160408				13.494	0.8	
TNGA 160412	TNMA 160412				13.097	1.2	
TNGA 160416	TNMA 160416				12.7	1.6	
TNGA 220608	TNMA 220608	22	12.7	6.35	18.256	0.8	5.16
TNGA 220612	TNMA 220612				17.859	1.2	
TNGA 220616	TNMA 220616				17.463	1.6	
TNGA 220620	TNMA 220620				17.066	2	
注：d、s、m 的允许偏差按 GB/T 2076，见附录 A。							

9.2　正方形刀片(见图 4 及表 4)

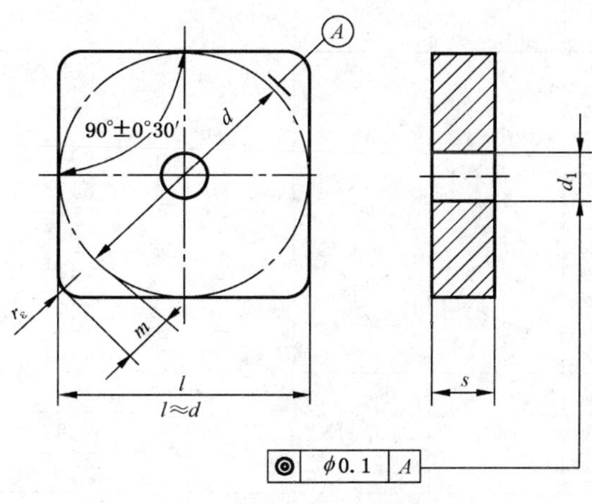

图 4　SNGA　SNMA

表 4　正方形刀片尺寸　　单位为毫米

刀　片		d	s	m	r_{ε} ±0.1	d_1 ±0.08
SNGA 120404	SNMA 120404	12.7	4.76	2.466	0.4	5.16
SNGA 120408	SNMA 120408			2.301	0.8	
SNGA 120412	SNMA 120412			2.137	1.2	
SNGA 120416	SNMA 120416			1.972	1.6	
SNGA 120608	SNMA 120608		6.35	2.301	0.8	
SNGA 120612	SNMA 120612			2.137	1.2	
SNGA 120616	SNMA 120616			1.972	1.6	
SNGA 120620	SNMA 120620			1.808	2	
SNGA 150612	SNMA 150612	15.875		2.795	1.2	6.35
SNGA 150616	SNMA 150616			2.63	1.6	
SNGA 150620	SNMA 150620			2.466	2	

注：d、s、m 的允许偏差按 GB/T 2076，见附录 A。

9.3　刀尖角为 80°的菱形刀片(见图 5 及表 5)

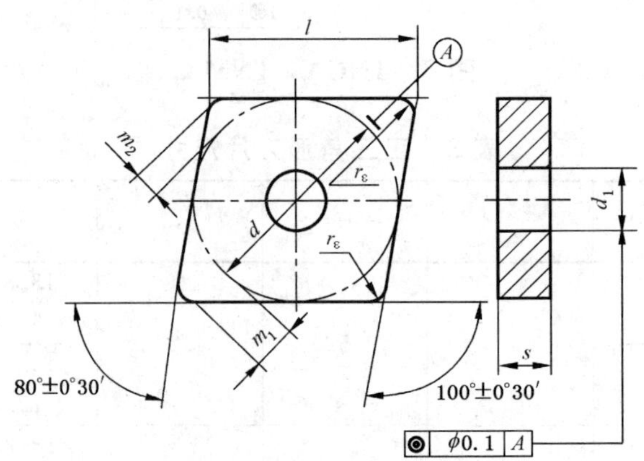

图 5　CNGA　CNMA

表 5　刀尖角为 80°的菱形刀片尺寸　　单位为毫米

刀　片		l ≈	d	s	m_1	m_2	r_{ε} ±0.1	d_1 ±0.08
CNGA 120404	CNMA 120404	12.9	12.7	4.76	3.308	1.818	0.4	5.16
CNGA 120408	CNMA 120408				3.088	1.697	0.8	
CNGA 120412	CNMA 120412				2.867	1.576	1.2	
CNGA 120416	CNMA 120416				2.647	1.455	1.6	
CNGA 120608	CNMA 120608			6.35	3.088	1.697	0.8	
CNGA 120612	CNMA 120612				2.867	1.576	1.2	
CNGA 120616	CNMA 120616				2.647	1.455	1.6	
CNGA 120620	CNMA 120620				2.426	1.334	2	
CNGA 160612	CNMA 160612	16.1	15.875		3.749	2.061	1.2	6.35
CNGA 160616	CNMA 160616				3.529	1.939	1.6	
CNGA 160620	CNMA 160620				3.308	1.818	2	

注：d、s、m 的允许偏差按 GB/T 2076，见附录 A。

9.4 刀尖角为 55°的菱形刀片(见图 6 及表 6)

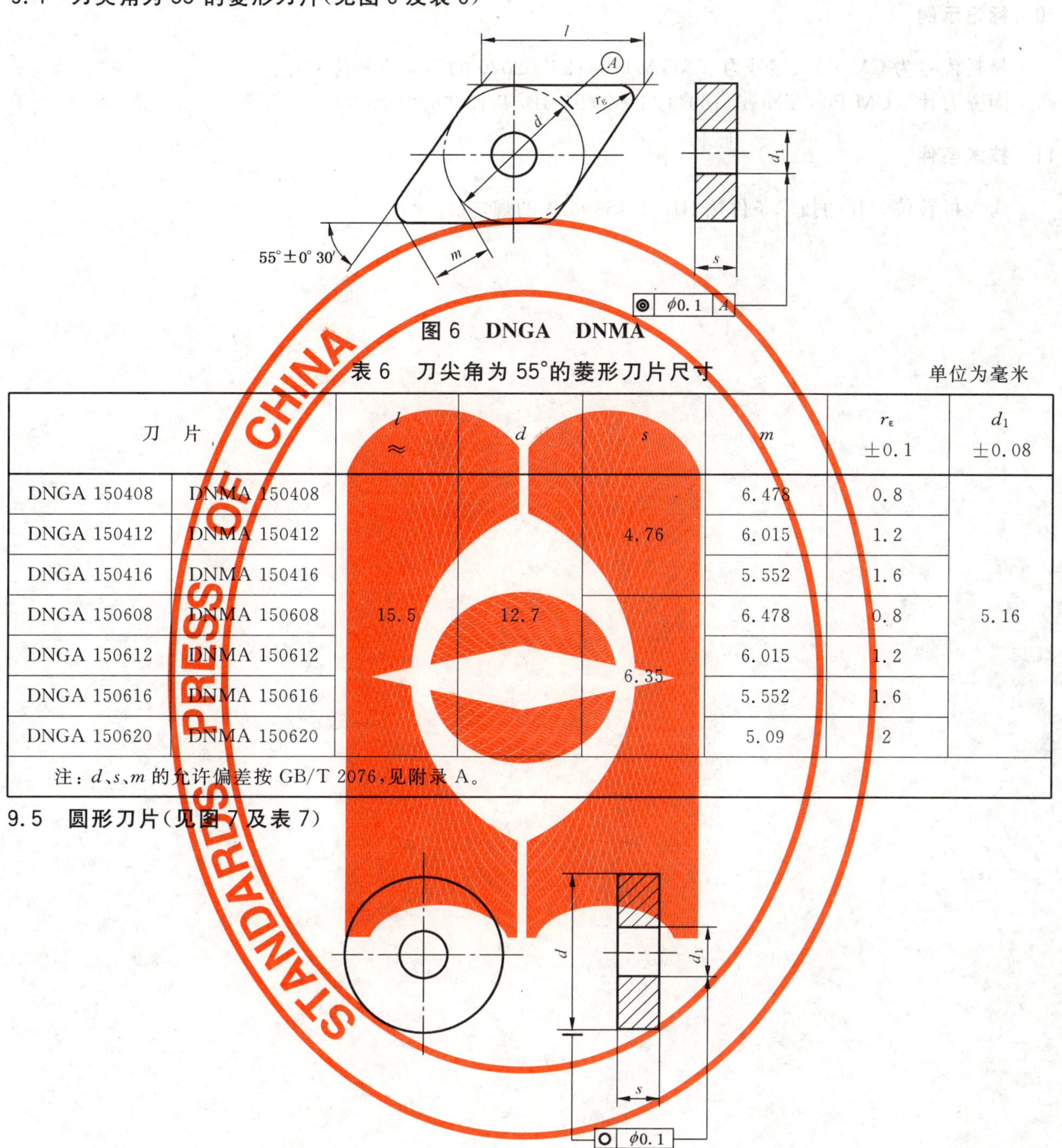

图 6 DNGA DNMA

表 6 刀尖角为 55°的菱形刀片尺寸

单位为毫米

刀片		l ≈	d	s	m	r_ε ±0.1	d_1 ±0.08
DNGA 150408	DNMA 150408	15.5	12.7	4.76	6.478	0.8	5.16
DNGA 150412	DNMA 150412				6.015	1.2	
DNGA 150416	DNMA 150416				5.552	1.6	
DNGA 150608	DNMA 150608			6.35	6.478	0.8	
DNGA 150612	DNMA 150612				6.015	1.2	
DNGA 150616	DNMA 150616				5.552	1.6	
DNGA 150620	DNMA 150620				5.09	2	
注:d、s、m 的允许偏差按 GB/T 2076,见附录 A。							

9.5 圆形刀片(见图 7 及表 7)

图 7 RNGA RNMA

表 7 圆形刀片尺寸

单位为毫米

刀片		d	s	d_1 ±0.08
RNGA 120400	RNMA 120400	12.7	4.76	5.16
RNGA 150600	RNMA 150600	15.875	6.35	6.35
RNGA 190600	RNMA 190600	19.05	6.35	7.94
注:d、s 的允许偏差按 GB/T 2076,见附录 A。				

10 标记示例

材料代号为CM-P05、型号为 TNGA 160412T 02020 的陶瓷可转位刀片：

陶瓷刀片　CM-P05 TNGA 160412T 02020 GB/T 15306.2—2008

11 技术条件

陶瓷可转位刀片的技术条件按 GB/T 15306.4 的规定。

附　录　A
（资料性附录）
尺寸 d、m、m_1、m_2 和 s 的公差(摘自 ISO 1832)

表 A.1　尺寸 d、m、m_1、m_2 和 s 的公差

单位为毫米

<table>
<tr><th colspan="2">刀　　片</th><th>G 级刀片公差</th><th colspan="2">M 级刀片公差</th><th>G 级、M 级刀片公差</th></tr>
<tr><th>代　号</th><th>d</th><th>d、m、m_1、m_2</th><th>d</th><th>m、m_1、m_2</th><th>s</th></tr>
<tr><td>TN. A 16. .</td><td>9. 525</td><td rowspan="6">±0. 025</td><td>±0. 05</td><td>±0. 08</td><td rowspan="6">±0. 13</td></tr>
<tr><td>TN. A 22. .</td><td rowspan="3">12. 7</td><td rowspan="3">±0. 08</td><td rowspan="2">±0. 13</td></tr>
<tr><td>SN. A 12. .
CN. A 12. .
RN. A 12. .</td></tr>
<tr><td>DN. A 15. .</td><td rowspan="3">±0. 15</td></tr>
<tr><td>SN. A 15. .
CN. A 16. .
RN. A 15. .</td><td>15. 875</td><td rowspan="2">±0. 1</td></tr>
<tr><td>RN. A 19. .</td><td>19. 05</td></tr>
</table>

附 录 B
（资料性附录）
刀片尺寸 *m* 的测量方法

B.1 正三角形刀片

尺寸 m 是被测刀尖至对边的距离。将刀片置于图 B.1 所示的平面上，用尺寸与 m 的基本尺寸相同的量块将指示表校准在零位上。当测量刀片时，可在指示表上直接读出偏差。

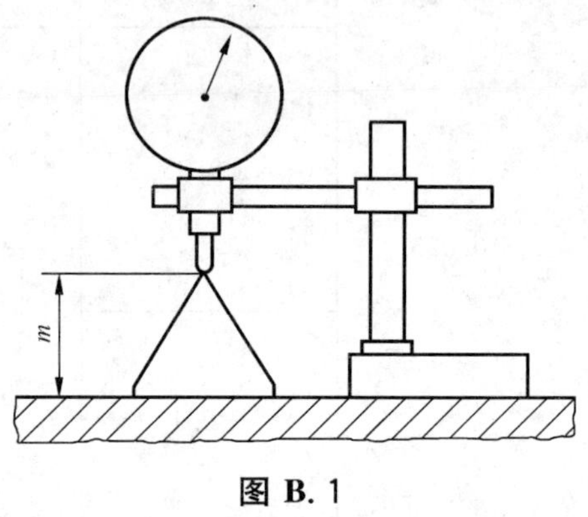

图 B.1

B.2 正方形刀片

正方形刀片的 m 尺寸是借助于基准圆柱的直径来测量的，该圆柱的直径与刀片内切圆的基本尺寸 d 相同。如图 B.2 所示，将刀片置于 90°的 V 形块上，测量前先将基准圆柱置于 90°的 V 形块上，再在其上加一尺寸与 m 的基本尺寸相同的量块，将指示表校在零位上。当测量刀片时，就可在指示表上直接读出偏差。

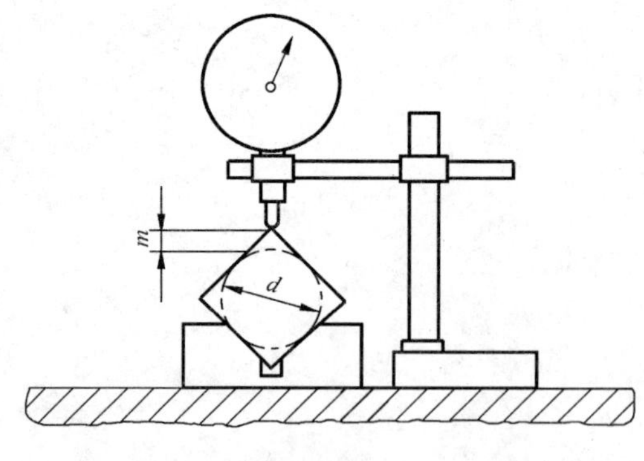

图 B.2

B.3 菱形刀片

菱形刀片的 m 尺寸是借助于基准圆柱的直径来测量的，该圆柱的直径与刀片内切圆的基本尺寸 d 相同。如图 B.3 所示，将刀片置于 55°、80°或 100°的 V 形块上，测量前先将基准圆柱置于 55°、80°或 100°的 V 形块上，再在其上加一尺寸与 m 的基本尺寸相同的量块，将指示表校在零位上。当测量刀片时，就可在指示表上直接读出偏差。

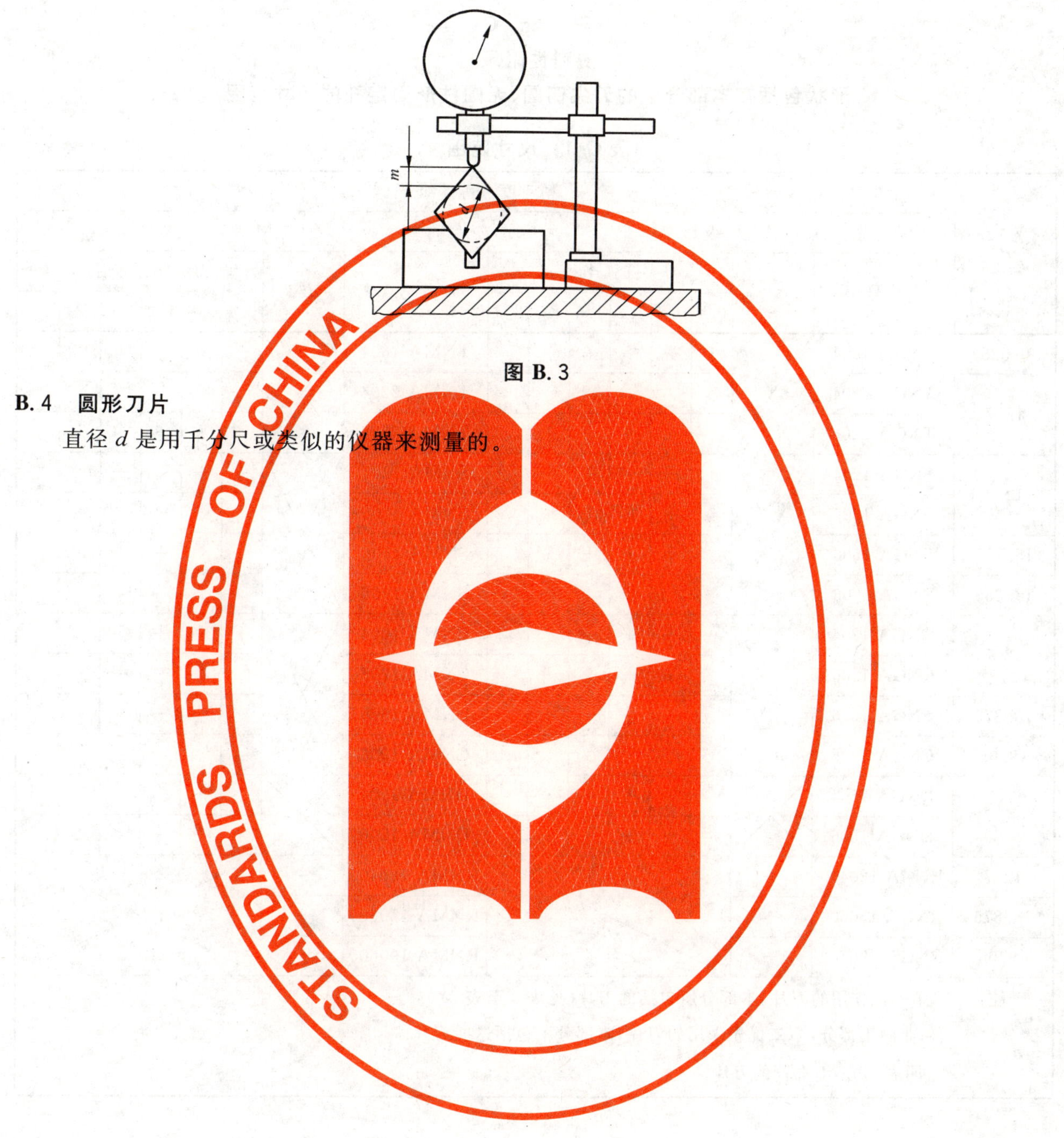

图 B.3

B.4 圆形刀片

直径 d 是用千分尺或类似的仪器来测量的。

附　录　C
（资料性附录）
形状包括在本部分中的刀尖倒圆、无圆柱形固定孔的尺寸范围

表 C.1　尺寸范围

单位为毫米

d	精度等级															
	G 级								M 级							
	代号	d/2	刀尖圆弧半径 r_ε						代号	d/2	刀尖圆弧半径 r_ε					
			0.4	0.8	1.2	1.6	2	2.4			0.4	0.8	1.2	1.6	2	2.4
9.525	TNGA 1604		+	+	+	+			TNMA 1604		+	+	+	+		
12.7	TNGA 2204								TNMA 2204							
	TNGA 2206			+	+	+	+		TNMA 2206			+	+	+	+	
12.7	SNGA 1204		+	+	+	+			SNMA 1204		+	+	+	+		
	SNGA 1206			+	+	+	+		SNMA 1206			+	+	+	+	
15.875	SNGA 1506				+	+	+		SNMA 1506				+	+	+	
19.055	SNGA 1906								SNMA 1906							
12.7	CNGA 1204		+	+	+	+			CNMA 1204		+	+	+	+		
	CNGA 1206			+	+	+	+		CNMA 1206			+	+	+	+	
15.875	CNGA 1606				+	+	+		CNMA 1606				+	+	+	
19.05	CNGA 1906								CNMA 1906							
12.7	DNGA 1504			+	+	+			DNMA 1504			+	+	+		
	DNGA 1506			+	+	+	+		DNMA 1506			+	+	+	+	
12.7	RNGA 120400	+							RNMA 120400	+						
15.875	RNGA 150600	+							RNMA 150600	+						
19.05	RNGA 190600	+							RNMA 190600	+						

注：+　第一优先用的刀片，本部分所包括的刀片（见表 3 至表 7）。

□　非阴影部分，第二优先采用的刀片，本部分不包括这些刀片。

■　阴影部分，不推荐的刀片。

ICS 25.100.01
J 41

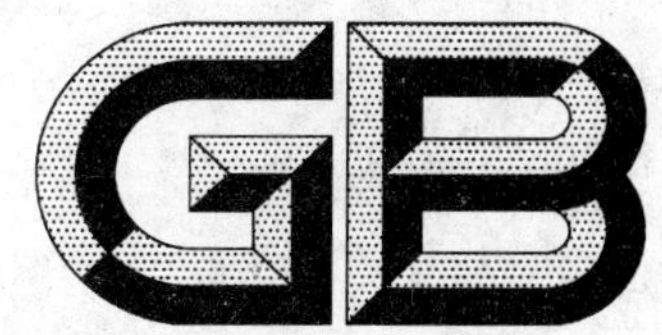

中华人民共和国国家标准

GB/T 15306.3—2008
代替 GB/T 15306.3—1994

陶瓷可转位刀片 第3部分:无孔刀片尺寸(U级)

Indexable inserts for cutting tools—Ceramic inserts with rounded corners—Part 3:Dimensions of inserts without fixing hole(Class U)

2008-06-03 发布　　2009-01-01 实施

中华人民共和国国家质量监督检验检疫总局
中国国家标准化管理委员会　发布

前　言

GB/T 15306《陶瓷可转位刀片》分为四个部分：

——第1部分：无孔刀片尺寸(G级)；

——第2部分：带孔刀片尺寸；

——第3部分：无孔刀片尺寸(U级)；

——第4部分：技术条件。

本部分为GB/T 15306的第3部分。

本部分是对GB/T 15306.3—1994《陶瓷可转位刀片　无孔刀片尺寸(U级)》的修订。

本部分代替GB/T 15306.3—1994。

本部分与GB/T 15306.3—1994相比主要变化如下：

——取消了原标准5.1中的文字：也可选用K、P型；

——修改了切削刃截面形状符号S、K(原标准5.2图1切削刃截面形状符号S修改为K，符号K修改为S)；

——增加了切削刃截面形状符号K(原标准5.2图2)；

——修改了标记示例(原标准第9章标记示例中的牌号修改为材料代号)；

——修改了附录A的计量器具名称(原附录A中的块规修改为量块、千分表修改为指示表)。

本部分的附录A为资料性附录。

本部分由中国机械工业联合会提出。

本部分由全国刀具标准化技术委员会(SAC/TC 91)归口。

本部分起草单位：成都工具研究所。

本部分主要起草人：刘玉玲、查国兵。

本部分所代替标准的历次版本发布情况为：

——GB/T 15306.3—1994。

陶瓷可转位刀片
第3部分:无孔刀片尺寸(U级)

1 范围

GB/T 15306的本部分规定了刀尖倒圆、无固定孔、法向后角为0°、精度为U级、用陶瓷切削材料制成的可转位刀片的尺寸。这些刀片主要从顶部夹紧在车刀和镗刀刀杆上。

本部分适用于用各种陶瓷切削材料制成的U级无孔可转位刀片。

陶瓷切削材料由各种不同的氧化物、氮化物和碳化物及金属等组成。例如,这类陶瓷材料有:氧化物陶瓷(主要由氧化铝 Al_2O_3 组成)、氧化物-碳化物陶瓷(主要由氧化铝和其他材料如碳化钛 TiC 组成)、氮化物陶瓷(一般由氮化硅 Si_3N_4 和其他材料如氧化钇 Y_2O_3 及氧化铝组成)。

2 规范性引用文件

下列文件中的条款通过GB/T 15306的本部分的引用而成为本部分的条款。凡是注日期的引用文件,其随后所有的修改单(不包括勘误的内容)或修订版均不适用于本部分,然而,鼓励根据本部分达成协议的各方研究是否可使用这些文件的最新版本。凡是不注日期的引用文件,其最新版本适用于本部分。

GB/T 2075 切削加工用硬切削材料的分类和用途 大组和用途小组的分类代号(GB/T 2075—2007,ISO 513:2004,IDT)

GB/T 2076 切削刀具用可转位刀片型号表示规则(GB/T 2076—2007,ISO 1832:2004,MOD)

GB/T 15306.4 陶瓷可转位刀片 第4部分:技术条件

3 刀片的型式

本部分规定的陶瓷可转位刀片的型式如下:

TN:法向后角为0°的正三角形刀片;

SN:法向后角为0°的正方形刀片;

EN:法向后角为0°和刀尖角为80°的菱形刀片;

DN:法向后角为0°和刀尖角为75°的菱形刀片;

HN:法向后角为0°的正六边形刀片;

WN:法向后角为0°和刀尖角为80°的等边不等角六边形刀片;

FN:法向后角为0°和刀尖角为82°的不等边不等角六边形刀片;

RN:法向后角为0°的圆形刀片。

本部分所规定的刀片有断屑槽和无断屑槽两种。

一般应使用带有倒棱切削刃或倒圆切削刃的陶瓷刀片,见第5章。

4 允许偏差

本部分规定的陶瓷可转位刀片按GB/T 2076规定的U级精度供货。

按照GB/T 2076规定的允许偏差值列于表2至表5中。

5 切削刃

5.1 切削刃截面形状

本部分规定的陶瓷可转位刀片的切削刃截面形状可从GB/T 2076规定的那些截面形状中选择。

5.2 附加信息

倒棱切削刃 T、S、K 或 P 的尺寸，可在制造厂的产品样本中予以规定，作为附加符号放在表示切削刃截面形状的字母符号后面。如规定这种附加信息，其附加符号应由 5 位数字符号组成，前三位以 0.01 mm 为单位表示 b_γ 的值；后两位为 γ_b 的值，单位为度。见图 1。

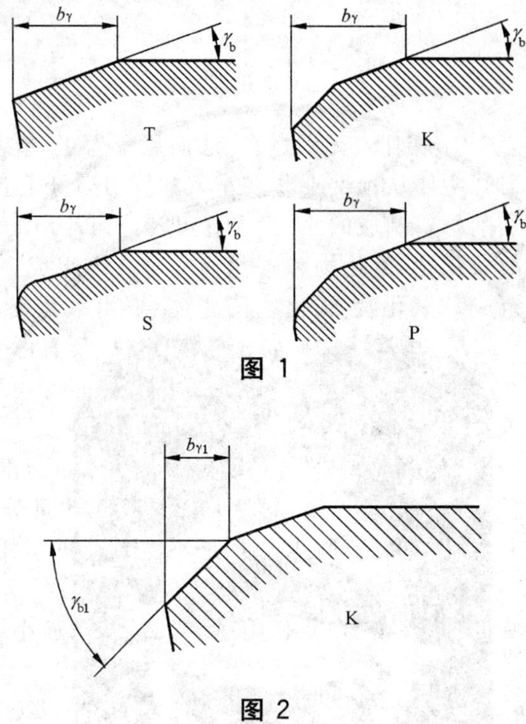

图 1

图 2

注：当主切削刃截面形状为 K 和 P 时，倒棱 $b_{\gamma1}$ 和倒棱前角 γ_{b1}（如图 2 所示）由制造厂自定。它不作为 5.2 条所规定的附加信息（5 位数字）的一部分。

示例：

TNUN 160412 刀片上倒棱切削刃 T 的参数为：

$b_\gamma = 0.2$ mm

$\gamma_b = 20°$

其型号为：

TNUN 160412T 02020

6 型号

按照本部分的陶瓷可转位刀片，其型号应与 GB/T 2076 一致。

除按 GB/T 2076 规定的型号外，还可以附加下列一个或两个内容：

a) 有关切削刃截面形状尺寸的附加符号，按 5.2 条；

b) 陶瓷的商业牌号。

7 测量

陶瓷可转位刀片尺寸 m 的测量方法参见附录 A。

8 推荐尺寸

常用尺寸的选取，限制在表 2 至表 6 中所列的规格范围内。建议尽可能都要采用这些标准刀片。

尺寸 m 用刀尖圆弧半径 r_ε 的实际值计算，计算时，r_ε 圆整到小数点后三位数字。r_ε 的计算值见表 1。

表 1 计算尺寸 m 时 r_ε 的计算值

单位为毫米

r_ε 的代号	04	08	12	16	20	24
r_ε 的计算值	0.397	0.794	1.191	1.588	1.984	2.381

8.1 正三角形刀片(见图 3 及表 2)

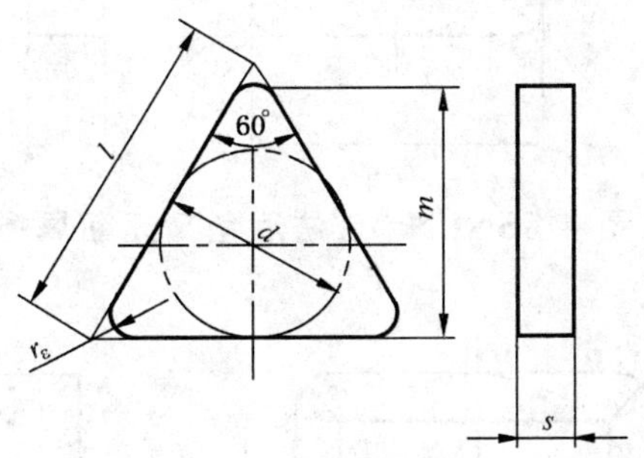

图 3 TNUN 0°法后角 无断屑槽

表 2 正三角形刀片尺寸

单位为毫米

刀片	l ≈	d 基本尺寸	d 允许偏差	s ±0.13	m 基本尺寸	m 允许偏差	r_ε ±0.1
TNUN 160404	16.5	9.525	±0.08	4.76	13.891	±0.13	0.4
TNUN 160408					13.494		0.8
TNUN 160412					13.097		1.2
TNUN 160416					12.7		1.6
TNUN 160420					12.304		2.0
TNUN 160608				6.35	13.494		0.8
TNUN 160612					13.097		1.2
TNUN 160616					12.7		1.6
TNUN 160620					12.304		2.0
TNUN 160624					11.907		2.4
TNUN 160708				7.94	13.949		0.8
TNUN 160712					13.097		1.2
TNUN 160716					12.7		1.6
TNUN 160720					12.304		2.0
TNUN 160724					11.907		2.4
TNUN 220612	22	12.7	±0.13	6.35	17.859	±0.20	1.2
TNUN 220616					17.463		1.6
TNUN 220620					17.066		2.0
TNUN 220712				7.94	17.859		1.2
TNUN 220716					17.463		1.6
TNUN 220720					17.066		2.0

8.2　正方形刀片(见图 4、图 5 及表 3)

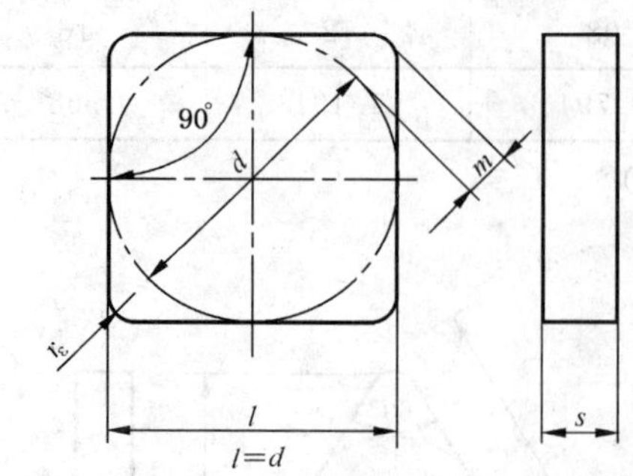

图 4　SNUN　0°法后角　无断屑槽

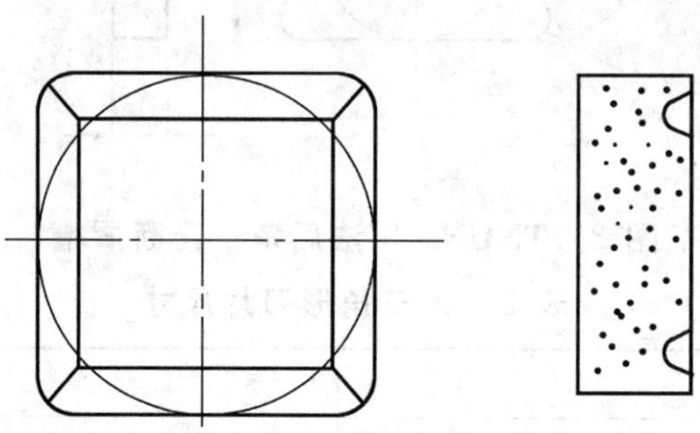

图 5　SNUR　0°法后角　有断屑槽

表 3　正方形刀片尺寸

单位为毫米

刀　片		d		s	m		r_ε
		基本尺寸	允许偏差	±0.13	基本尺寸	允许偏差	±0.1
SNUN 090304	SNUR 090304	9.525	±0.08	3.18	1.808	±0.13	0.4
SNUN 090308	SNUR 090308				1.644		0.8
SNUN 090404	SNUR 090404			4.76	1.808		0.4
SNUN 090408	SNUR 090408				1.644		0.8
SNUN 090412	SNUR 090412				1.497		1.2
SNUN 120404	SNUR 120404	12.7	±0.13	4.76	2.466	±0.20	0.4
SNUN 120408	SNUR 120408				2.301		0.8
SNUN 120412	SNUR 120412				2.173		1.2
SNUN 120416	SNUR 120416				1.972		1.6
SNUN 120420	SNUR 120420				1.808		2.0
SNUN 120608	SNUR 120608			6.35	2.301		0.8
SNUN 120612	SNUR 120612				2.173		1.2
SNUN 120616	SNUR 120616				1.972		1.6
SNUN 120620	SNUR 120620				1.808		2.0
SNUN 120624	SNUR 120624				1.644		2.4
SNUN 120708	SNUR 120708			7.94	2.301		0.8
SNUN 120712	SNUR 120712				2.173		1.2
SNUN 120716	SNUR 120716				1.972		1.6
SNUN 120720	SNUR 120720				1.808		2.0
SNUN 120724	SNUR 120724				1.644		2.4

表 3（续）

单位为毫米

刀片		d 基本尺寸	d 允许偏差	s ±0.13	m 基本尺寸	m 允许偏差	r_ε ±0.1
SNUN 150608	SNUR 150608	15.875	±0.18	6.35	2.959	±0.27	0.8
SNUN 150612	SNUR 150612				2.795		1.2
SNUN 150616	SNUR 150616				2.63		1.6
SNUN 150620	SNUR 150620				2.466		2.0
SNUN 150624	SNUR 150624				2.301		2.4
SNUN 150708	SNUR 150708			7.94	2.959		0.8
SNUN 150712	SNUR 150712				2.795		1.2
SNUN 150716	SNUR 150716				2.63		1.6
SNUN 150720	SNUR 150720				2.466		2
SNUN 150724	SNUR 150724				2.301		2.4
SNUN 190612	SNUR 190612			6.35	3.452		1.2
SNUN 190616	SNUR 190616				3.288		1.6
SNUN 190620	SNUR 190620				3.123		2.0
SNUN 190624	SNUR 190624				2.959		2.4
SNUN 190712	SNUR 190712			7.94	3.452		1.2
SNUN 190716	SNUR 190716				3.288		1.6
SNUN 190720	SNUR 190720				3.123		2.0
SNUN 190724	SNUR 190724				2.959		2.4

8.3 刀尖角为 80°的菱形刀片（见图 6 及表 4）

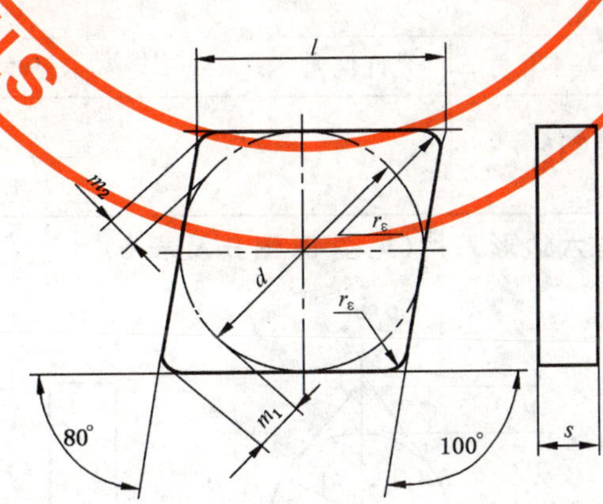

图 6 CNUN 0°法后角 无断屑槽

表 4　刀尖角为 80°的菱形刀片尺寸

单位为毫米

刀片	l ≈	d 基本尺寸	d 允许偏差	s ±0.13	m_1 基本尺寸	m_2 基本尺寸	m_1、m_2 允许偏差	$r_ε$ ±0.1
CNUN 120608	12.9	12.7	±0.13	6.35	3.088	1.697	±0.20	0.8
CNUN 120612					2.867	1.576		1.2
CNUN 120616					2.646	1.455		1.6
CNUN 120708				7.94	3.088	1.697		0.8
CNUN 120712					2.867	1.576		1.2
CNUN 120716					2.646	1.455		1.6
CNUN 160708	16.1	15.875	±0.18	7.94	3.97	2.182	±0.27	0.8
CNUN 160712					3.749	2.061		1.2
CNUN 160716					3.529	1.939		1.6
CNUN 160720					3.308	1.818		2
CNUN 160724					3.088	1.697		2.4

8.4　刀尖角为 75°的菱形刀片(见图 7 及表 5)

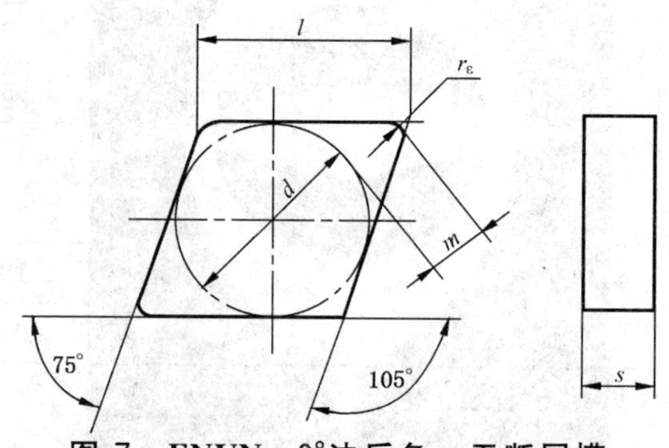

图 7　ENUN　0°法后角　无断屑槽

表 5　刀尖角为 75°的菱形刀片尺寸

单位为毫米

刀片	l ≈	d 基本尺寸	d 允许偏差	s ±0.13	m 基本尺寸	m 允许偏差	$r_ε$ ±0.1
ENUN 130712	13.2	12.7	±0.13	7.94	3.316	±0.20	1.2
ENUN 130716					3.06		1.6

8.5　刀尖角为 80°的等边不等角六边形刀片(见图 8、图 9 及表 6)

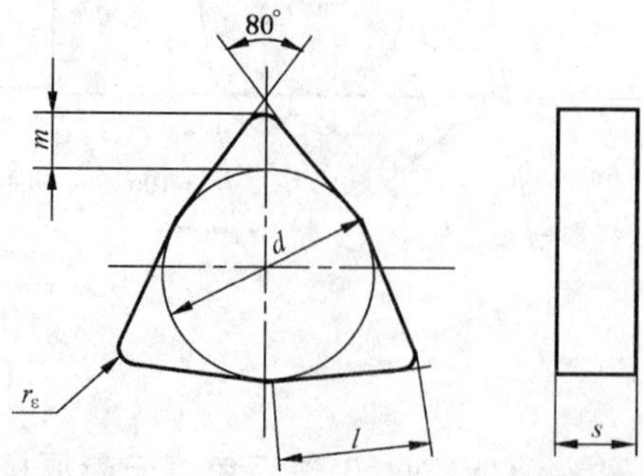

图 8　WNUN　0°法后角　无断屑槽

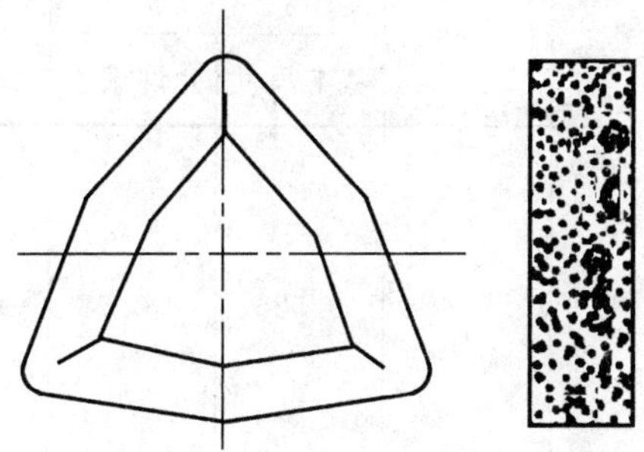

图 9 WNUR 0°法后角 有断屑槽

表 6 刀尖角为 80°的等边不等角六边形刀片尺寸

单位为毫米

刀片		l ≈	d 基本尺寸	d 允许偏差	s ±0.13	m 基本尺寸	m 允许偏差	r_ε ±0.1
WNUN 080408	WNUR 080408	8.68	12.7	±0.13	4.76	3.088	±0.20	0.8
WNUN 080412	WNUR 080412					2.867		1.2
WNUN 080416	WNUR 080416					2.464		1.6
WNUN 080608	WNUR 080608				6.35	3.088		0.8
WNUN 080612	WNUR 080612					2.867		1.2
WNUN 080616	WNUR 080616					2.464		1.6
WNUN 080708	WNUR 080708				7.95	3.088		0.8
WNUN 080712	WNUR 080712					2.867		1.2
WNUN 080716	WNUR 080716					2.646		1.6

8.6 刀尖角为 82°的不等边不等角六边形刀片(见图 10 及表 7)

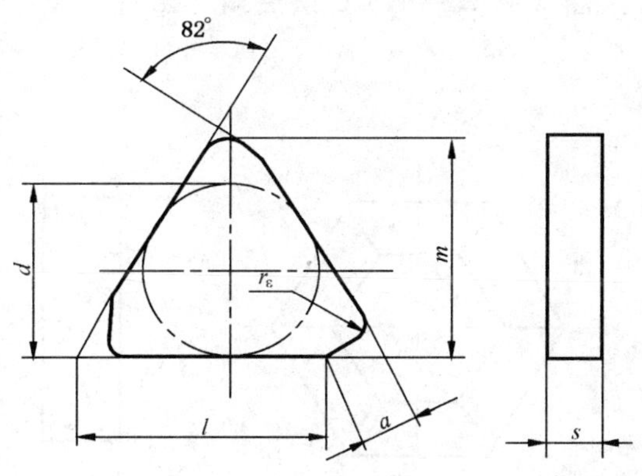

图 10 FNUN 0°法后角 无断屑槽

表 7　刀尖角为 82°的不等边不等角六边形刀片尺寸　　单位为毫米

刀片		l ≈	a	d 基本尺寸	d 允许偏差	s ±0.13	m 基本尺寸	m 允许偏差	r_ε ±0.1
FNUN 130608L	FNUR 130608R	13.5	2.6	9.525	±0.08	6.35	12.92	±0.18	0.8
FNUN 130612L	FNUR 130612R						12.723		1.2
FNUN 130708L	FNUR 130708R					7.94	12.92		0.8
FNUN 130712L	FNUR 130712R						12.723		1.2
FNUN 170608L	FNUR 170608R	17.8	3.6	12.7	±0.13	6.35	17.307	±0.20	0.8
FNUN 170612L	FNUR 170612R						17.110		1.2
FNUN 220612L	FNUR 220612R	22.2	4.6	15.875	±0.18	6.35	21.498	±0.27	1.2
FNUN 220616L	FNUR 220616R						21.301		1.6

8.7　正六边形刀片(见图 11、图 12 及表 8)

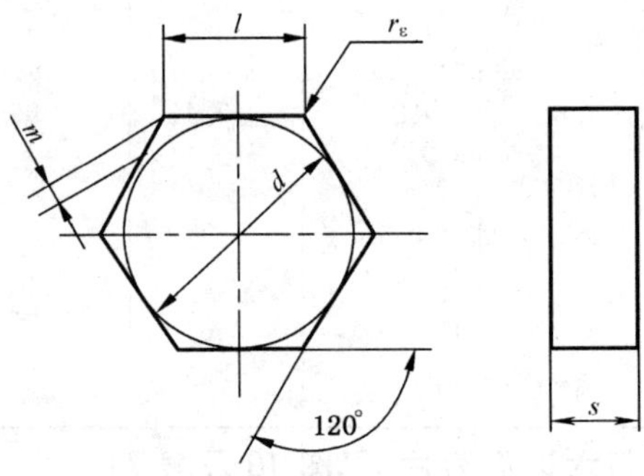

图 11　**HNUN**　0°法后角　无断屑槽

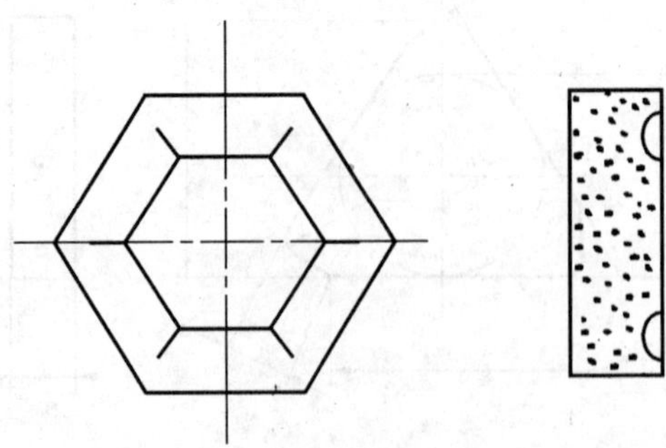

图 12　**HNUR**　0°法后角　有断屑槽

表 8　正六边形刀片尺寸

单位为毫米

刀　片		l ≈	d 基本尺寸	d 允许偏差	s ±0.13	m 基本尺寸	m 允许偏差	r_ε ±0.1
HNUN 090404	HNUR 090404	9.15	15.875	±0.18	4.76	1.167	±0.27	0.4
HNUN 090408	HNUR 090408					1.105		0.8
HNUN 090412	HNUR 090412					1.044		1.2
HNUN 090604	HNUR 090604				6.35	1.167		0.4
HNUN 090608	HNUR 090608					1.105		0.8
HNUN 090612	HNUR 090612					1.044		1.2
HNUN 090704	HNUR 090704				7.94	1.167		0.4
HNUN 090708	HNUR 090708					1.105		0.8
HNUN 090712	HNUR 090712					1.044		1.2

8.8　圆形刀片(见图 13 及表 9)

图 13　RNUN　0°法后角　无断屑槽

表 9　圆形刀片尺寸

单位为毫米

刀　片	d 基本尺寸	d 允许偏差	s ±0.13
RNUN 090400	9.525	±0.08	4.76
RNUN 120400	12.7	±0.13	
RNUN 120700			7.94
RNUN 150700	15.875	±0.18	
RNUN 190700	19.05		
RNUN 250700	25.4	±0.25	
RNUN 1004M0	10	±0.08	4.76
RNUN 1204M0	12	±0.13	
RNUN 1207M0			7.94
RNUN 1607M0	16	±0.18	
RNUN 2007M0	20		
RNUN 2507M0	25	±0.25	

9 标记示例

材料代号为 CM-P05、型号为 TNUN 160412T 02020 的陶瓷可转位刀片：

陶瓷刀片 CM-P05 TNUN 160412T 02020 GB/T 15306.3—2008

10 技术条件

陶瓷可转位刀片的技术条件按 GB/T 15306.4 的规定。

附 录 A
（资料性附录）
刀片尺寸 *m* 的测量方法

A.1 正三角形刀片

尺寸 m 是被测刀尖至对边的距离。将刀片置于图 A.1 所示的平面上，用尺寸与 m 的基本尺寸相同的量块将指示表校准在零位上。当测量刀片时，可在指示表上直接读出偏差。

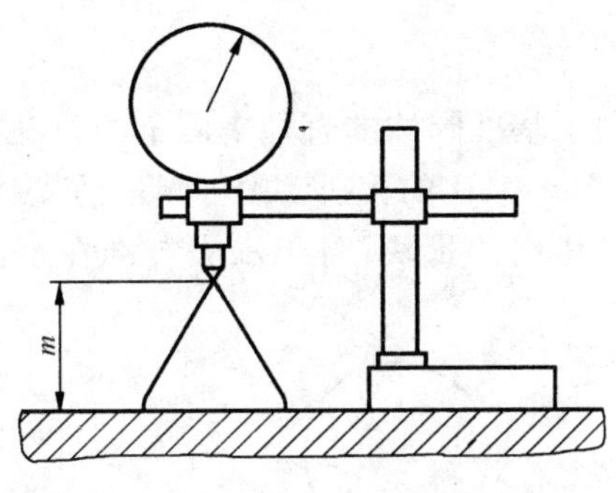

图 A.1

A.2 正方形刀片

正方形刀片的 m 尺寸是借助于基准圆柱的直径来测量的，该圆柱的直径与刀片内切圆的基本尺寸 d 相同。如图 A.2 所示，将刀片置于 90°的 V 形块上，测量前先将基准圆柱置于 90°的 V 形块上，再在其上加一尺寸与 m 的基本尺寸相同的量块，将指示表校准在零位上。当测量刀片时，就可在指示表上直接读出偏差。

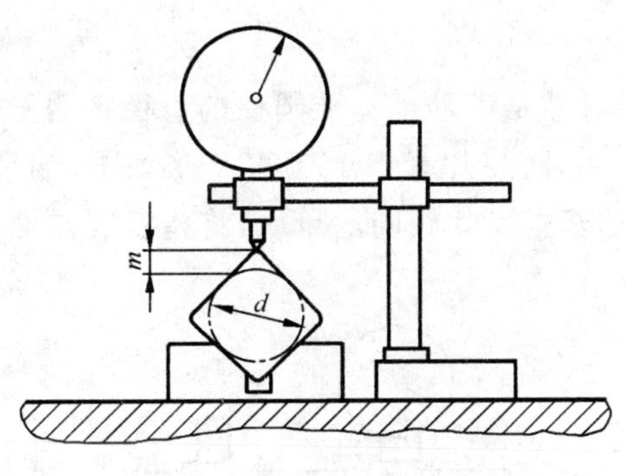

图 A.2

A.3 菱形刀片

菱形刀片的 m 尺寸是借助于基准圆柱的直径来测量的，该圆柱的直径与刀片内切圆的基本尺寸 d 相同。如图 A.3 所示，将刀片置于 75°或 80°的 V 形块上，测量前先将基准圆柱置于 75°或 80°的 V 形块上，再在其上加一尺寸与 m 的基本尺寸相同的量块，将指示表校准在零位上。当测量刀片时，就可在指示表上直接读出偏差。

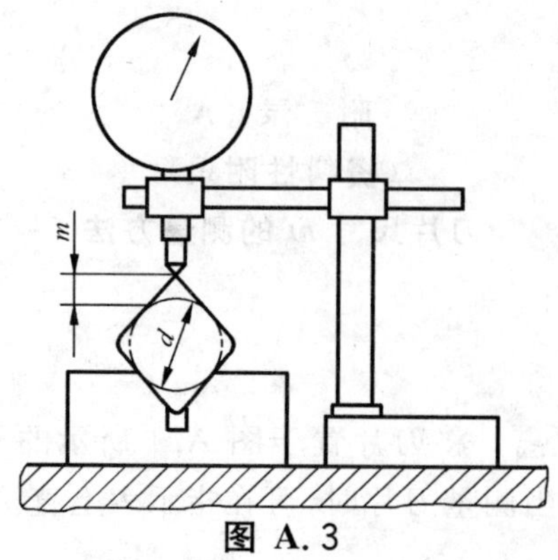

图 A.3

A.4 正六边形刀片

正六边形刀片的 m 尺寸是借助于基准圆柱的直径来测量的，该圆柱的直径与刀片内切圆的基本尺寸 d 相同。如图 A.4 所示，将刀片置于 120°的 V 形块上，测量前先将基准圆柱置于 120°的 V 形块上，再在其上加一尺寸与 m 的基本尺寸相同的量块，将指示表校准在零位上。当测量刀片时，就可在指示表上直接读出偏差。

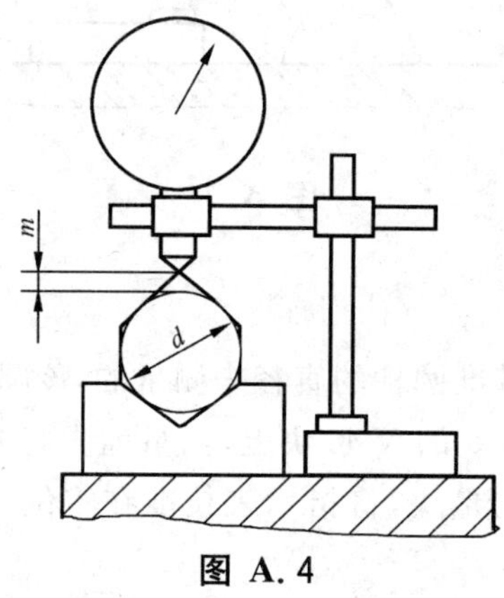

图 A.4

A.5 等边不等角六边形刀片

等边不等角六边形刀片的 m 尺寸是借助于基准圆柱的直径来测量的，该圆柱的直径与刀片内切圆的基本尺寸 d 相同。如图 A.5 所示，将刀片置于 160°的 V 形块上，测量前先将基准圆柱置于 160°的 V 形块上，再在其上加一尺寸与 m 的基本尺寸相同的量块，将指示表校准在零位上。当测量刀片时，就可在指示表上直接读出偏差。

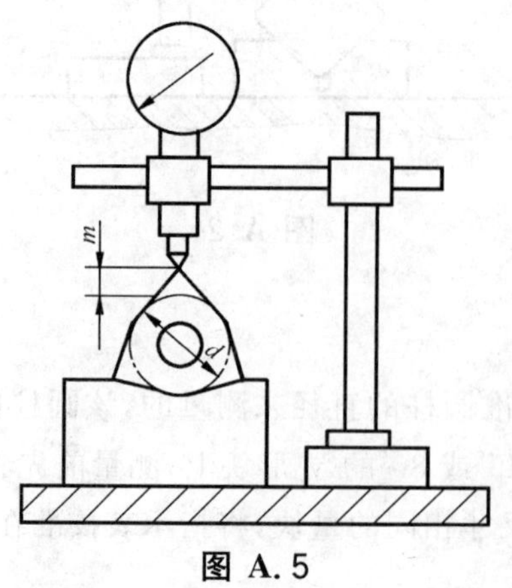

图 A.5

A.6 刀尖角为 82°的不等边不等角六边形刀片

刀尖角为 82°的不等边不等角六边形刀片的 m 尺寸是被测刀尖至对边的距离。将刀片置于图 A.6 所示的平面上，用尺寸与 m 的基本尺寸相同的量块，将指示表校准在零位上。当测量刀片时，就可在指示表上直接读出偏差。

图 A.6

A.7 圆形刀片

直径 d 是用千分尺或类似的仪器来测量的。

ICS 25.100.01
J 41

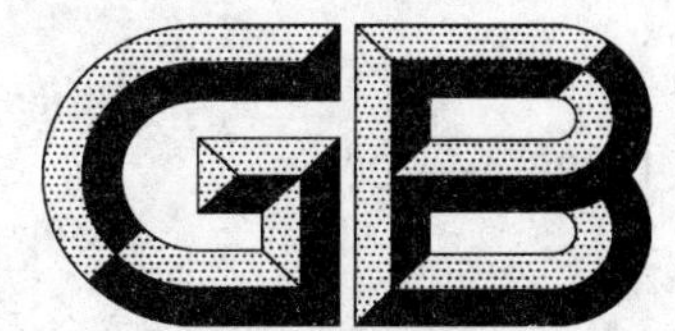

中华人民共和国国家标准

GB/T 15306.4—2008
代替 GB/T 15306.4—1994

陶瓷可转位刀片 第4部分:技术条件

Indexable inserts for cutting tools—Ceramic inserts with rounded corners—Part 4:Specifications

2008-06-03 发布　　2009-01-01 实施

中华人民共和国国家质量监督检验检疫总局
中国国家标准化管理委员会　发布

前　言

GB/T 15306《陶瓷可转位刀片》分为四个部分：

——第1部分：无孔刀片尺寸(G级)；

——第2部分：带孔刀片尺寸；

——第3部分：无孔刀片尺寸(U级)；

——第4部分：技术条件。

本部分为GB/T 15306的第4部分。

本部分是对GB/T 15306.4—1994《陶瓷可转位刀片　技术条件》的修订。

本部分代替GB/T 15306.4—1994。

本部分与GB/T 15306.4—1994相比主要变化如下：

——修改了原标准3.1中的部分文字，修改为：刀片表面不得有影响使用性能的缺陷，刃口部分不得有掉边掉角，非工作部分掉边掉角不大于0.3 mm；

——修改了原标准3.5中的部分文字，修改为：刀片断面组织应均匀一致，不得有影响使用性能的缺陷；

——修改了产品上的标志(原标准4.1.1按标准结构和编写规则修改)；

——修改了包装上的标志(原标准4.1.2c款修改为刀片材料牌号或代号、原标准4.2.1部分文字修改为每盒内应为同一材料牌号或代号、同一型号的刀片)。

本部分由中国机械工业联合会提出。

本部分由全国刀具标准化技术委员会(SAC/TC 91)归口。

本部分起草单位：成都工具研究所。

本部分主要起草人：刘玉玲、查国兵。

本部分所代替标准的历次版本发布情况为：

——GB/T 15306.4—1994。

陶瓷可转位刀片
第4部分:技术条件

1 范围

GB/T 15306的本部分规定了刀尖倒圆陶瓷可转位刀片的技术要求和标志包装的基本要求。

本部分适用于按GB/T 15306.1～15306.3生产的陶瓷可转位刀片。其他陶瓷可转位刀片也应参照采用。

2 规范性引用文件

下列文件中的条款通过GB/T 15306的本部分的引用而成为本部分的条款。凡是注日期的引用文件,其随后所有的修改单(不包括勘误的内容)或修订版均不适用于本部分,然而,鼓励根据本部分达成协议的各方研究是否可使用这些文件的最新版本。凡是不注日期的引用文件,其最新版本适用于本部分。

GB/T 15306.1 陶瓷可转位刀片 第1部分:无孔刀片尺寸(G级)(GB/T 15306.1—2008,ISO 9361-1:1991,MOD)

GB/T 15306.2 陶瓷可转位刀片 第2部分:带孔刀片尺寸(GB/T 15306.2—2008,ISO 9361-2:1991,MOD)

GB/T 15306.3 陶瓷可转位刀片 第3部分:无孔刀片尺寸(U级)

3 技术要求

3.1 刀片表面不得有影响使用性能的缺陷,刃口部分不得有掉边掉角,非工作部分掉边掉角不大于0.3 mm。

3.2 刀片后面平面度:向内凹不大于0.05 mm,向外凸不大于0.03 mm。

3.3 刀片基面平面度:只允许向内凹,其值不大于0.05 mm。

3.4 刀片的主要物理机械性能及组织结构应符合有关刀片牌号标准的规定。

3.5 刀片断面组织应均匀一致,不得有影响使用性能的缺陷。

4 标志、包装

4.1 标志

4.1.1 产品上应标志:

——制造厂商标;

——刀片型号;

——陶瓷的商业牌号。但刀片平面面积和圆形刀片圆柱部分面积小于0.8 cm^2 时可不作标志。

4.1.2 包装盒上应标志:

——制造厂名称、地址和商标;

——刀片材料牌号或代号;

——刀片型号;

——本部分编号和产品名称(可用简称:陶瓷可转位刀片或陶瓷刀片);

——数量或重量；
——制造年月。

4.2 包装

4.2.1 刀片可采用塑料盒、纸盒等包装，应保证刀片之间不接触碰撞，每盒内应为同一材料牌号、同一型号的刀片。

4.2.2 外包装必须结实牢固，并注明防震易碎标志。

ICS 25.100.01
J 41

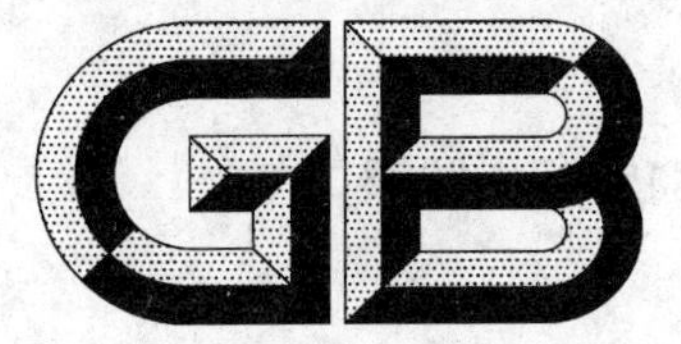

中华人民共和国国家标准

GB/T 15307—2008
代替 GB/T 15307—1994

可转位钻头用削平直柄

Drills with indexable inserts—Cylindrical shanks with a parallel flat

(ISO 9766:1990,MOD)

2008-06-03 发布　　2009-01-01 实施

中华人民共和国国家质量监督检验检疫总局
中国国家标准化管理委员会　发布

前　言

本标准修改采用 ISO 9766:1990《可转位钻头用削平直柄》(英文版)。

本标准根据 ISO 9766:1990 重新起草。

本标准与 ISO 9766:1990 相比有下列技术差异和编辑性的修改:

——表 1 中增加了一个规格,$d_1=63$;

——"本国际标准"一词改为"本标准";

——用小数点"."代替作为小数点的逗号",";

——删除了国际标准的前言。

本标准是对 GB/T 15307—1994《可转位钻头用削平直柄》的修订。

本标准与 GB/T 15307—1994 相比,主要变化如下:

——表 1 中增加了一个规格,$d_1=63$。

本标准由中国机械工业联合会提出。

本标准由全国刀具标准化技术委员会(SAC/TC 91)归口。

本标准起草单位:江苏出入境检验检疫局、成都工具研究所。

本标准主要起草人:李良、许刚、柳云浩、贺兰荣。

本标准所代替标准的历次版本发布情况为:

——GB/T 15307—1994。

可转位钻头用削平直柄

1 范围

本标准规定了可转位钻头用削平直柄必要的互换性尺寸。

2 尺寸

尺寸按图1和表1。

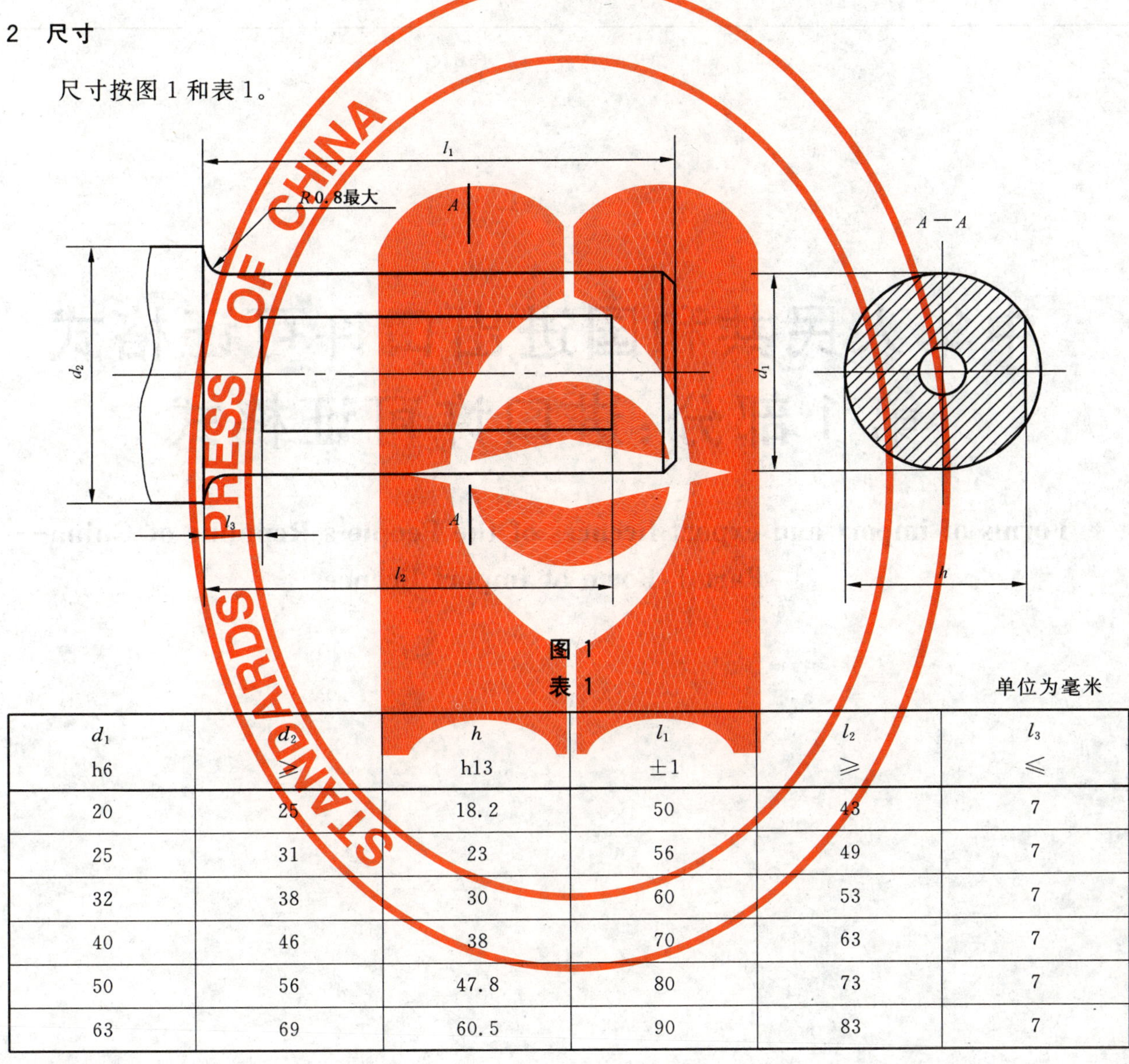

图 1

表 1

单位为毫米

d_1 h6	d_2 ≥	h h13	l_1 ±1	l_2 ≥	l_3 ≤
20	25	18.2	50	43	7
25	31	23	56	49	7
32	38	30	60	53	7
40	46	38	70	63	7
50	56	47.8	80	73	7
63	69	60.5	90	83	7

3 技术要求

柄部应制有用于轴向输送切削液的孔。

ICS 35.240.60
A 13

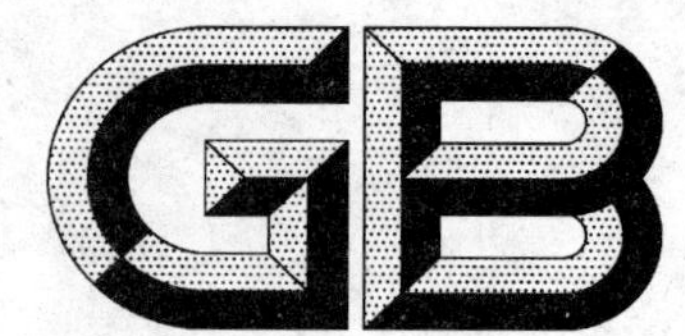

中华人民共和国国家标准

GB/T 15311.1—2008
代替 GB/T 15311.1—1994

中华人民共和国进出口许可证格式 第1部分:进口许可证格式

Forms of import and export licences of the People's Republic of China— Part 1:Form of import licence

2008-06-18 发布　　2008-11-01 实施

中华人民共和国国家质量监督检验检疫总局
中国国家标准化管理委员会　发布

前　言

GB/T 15311《中华人民共和国进出口许可证格式》分为两个部分：

——第1部分：进口许可证格式；

——第2部分：出口许可证格式。

本部分为GB/T 15311的第1部分。

本部分代替GB/T 15311.1—1994。

本部分与GB/T 15311.1—1994相比主要变化为：

——对前言进行了更新；

——增加了引言部分；

——在规范性引用文件一章中引用了最新发布的国家标准；

——对进口许可证格式中的部分代码表示进行了改动。

本部分的附录A为规范性附录。

本部分由商务部和中国标准化研究院共同提出。

本部分由全国电子业务标准化技术委员会归口。

本部分由中国标准化研究院和商务部共同起草。

本部分的主要起草人：胡涵景、孟朱明、李小林、邢立强、史立武、张荫芬、曹新九。

本部分所代替标准的历次版本发布情况为：

——GB/T 15311.1—1994。

引 言

GB/T 15311《中华人民共和国进出口许可证格式》是用于国际贸易管理的重要单证标准。制定本部分的主要依据为GB/T 14392—1993《贸易单证样式》和GB/T 15191—1997《贸易数据元目录 标准数据元》，以及《中华人民共和国进口许可证管理办法》，使其在整体结构设计上符合联合国贸易单证样式(UNLK)的要求，在数据元素的描述上满足电子数据交换(EDI)的要求。

中华人民共和国进出口许可证格式
第1部分：进口许可证格式

1 范围

GB/T 15311的本部分规定了中华人民共和国进口许可证的格式。

本部分适用于中华人民共和国进口许可证的缮制、打印和信息处理。

2 规范性引用文件

下列文件中的条款通过GB/T 15311的本部分的引用而成为本部分的条款。凡是注日期的引用文件，其随后所有的修改单（不包括勘误的内容）或修订版均不适用于本部分，然而，鼓励根据本部分达成协议的各方研究是否可使用这些文件的最新版本。凡是不注日期的引用文件，其最新版本适用于本部分。

GB/T 2659—2000 世界各国和地区名称代码（eqv ISO 3166-1：1997）

GB/T 7408—2005 数据元和交换格式 信息交换 日期和时间表示法（ISO 8601：2000，IDT）

GB/T 12406—1996 表示货币和资金的代码（idt ISO 4217：1990）

GB/T 15421—2008 国际贸易方式代码

GB/T 15514—2008 中华人民共和国口岸及相关地点代码

GB/T 17295—2008 国际贸易计量单位代码

WM 1—1999 中华人民共和国进出口企业代码规范

海关进出口商品分类代码

3 进口许可证格式

3.1 纸张规格和图文区

3.1.1 纸张尺寸

纸张尺寸：A4型（即210 mm×297 mm）。

3.1.2 页边宽度

左边宽：20 mm±0.5 mm。

上边宽：25.4 mm±0.5 mm。

3.1.3 行距、列距

行距：两行相邻基线间的距离，即4.233 mm。

列距：两列相邻基线间的距离，即2.54 mm。

3.2 字符表示法的缩写

字符表示法采用下列缩写形式：

a＝字母字符。

n＝数字字符。

an＝字母和数字字符。

3＝固定的3字符长度。

..17＝最多可用17个字符位置的未定数据单位长度。

..35*5＝最多可占用1～5行，每行35个字符的未定数据单位长度。

..35 * n=每行 1～35 个字符,不确定行数的未定数据项长度。

L=行,后接行号。

格式上边线下第一行行号为 1,第二行行号为 2,其他行行号依此类推。

P=列,后接列号。

格式左边线的右边第一列列号为 1,第二列列号为 2,其他列列号依此类推。

例:L7—12 指信息填写在第 7～12 行上。

例:P1—36 指信息填写在第 1～36 列上。

3.3 格式中各项说明

3.3.1 中华人民共和国进口许可证一式四联。第一联(正本),用于提货人办理海关手续;第二联(副本),用于海关留存核对正本;第三联(副本),银行办理付汇时凭以核查;第四联(副本),发证机关留存。

3.3.2 中华人民共和国进口许可证的中英文名称印在格式的最上方。

中英文名称右方为进口许可证印刷流水号。

3.3.3 中华人民共和国进口许可证正本背面为海关签注栏,供海关验放时使用。

3.3.4 编号项目

3.3.4.1 进口商 Importer

说明:对外签定进口合同的单位名称及编码。

区域:L1—6 P1—36

表示:an..35 * 2

代码表示:n13,《中华人民共和国进出口企业资格证书》、《对外贸易经营者备案登记表》,或者《外商投资企业批准证书》中的 13 位企业代码。采用 WM 1—1999 中代码

3.3.4.2 收货人 Consignee

说明:实际进口收货单位名称。

区域:L7—12 P1—36

表示:an..35 * 2

3.3.4.3 进口许可证号 Import licence No.

说明:此项为签证机关签发的进口许可证编号。

区域:L1—6 P37—72

表示:an12

3.3.4.4 进口许可证有效截止日期 Import licence expiry date

说明:进口许可证的有效截止日期。

区域:L7—12 P37—72

表示:n8

格式:YYYYMMDD

3.3.4.5 贸易方式 Trade mode

说明:根据国际贸易惯例在合同中指明贸易方式。

区域:L13—16 P1—36

表示:an..16

代码表示:n2,采用 GB/T 15421—2008 中代码。

3.3.4.6 外汇来源 Terms of foreign exchange

说明:进口商品所需外汇的获取渠道。

区域:L17—20 P1—36

表示:an..16

代码表示：n1

代码值域：1——银行购汇；2——外资；3——贷款；4——赠送；5——索赔；6——无偿援助；7——劳务。

3.3.4.7 报关口岸 Place of clearance

说明：商品进口时进口商报关的口岸名称。

区域：L21—24 P1—36

表示：an..16

代码表示：a5，采用 GB/T 15514—2008 中代码。

3.3.4.8 出口国(地区) Country/Region of exportation

说明：最初向进口国发货，在中转国内不发生任何商业交易的国家或地区。

区域：L13—16 P37—72

表示：an..16

代码表示：a2，采用 GB/T 2659—2000 中代码。

3.3.4.9 原产地国(地区) Country/Region of origin

说明：根据原产地规则生产或制造商品的国家(地区)。

区域：L17—20 P37—72

表示：an..16

代码表示：a2

3.3.4.10 商品用途 Use of goods

说明：商品进口后的用途。

区域：L21—24 P37—72

表示：an..16

代码表示：n1

代码值域：1——自用；2——生产用；3——内销；4——维修；5——样品。

3.3.4.11 商品名称和代码 Name and code of goods

说明：进口商品的名称，按商务部、海关总署联合发布公告中有关商品名称和商品编码进行填写。

区域：L25—28 P1—72

表示：an..26 * 2

代码表示：n10，采用 HS'海关进出口商品分类代码'。

3.3.4.12 规格、型号 Specification

说明：进口商品具体规格、型号。

区域：L29—31，32—34，35—37，38—40，41—43，P1—18

表示：an..20

3.3.4.13 单位 Unit

说明：进口商品计量单位。

区域：L29—31，32—34，35—37，38—40，41—43，P19—24

表示：an..6

代码表示：an3，采用 GB/T 17295—2008 中代码。

3.3.4.14 数量 Quantity

说明：第十二项下各规格进口商品的数量值。

区域：L29—31，32—34，35—37，38—40，41—43，P25—36

表示：n..13

3.3.4.15 单价 Unit price

说明：第十二项下各规格进口商品的单位数量价格，括号内填写币别，币别按照 GB/T 12406—1996 表示。

区域：L29—31,32—34,35—37,38—40,41—43,P37—49

表示：n..13,含 4 位小数

3.3.4.16 总值 Amount

说明：第十二项下各规格商品的货币金额，括号内填写币别，币别按照 GB/T 12406—1996 表示。

区域：L29—31,32—34,35—37,38—40,41—43,P50—61

表示：n..12

代码表示：

3.3.4.17 总值折美元 Amount in USD

说明：由签证机关根据定期发布的汇率和统计口径将商品金额折算成美元的金额。

区域：L29—31,32—34,35—37,38—40,41—43,P62—72

表示：n..9

3.3.4.18 总计 Total

说明：进口商品的总数量、总金额以及总金额折美元值。

区域：L44—46 P1—18,19—24,25—36,37—49,50—61,62—72

表示:标识总值为 n..12;标识总值折美元为 n..9;标识数量为 n..13(可含 1 位小数)

3.3.4.19 备注 Supplementary details

说明：此项由签证机关使用，标注必要的说明或其他事项。

区域：L47—61 P1—36

表示：an..32 * 2

3.3.4.20 发证机关签章 Issuing authority's stamp & signature

说明：此项用于发证机关签字盖章。

区域：L47—61 P37—72

3.3.4.21 发证日期 Licence date

说明：签发进口许可证的日期。

区域：L59—60 P37—72

表示：an14

代码表示：n8

格式:yyyy_mm_dd,采用 GB/T 7408—2005 中规定表示法。

3.4 格式

详见附录 A。

附 录 A
（规范性附录）
《中华人民共和国进口许可证》格式

中华人民共和国进口许可证

IMPORT LICENCE OF THE PEOPLE'S REPUBLIC OF CHINA No. ××××××××

<table>
<tr><td colspan="3">1. 进口商：
Importer</td><td colspan="3">3. 进口许可证号：
Import licence No.</td></tr>
<tr><td colspan="3">2. 收货人：
Consignee</td><td colspan="3">4. 进口许可证有效截止日期：
Import licence expiry date</td></tr>
<tr><td colspan="3">5. 贸易方式：
Trade mode</td><td colspan="3">8. 出口国(地区)：
Country/Region of exportation</td></tr>
<tr><td colspan="3">6. 外汇来源：
Terms of foreign exchange</td><td colspan="3">9. 原产地国(地区)：
Country/Region of origin</td></tr>
<tr><td colspan="3">7. 报关口岸：
Place of clearance</td><td colspan="3">10. 商品用途：
Use of goods</td></tr>
<tr><td colspan="3">11. 商品名称：
Description of goods</td><td colspan="3">商品编码：
Code of goods</td></tr>
<tr><td>12. 规格、型号
Specification</td><td>13. 单位
Unit</td><td>14. 数量
Quantity</td><td>15. 单价(　)
Unit price</td><td>16. 总值(　)
Amount</td><td>17. 总值折美元
Amount in USD</td></tr>
<tr><td></td><td></td><td></td><td></td><td></td><td></td></tr>
<tr><td></td><td></td><td></td><td></td><td></td><td></td></tr>
<tr><td></td><td></td><td></td><td></td><td></td><td></td></tr>
<tr><td></td><td></td><td></td><td></td><td></td><td></td></tr>
<tr><td>18. 总计
Total</td><td></td><td></td><td></td><td></td><td></td></tr>
<tr><td colspan="3">19. 备注
Supplementary details</td><td colspan="3">20. 发证机关签章
Issuing authority's stamp & signature

21. 发证日期：
Licence date</td></tr>
</table>

第×联(××)××××××××××××××××××××

中华人民共和国商务部监制(××××)

ICS 35.240.60
A 13

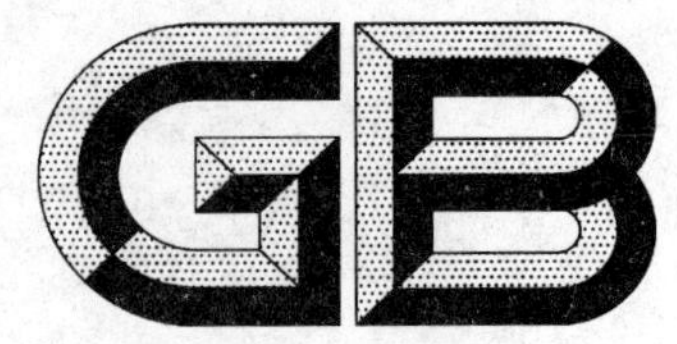

中华人民共和国国家标准

GB/T 15311.2—2008
代替 GB/T 15311.2—1994

中华人民共和国进出口许可证格式 第2部分:出口许可证格式

Forms of import and export licences of the People's Republic of China—Part 2: Form of export licence

2008-06-18 发布　　　　2008-11-01 实施

中华人民共和国国家质量监督检验检疫总局
中国国家标准化管理委员会　发布

前　言

GB/T 15311《中华人民共和国进出口许可证格式》分为两个部分：

——第1部分：进口许可证格式；

——第2部分：出口许可证格式。

本部分为GB/T 15311的第2部分。

本部分代替GB/T 15311.2—1994。

本部分与GB/T 15311.2—1994相比主要变化为：

——对前言进行了更新；

——增加了引言部分；

——在规范性引用文件一章中引用了最新发布的国家标准；

——对进口许可证格式中的部分代码表示进行了改动。

本部分的附录A为规范性附录。

本部分由商务部和中国标准化研究院共同提出。

本部分由全国电子业务标准化技术委员会归口。

本部分由中国标准化研究院和商务部共同起草。

本部分的主要起草人：胡涵景、孟朱明、李小林、邢立强、史立武、张荫芬、曹新九。

本部分所代替标准的历次版本发布情况为：

——GB/T 15311.2—1994。

引　言

GB/T 15311《中华人民共和国进出口许可证格式》是用于国际贸易管理的重要单证标准。制定本部分的主要依据为 GB/T 14392—1993《贸易单证样式》和 GB/T 15191—1997《贸易数据元目录　标准数据元》,以及《中华人民共和国出口许可证管理办法》,使其在整体结构设计上符合联合国贸易单证样式(UNLK)的要求,在数据元素的描述上满足电子数据交换(EDI)的要求。

中华人民共和国进出口许可证格式
第2部分:出口许可证格式

1 范围

GB/T 15311 的本部分规定了中华人民共和国出口许可证的格式。

本部分适用于中华人民共和国出口许可证的缮制、打印和信息处理。

2 规范性引用文件

下列文件中的条款通过 GB/T 15311 的本部分的引用而成为本部分的条款。凡是注日期的引用文件,其随后所有的修改单(不包括勘误的内容)或修订版均不适用于本部分,然而,鼓励根据本部分达成协议的各方研究是否可使用这些文件的最新版本。凡是不注日期的引用文件,其最新版本适用于本部分。

GB/T 2659—2000 世界各国和地区名称代码(eqv ISO 3166-1:1997)

GB/T 6512—1998 运输方式代码(eqv UN/ECE/TRADE/138:1995)

GB/T 7408—2005 数据元和交换格式 信息交换 日期和时间表示法(ISO 8601:2000,IDT)

GB/T 12406—1996 表示货币和资金的代码(idt ISO 4217:1990)

GB/T 15421—2008 国际贸易方式代码

GB/T 15514—2008 中华人民共和国口岸及相关地点代码

GB/T 16962—1997 国际贸易付款方式代码

GB/T 17295—2008 国际贸易计量单位代码

WM 1—1999 中华人民共和国进出口企业代码规范

海关进出口商品分类代码

3 出口许可证格式

3.1 纸张规格和图文区

3.1.1 纸张尺寸

纸张尺寸:A4 型(即 210 mm×297 mm)。

3.1.2 页边宽度

左边宽:20 mm±0.5 mm。

上边宽:25.4 mm±0.5 mm。

3.1.3 行距、列距

行距:两行相邻基线间的距离,即 4.233 mm。

列距:两列相邻基线间的距离,即 2.54 mm。

3.2 字符表示法的缩写

字符表示法的缩写形式:

a=字母字符。

n=数字字符。

an=字母和数字字符。

3=固定的 3 字符长度。

..17=最多可用17个字符位置的未定数据单位长度。

..35 * 5=最多可占用1～5行，每行35个字符的未定数据单位长度。

..35 * n=每行1～35个字符，不确定行数的未定数据项长度。

L=行，后接行号。

格式上边线下第一行行号为1，第二行行号为2，其他行行号依此类推。

P=列，后接列号。

格式左边线的右边第一列列号为1，第二列列号为2，其他列列号依此类推。

例：L7—12 指信息填写在第7～12行上。

例：P1—36 指信息填写在第1～36列上。

3.3 格式中各项说明

3.3.1 中华人民共和国出口许可证一式四联。第一联（正本），用于发货人办理海关手续；第二联（副本），海关留存核对正本；第三联（副本），送银行办理结汇；第四联（副本），发证机关留存。

3.3.2 中华人民共和国出口许可证的中英文名称印在格式的最上方。

中英文名称右方为出口许可证印刷流水号。

3.3.3 中华人民共和国出口许可证正本背面为海关签注栏，供海关验放时使用。

3.3.4 编号项目

3.3.4.1 出口商 Exporter

说明：此项用于填写申领出口许可证的单位名称及其编码。

区域：L1—6 P1—36

表示：an..35 * 2

代码表示：n13，《中华人民共和国进出口企业资格证书》、《对外贸易经营者备案登记表》，或者《外商投资企业批准证书》中的13位企业代码。采用 WM 1—1999 中代码。

3.3.4.2 发货人 Consignor

说明：具体执行合同发货报关的单位名称及其编码。

区域：L7—12 P1—36

表示：an..35 * 2

代码表示：n13，《中华人民共和国进出口企业资格证书》、《对外贸易经营者备案登记表》，或者《外商投资企业批准证书》中的13位企业代码。

3.3.4.3 出口许可证号 Export licence No.

说明：签证机关签发出口许可证的编号。

区域：L1—6 P37—72

表示：an12

3.3.4.4 出口许可证有效截止日期 Export licence expiry date

说明：出口许可证的有效截止日期。

区域：L7—12 P37—72

表示：n8

格式：YYYYMMDD

3.3.4.5 贸易方式 Trade mode

说明：根据国际贸易惯例在合同中指明贸易方式。

区域：L13—16 P1—36

表示：an..17

代码表示：n2，采用 GB/T 15421—2008 中代码。

3.3.4.6 合同号 Contract No.

说明:申领出口许可证时提交的出口合同编号。

区域:L17—20 P1—36

表示:an..16

3.3.4.7 报关口岸 Place of clearance

说明:商品出口时出口商报关所在口岸名称。

区域:L21—24 P1—36

表示:an..16

代码表示:a5,采用 GB/T 15514—2008 中代码。

注:此项只允许填报一个关区。

3.3.4.8 进口国(地区) Country/Region of purchase

说明:发货人或其代理人发货时合同规定的最后收到货物的国家或地区。

区域:L13—16 P37—72

表示:an..16

代码表示:a2,采用 GB/T 2659—2000 中代码。

3.3.4.9 付款方式 Payment

说明:按合同规定的买方货款付到境内卖方账户所采取的方式。

区域:L17—20 P37—72

表示:an..16

代码表示:n1,采用 GB/T 16962—1997 中代码。

代码值域:1——信用证、2——托收、3——汇付、4——现付、5——记账、6——免费

3.3.4.10 运输方式 Mode of transport

说明:货物离境去境外时所使用的运送方式。

区域:L21—24 P37—72

表示:an..16

代码表示:n1,采用 GB/T 6512—1998 中代码。

注:此项只能填报一种运输方式。

3.3.4.11 商品名称和代码 Name and code of goods

说明:出口商品的名称,按商务部、海关总署联合发布公告中有关商品名称和商品编码进行填写。

区域:L25—28 P1—72

表示:an..26 * 2

代码表示:n10,采用 HS'海关进出口商品分类代码'。

3.3.4.12 规格、等级 Specification

说明:出口商品具体规格、等级。

区域:L29—31,32—34,35—37,38—40,41—43,P1—18

表示:an..20

3.3.4.13 单位 Unit

说明:出口商品计量单位。

区域:L29—31,32—34,35—37,38—40,41—43,P19—24

表示:an..6

代码表示:an3,采用 GB/T 17295—2008 中代码。

值域:

3.3.4.14 数量 Quantity

说明:第十二项下各规格出口商品的数量值。

区域:L29—31,32—34,35—37,38—40,41—43,P25—36

表示:n..13,含1位小数

3.3.4.15 单价 Unit price

说明:第十二项下各规格出口商品的单位数量价格,括号内填写币别,币别按照GB/T 12406—1996表示。

区域:L29—31,32—34,35—37,38—40,41—43,P37—49

表示:n..13,含4位小数

3.3.4.16 总值 Amount

说明:第十二项下各规格商品的货币金额,括号内填写币别,币别按照GB/T 12406—1996表示。

区域:L29—31,32—34,35—37,38—40,41—43,P50—61

表示:n..12

3.3.4.17 总值折美元 Amount in USD

说明:由签证机关根据定期发布的汇率和统计口径将商品金额折算成美元的金额。

区域:L29—31,32—34,35—37,38—40,41—43,P62—72

表示:n..9

3.3.4.18 总计 Total

说明:出口商品的总数量、总金额以及总金额折美元值。

区域:L44—46 P1—18,19—24,25—36,37—49,50—61,62—72

表示:标识总值为n..12;标识总值折美元为n..9;标识数量为n..13(可含1位小数)

3.3.4.19 备注 Supplementary details

说明:此项由签证机关使用,标注必要的说明或其他事项。

区域:L47—61 P1—36

表示:an..32*2

3.3.4.20 发证机关签章 Issuing authority's stamp & signature

说明:此项用于发证机关签字盖章。

区域:L47—61 P37—72

3.3.4.21 发证日期 Licence date

说明:签发出口许可证的日期。

区域:L59—60 P37—72

表示:an14

代码表示:n8

格式:yyyy_mm_dd,采用GB/T 7408—2005中规定表示法。

3.4 格式

详见附录A。

附 录 A
（规范性附录）
《中华人民共和国出口许可证》格式

中华人民共和国出口许可证

EXPORT LICENCE OF THE PEOPLE'S REPUBLIC OF CHINA No. ×××××××

1. 出口商： Exporter			3. 出口许可证号： Export licence No.		
2. 发货人： Consignor			4. 出口许可证有效截止日期： Export licence expiry date		
5. 贸易方式： Trade mode			8. 进口国(地区)： Country/Region of purchase		
6. 合同号： Contract No.			9. 付款方式： Payment		
7. 报关口岸： Place of clearance			10. 运输方式： Mode of transport		
11. 商品名称： Description of goods			商品编码： Code of goods		
12. 规格、等级 Specification	13. 单位 Unit	14. 数量 Quantity	15. 单价（ ） Unit price	16. 总值（ ） Amount	17. 总值折美元 Amount in USD
18. 总计 Total					
19. 备注 Supplementary details			20. 发证机关签章 Issuing authority's stamp & signature 21. 发证日期： Licence date		

第×联（××）××××××××××××××××××××

中华人民共和国商务部监制（××××）

ICS 25.040
N 04

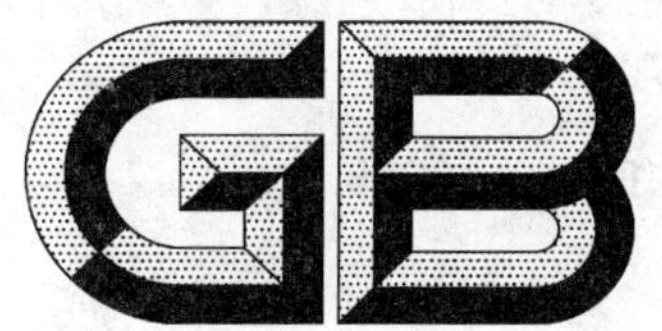

中华人民共和国国家标准

GB/T 15312—2008
代替 GB/T 15312—1994

制造业自动化　术语

Terminology of automation for manufacturing

2008-07-28 发布　　2009-03-01 实施

中华人民共和国国家质量监督检验检疫总局
中国国家标准化管理委员会　发布

前　言

本标准是对 GB/T 15312—1994《制造业自动化　术语》的修订。

本标准代替 GB/T 15312—1994《制造业自动化　术语》。

本标准与 GB/T 15312—1994 相比主要修改如下：

——增加了前言，删除了附加说明。

——标准的总体编排和结构按 GB/T 1.1—2000 进行了修改。

——规范性引用文件均改为最新版本国家标准。

——对部分词条进行了修改，同时删除和新增了若干词条，并在修改词条的页边空白处以双竖线标出。修订后本标准共有词条 147 项。

本标准由中国机械工业联合会提出。

本标准由全国工业自动化系统与集成标准化技术委员会(SAC/TC 159)归口。

本标准起草单位：北京机械工业自动化研究所。

本标准主要起草人：黎晓东、高雪芹、崔素荣。

本标准所代替标准的历次版本发布情况为：

——GB/T 15312—1994。

制造业自动化　术语

1　范围

本标准规定了以机电领域为主的制造业所用自动化技术的基本术语。

本标准适用于与自动化技术有关的生产、工程、科研和教育等部门。

本标准描述了制造业自动化中的“通用术语”、“技术信息系统”、“管理信息系统”、“制造自动化系统”和“通信和网络”五大类术语。

2　规范性引用文件

下列文件中的条款通过本标准的引用而成为本标准的条款。凡是注日期的引用文件，其随后所有的修改单(不包括勘误的内容)或修订版均不适用于本标准，然而，鼓励根据本标准达成协议的各方研究是否可使用这些文件的最新版本。凡是不注日期的引用文件，其最新版本适用于本标准。

GB/T 5271.1—2000　信息技术　词汇　第1部分:基本术语(eqv ISO/IEC 2382-1:1993)

GB/T 5271.9—2001　信息技术　词汇　第9部分:数据通信(eqv ISO/IEC 2382-9:1995)

GB/T 8129—1997　工业自动化系统　机床数值控制　词汇(idt ISO 2806:1994)

GB/T 11457—2006　信息技术　软件工程术语

GB/T 12643—1997　工业机器人　词汇(eqv ISO 8373:1994)

3　通用术语

3.1

自适应控制系统　adaptive control system

一种能连续测量输入信号和系统特性的变化，自动地改变系统的结构与参数，使系统具有适应环境变化，并始终保持优良品质的自动控制系统。

3.2

自动化　automation

将过程、进程或设备转换变成自动运行。

3.3

自动控制报警　automatic control alarm

用特定的可闻或可视信号来指示异常条件或超界条件。

3.4

自动控制工程　automatic control engineering

关于自动控制设备和自动控制系统的设计与应用的技术。

3.5

字符识别　character recognition

找出字符的特征，与标准字符的特征进行比较，以鉴别字符的过程。字符识别是由机器自动进行的。

3.6

汉卡　Chinese character card

将汉字的码表和有关程序及汉字的字模数据固化在ROM器件中的一种逻辑电路器件。

3.7

汉字信息处理　Chinese character information processing

用计算机对汉字表示的信息进行操作和加工。

3.8

汉字输入　Chinese character input

利用汉字的形、音或相关信息，通过各种方式，将汉字输入到计算机中的过程。

3.9

汉字输出　Chinese character output

将计算机内以数字形式表示的汉字在显示终端或印字机等设备上输出汉字字形的过程。

3.10

汉字识别　Chinese character recognition

利用计算机抽取汉字的字形特征，实现对汉字的自动输入/输出。

3.11

试运行　commissioning

初次对一个系统或装置进行的试验、调整和运行，以便保证它按规定性能工作。

3.12

状态监测维护　condition monitored maintenance

对使用中的具体产品的整个状态进行监测和分析，以表明是否需要对产品采取维护措施。

3.13

数据库　data base

一个数据集合的部分或全体，它至少包括足够为一给定目的或给定数据处理系统使用的一个文卷。

3.14

数据库管理系统　data base management system(DBMS)

一种用来定义、生成、操作、控制、管理和使用数据库的软件系统。

3.15

数据处理　data processing

对各种数据实施某种处理并提取有用的信息。

3.16

分布式数据库　distributed data base

其整体不存储在一个物理位置，而是散布在几个地方，通过链路连接在一起的数据库。

3.17

文档　document

由数据媒体和记录在它上面的数据所形成的信息集合，通常具有永久性，可供人和机器阅读。

3.18

应急控制　emergency control

提供在正常控制方法失效时的一种安全控制方法。

3.19

专家系统　expert system

一种运用知识及推理技术求解和模拟由人类专家处理问题的计算机软件系统。

3.20

故障监测 fault monitoring

在系统运行过程中，利用硬件或软件方式监视系统部件及元件的故障或操作错误，并反馈给操作者以进行相应的处理。

3.21

成品 final product

在一个企业内已经完成全部生产过程，按规定标准检验合格，可以向外销售的产品。

3.22

固件 firmware

一种嵌入硬件设备中的计算机程序。

3.23

流程图 flowchart

对某一问题的定义、分析或解法的图形表示，图中用各种符号来表示操作、数据流向以及装置等。

3.24

功能部件 functional unit

能够实现规定功能的硬件或软件的实体，或硬软件兼有的实体。

3.25

模糊控制 fuzzy control

利用模糊理论进行的控制。

3.26

信息 information

数据、文字和消息等所包含的内容和意义。

3.27

信息处理系统 information processing system

一种包括装置、方法、程序、乃至人所组成的系统。这种系统可以对信息进行归并、分类、计算、汇编及编辑等。

3.28

接口 interface

界面

两个功能单元共享的边界，它由各种特征（如功能、物理互连、信号交换等）来定义。

[GB/T 5271.1—2000]

3.29

自动化孤岛 island of automation

能独立工作而与其他过程无直接联系的一组自动化设备组成的单元。它是一个相对独立的系统。

3.30

作业车间 job shop

为特定顾客进行小批量生产，提供专用的零部件或产品的制造单位。

3.31

批量试制 lot pilot

新产品在大批量生产前进行的小批量试验性生产。

3.32

机器视觉 machine vision

通过视觉传感、物体识别、图像分析和解释来确定物体方位和形状的能力。

3.33

制造过程　manufacturing process

将原材料或半成品制成产品，使其具有更高价值而执行的一系列活动。

3.34

常规试验　normal test

对每一件产品，在制造过程中或制造完成后都必须接受的试验，以确定它是否符合一定的规范。

3.35

操作系统　operating system(OS)

控制程序执行的软件，它能提供诸如资源分配、目录调度、输入输出控制及数据管理的服务。

注：虽然操作系统主要是软件，但部分硬件实现也是可能的。

[GB/T 5271.1—2000]

3.36

模式识别　pattern recognition

通过对输入信息的整理，识别其与已知的模式是否相符。

主要以声音、文字、图形、实体等为对象。

3.37

外围设备　peripheral equipment

数据处理系统内除了中央处理器和主存储器以外的输入输出装置、辅助存储装置的总称。

3.38

过程控制　process control

用控制系统来调节，通常是连续的操作或过程。

3.39

质量检查　quality checking

用一定的方法，对检查对象规定的质量特性进行测量和观察，并将测量和观测的结果与规定的标准进行对比，从而判断是否合乎标准的要求。

3.40

质量控制　quality control

为保持某一产品、过程或服务的质量所采取的作业技术和有关活动。

3.41

质量信息　quality information

指在全面质量管理工作中形成的有关质量情况的各种数据、报表、资料和文件等。它涉及到工作质量、工序质量、产品质量以及全面质量管理的各个方面。

3.42

可靠性　reliability

在规定时间间隔内和规定条件下，系统或部件执行所要求功能的能力。

[GB/T 11457—2006]

3.43

遥控　remote control

对被控对象进行远程控制。

3.44

自学习系统　self-learning system

具有辨别、判断、积累经验和学习等功能的一种较为完善的系统。

3.45

顺序控制　sequence control

一系列运动都是按照要求的顺序进行的控制方式。

3.46

仿真　simulation

用一个系统来表示另一个物理系统或抽象系统的某些特性。

3.47

软件　software

信息处理系统的全部或部分程序、流程、规则和相关文档。

注：软件是一种知识产物，与记录它的媒体无关。

[GB/T 5271.1—2000]

3.48

软件工程　software engineering

将科技知识、方法和经验系统地应用到软件的设计、实现、测试和文档编制中，以优化软件的生产、技术支持和质量。

[GB/T 5271.1—2000]

3.49

统计质量控制　statistical quality control

运用数理统计原理来控制产品质量的一种方法。

3.50

系统软件　system software

支持应用软件运行，与应用无关的软件。

[GB/T 5271.1—2000]

3.51

全面质量管理　total quality control

企业为了保证和提高产品质量所运用的一套完整的质量管理活动体系、手段和方法。

3.52

型式试验　type test

对一个或数个产品的样本进行的一种实验室试验，以确定其设计是否满足标准的要求。

3.53

虚(拟)机　virtual machine

一种虚拟的数据处理系统，它看起来是在某个特定用户的独占使用下，但其功能是通过共享真实数据处理系统的各种资源得以实现的。

[GB/T 5271.1—2000]

3.54

在制品　work-in-process

在生产过程中，正在进行加工、装配或等待进一步加工、装配，乃至等待检查验收的制品。

4　技术信息系统

4.1

自动编程　automatic programming

用计算机把人们易懂的程序改成计算机能执行的程序。

4.2

自动编程语言 automatically programmed tools(APT)

是一种对工件、刀具的几何形状及刀具相对工件的运动进行描述的语言。

4.3

计算机辅助设计 computer aided design(CAD)

使用信息处理系统完成诸如设计或改进零、部件或产品的功能,包括绘图和标注的所有设计活动。

4.4

计算机辅助绘图 computer aided drawing

使用图形软件通过计算机进行绘图及标注尺寸的技术。

4.5

计算机辅助工程 computer aided engineering(CAE)

采用信息处理系统对设计进行分析和检查,并对其性能、工艺性、生产率或经济性进行优化。

4.6

计算机辅助工艺设计 computer aided process planning(CAPP)

为了准备机械加工等生产过程的基本数据而使用信息处理系统的全部活动。

4.7

特征建模 features-based modeling

将特征作为产品设计的基本元素,并将产品描述成特征的有机集合。它能全面地表达几何信息和非几何信息。

4.8

有限元分析 finite element analysis

将机械部件或物理结构模拟分解为离散元素以决定其整体构造。

4.9

有限元建模 finite element modeling

在设计中为进行有限元分析而在计算机系统上建立数学模型,以描述机械零件或物理结构。

4.10

几何建模 geometric modeling

在计算机上以能够操作的形式描述二维、三维形状的造型技术。

4.11

图形工作站 graphics work station

带有图形显示器,并具有数据处理能力的装置。

4.12

交互式图形系统 interactive graphics system

一种以人机对话方式进行图形生成、变换、处理的系统。

4.13

加工程序 machining program

是用自控语言和格式表示的一套指令(用于数控时)。它被记载在适当的输入载体上,以便圆满地实现自控系统的直接操作。

4.14

人机交互 man-machine interaction

人与机器互相配合共同完成一项任务的过程。它包括机器通过输出或显示设备给人提供有关信息及提示请求；人通过交互式输入设备给机器输入有关信息和问题回答等。

4.15

产品建模　product modeling

与描述装配和产品的实体特性所需要的信息有关的几何建模。

4.16

实体建模　solid modeling

用于描述物体内部结构和外部形状的与对象的实体特性有关的三维几何模型。

4.17

表面建模　surface modeling

在计算机辅助设计系统中描述实体显示对象的数学方法。

4.18

线框建模　wire-frame modeling

使用一系列线勾画出表面轮廓，用来描述对象形状的三维几何建模。

5　管理信息系统

5.1

计算机辅助生产管理　computer aided production management

按照计划和生产控制的要求把数据处理系统用于辅助生产管理。

5.2

计算机辅助质量保证　computer aided quality assurance

在整个产品的生产周期中，对工艺、零部件和产品用计算机进行计划、监视和控制的质量保证活动。

5.3

成本计划　cost plan

企业在计划期内确定产品成本应达到水平的计划。

5.4

决策支持系统　decision support system

能进行各种分析，评价各种可行性方案，并选出最佳方案的计算机软件系统。

5.5

决策树　decision tree

在树状结构中，估计结局的值和概率，以评价可供选择的决策的一种方法。

5.6

库存控制系统　inventory control system

用于库存管理与控制的数据处理系统。其功能是根据企业的生产、运输、财务等部门提供的数据，控制库存的数量、品种及价格，并根据需要向采购、计划等部门发出信息。

5.7

配套　kitting

从库房把装配零部件取出来，并将它们组成一体再发往车间的过程。

5.8

以需订货　lot for lot

物料需求计划中使用的一种批量技术。它生成一个计划订单时，其数量等于每一周期的净需求。

5.9

工时定额　man-hour quota

预先确定的执行某一特定工作所允许的人工时间。它由两部分组成：准备、终结时间和实际运行时间。

5.10

制造成本　manufacturing costs

在制造成本过程中所需要的费用。它包括直接材料成本、直接劳动力成本和应分摊的间接制造成本。

5.11

物料需求计划　material requirement planning (MRP)

在产品生产计划的基础之上确定出的生产所需的零部件、原材料和毛坯件的数量及时间。

5.12

生产周期　production cycle

从原材料投入生产开始到制成品验收为止的全部时间。

5.13

生产计划控制系统　production planning control system

用于生成、运行并控制生产计划的信息处理系统。

5.14

计划评审技术　program evaluation and review technique (PERT)

为了实现一个总目标,必须进行许多活动。完成许多作业时,对所有这些单个活动和作业的整个程序进行了广泛的研究,然后建立一个显示它们的相互关系的网络。

6　制造自动化系统

6.1

主动测量　active measurement

使测量尽量与加工同步,通过测量结果控制加工过程,使之适应加工条件的变化。

6.2

适应机器人　adaptive robot

具有传感控制、学习控制、适应控制功能的机器人。

[GB/T 12643—1997]

6.3

装配过程　assembly process

将相应零件或部件联接起来,组装成一体的过程。

6.4

自动化加工单元　automated machining cell

由机床、测量机和装卸机械等多台设备组成,可以自动地完成产品制造过程中所需的一项或多项加工作业。它可以是独立的,也可以是较大制造系统中的一部分。

6.5

自动化仓库　automated storage/retrieval system(AS/RS)

能够对物流和信息流进行自动控制的,具有存取运输装置的仓库。货物的识别、存取、输送和信息管理均由计算机实现自动控制。

6.6

自动装配机　automatic assembling machine

由传送机构、驱动机构、装配工作头、供料装置、上下料装置、检测装置和控制装置等组成的,并能实现自动装配的机械。

6.7

板材自动加工线　automatic sheet metal working line

由仓库,板材的剪切单元、冲压单元、弯曲单元及运输装置等组成,并用计算机控制的板材加工生产线。

6.8

自动测试系统　automatic test system

在人工最少参与的情况下能自动进行测量和数据处理,并以适当方式显示或输出测试结果的系统。

6.9

自动换刀装置　automatic tool changer

具有储存刀具的刀库,能选出被指定的刀具,并自动地与装在主轴上的刀具进行交换的装置。

6.10

自动导引小车　automatic guided vehicle(AGV)

通过可变的或可编程的路径,将材料、工具或加工件等自动送往规定处的运输车。

6.11

条形码　bar code

由一组规则排列的条及其对应的字符组成的标记,用来表示一定的信息。

6.12

单元控制器　cell controller

在计算机集成制造系统中,将接受来自上层计算机的工程信息和管理信息,以合理的方式进行协调,并以实时方式控制各个工作站运行的装置。

6.13

计算机辅助制造　computer aided manufacturing (CAM)

利用计算机将产品的设计信息自动地转换成制造信息,以控制产品的加工、装配、检验、试验和包装等全过程,并对与这些过程有关的全部物流系统进行控制。

6.14

计算机辅助测试　computer aided test (CAT)

使用信息处理系统检查测试产品或零部件。它是计算机质量保证的一个方面。

6.15

计算机集成制造系统　computer integrated manufacturing system(CIMS)

整个制造活动都集成到一个有人参与的计算机系统。

6.16

计算机数值控制　computerized numerical control (CNC)

用计算机控制加工功能,实现数值控制。

[GB/T 8129—1997]

6.17

连续轨迹控制机器人　continuous path controlled robot

是一种不仅要控制行程的起点和终点,而且要控制其轨迹的机器人。

6.18

数字显示装置　digital display unit

由标准尺、读数检测器和数字显示计数器组成的自动检测和定位装置。

6.19

直接数控　direct numerical control (DNC)

使一群数控机床与公用零件程序或加工程序的存储器发生联系。一旦提出请求，立刻把数据分配给有关机床的一种控制方法。

6.20

分布式数控　distributed numerical control

用一台计算机控制几个分散的数控机床的一种控制系统。

6.21

动态刀具显示　dynamic tool display

将实际刀具轨迹显示在屏幕上，可对刀具轨迹进行检查。

6.22

柔性制造系统　flexible manufacturing system (FMS)

由统一的控制系统和输送系统连接起来的一组加工设备，包括数控机床、自动传输设备和自动检测装置等。它们是一种不仅能进行自动化生产，而且还能在一定范围内完成不同工件的加工任务的制造系统。

6.23

工业机器人　industrial robot

是一种能自动控制和可重复编程，具有多功能和多自由度的操作机，能搬运材料、工件或夹持工具，用以完成各种作业。

6.24

加工中心　machining center (MC)

多把刀具存放在机床刀库中，自动换刀装置根据需要自动交换安装在主轴上的刀具，在工件一次装卡后，能自动进行多道工序的作业。

6.25

操作机　manipulator

是一种机器，其机构通常是由一系列相互铰接或相对滑动的构件所组成。它通常有几个自由度，用以抓取或移动物体(工具或工件)。

注：它可由操作员、可编程控制器或某些逻辑系统(如凸轮装置、线路)来控制。

[GB/T 12643—1997]

6.26

数控机床　NC machine tool

采用数字控制技术来对其操作过程进行控制的机床。

6.27

无损检测　no-damage testing

采用特殊的检测手段对检查对象所规定的质量特性进行测量和观察，而不会对其外形或性质造成影响。

6.28

数值控制，数控　numerical control(NC)

用数值数据的控制装置，在运行过程中，不断引入数值数据，从而对某一生产过程实现自动控制。

[GB/T 8129—1997]

6.29

离线编程机器人 off-line programmable robot

机器人能完成经离线编程输入的任务程序，且机器人运动学的算法足以执行要求的操作。

[GB/T 12643—1997]

6.30

被动测试 passive measurement

对加工完毕的零部件，按照被测尺寸参数进行自动检测。

6.31

示教再现型机器人 playback robot

录返机器人 record playback robot

是一种将任务程序通过示教编程输入并能自动复现该程序的机器人。

[GB/T 12643—1997]

6.32

点位控制机器人 pose to pose controlled robot

是一种只控制运动所达到的空间位置，而不控制其轨迹的机器人。

6.33

可编程序控制器 programmable controller (PC)

一种为用于工业环境而设计的数字式电子系统。这种系统用可编程序存储器作为面向用户指令的内部存储器，完成规定的功能，如逻辑、顺序、定时、计数、运算等，通过数字量或模拟量的输入/输出，控制各种类型的机械或过程。

6.34

机器人系统 robot system

系统由下列部分组成：

——机器人；

——末端执行器；

——为使机器人完成任务所需的全部设备、装置或传感器；

——操纵和检测机器人、设备或传感器的通信接口。

[GB/T 12643—1997]

6.35

传感器 sensor

提供反映物体物理状态的信号的器件。

6.36

顺序控制机器人 sequenced robot

机器人控制系统能使其运动以指定的次序依次逐轴进行，一个动作完成后再进行下一个动作。

[GB/T 12643—1997]

6.37

伺服系统 servo system

能将输出变量反馈到输入端，用以与输入变量进行比较，再将比较后的偏差信号经过功率放大，推动执行部件，从而实现输出随着输入变量而变的控制系统。

6.38

远距离操作机器人 teleoperated robot

可用人工操作器远程操作的机器人。它能够使感知-随动功能延伸到远处。这种机械对操作器的动作响应是可编程的。

7 通信和网络

7.1

异步传输 asynchronous transmission

一种数据传输，其中每个字符或字符块的起始时刻可是任意的，一旦开始，每个信号元素的出现时刻与固定时基的特征瞬间具有相同的关系。

[GB/T 5271.9—2001]

7.2

网桥 bridge

局域网互连用的设备，实现帧的存储和转发，适用于具有相同的上层网络协议。

7.3

代码独立的数据通信 code independent data communication

一种数据通信方式，它使用面向字符协议，该协议与数据源所采用的字符集或代码无关。

[GB/T 5271.9—2001]

7.4

代码透明的数据通信 code transparent data communication

一种数据通信方式，它使用面向比特协议，该协议与数据源所采用的比特序列结构无关。

[GB/T 5271.9—2001]

7.5

兼容性 compatibility

a) 两个或两个以上系统或部件，当共享相同的硬件或软件环境执行它们所要求的功能可得到同样结果的能力；

b) 两个或两个以上系统或部件交换信息的能力。

[GB/T 11457—2006]

7.6

数据通信 data communication

按照管理数据传输和协调交换的规则的集合，在功能单元之间进行的数据传送。

[GB/T 5271.9—2001]

7.7

数据通信装置 data communication equipment

在数字终端设备和数字电路之间提供信号交换和编码功能的设备。

7.8

数据集中器 data concentrator

一种功能单元，它允许公共传输媒体为多个可用的传输信道提供数据源服务。

注：在给定时刻活动的数据源数目不能多于传输信道的数目。

[GB/T 5271.9—2001]

7.9

数据终端设备 data terminal equipment

数据站的一部分，用作数据源，或数据宿，或两者兼之。

注1：DTE可直接与计算机相连，或与计算机的某部分相连。

注2：见图1。

[GB/T 5271.9—2001]

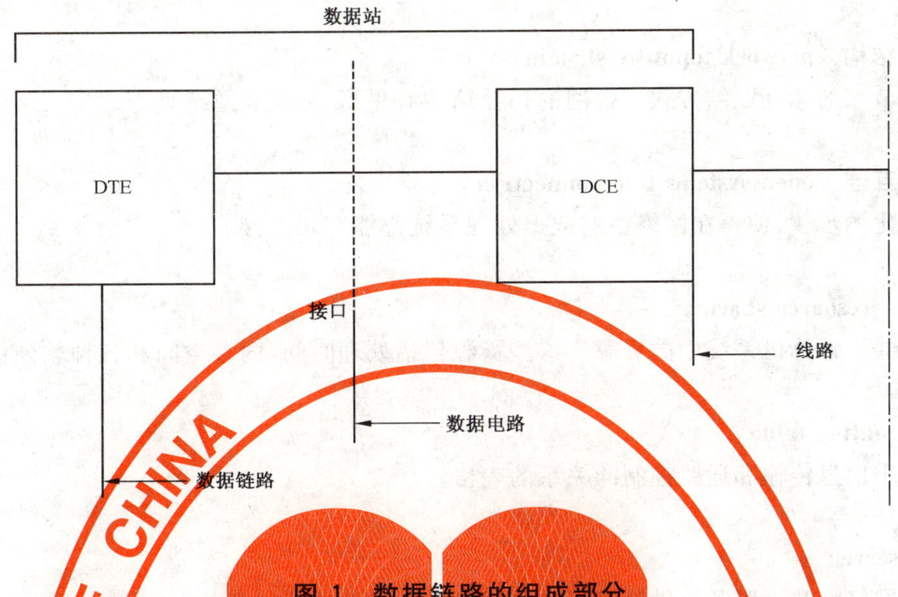

图1 数据链路的组成部分

7.10

双工传输 duplex transmission

全双工传输 full-duplex transmission

同一时间双向的数据传输。

[GB/T 5271.9—2001]

7.11

网关 gateway

计算机网络之间的连接部件，由必要的硬件和软件组成。

主要用于网络的协议转换、路由选择、流量控制和数据交换。

7.12

半双工传输 half-duplex transmission

在两个方向中的任一方向，但在某一时间只能在一个方向上进行的数据传输。

[GB/T 5271.9—2001]

7.13

中间设备 intermediate equipment

一种插在数据终端设备与数据电路终接设备之间的辅助设备，它可以在调制前或解调后执行某些附加功能。

[GB/T 5271.9—2001]

7.14

局域网 local area network（LAN）

站点间距离不超过几公里的企业独有的计算机网络，其数据传输率一般不低于几个兆比特每秒（Mbit/s）。

7.15

局域网互连 local area network interconnection

将一个局域网与其他网络进行互连的技术。

7.16

网络体系结构 network architecture

计算机网络分层模式和通信协议的集合。

7.17

网络拓扑结构 network topology structure

网络中各节点的相互联结方式。常用的拓扑结构有星型、环型和总线型等。

7.18

开放系统互连 open systems interconnection

按照标准化的步骤,使得在网络中的数据处理系统都能互相连接。

7.19

资源共享 resource sharing

多个用户共用计算机系统中的资源。这些资源包括处理时间、内存空间和各种软硬件等。

7.20

路由表 routing table

描述网络中信息传输和通路控制的关系的表格。

7.21

服务器 server

通过数据网络将共享服务提供给工作站的功能单元或者其他功能单元。

示例:文件服务器、打印服务器、邮件服务器。

[GB/T 5271.9—2001]

7.22

同步传输 synchronous transmission

一种数据传输,其中表示比特的每个信号发生时间与固定时间有关。

7.23

广域网 wide area network

与局域网相反,它可以远距离传输数据,可以为多个企业(或地区)服务,其数据传输率通常低于一个兆比特每秒(Mbit/s)。

中 文 索 引

英 文 索 引

A

B

C

N

O

P

Q

R

S

ICS 31.260
L 51

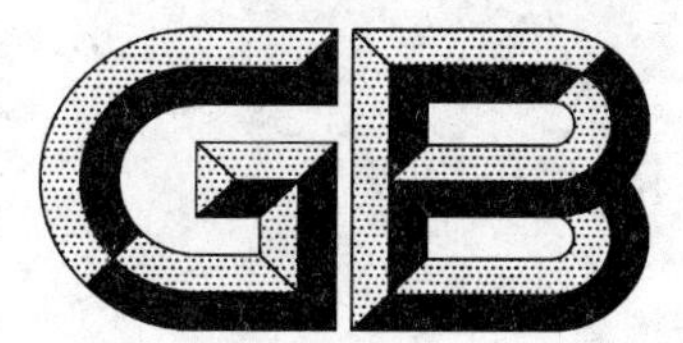

中华人民共和国国家标准

GB/T 15313—2008
代替 GB/T 15313—1994

激 光 术 语

Terminology for laser

(ISO 11145:2006,Optics and photonics—Laser and laser-related equipment—Vocabulary and symbols,MOD)

2008-04-10 发布　　2008-10-01 实施

中华人民共和国国家质量监督检验检疫总局
中国国家标准化管理委员会　发布

前　言

本标准修改采用国际标准 ISO 11145:2006《激光和激光相关设备的术语与符号》(英文版)。

本标准根据 ISO 11145:2006 重新起草。

本标准与 ISO 11145:2006 相比,存在如下技术性差异:

——对 ISO 11145:2006 中的"激光"和"激光器"的内容进行了充实和完善。"激光"术语除全部采用国际标准定义外,增加了激光受激发射及相干性、单色性和方向性的特性内容。"激光器"术语除全部采用国际标准定义外,增加了激光器的分类内容,丰富对激光器形成关系的了解。

——除采用 ISO 11145:2006 中全部术语和符号外,增加了一些 ISO 11145:2006 中没有的术语。对术语条款顺序重新进行了编排。对于采用 ISO 11145:2006 的术语,在术语条款后面,均注明了对应的 ISO 标准的条款编号。

本标准代替 GB/T 15313—1994《激光术语》。

本标准与 GB/T 15313—1994 相比,主要变化如下:

——原国家标准中与 ISO 11145:2006 标准相同的术语,按照 ISO 11145:2006 的定义进行了修改与整理。

——对原标准重点补充了:半导体激光器(量子阱激光器、量子点激光器、量子线激光器;垂直腔面发射器件;单条、叠层、堆积半导体激光器;直接泵浦技术);光纤激光器(光纤放大器、光纤光栅;双包层光纤、包层泵浦;光子晶体、光子晶体光纤);新材料和器件(掺铒玻璃;陶瓷激光材料、陶瓷激光器;钛宝石、钛宝石激光器;钒酸钇、钨酸钆钾…;漫反射聚光腔);强激光器(热容激光器;激光光束合成技术)等新发展的激光器术语和相关材料、器件及技术的术语。

——2.5"激光设备与应用"为新增加部分,主要增加了激光加工、激光医疗、激光测量、激光印刷和激光信息应用等方面的术语,这部分术语应用面广,迫切需要明确技术内涵和术语统一。

——标准中与 ISO 11145:2006 对应的符号和单位,等同采用 ISO 11145:2006,其他符号和单位仍与前版标准一致,使符号和单位的使用保持连续性。

——对国际标准术语 laser [ISO 11145 3.30]在等同采用的前提下,增加了激光器分类的内容,使术语的定义更加全面和深入。

——对原标准中用名词定义名词的部分术语,应用技术内涵进行了重新定义,深化了术语定义的技术内涵。

——本次修订新增加和补充术语 121 条,修改术语 120 条,未修改的术语 38 条。

本标准由中国兵器工业集团公司提出。

本标准由中国兵器工业集团公司归口。

本标准起草单位:中国兵器工业标准化研究所、兵器工业第二〇九研究所、国营第五三〇八厂、北京理工大学。

本标准主要起草人:麦绿波、陈亦庆、刘庆明、赵长明、高春清、魏晓羽、金锋、孙涛。

本标准所代替标准的历次版本发布情况为:

——GB/T 15313—1994。

激 光 术 语

1 范围

本标准规定了激光基础、激光技术、激光元器件与材料、激光器和激光设备与应用的术语及其符号与单位。

本标准适用于科研、生产和教学。

2 术语

2.1 激光基础

2.1.1

激光 laser

激光辐射 laser radiation

由激光器产生的,波长直到 1 mm 的相干电磁辐射。它由物质的粒子受激发射放大产生,具有良好的单色性、相干性和方向性。

[ISO 11145:2006,定义 3.32]

2.1.2

辐射跃迁 radiative transition

一个激活粒子由高能态跃迁至低能态并释放一个光子的现象。

2.1.3

无辐射跃迁 nonradiative transition

激活粒子由高能态跃迁至低能态而无光子释放的现象。

2.1.4

量子缺失 quantum defect

激光光子能量与贡献于粒子数反转的泵浦光子能量之差。

2.1.5

激光束亮度 brightness of laser beam

在激光束输出方向上单位面积向单位立体角辐射的光功率。单位为瓦每平方米球面度($Wm^{-2}sr^{-1}$)。

2.1.6

自发发射 spontaneous emission

处于高能级的粒子按一定几率自发地跃迁到低能级,同时发射光子的现象。

2.1.7

受激发射 stimulated emission

在外加辐射场作用下,处在高能级的粒子向低能级跃迁时,发射出与入射光子特性(频率、方向和偏振等)完全相同的辐射的现象。

2.1.8

受激吸收 stimulated absorption

在外加辐射场作用下,处在低能级的粒子向高能级跃迁时,吸收一个能量等于二能级间能量差的光子向高能级跃迁的现象。

受激吸收和受激发射这两个过程统称为受激跃迁。

2.1.9

粒子数反转　population inversion

处于高能级的粒子数多于处于低能级的粒子数时的非平衡状态。

2.1.10

激光振荡阈值　laser oscillation threshold

使激光器内光子增益等于或大于腔内总损耗,从而产生激光的最低激发水平。

2.1.11

激活粒子　active particle

可以通过受激发射而产生激光的原子、分子、离子和电子-空穴对等的总称。

2.1.12

光增益　gain of light

光在介质中传播时,随着距离的增加而逐渐增强的现象。

2.1.13

激光介质　laser medium

active medium

具有光增益作用的介质。

2.1.14

增益系数　gain coefficient

g

通过单位长度激光介质的光场强度相对增加量,即:

$$g=\frac{1}{I}\frac{\mathrm{d}I}{\mathrm{d}z} \qquad \cdots\cdots(1)$$

式中:

g——增益系数,单位为每米(m^{-1});

I——光强,单位为瓦每平方米($\mathrm{W/m^2}$);

z——激光介质长度,单位为米(m)。

2.1.15

增益饱和　gain saturation

当光强增加到一定程度后,激光介质的增益系数随光强增加而减小的现象。

2.1.16

小信号增益　small signal gain

通过激光介质的光强较弱时,增益系数与光强的关系可忽略时的增益系数。

2.1.17

单程增益　gain by one pass

光从谐振腔的一端传播到另一端所获得的总增益。

2.1.18

单程损耗　loss by one pass

光从谐振腔的一端传播到另一端所引起的总损耗。

2.1.19

驰豫振荡　relaxation oscillation

在激光器达到稳定工作状态之前,谐振腔内激光振荡与激发粒子之间互相制约而出现的一段不稳定振荡。

2.1.20

均匀加宽 homogeneous broadening

引起加宽的物理因素对于每个原子都是等同的加宽。

2.1.21

非均匀加宽 inhomogeneous broadening

每个粒子只对谱线内与它的表观中心频率相应的部分有贡献时出现的加宽。

2.1.22

多普勒加宽 Doppler broadening

由粒子无规则热运动引起的多普勒效应所导致谱线加宽的现象。

2.1.23

谱宽度 spectral bandwidth

$\Delta\lambda$、$\Delta\nu$

谱功率(或能量)为其峰值一半处所对应波长(或频率)的最大间隔。$\Delta\lambda$ 表示波长谱宽度,$\Delta\nu$ 表示光频率谱宽度。

[ISO 11145:2006,定义 3.56]

2.1.24

洛仑兹线型 Lorentzian line shape

谱线相对强度对频率的分布符合以下公式的线型:

$$g_{L}(\nu)=\frac{\Delta\nu}{2\pi}\cdot\frac{1}{(\nu-\nu_0)^2+(\Delta\nu/2)^2} \quad \cdots\cdots(2)$$

式中:

$g_L(\nu)$——洛仑兹线型函数,单位为秒(s);

ν——频率,单位为每秒(s^{-1});

$\Delta\nu$——谱线的线宽,单位为每秒(s^{-1});

ν_0——谱线的中心频率,单位为每秒(s^{-1})。

2.1.25

高斯线型 Gaussian line shape

谱线的相对强度对频率的分布符合高斯函数关系的线型:

$$g_{G}(\nu)=\frac{c}{\nu_0}\left(\frac{m}{2\pi kT}\right)^{1/2}\exp\left[-\frac{m}{2kT}\frac{c^2}{\nu_0^2}(\nu-\nu_0)^2\right] \quad \cdots\cdots(3)$$

式中:

$g_G(\nu)$——高斯线型函数,单位为秒(s);

c——光速,单位为米每秒(m/s);

m——原子质量,单位为千克(kg);

k——玻尔兹曼常数,单位为焦每开(J/K);

T——绝对温度,单位为开(K);

ν——频率,单位为每秒(s^{-1});

ν_0——谱线的中心频率,单位为每秒(s^{-1})。

2.1.26

烧孔效应 hole-burning effect

在非均匀加宽的激光介质内,由反转粒子数的频率选择性消耗效应造成增益频谱曲线的局部凹陷的现象。

2.1.27

兰姆凹陷　Lamb dip

在非均匀加宽的单纵模气体驻波激光器中，激光振荡频率与激光介质增益频谱曲线的中心频率重合时，其输出功率随振荡频率出现极小值的现象。

2.1.28

反兰姆凹陷　inverted Lamb dip

置于激光器谐振腔中的特殊气体盒，使激光器输出功率随频率变化的曲线在激光振荡频率等于该气体盒吸收谱线中心频率处出现尖峰的现象。

2.1.29

光学谐振腔　optical resonator

在其空间内能够激励建立和维持稳定的光频段电磁波本征振荡的光学系统。

2.1.30

谐振腔的 *g* 参数　*g* parameter of resonator

由谐振腔两块腔镜的曲率半径 R_1、R_2 及腔长 L 决定的、表征谐振腔稳定与否的参数 g_1 和 g_2（从腔内看腔镜时，凸面的曲率半径为负值）。$g_1=1-L/R_1$；$g_2=1-L/R_2$。

2.1.31

稳定腔　stable resonator

具有两个端面反射镜，能使近轴光线保持在腔内作无限往返传输的谐振腔，激光谐振腔的两个 g 参数因子的数值满足 $0<g_1g_2<1$ 关系。

[ISO 11145:2006，定义 3.57]

2.1.32

非稳腔　unstable resonator

具有两个端面反射镜，近轴光线在其内作有限次传输后便逸出腔外的谐振腔，激光谐振腔的两个 g 参数因子的乘积满足 $g_1g_2<0$ 或 $g_1g_2>1$ 条件。

[ISO 11145:2006，定义 3.58]

2.1.33

谐振腔损耗　loss of resonator

光波在谐振腔中往返传播时光能的损耗，通常包括：吸收损耗、衍射损耗、散射损耗和输出损耗等。

2.1.34

衍射损耗　diffraction loss

光波在谐振腔中往返传播时，由孔径衍射而造成的光能量损耗。

2.1.35

谐振腔费涅耳数　Fresnel number of resonator

N

标志谐振腔衍射损耗的参量，用式(4)表示。

$$N=\frac{r_1r_2}{\lambda L} \qquad \cdots\cdots(4)$$

式中：

N——费涅耳数；

r_1、r_2——分别为两反射镜的半径，单位为米(m)；

L——谐振腔长，单位为米(m)；

λ——光波波长，单位为米(m)。

2.1.36

谐振腔品质因子 quality factor of resonator

Q

代表谐振腔的质量指标的参量，用式(5)表示：

$$Q = 2\pi \times \frac{E_c}{E_1} \qquad \cdots\cdots(5)$$

式中：

Q——谐振腔品质因子；

E_c——存储在腔内的光波能量，单位为焦(J)；

E_1——一个振荡周期中损耗的光波能量，单位为焦(J)。

2.1.37

光学谐振腔模式 modes of optical resonator

光学谐振腔内允许的电磁场的本征函数。通常用 TEM_{mnq} 表示，下标中的 m、n、q 分别是零或正整数，用以表征模式的特征。

2.1.38

纵模 longitudinal mode

在长度为 L 的谐振腔内，沿电磁波传播方向的电场分布本征函数。纵模数 $q=2n(\lambda)L/\lambda$ 描述其在光学谐振腔路径长上的半波长数，n 为介质折射率。

[ISO 11145:2006，定义 3.35]

2.1.39

横模 transverse mode

谐振腔内垂直电磁波传播方向的电场分布本征函数，或垂直电磁波传播方向光束功率(或能量)密度分布的本征函数。对于矩形对称，数 m、n 表示垂直电磁波传播方向的 x、y 方向场分布的节点数(厄米—高斯模)。对于圆对称，数 p、l 表示径向和方位节点数(拉盖尔—高斯模)。

[ISO 11145:2006，定义 3.36]

2.1.40

基模 fundamental mode

光学谐振腔中的最低阶横模。

2.1.41

高阶模 high-order mode、higher order mode

泛指光学谐振腔中除了基模以外的其他阶横模。

2.1.42

低阶模 lower-order mode

泛指光学谐振腔中最接近基模的模式。有时也特指一阶横模。基模占主导、包含其他模式(包括高阶模)的混合模也被称为低阶模。

2.1.43

模体积 mode volume

光学谐振腔中某个模式所占有的体积。

2.1.44

模式简并 mode degeneracy

同一频率的光波以不同模式存在于同一光学谐振腔中的现象。

2.1.45

模式竞争 mode competition

阈值内增益较大而优先振荡的模式夺得系统能量，通过增益饱和而抑制了其他模式的现象。

2.1.46

激光光束 laser beam

空间定向的激光辐射。

[ISO 11145:2006,定义 3.29]

2.1.47

光束轴 beam axis

在均匀介质内的光束传播方向上,光束横截面上功率(或能量)一阶矩所定义的质心连成的直线。

[ISO 11145:2006,定义 3.1.1]

2.1.48

轴偏度 misalignment angle

$\Delta\theta$[ISO]

激光器的光束轴相对制造商定义的机械轴的偏角。

[ISO 11145:2006,定义 3.1.2]

2.1.49

光束直径 beam diameter

2.1.49.1

光束直径 beam diameter

d_u[ISO]

在垂直光束轴平面内,内含功率(或能量)占光束总功率(或能量)规定比例(u%)的最小孔径的直径。当 $u=86.5$ 时,下角标可省去。

注:为了明确,光束直径的标识要将符号及其适合的下标一起使用,即:d_u 或 d_σ。

[ISO 11145:2006,定义 3.3.1]

2.1.49.2

光束直径 beam diameter

d_σ[ISO]

用功率(或能量)密度分布函数的二阶矩定义的光束直径为:

$$d_\sigma(z)=2\sqrt{2}\sigma(z) \qquad \cdots\cdots(6)$$

式(7)中在光束位置 z 处功率(或能量)密度分布函数 $E(x,y,z)$ 的二阶矩为:

$$\sigma^2(z)=\frac{\iint r^2E(r,\varphi,z)r\mathrm{d}r\mathrm{d}\varphi}{\iint E(r,\varphi,z)r\mathrm{d}r\mathrm{d}\varphi} \qquad \cdots\cdots(7)$$

式中:

r——到质心$(\overline{x},\overline{y})$的距离,单位为米(m);

φ——方位角。

质心坐标由一阶矩确定,即:

$$\overline{x}=\frac{\iint xE(x,y,z)\mathrm{d}x\mathrm{d}y}{\iint E(x,y,z)\mathrm{d}x\mathrm{d}y} \qquad \cdots\cdots(8)$$

$$\overline{y}=\frac{\iint yE(x,y,z)\mathrm{d}x\mathrm{d}y}{\iint E(x,y,z)\mathrm{d}x\mathrm{d}y} \qquad \cdots\cdots(9)$$

注 1：理论上，必需对整个(x,y)平面进行积分。实际上，要求对占光束功率（能量）至少 99%的面积进行积分。

注 2：对于脉冲激光器，必需用能量密度 H 代替功率密度 E。

注 3：为了明确，光束直径的标识要将符号及其适合的下标一起使用，即：d_u或 d_σ .

[ISO 11145:2006，定义 3.3.2]

2.1.50

光束半径　beam radius

2.1.50.1

光束半径　beam radius

w_u[ISO]

在垂直光束轴平面内，内含功率（或能量）占光束功率（或能量）规定比例（u%）的最小孔径的半径。

注：为了明确，光束半径的标识要将符号及其适合的下标一起使用，即：w_u 或 w_σ。

[ISO 11145:2006，定义 3.4.1]

2.1.50.2

光束半径　beam radius

w_σ[ISO]

用功率（或能量）密度分布函数的二阶矩定义的光束半径为：

$$w_\sigma(z) = \sqrt{2}\sigma(z) \qquad \cdots\cdots(10)$$

注 1：二阶矩 $\sigma^2(z)$的定义见 2.1.49.2 中公式(7)。

注 2：为了明确，光束半径的标识要将符号及其适合的下标一起使用，即：w_u 或 w_σ。

[ISO 11145:2006，定义 3.4.2]

2.1.51

光束横截面积　beam cross-sectional area

2.1.51.1

光束横截面积　beam cross-sectional area

A_u[ISO]

内含功率（或能量）占光束功率（能量）规定比例（u%）的最小面积。

注：为了明确，光束横截面积的标识要将符号及其适合的下标一起使用，即：A_u、A_σ。

[ISO 11145:2006，定义 3.2.1]

2.1.51.2

光束横截面积　beam cross-sectional area

A_σ[ISO]

用功率（或能量）密度分布函数的二阶矩定义的圆横截面积为：

$$\frac{\pi \cdot d_\sigma^2}{4} \qquad \cdots\cdots(11)$$

或椭圆横截面积为：

$$\frac{\pi \cdot d_{\sigma x} d_{\sigma y}}{4} \qquad \cdots\cdots(12)$$

注：为了明确，光束横截面积的标识要将符号及其适合的下标一起使用，即：A_u、A_σ。

[ISO 11145:2006，定义 3.2.2]

2.1.52

束腰　beam waist

光束直径或光束宽度的最细处。

[ISO 11145:2006,定义 3.10]

2.1.53

束腰直径 beam waist diameter

2.1.53.1

束腰直径 beam waist diameter

$d_{0,u}$[ISO]

束腰位置处的内含功率(或能量)定义的光束直径 d_u。

注:为了明确,束腰直径的标识要将符号及其适合的下标一起使用,即:$d_{0,u}$或 $d_{\sigma 0}$。

[ISO 11145:2006,定义 3.11.1]

2.1.53.2

束腰直径 beam waist diameter

$d_{\sigma 0}$[ISO]

束腰位置处功率(或能量)密度分布函数的二阶矩定义的光束直径。

注:为了明确,束腰直径的标识要将符号及其适合的下标一起使用,即:$d_{0,u}$或 $d_{\sigma 0}$。

[ISO 11145:2006,定义 3.11.2]

2.1.54

束腰半径 beam waist radius

2.1.54.1

束腰半径 beam waist radius

$w_{0,u}$[ISO]

束腰位置处用内含功率(或能量)定义的光束半径 w_u。

注:为了明确,束腰半径的标识要将符号及其适合的下标一起使用,即:$w_{0,u}$或 $w_{\sigma 0}$。

[ISO 11145:2006,定义 3.12.1]

2.1.54.2

束腰半径 beam waist radius

$w_{\sigma 0}$[ISO]

束腰位置处功率(或能量)密度分布函数的二阶矩定义的光束半径 w_σ。

注:为了明确,束腰半径的标识要将符号及其适合的下标一起使用,即:$w_{0,u}$或 $w_{\sigma 0}$。

[ISO 11145:2006,定义 3.12.2]

2.1.55

束腰宽度 beam waist widths

2.1.55.1

束腰宽度 beam waist widths

$d_{x0,u}$,$d_{y0,u}$[ISO]

在 x 和 y 方向上,束腰位置处基于内含功率(或能量)定义的光束宽度 $d_{x,u}$和 $d_{y,u}$。

注:为了明确,束腰宽度的标识要将符号及其适合的下标一起使用,即:$d_{x0,u}$,$d_{y0,u}$或 $d_{\sigma x0}$,$d_{\sigma y0}$。

[ISO 11145:2006,定义 3.13.1]

2.1.55.2

束腰宽度 beam waist widths

$d_{\sigma x0}$,$d_{\sigma y0}$[ISO]

在 x 和 y 方向上,束腰位置处基于功率(或能量)密度分布函数二阶矩定义的光束宽度 $d_{\sigma x}$ 和 $d_{\sigma y}$。

注：为了明确，束腰宽度的标识要将符号及其适合的下标一起使用，即：$d_{x0,u}$，$d_{y0,u}$或$d_{\sigma x0}$，$d_{\sigma y0}$。

[ISO 11145:2006，定义 3.13.2]

2.1.56

束腰分离　beam waist separation

2.1.56.1

像散束腰分离　astigmatic waist separation

Δz_a

对于简单像散的光束，两个正交主面上的束腰位置在轴向的间距。

[ISO 15367-1:2003，3.3.4]

注：像散束腰分离量也称为像散差。

[ISO 11145:2006，定义 3.14.1]

2.1.56.2

相对像散束腰分离　relative astigmatic waist separation

Δz_r

像散束腰分离除以瑞利长度 z_{Rx} 和 z_{Ry} 的算术平均值。

$$\Delta z_r = \frac{2\Delta z_a}{z_{Rx} + z_{Ry}} \qquad (13)$$

[ISO 11145:2006，定义 3.14.2]

2.1.57

光束宽度　beam widths

2.1.57.1

光束宽度　beam widths

$d_{x,u}$，$d_{y,u}$[ISO]

分别在两个所选的相互正交且垂直于光束轴的 x 和 y 方向上，内含功率（或能量）占总功率（或能量）规定比例（u%）的最小宽度。

注1：所选方向由最小束宽及其正交方向确定。

注2：对于圆形高斯光束，$d_{x,95.4} = d_{86.5}$。

注3：为了明确，光束宽度的标识要将符号及其适合的下标一起使用，即：$d_{x,u}$，$d_{y,u}$或$d_{\sigma x}$，$d_{\sigma y}$。

[ISO 11145:2006，定义 3.5.1]

2.1.57.2

光束宽度　beam widths

$d_{\sigma x}$，$d_{\sigma y}$[ISO]

用功率（或能量）密度分布函数的二阶矩关系定义的光束宽度为：

$$d_{\sigma x}(z) = 4\sigma_x(z) \qquad (14)$$

$$d_{\sigma y}(z) = 4\sigma_y(z) \qquad (15)$$

式中在光束位置 z 处功率（或能量）密度分布函数 $E(x,y,z)$ 的二阶矩为：

$$\sigma_x^2(z) = \frac{\iint (x-\overline{x})^2 E(x,y,z)\mathrm{d}x\mathrm{d}y}{\iint E(x,y,z)\mathrm{d}x\mathrm{d}y} \qquad (16)$$

$$\sigma_y^2(z) = \frac{\iint (y-\overline{y})^2 E(x,y,z)\mathrm{d}x\mathrm{d}y}{\iint E(x,y,z)\mathrm{d}x\mathrm{d}y} \qquad (17)$$

式中$(x-\overline{x})$和$(y-\overline{y})$是到质心$(\overline{x},\overline{y})$的距离。质心坐标由一阶矩确定，即：

$$\overline{x}=\frac{\iint xE(x,y,z)\mathrm{d}x\mathrm{d}y}{\iint E(x,y,z)\mathrm{d}x\mathrm{d}y} \qquad \cdots\cdots(18)$$

$$\overline{y}=\frac{\iint yE(x,y,z)\mathrm{d}x\mathrm{d}y}{\iint E(x,y,z)\mathrm{d}x\mathrm{d}y} \qquad \cdots\cdots(19)$$

注1：理论上，必需对整个(x,y)平面进行积分。实际上，要求对占光束功率（能量）至少99%的面积进行积分。

注2：对于脉冲激光器，必需用能量密度H代替功率密度E。

注3：为了明确，光束直径（半径）的标识要将符号及其适合的下标一起使用，即：$d_{x,u}$，$d_{y,u}$或$d_{\sigma x}$，$d_{\sigma y}$。

[ISO 11145:2006，定义3.5.2]

2.1.58

功率密度分布椭圆度　ellipticity of power density distribution

ε[ISO]

最小光束宽度和最大光束宽度之比。

[ISO 11145:2006，定义3.5.3]

2.1.59

圆功率密度分布　circular power density distribution

椭圆度大于0.87时的功率密度分布。

[ISO 11145:2006，定义3.5.4]

2.1.60

高斯光束　Gaussian beam

光束横截面的电场振幅或光强分布是高斯函数的光束。

2.1.61

瑞利长度　Rayleigh-length

z_R，z_{R_x}，z_{R_y}[ISO]

自束腰处沿光传播方向到光束直径或束宽增加到束腰处的对应值$\sqrt{2}$倍的距离。

注：对于基模高斯光束：

$$z_R=\frac{\pi d_{\sigma 0}^2}{4\lambda} \qquad \cdots\cdots(20)$$

一般情况，公式$z_R=d_{\sigma 0}/\theta_\sigma$是有效的。

[ISO 11145:2006，定义3.55]

2.1.62

远场　far-field

自束腰到比瑞利长度z_R大得多的距离z处的辐射场。

[ISO 11145:2006，定义3.24]

2.1.63

近场　near field

激光器输出端面附近的辐射场。

2.1.64

空间光强调制度　spatial intensity modulation index

M

激光器近场空间光强的峰值强度与平均强度之比。

$$M = \frac{I_{max}}{I_{avg}} \qquad \cdots\cdots(21)$$

式中：

M——空间光强调制度；

I_{max}——空间光强分布的峰值强度；

I_{avg}——空间光强分布的平均强度。

2.1.65

束散角　divergence angle

2.1.65.1

束散角　divergence angle

Θ_u，$\Theta_{x,u}$，$\Theta_{y,u}$[ISO]

光束宽度[内含功率(或能量)定义的]在远场增大形成的渐近面锥所构成的全角度。

注1：对圆横截面，光束宽度为光束直径 d_u。对于非圆横截面，束散角分别由相应的 x 方向和 y 方向的光束宽度 $d_{x,u}$ 和 $d_{y,u}$ 确定。

注2：当规定束散角时，应使用下标说明相关的光束宽度，如 $\Theta_{x,50}$ 说明光束宽度为 $d_{x,50}$。

注3：这里坐标系的定义和光束宽度的定义不包括一般像散情况。

注4：为了明确，束散角的标识要将符号及其适合的下标一起使用，即：Θ_σ，$\Theta_{\sigma x}$，$\Theta_{\sigma y}$ 或 Θ_u，$\Theta_{x,u}$，$\Theta_{y,u}$。

[ISO 11145:2006，定义3.19.1]

2.1.65.2

束散角　divergence angle

Θ_σ，$\Theta_{\sigma x}$，$\Theta_{\sigma y}$[ISO]

光束宽度[功率(或能量)密度分布函数二阶矩定义的]在远场增大形成的渐近面锥所构成的全角度。

注1：对圆横截面，光束宽度为光束直径 d_σ。对于非圆横截面，束散角分别由相应的 x 方向和 y 方向的光束宽度 $d_{\sigma x}$ 和 $d_{\sigma y}$ 决定。

注2：这里坐标系的定义和光束宽度的定义不包括一般像散情况。

注3：为了明确，束散角的标识要将符号及其适合的下标一起使用，即：θ_σ，$\theta_{\sigma x}$，$\theta_{\sigma y}$ 或 θ_u，$\theta_{x,u}$，$\theta_{y,u}$。

[ISO 11145:2006，定义3.19.2]

2.1.66

有效f数　effective f-number

光学元件焦距与该元件上的光束直径 d_σ 之比。

[ISO 11145:2006，定义3.20]

2.1.67

光束参数积　beam parameter product

束腰直径与束散角的乘积除以4，即：

$$d_{\sigma 0} \cdot \theta_\sigma / 4 \qquad \cdots\cdots(22)$$

注：椭圆光束的光束参数积分别由功率(或能量)分布的主轴给定。

[ISO 11145:2006，定义3.6]

2.1.68

光束位置　beam position

在垂直光学系统机械轴的规定面内，光束轴相对光学系统固定机械轴的位移。机械轴为连接限束孔径中心的直线。

[ISO 11145:2006，定义3.8]

2.1.69

光束指向稳定度 beam pointing stability

$\Delta\theta_{2\sigma}$,$\Delta\theta_{2\sigma x}$,$\Delta\theta_{2\sigma y}$

所测光束轴角偏移量的标准方差的2倍。

2.1.70

光束位置稳定度 beam positional stability

$\Delta_x(z')$,$\Delta_y(z')$[ISO]

在平面z'上,测得光束位置漂移标准偏差的4倍值。

注:这些量是在光束轴系x,y,z定义的。如果光束位置稳定度的椭圆率大于0.87,光束位置稳定度就看作旋转对称的,只给一个数值,使用符号$\Delta(z')$。

[ISO 11145:2006,定义3.9]

2.1.71

光束传输比 beam propagation ratio

M^2[ISO]

光束传输因子(倒数) beam propagation factor(deprecated)

K[ISO]

光束参数积逼近理想高斯光束衍射极限程度的度量,即:

$$M^2 = \frac{1}{K} = \frac{\pi}{\lambda} \cdot \frac{d_{\sigma 0}\theta_\sigma}{4} \qquad (23)$$

式中:

K——光束传输因子;

λ——波长,单位为微米(μm);

$d_{\sigma 0}$——束腰直径,单位为毫米(mm);

θ_σ——束散角,单位为毫弧度(mrad)。

注1:这等于激光器实际光束的参数积与基模高斯光束的参数积(TEM_{00})之比。

对于理论上的理想高斯光束,光束传输比为1。而对于任何实际的激光束,光束传输比的值都大于1。

注2:最好使用M^2,因为K是传输比的倒数符号,未来的版本中不再使用传输因子术语。(M^2是表示光束质量的参数。)

[ISO 11145:2006,定义3.7]

2.1.72

平均能量密度 average energy density

H_u,H_σ[ISO]

光束的总能量除以该光束的横截面积A_u或A_σ。

[ISO 11145:2006,定义3.21]

2.1.73

平均功率密度 average power density

E_u,E_σ[ISO]

光束的总功率除以该光束的横截面积。

[ISO 11145:2006,定义3.44]

2.1.74

脉冲持续时间 pulse duration

脉冲宽度 pulse width

τ_H[ISO]

激光脉冲上升和下降到它的50%峰值功率点之间的间隔时间。

[ISO 11145:2006,定义 3.50]

2.1.75

10%脉冲持续时间　10%-pulse duration

τ_{10}[ISO]

激光脉冲上升和下降到它的10%峰值功率点之间的间隔时间。

[ISO 11145:2006,定义 3.51]

2.1.76

连续功率　CW-power

P [ISO]

连续激光器的输出功率。

[ISO 11145:2006,定义 3.45]

2.1.77

脉冲重复频率　pulse repetition rate

f_p[ISO]

重复脉冲激光器每秒钟发出的激光脉冲数。

[ISO 11145:2006,定义 3.52]

2.1.78

脉冲能量　pulse energy

Q[ISO]

一个脉冲所含的能量。

[ISO 11145:2006,定义 3.22]

2.1.79

能量密度　energy density

$H(x,y)$

在(x,y)位置上,ΔA 面积上的光束能量除以面积 ΔA。

注:从物理上能量密度等同于曝辐射量,它们的测量单位都是单位面积上的焦耳数。能量密度主要用于描述光束的辐射分布,而曝辐射量主要用于描述入射表面的辐射分布。

[ISO 11145:2006,定义 3.23]

2.1.80

脉冲功率　pulse power

P_H[ISO]

脉冲能量 Q 与脉冲持续时间 τ_H之比。

[ISO 11145:2006,定义 3.47]

2.1.81

平均功率　average power

P_{av}[ISO]

脉冲能量 Q 与脉冲重复频率 f_p的乘积。

[ISO 11145:2006,定义 3.48]

2.1.82

峰值功率　peak power

P_{pk}[ISO]

功率时间函数的最大值。

[ISO 11145:2006,定义 3.49]

2.1.83

输出功率不稳定度 output power instability

Δ_p

在一定的时间范围内,2倍激光输出功率变化的标准差与激光输出功率的平均值的比,即:

$$\Delta_p = \frac{2\Delta P_\sigma}{P} \qquad (24)$$

式中:

Δ_p——输出功率的不稳定度;

ΔP_σ——激光输出功率变化的标准差,单位为瓦(W);

P——激光输出功率的平均值,单位为瓦(W)。

2.1.84

相干性 coherence

电磁场各点之间有恒定相位关系的特性。

[ISO 11145:2006,定义3.15]

2.1.85

时间相干性 temporal coherence

在同一位置,不同时刻电磁波相位的相关特性。

[ISO 11145:2006,定义3.15.1]

2.1.86

空间相干性 spatial coherence

在同一时刻,不同位置电磁波相位的相关特性。

[ISO 11145:2006,定义3.15.2]

2.1.87

相干长度 coherence length

l_c[ISO]

激光辐射在其传播方向上能保持有效相位关系的距离。

注:可由$c/\Delta\nu_H$计算。式中c为光速。

[ISO 11145:2006,定义3.16]

2.1.88

相干时间 coherence time

τ_c[ISO]

激光辐射保持有效相位关系的间隔时间。

注:可由$1/\Delta\nu_H$计算。

[ISO 11145:2006,定义3.17]

2.1.89

偏振 polarization

电磁波的振动限制在一定方向的现象。

注:这是一种可用电磁辐射是横波运动的概念来解释的基本现象,即振动方向与传播方向垂直。习惯上将电磁波的振动看作是电场矢量的振动。

[ISO 11145:2006,定义3.37]

2.1.90

圆偏振 circular polarization

在均匀光学介质中,电场矢量为常量振幅,并以辐射频率绕传播方向旋转的辐射波状态。

[ISO 11145:2006,定义 3.38]

2.1.91

椭圆偏振　elliptical polarization

在均匀光学介质中,电场矢量以辐射频率绕传播方向旋转且振幅变化的辐射波状态。

注:电场矢量的未端点描绘成一个椭圆。

[ISO 11145:2006,定义 3.39]

2.1.92

线偏振　linear polarization

辐射波电场矢量在一个固定方位上的状态。

注1:在均匀光学介质中,电场矢量限定在包含辐射传播方向的一个平面内。

注2:线偏振度大于0.9,偏振方向不随时间而变的激光束称为线偏振光束。

[ISO 11145:2006,定义 3.40]

2.1.93

线偏振度　degree of linear polarization

p[ISO]

偏振的两个相互垂直方向的光束功率 P(或能量 Q)的差与和之比,即:

$$p=\frac{P_x-P_y}{P_x+P_y} \text{ 或 } p=\frac{Q_x-Q_y}{Q_x+Q_y} \qquad \cdots\cdots(25)$$

注:光束功率(或能量)通过线偏振器后,x 方向和 y 方向的选取分别衰减最小和最大。通过线偏振器后光束衰减最小的 x 方向是偏振方向。

[ISO 11145:2006,定义 3.41]

2.1.94

部分偏振　partial polarization

由自然或人工辐射源发出的既不是完全偏振也不是完全不偏振的辐射。

注1:部分篇章光束可看作偏振光和非偏振光两部分组成。

注2:如果激光束的线偏振度大于0.1并且偏振方向不随时间变化,成为部分线偏振。

[ISO 11145:2006,定义 3.42]

2.1.95

随机偏振辐射　randomly polarized radiation

由两相互垂直、固定方向的线偏振波合成的,且各振幅随时间任意改变的辐射波。

[ISO 11145:2006,定义 3.43]

2.1.96

波前　wavefront

电磁波的等相面。

2.1.97

波前畸变　wavefront deformation

wavefront aberrance

实际波前对参考面(通常是平面和球面)的偏离。偏离量用表面法线方向的波长数度量。

2.1.98

激光器　laser

能产生受激辐射波长直到1mm的相干辐射的器件(见图1)。

激光器可按激光介质、结构、输出特性或泵浦方式等分类(分类见表1)

注:术语 laser 是"light amplification by stimulated emission of radiation"的缩写。

[ISO 11145:2006,定义 3.25]

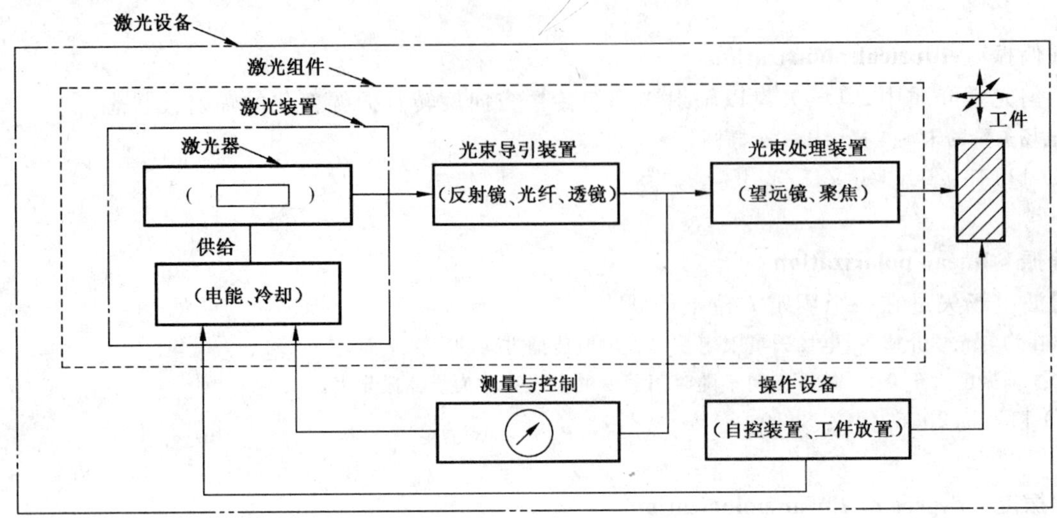

注 1:图示取自材料加工的例子;

注 2:这里不包括通常所要求的安全设备。

图 1 激光器、激光装置、激光组件、激光设备术语说明图

表 1

<table>
<tr><td>分类方式</td><td colspan="3">类　　别</td></tr>
<tr><td rowspan="12">激光介质</td><td rowspan="4">固体</td><td>晶体</td><td>红宝石、钛宝石、钇铝石榴石等激光器</td></tr>
<tr><td>玻璃</td><td>钕玻璃、铒玻璃等激光器</td></tr>
<tr><td>光纤</td><td>掺铒光纤、掺钕光纤、掺镱等激光器</td></tr>
<tr><td>陶瓷</td><td>掺钕陶瓷、掺镱陶瓷等激光器</td></tr>
<tr><td rowspan="4">气体</td><td>分子气体</td><td>二氧化碳、氮分子等激光器</td></tr>
<tr><td>准分子</td><td>氯化氙、溴化汞、氟化氩等激光器</td></tr>
<tr><td>原子气体</td><td>氦-氖、金属蒸气等激光器等</td></tr>
<tr><td>离子气体</td><td>氩离子、氪离子、氦-镉等激光器</td></tr>
<tr><td rowspan="2">液体</td><td>无机液体</td><td>(待补)无机液体等激光器</td></tr>
<tr><td>有机液体</td><td>染料、螯合物等激光器</td></tr>
<tr><td colspan="2">半导体</td><td>单异质结、双异质结、量子阱等激光器</td></tr>
<tr><td colspan="2">电子束</td><td>自由电子等激光器</td></tr>
<tr><td>光学结构</td><td colspan="3">内腔式、外腔式、半内(外)腔式、环形式、折叠式等激光器</td></tr>
<tr><td rowspan="3">输出特性</td><td>波长</td><td colspan="2">X 光、紫外光、可见光、红外光、远红外光等激光器</td></tr>
<tr><td>工作方式</td><td colspan="2">连续辐射、脉冲辐射、重复脉冲辐射、调 Q 脉冲辐射、锁模脉冲辐射、稳频辐射等激光器</td></tr>
<tr><td>模式</td><td colspan="2">单模、多模等激光器</td></tr>
<tr><td colspan="2">泵浦方式</td><td colspan="2">电激励、光泵浦、热激励、核泵浦、化学等激光器</td></tr>
</table>

2.1.99

激光装置　laser device

由激光器和使激光器工作所必须的外围器件(即:冷却、温控、供电和供气等单元)所组成的装置(见图1)。

[ISO 11145:2006,定义3.30]

2.1.100

激光组件　laser assembly

由激光装置与专门用来处理光束的光、机、电部件所组成的组件(见图1)。

[ISO 11145:2006,定义3.28]

2.1.101

激光设备　laser unit

由一个或多个激光组件以及操作、测量、控制系统所组成的设备(见图1)。

[ISO 11145:2006,定义3.33]

2.1.102

量子效率　quantum efficiency

η_Q[ISO]

在光泵浦激光器中,一个激光光子能量与一个贡献于粒子数反转的泵浦光子能量之比(输入光子对所希望的效应有贡献的部分所占百分比,也称量子效率)。

[ISO 11145:2006,定义3.54]

2.1.103

激光器效率　laser efficiency

η_L[ISO]

激光束内的所有功率(或能量)与直接输入激光器的所有泵浦功率(或能量)的比。

[ISO 11145:2006,定义3.31]

2.1.104

激光装置效率　laser device efficiency

η_τ[ISO]

激光束内的所有功率(或能量)与包括全部附属系统在内的所有输入功率(或能量)的商。

[ISO 11145:2006,定义3.18]

2.1.105

斜率效率　slope efficiency

激光器的输出功率(或能量)随泵浦源功率(或能量)变化曲线的斜率。

2.1.106

激光器噪声　noise of laser

激光器输出光波的相位和振幅的无规则涨落。

2.1.107

电光效应　electro-optic effect

介质的折射率在电场的作用下发生变化的现象。

2.1.108

声光效应　acousto-optic effect

声波对通过介质的光引起的衍射或散射的现象。

2.1.109

磁光效应　magneto-optic effect

介质的光学性能在磁场中发生变化的现象。

2.1.110

自脉冲　self-pulsing

一些光纤激光器即使在连续泵浦条件下也能发射出光脉冲序列的现象。

2.1.111

相对强度噪声　relative intensity noise（RIN）

$R(f)$

功率起伏归一化到平均功率平方时的单边谱密度，它是频率 f 的函数。

注：单位带宽的光强度均方噪声与平均光功率平方的比值。也称相对强度噪声谱密度。

[ISO 11145:2006，定义 3.53]

2.2　激光技术

2.2.1

泵浦　pumping

将能量供给粒子，使其由低能态跃迁到高能态的过程。

2.2.2

闪光灯泵浦　flash lamp pumping

用闪光灯作为激光介质泵浦源的方式。

2.2.3

激光二极管泵浦　laser diode pumping

用激光二极管作为激光激光介质泵浦源的方式。

2.2.4

直接泵浦　direct pumping

将激活粒子直接泵浦到激光上能级的泵浦方式。

2.2.5

包层泵浦　clading pumping

在双包层光纤中，泵浦光在内包层中传输，在传输过程中与纤芯有效耦合，实现纤芯中掺杂离子向高能态跃迁的一种泵浦方式。

2.2.6

热透镜效应　thermal lens effect

介质因热效应产生变形和折射率变化，结果如同附加一个透镜的现象。

2.2.7

相位匹配　phase matching

为保证不同频率的光波在非线性介质中传播的相速度相等，以获得最显著的非线性光学效应所必须满足的相位条件。

2.2.8

准相位匹配　quasi-phase matching

在介电体超晶格材料中，利用周期调制的正负畴结构来补偿非线性频率转换过程中的波矢失配，以尽量实现相位匹配。

2.2.9

非线性光学频率变换　nonlinear frequency conversion

利用非线性光学的方法获得新频率光波的技术。

2.2.10

倍频 frequency doubling

利用非线性光学频率变换的方法，获得频率为入射光频率两倍的光波的技术。

2.2.11

和频 optical sum frequency

利用非线性光学频率变换的方法，获得频率为各入射光频率之和的光波的技术。

2.2.12

差频 optical difference frequency

利用非线性光学频率变换的方法，获得频率为各入射光频率之差的光波的技术。

2.2.13

频率上转换 frequency up-conversion

用和频或倍频等方法得到较高频率光输出的转换技术。

2.2.14

频移 frequency shift

入射光经过某种介质，出射后含有频率与入射光频率邻近(较高或较低)的光的现象。

2.2.15

光参量放大 optical parametric amplification

在非线性晶体中，由于激光与晶体的参量效应，低频信号光从高频泵浦光吸取能量而得到的放大。

2.2.16

光参量振荡 optical parametric oscillation

将非线性晶体置入合适的谐振腔中，当高频泵浦光的输入功率超过阈值时，由光参量放大作用所形成的激光振荡。

2.2.17

受激拉曼散射 stimulated Raman scattering

其散射光具有受激辐射性质的拉曼散射。

2.2.18

拉曼频移 Raman shift

通过受激拉曼散射，获得频率比入射光较高或较低的光的技术。

2.2.19

受激布里渊散射 stimulated Briliuin scattering

具有受激辐射性质的布里渊散射。

2.2.20

调 Q Q-switching

使激光器谐振腔 Q 值由低到高突变的技术。

2.2.21

开关时间 switching time

在调 Q 激光器中，Q 开关的通断使谐振腔 Q 值最小变到最大值所经历的时间。

2.2.22

腔倒空 cavity dumping

急剧改变谐振腔的 Q 值，在低 Q 值状态下把储藏在谐振腔内的全部能量取出的技术。

2.2.23

激光调制　laser modulation

用信号来控制激光参数的技术。激光调制通常有振幅调制、偏振调制、强度调制、相位调制、频率调制等。

2.2.24

腔内调制　intracavity modulation

通过改变谐振腔内激光振荡条件而实现的激光调制。

2.2.25

腔外调制　outercavity modulation

用置于腔外的调制器实现的激光调制。

2.2.26

电光调制　electro-optic modulation

利用电光效应进行光波调制的方法。

2.2.27

消光比　extinction ratio

表征晶体消光作用的参数。如电光晶体用作光开关时，它等于光开关在开启状态下的透过光强与在关闭状态下的透过光强之比。

2.2.28

磁光调制　magneto-optic modulation

利用磁光效应进行光波调制的方法。

2.2.29

声光调制　acousto-optic modulation

利用声光效应进行光波调制的方法。

2.2.30

选模　mode selection

控制并选择激光器的输出模式的方法。

2.2.31

选横模　transverse mode selection

控制并选择激光器输出具有一定横模的方法。

2.2.32

选纵模　longitudinal mode selection

控制并选择激光器输出具有一定纵模的方法。

2.2.33

锁模　mode locking

使得激光器中振荡的各纵模的相位保持固定关系的方法。

2.2.34

主动锁模　active mode-locking

用信号在腔内对纵模进行振幅或相位调制所实现的锁模。

2.2.35

被动锁模　passive mode-locking

利用腔内放置的饱和吸收体吸收系数随光强变化实现的锁模。

2.2.36

自锁模　self mode-locking

由激活介质自身的非线性效应实现的锁模。

2.2.37

稳频　frequency stabilization

使输出激光光频率在一定程度上稳定的技术。

2.2.38

主动稳频　active frequency stabilization

通过反馈系统对激光器的腔长等参数进行控制,从而使激光频率实现稳定的技术。

2.2.39

被动稳频　passive frequency stabilization

通过对激光器结构设计及制造工艺的控制,实现激光器谐振腔及工作介质折射率的稳定,从而使激光频率在一定程度上得到稳定的技术。

2.2.40

频率长期稳定度　frequency long-time stabilization

在不小于 1 s 的总采样时间内,激光频率的漂移量与在这段时间内的平均频率的比值。

2.2.41

频率短期稳定度　frequency short-time stabilization

在小于 1 s 的总采样时间内,激光频率的漂移量与在这段时间内的平均频率的比值。

2.2.42

相干合成　coherent synthesis

使多束激光光束具有相干或部分相干特性,按相干原理进行合成,以提高激光亮度的技术手段。

2.2.43

非相干合成　incoherent synthesis

将多束不具有相干特性的激光束直接进行合束,使激光输出能量(或功率)得到累加的技术手段。

2.2.44

敏化　sensitized

在晶体中除了发光中心的激活离子外,再掺入一种或多种称为敏化剂的施主离子。敏化剂的作用是吸收激活离子不吸收的光谱能量,并将吸收的能量转移给受主的激活离子。

2.3　激光元器件和材料

2.3.1

激光染料　laser dye

溶于溶剂或固体材料中后,能够用来作为激光介质的有机染料。

2.3.2

可饱和吸收体　saturable absorber

具有饱和吸收特性的介质。

2.3.3

基质　host

寄存激光激活粒子的材料。

2.3.4

掺钕钇铝石榴石　neodymium-doped yttrium aluminium garnet

Nd:YAG

化学式为 $Nd^{3+}:Y_3Al_5O_{12}$ 的一种晶体,是最常用的固体激光介质。

2.3.5

掺钕钒酸钇　neodymium-doped Yttrium Vanadate

化学式为 $Nd^{3+}:YVO_4$ 的一种晶体,常用作二极管泵浦激光器的激光介质。

2.3.6

掺钕氟化钇锂　neodymium-doped Yttrium Lithium Fluoride

Nd:YLF

化学式为 $Nd^{3+}:YLiF_4$ 的一种晶体。

2.3.7

掺钕钒酸钆　neodymium-doped Gadolinium Vanadate

化学式为 $Nd^{3+}:GdVO_4$ 的一种晶体。

2.3.8

掺镱钇铝石榴石　ytterbium-doped yttrium aluminum garnet

Yb:YAG

化学式为 $Yb^{3+}:Y_3Al_5O_{12}$ 的一种晶体。

2.3.9

红宝石　ruby

化学式为 $Cr^{3+}:Al_2O_3$ 的一种晶体，最早实现激光振荡的激光介质。

2.3.10

掺钛蓝宝石　titanium doped sapphire

$Ti:Al_2O_3$

化学式为 $Ti^{3+}:Al_2O_3$ 的一种晶体，可用作调谐激光器和超短脉冲激光器的激光介质。

2.3.11

掺钕钨酸钆钾　neodymium-doped kalium gadolinium tungstate

Nd:KGW

化学式为 $Nd^{3+}:KGd(WO_4)_2$ 的一种晶体。

2.3.12

掺铒钇铝石榴石　erbium-doped yttrium aluminum garnet

Er:YAG

化学式为 $Er^{3+}:Y_3Al_5O_{12}$ 的一种晶体，可产生多种对人眼安全波段激光的激光介质。

2.3.13

金绿宝石　alexandrite

紫翠宝石

化学式为 $Cr^{3+}:BeAl_2O_4$ 的一种晶体，可用作调谐激光器的激光介质。

2.3.14

激光玻璃材料　laser glass

可以作为激光介质的玻璃。

2.3.15

钕玻璃　neodymium glass

掺有三价钕离子（Nd^{3+}）的硅酸盐、磷酸盐或氟磷酸盐玻璃。

2.3.16

掺铬、镱、铒、钴磷酸盐玻璃　Cr. Yb. Er. Co-doped phosphate glass

分别掺有铬、镱、铒和钴的磷酸盐玻璃。

2.3.17

陶瓷激光材料　ceramic laser material

可作为激光介质且对工作波段透明的陶瓷材料。如 Nd:YAG 陶瓷、Yb:YAG 陶瓷和 $Nd:Y_2O_3$ 陶瓷等。

2.3.18

激光泵浦腔 laser pumping cavity

将泵浦光能聚集到激光介质上的反射器或光学结构，如聚光腔等。

2.3.19

漫反射泵浦腔 diffuse reflection pumping cavity

用漫反射材料(如:陶瓷)制成具有高漫反射率的泵浦腔，特点是反射比较均匀。

2.3.20

泵浦灯 pumping lamp

用来泵浦激光介质的灯。

2.3.21

氙闪光灯 xenon flash lamp

内部充有惰性气体氙的闪光灯。

2.3.22

氪灯 kryplon lamp

内部充有惰性气体氪的灯。

2.3.23

非线性光学晶体 nonlinear optical crystal

能产生非线性光学效应的晶体。

2.3.24

动静比 output ratio of Q-switching to free running

激光调Q输出能量与静态输出能量的比值。

2.3.25

Q开关 Q-switch

能使谐振腔的品质因子(Q值)突然改变的器件。

2.3.26

主动Q开关 active Q-switch

以某种信号控制谐振腔品质因子(Q值)实现调Q的器件。

2.3.27

被动Q开关 passive Q-switch

以某种饱和吸收体实现调Q的器件。

2.3.28

转镜Q开关 rotating mirror Q-switch

以高速旋转的反射镜实现主动调Q的器件。

2.3.29

电光Q开关 electro-optic Q-switch

利用电光效应实现主动调Q的器件。

2.3.30

声光Q开关 acousto-optic Q-switch

利用声光效应实现主动调Q的器件。

2.3.31

染料Q开关 dye Q-switch

利用有机染料饱和吸收特性实现被动调Q的器件。如调Q染料片和调Q染料盒等。

2.3.32

色心 Q 开关　color center crystal Q-switch

以具有色心的晶体实现被动调 Q 的器件。

2.3.33

Cr^{4+}:YAG Q 开关　Cr^{4+}:YAG Q-switch

以 Cr^{4+}:YAG 晶体实现被动调 Q 的器件。

2.3.34

主振-功率放大器　master oscillator power amplifier(MOPA)

以种子源激光器作为主振荡器，再对其激光输出进行功率放大的激光器件。

2.3.35

激光放大器　laser amplifier

激光通过后得到强度(亮度)增大的器件。它由激光介质和泵浦源构成。

2.3.36

克尔盒　Kerr cell

利用克尔效应工作的电光效应元件，液体克尔盒是由内部注入有较大克尔系数的液体、一对电极和通光窗口组成的器件。

2.3.37

泡克尔斯盒　Pockels cell

利用泡克尔斯效应工作的电光效应元件，泡克尔斯盒通常由电光晶体和一对电极等组成。

2.3.38

变反射率镜　variable reflectivity mirror

利用镀膜或其他方式获得径向反射率可变的反射镜。其常见分布有：

$$R(r)=R_{\max}\exp[-2(r/\omega_m)^n] \quad \cdots\cdots(26)$$

式中，r 为径向坐标，$R_{\max}$ 为中心的峰值反射率，ω_m 为镜面的光斑尺寸，n 为高斯分布的阶数，$n=2$ 为高斯分布，$n>2$ 为超高斯分布。

2.3.39

紧凑折叠腔　tight folded resonator

在激光二极管泵浦板条介质内具有"Z"字形光路，增大了激光二极管泵浦光和激光的交叠，可实现最佳模匹配，这一构型也可看作是对激光在每一反射点处的端泵浦。

2.3.40

自聚焦透镜　self-focus lens

一种变折射率光纤棒，具有聚焦透镜的功能。

2.3.41

梯度折射率透镜　gradient index lens

在硼硅酸盐玻璃中，利用 Li^+/Na^+ 离子交换，制成具有径向梯度折射率的透镜。

2.3.42

双包层光纤　double cladding fiber

由纤芯、内包层及外包层等不同折射率层组成的一种多模光波导层光纤。由于折射率不同，可使得不同波长的光能分别在不同波导包层中传输。

2.3.43

光子晶体　photonic crystal

一种介电系数呈周期性分布的材料。这种具有波长量级的周期性结构形成了光子禁带。当某一种频率的光落在禁带中时，这种光被禁止传播。

2.3.44

光子晶体光纤　photonic crystal fiber

一种将光纤与光子晶体的特性相结合而形成的一种新型光纤。在该种光纤中，沿光纤方向上是一种带有线状结构缺陷的光子晶体。光波可沿着光纤晶体结构中的缺陷进行传播。

2.3.45

光纤光栅　fiber grating

轴向折射率呈现周期性分布的无源光纤色散器件。其光谱特性取决于折射率的变化周期和调制深度。

2.3.46

光纤放大器　fiber amplifier

基于受激辐射原理实现入射光信号放大的一种掺杂光纤器件。

2.4　激光器

2.4.1

脉冲激光器　pulse laser

以单脉冲或序列脉冲形式输出能量的激光器，一个脉冲的持续时间小于0.25 s。

[ISO 11145:2006，定义3.27]

2.4.2

重复频率激光器　repetition rate laser

周期性地输出脉冲能量的激光器。

2.4.3

连续激光器　continuous wave (CW) laser

大于或等于0.25 s时间期间持续辐射的激光器。

[ISO 11145:2006，定义3.26]

2.4.4

准连续激光器　quasi-continous wave (QCW) laser

输出激光脉冲的重复频率大于1 kHz的脉冲激光器。

输出脉冲持续时间大于1 μs的半导体激光器。

2.4.5

超短脉冲激光器　ultrashort pulse laser

激光脉冲持续时间小于10^{-11} s量级的激光器。

2.4.6

固体激光器　solid state laser

以固体材料为激光介质的激光器。

2.4.7

固体热容激光器　solid state heat capacity laser

采取将激光器工作与冷却过程分开的工作方式，激光器工作时介质处于绝热状态，形成与传统固体激光器相反（介质温度外高内低）的温场分布，此时介质受压应力作用，输出能量高于非绝热状态。

2.4.8

激活镜激光器　active mirror laser

谐振腔中采用有源反射镜，使反射激光束获得增益的激光器，以实现高质量激光输出。

2.4.9

气体激光器 gas laser

以气体为激光介质的激光器。

2.4.10

半导体激光器 semiconductor laser

以半导体材料为激光介质的激光器。

2.4.11

脉冲半导体激光器 pulse semiconductor laser

输出脉冲持续时间小于 1 μs 的半导体激光器。

2.4.12

激光二极管 laser diode

具有二极管结构，以半导体材料为激光介质，并以电流注入二极管有源区为泵浦方式的半导体激光器。

2.4.13

量子阱激光器 quantum well laser

有源层厚度可以与电子波的波长相比的半导体双异质结结构的半导体激光器，垂直于有源层方向，表现出的量子尺寸效应类似于一维势阱。

2.4.14

量子线激光器 quantum wire laser

以量子线作为有源区的半导体激光器。

2.4.15

量子点激光器 quantum dot laser

以量子点作为有源区的半导体激光器。

2.4.16

量子级联激光器 quantum cascade laser

由数组量子阱结构串联在一起构成的半导体量子阱激光器。

2.4.17

激光二极管阵列 laser diode array

在单个芯片上由多个谐振腔组成的一个整体半导体激光发射器件。

2.4.18

激光条 laser bar

由多个激光二极管并联或串并联构成的条形半导体激光发射芯片。

2.4.19

激光二极管线阵 laser diode linear arrays

由多个激光条沿着长度方向成线性排列组装在一起构成的二极管列阵。

2.4.20

激光二极管叠层列阵 laser diode stack arrays

由多个激光条按一定间距堆积组装在一起构成二极管的叠层器件。

2.4.21

垂直腔面发射激光器 vertical cavity surface emitting laser

出光方向垂直于衬底的半导体激光器。

2.4.22

半导体激光放大器 semiconductor laser amplifier

采用半导体有源区作为增益介质的激光放大器。

2.4.23

染料激光器 dye laser

以染料作为激光介质的激光器。

2.4.24

化学激光器 chemical laser

通过化学反应来实现粒子数反转的激光器。

2.4.25

气动激光器 gas dynamic laser

用气体动力学方法(如气体迅速绝热膨胀变冷)将气体的动能作为泵浦能量来实现粒子数反转的激光器。

2.4.26

高能激光器 high energy laser

输出的激光能量和激光功率都很高的激光器,其单脉冲能量在 1 J 量级以上、持续时间不少于 100 μs、持续时间内的平均功率不少于 10 kW。

2.4.27

高功率激光系统 high power laser system

输出激光单脉冲峰值功率大于 10^{11} W、持续时间在 10^{-11} s～10^{-7} s 的大型激光发射系统。

2.4.28

全固态激光器 all-solid-state laser

全部由固态元件组成的激光器。

2.4.29

薄碟激光器 thin disk laser

激光介质为薄碟状,厚度为几百 μm,激光介质散热方向和激光光束方向一致的激光器。

2.4.30

板条激光器 slab laser

激光介质为板条状,利用最大表面积进行散热的激光器。

2.4.31

单频激光器 single frequency laser

输出为单横模和单纵模的激光器。

2.4.32

稳频激光器 frequency stabilized laser

输出为单横模和单纵模且激光频率固定的激光器。

2.4.33

可调谐激光器 tunable laser

输出的激光波长可在一定的范围内受控变化的激光器。

2.4.34

X-射线激光器 X-ray laser

产生小于 100 nm 波长 X 辐射的激光器。

2.4.35

光纤激光器　fiber laser

以掺有激活粒子的光纤为激光介质的激光器。

2.4.36

色心激光器　color center laser

以具有色心的晶体为激光介质的激光器。

2.4.37

准分子激光器　excimer laser

以在激发态复合成分子而基态则离解成原子的准分子物质为激光介质的激光器。

2.4.38

波导激光器　waveguide laser

谐振腔内激光传播和振荡的方式按波导理论确定的激光器。

2.4.39

自由电子激光器　free-electron laser

以真空中的相对论电子束为激光介质，通过与摇摆场(如周期变化的磁场或电磁场)的相互作用将自由电子的动能转变成相干辐射的激光器。

2.4.40

环形激光器　ring laser

具有环形闭合谐振腔结构的激光器。

2.4.41

非平面环形腔单频激光器　non-planar ring oscillator single frequency laser

在一块特殊形状的激光介质中，通过在各个反射面上的全内反射形成非平面闭合谐振腔，并通过输出端面上的偏振选择反射膜和外加磁场产生的法拉第旋光效应，实现单向行波振荡，输出单频激光的激光器。

2.4.42

二极管泵浦固体激光器　diode-pumped solid state laser

用激光二极管作泵浦源的固体激光器。

2.4.43

激光器寿命　laser lifetime

激光装置或激光组件能保持制造方规定的工作性能的时间(或脉冲数)期间。

注：其使用、服务和维修条件由制造方规定。

[ISO 11145:2006，定义 3.34]

2.5　激光设备与应用

2.5.1

激光修调　laser trimming

使用激光光束对电阻或电容等元件进行刻蚀等修整，以改变其参数的一种方法。

2.5.2

激光材料加工　laser material processing

利用高功率(能量)密度的激光束作用于被加工材料，使之发生物理和化学的变化，从而改变加工材料的几何形状、组织结构和热力学性能等。

2.5.3

激光打孔　laser drilling

把激光束聚焦到工件上，利用高功率(能量)密度的激光束作用在工件的指定位置形成具有一定直径和深度的孔。

2.5.4

激光打标　laser marking

在各种不同材料的工件表面用较高功率(能量)密度的激光烧蚀或改变材料颜色形成标记。

2.5.5

激光焊接　laser welding

利用高功率(能量)密度激光束作用于被加工工件，使其吸收激光能量产生熔化，形成特定的熔池，使相同或者不同材料的工件实现焊接。

2.5.6

激光切割　laser cutting

利用高功率(能量)密度激光束作用于被加工工件，使其吸收激光能量而产生熔化、汽化或冲击断裂，从而达到切割工件的目的。

2.5.7

激光淬火　laser quenching

又称激光相变硬化，是指以高功率(能量)密度的激光束照射工件表面，使其需要硬化的部位瞬间吸收光能并立即转化为热能，从而使激光作用区的温度急剧上升形成奥氏体，经随后的快速冷却，获得极细小马氏体和其他组织的高硬化层的一种激光热处理技术。

2.5.8

激光合金化　laser alloying

指在高功率(能量)密度激光束的照射下，将预置到金属表面的合金元素与基体金属表面熔化、混合，在很短时间内形成具有要求深度和化学成分的表面合金。

2.5.9

激光涂覆　laser cladding

利用较高功率(能量)密度激光束将预置到基体金属表面的金属或合金粉粒完全熔化，最后在表面形成一个主要由熔化粒子组成的涂覆层。

2.5.10

激光冲击硬化　laser shock hardening

利用极高功率(能量)密度的短脉冲激光照射金属材料表面，使材料表面汽化后形成等离子体，利用等离子体爆炸产生的冲击波使材料发生塑性变形，表面硬化，从而提高材料机械性能。

2.5.11

激光防护镜　Laser safety glasses

利用吸收、反射、衍射等原理将激光强度衰减到人眼安全范围，从而避免人眼受到激光损害的眼镜。

2.5.12

激光测距机　laser rangefinder

以激光照射目标，根据光速和光脉冲的往返时间或调制光波往返传输中相位变化等方式来测定目标距离的光电设备，前者为脉冲激光测距机，后者为相位激光测距机等。

2.5.13

激光准直仪　laser collimator

用激光光束作为基准来度量直线度和同轴度的设备。

2.5.14

激光长度基准仪　laser length benchmark instrument

以高稳定度的稳频激光器为工具，保存和复现长度计量基准的设备。

2.5.15

激光测长仪　laser length measuring machine

基于干涉原理，用激光光波波长作为长度基准进行测长的长度测量设备。

2.5.16

激光光谱仪　laser spectrometer

利用激光光源照射，使样品形成荧光或激光等离子体发光，经过光学系统采集光信号，对其成分进行分析的设备。

2.5.17

激光显微光谱仪　laser micro-spectrometer

分析区域极其微小的激光光谱仪，一般通过显微镜选择区域。

2.5.18

激光线纹比较仪　laser linear comparator

用激光光波波长作为长度基准，检定分划尺的分划线位置误差的设备。

2.5.19

激光电视机　laser TV set

通过电视信号控制红、绿、蓝三基色激光进行扫描显示图像的装置。

2.5.20

激光照排机　laser typesetter

通过激光将计算机产生的文字和图像信息在胶片上扫描曝光的制版设备。

2.5.21

激光打印机　laser printer

通过激光将计算机产生的文字和图像信息在硒鼓上扫描成像，再在纸张等媒质上固定墨粉等显色剂，形成印刷品的设备。

2.5.22

激光治疗仪　laser cure instrument

利用激光束作用于生物组织，使之发生物理、化学或生理等变化，进行疾病治疗的医疗仪器。

2.5.23

激光溶栓仪　laser thrombus cure instrument

利用激光辐射作用于血管中的栓塞物，疏通血管的医疗仪器。

2.5.24

激光美容仪　laser face-beauty instrument

利用激光辐射作用于生物表皮组织，使之发生物理、化学或生理等变化，实现美化肌肤的仪器。

2.5.25

激光手术刀　laser scalpel

用激光光束切割生物组织，起切割和去除病灶等作用的医疗设备。

2.5.26

激光光凝机　laser cohesion device

利用激光对视网膜融接的激光治疗设备。

2.5.27

激光角膜修整仪　lasik

利用激光对角膜进行曲率修整的激光治疗设备。

2.5.28

激光陀螺　laser gyroscope

利用旋转时环形激光器输出的两束激光(一束为顺时针方向,一束为逆时针方向)之间产生频率差的原理测量角速度的陀螺。

2.5.29

激光雷达　ladar(laser detection and ranging)

以激光为信息载体,通过检测与目标发生相互作用后的激光反射回波信息,来实现对一定距离内目标特征信息的探测、识别或跟踪的雷达系统。可根据检测工作模式分为相干激光雷达和非相干激光雷达;根据激光发射方式分为连续波激光雷达和脉冲激光雷达。最常用的是根据用途分类,包括激光气象雷达、激光测风雷达、激光测污雷达等。

2.5.30

激光聚变　laser fusion

以高功率激光系统作为驱动源,使含热核燃料的靶丸发生热核聚变,释放能量的过程。

2.5.31

激光存储　laser storage

利用激光将需要存储的信息通过调制的激光束聚焦到记录介质上,使介质的光照微区发生物理的或化学的变化,以实现信息存贮。用激光束扫描记录信息的介质,被信息调制的反射光经探测器接收、解调可获得原存储的信息。

2.5.32

激光光盘　laser disc

按固定格式,通过作用其上的激光反射等特性变化实现存储或读取信息的盘片(如 CD、DVD 等光盘)。有只读光盘、一次写入光盘、可擦写光盘之分。

2.5.33

光盘驱动器　compact disc drive

利用激光读出、记录或擦除光盘上存储信息的设备,也称光盘机。

2.5.34

激光条码扫描　laser scanning for bar code

用激光束扫描包含各类信息的条形码,经探测条形码的反射信号,计算机解码识别出其中包含的原始信息。

2.5.35

激光通讯　laser telecommunication

用激光作为信息载体进行信息编码,通过发射、接收和处理实现信息传递的方式。

3　符号与单位

激光术语的符号与单位见表 2。

表 2

条　　文	符　　号	名　　称	单位	说　　明
2.1.51.1 2.1.51.2	A_u, A_σ	光束横截面积	m^2	ISO 11145
2.1.49.1 2.1.49.2	d_u, d_σ	光束直径	m	ISO 11145
2.1.57.1 2.1.57.2	$d_{x,u}, d_{\sigma x}$	X 方向光束宽度	m	ISO 11145
	$d_{y,u}, d_{\sigma y}$	Y 方向光束宽度	m	ISO 11145
2.1.53.1 2.1.53.2	$d_{0,u}, d_{\sigma 0}$	束腰直径	m	ISO 11145
2.1.73	E_u, E_σ	平均功率密度	W/m^2	ISO 11145
2.1.77	f_p	脉冲重复频率	Hz	ISO 11145
2.1.14	G	增益系数	m^{-1}	
2.1.72	H_u, H_σ	平均能量密度	J/m^2	ISO 11145
2.1.71	K	光束传输因子	—	ISO 11145
2.1.87	l_c	相干长度	m	ISO 11145
2.1.64	M	空间光强调制度	—	
2.1.71	M^2	光束传输比	—	ISO 11145
2.1.35	N	谐振腔费涅耳数	—	
2.1.93	p	线偏振度	—	ISO 11145
2.1.76	P	连续功率	W	ISO 11145
2.1.81	p_{av}	平均功率	W	ISO 11145
2.1.80	p_H	脉冲功率	W	ISO 11145
2.1.82	p_{pk}	峰值功率	W	[ISO]
2.1.78	Q	脉冲能量	J	ISO 11145
2.1.36	Q	谐振腔品质因素	—	
2.1.50.1 2.1.50.2	w_u, w_σ	光束半径	M	ISO 11145
2.1.54.1 2.1.54.2	$w_{0,u}, w_{\sigma 0}$	束腰半径	M	ISO 11145
2.1.61	z_R, z_{R_x}, z_{R_y}	瑞利长度	M	
2.1.83	Δ_p	输出功率稳定度	W	
2.1.48	$\Delta\theta$	轴偏度	rad	ISO 11145
2.1.69	$\Delta\theta_{2\sigma}$	光束指向稳定度	rad	
2.1.69	$\Delta\theta_{2\sigma x}$	X 方向光束指向稳定度	rad	
2.1.69	$\Delta\theta_{2\sigma y}$	Y 方向光束指向稳定度	rad	
2.1.70	$\Delta_x(z')$	X 方向光束位置稳定度	M	ISO 11145

表 2（续）

条 文	符 号	名 称	单位	说 明
2.1.70	$\Delta_y(z')$	Y 方向光束位置稳定度	M	ISO 11145
2.1.58	ε	功率密度分布椭圆度	—	ISO 11145
2.1.103	η_L	激光器效率	—	ISO 11145
2.1.102	η_Q	量子效率	—	ISO 11145
2.1.104	η_τ	激光装置效率	—	ISO 11145
2.1.23	$\Delta\lambda$	（波长）谱宽度	M	ISO 11145
2.1.23	$\Delta\nu$	（光频率）谱宽度	Hz	ISO 11145
2.1.65.1 2.1.65.2	Θ_u，Θ_σ	束散角	rad	ISO 11145
2.1.65.1 2.1.65.2	$\Theta_{x,u}$，$\Theta_{\sigma x}$	X 方向束散角	rad	ISO 11145
2.1.65.1 2.1.65.2	$\Theta_{y,u}$，$\Theta_{\sigma y}$	Y 方向束散角	rad	ISO 11145
2.1.74	τ_H	脉冲持续时间	s	ISO 11145
2.1.75	τ_{10}	10%脉冲持续时间	s	ISO 11145
2.1.88	τ_c	相干时间	s	ISO 11145

中文索引

H

J

英文索引

M

N

O

P

ICS 03.220.40
R 61

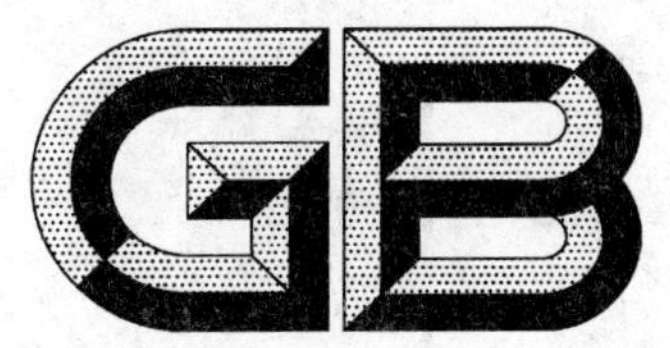

中华人民共和国国家标准

GB/T 15315—2008
代替 GB/T 15315—1994

航海通告编写规范

Specifications for notices to mariners

2008-06-20 发布 2008-12-01 实施

中华人民共和国国家质量监督检验检疫总局
中国国家标准化管理委员会 发布

前　言

本标准代替 GB/T 15315—1994《航海通告编写规范》。

本标准与 GB/T 15315—1994 相比主要变化如下：

——根据 GB/T 1.1—2000 对编排结构、层次划分等进行了调整，增加了术语和定义、发行、排版顺序和版式规定三个部分；

——在规范性引用文件中将“GB 12317 海图图式”改为“GB 12319—1998 中国海图图式”，将“GB 12318 航海图编绘规范”改为“GB12320—1998 中国航海图编绘规范”；

——增加了航海通告发布形式（见第 4 章）；

——细化和完善了航海通告发布内容（1994 年版的 3.4，本版的 4.4）；

——修改了坐标系采用的有关规定（1994 年版的 3.6，本版的 4.5.1）；

——删除了有关数字注记的规定（1994 年版的 3.9），增加了计量单位与精确度内容（见第 4 章）；

——修改了航海通告的内容编排，增加了航海信息、图书消息内容（1994 年版的 3.8.2.1，本版的 4.8）；

——增加了地名采用原则（见第 4 章）；

——细化了编写细则的内容，进一步明确了通告项标题中项号、地名提示等各内容的编写方法和要求，修改了通告改正内容的说明形式（1994 年版的第 6 章，本版的第 7 章）；

——删除了贴图改正的有关内容（1994 年版的 6.5.7）；

——修改了说明样式的附录（1994 年版的附录 C，本版的附录 E）；

——增加了资料性附录“航海信息编写样式”（附录 F）；

——增加了资料性附录“海图改正编写样式”（附录 J）。

本标准的附录 A～附录 Q 为资料性附录。

本标准由海军司令部提出。

本标准由海军司令部航海保证部归口。

本标准由海军出版社负责起草。

本标准主要起草人：贾建军、李春菊、韩范畴、成俊、元建胜、吴珠宏、唐梦尧、李纪东、王焕。

本标准所代替标准的历次版本发布情况为：

——GB/T 15315—1994。

航海通告编写规范

1 范围

本标准规定了发布航海通告的区域、内容、体例、要求，以及航海通告的资料征集、编辑准备、编写细则等。

本标准适用于航海通告的编写。

2 规范性引用文件

下列文件中的条款通过本标准的引用而成为本标准的条款。凡是注日期的引用文件，其随后所有的修改单(不包括勘误的内容)或修订版均不适用于本标准，然而，鼓励根据本标准达成协议的各方研究是否可使用这些文件的最新版本。凡是不注日期的引用文件，其最新版本适用于本标准。

GB 12319—1998 中国海图图式

GB 12320—1998 中国航海图编绘规范

3 术语和定义

下列术语和定义适用于本标准。

3.1

航海通告 notices to mariners

刊载有关航行安全事项和航海图书改正内容的定期出版物。

3.2

海图改正项 chart corrections

时效性较长、需要据其对相关航海图书进行改正的通告项目。

3.3

临时通告 temporary notices

时效性较短、不需要据其对相关航海图书进行改正的有关航行安全事项的通告项目。

3.4

航行警告 navigational warnings

航海通告中转载海岸电台播发的危及船舶航行安全紧迫信息的通告项目。

4 总则

4.1 航海通告的作用

向使用者通报与航行有关的海区重要要素变化情况，用以改正航海图书，提高航海图书的现势性。

4.2 航海通告发布形式

4.2.1 航海通告以期刊形式发布，刊发周期一般为每周一期。必要时可对其中部分内容刊发汇编。

4.2.2 航海通告印刷品采用国家标准 A 系列 16 开本，即 A4 幅面尺寸。

4.2.3 航海通告印刷品一般通过邮寄、递送等方式发送给用户。通过互联网发布的电子版航海通告，内容应与同期印刷品一致。

4.3 发布航海通告的海区范围

发布航海通告的海区范围应覆盖中国海区及邻近海区，不应小于在版的最小比例尺航行图所覆盖的海区范围。转发航行警告的海区范围为国际海事组织划分的播发航行警告区划中的第Ⅺ海区。参见附录 A、附录 B。

4.4 航海通告发布内容

航海通告发布具体内容包括：

a) 助航标志的增设、撤除、移位、重建、故障、更换等变化情况；
b) 沉船、礁石、海底不明物体等航行障碍物的发现、清除、变更等情况；
c) 码头、防波堤等重要港口设施的变化情况；
d) 港池、重要航道的疏浚、淤积等水深变化情况；
e) 海底管道、电缆等管线的敷设、撤除、路由变更等情况；
f) 跨越航道的桥梁、架空管道、电缆、通信线、电力线、索道等的架设、撤除、净空高度变化、路由变更等情况；
g) 锚地、航道、海上养殖场、施工作业区、航泊限制区等各种区域的设置、废除、界线变更等情况；
h) 海上交通管制、通信联络、救助、航行规章制度、航法的实施、废除与变更等；
i) 航海图书出版预告、出版、改版、作废消息；
j) 其他航海信息。

4.5 数学基础与计量单位

4.5.1 坐标系

采用 WGS—84 世界大地坐标系。如资料采用的是其他坐标系，应进行坐标系改算；资料坐标系不明时可不改算，但应在相应通告项后予以说明。

4.5.2 高程基准

中国大陆地区一般采用 1985 国家高程基准；远离大陆的岛、礁，采用 1985 国家高程基准有困难时，可采用当地平均海面作为高程基准。港、澳、台及外国地区采用原资料的高程基准。

4.5.3 深度基准

中国沿海采用理论最低潮面。港、澳、台及外国海域采用原资料的深度基准。

4.5.4 计量单位与精确度

采用国际标准计量单位，常用的有：度(°)、分(′)、秒(″)、海里(M)、千米(km)、米(m)。一般最高精确度为：

a) 位置坐标精确到 0″.1；
b) 方位精确到 1″；
c) 长度、距离、高度 10 m 以内精确到 0.1 m，10 m 以上(含 10 m)精确到 1 m；
d) 水深浅于 31 m 的精确到 0.1 m，深于 31 m(含 31 m)的精确到 1 m。

4.6 点位和方位

点位是指制图要素在图上的位置。采用经纬度或方位距离法表示。方位应为真方位，但导航线和灯标光弧的方位应为海上视航标的真方位。

4.7 地名采用原则

航海通告应采用最新版海图上的地名。同一地理实体在不同海图上或其他资料中出现多个名称时，可按主、副名称的形式处理：

a) 不同时期出版的海图地名不一致时，用后出版的海图地名作为主名，先出版的海图地名作为副名；
b) 海图地名与政府地名管理机构新公布的地名不一致时，用政府地名管理机构新公布的地名作为主名，海图地名作为副名；
c) 资料中的地名与海图不一致时，采用海图上的地名，必要时以资料中的地名作为副名；
d) 主副名表示形式为主名在前，副名用小括号“()”括起并附在主名后面。

4.8 航海通告的内容编排

航海通告的内容编排分为四个单元，分别为：

a) 说明、航海信息、图书消息；

b) 索引、海图改正、临时通告；

c) 航行警告；

d) 航海书表改正。

5 资料征集

5.1 资料来源

5.1.1 外交、交通、测绘、渔业、海事、邮电、水电、海运、航运、石油、地质勘查等政府机构和企事业单位、军队等部门的情况通报。

5.1.2 航海等有关人员个人向航海通告编发部门提供的最新海区变化情况。

5.1.3 外国官方机构发布的航海通告等。

5.2 海区变化情况报告方式

报告海区变化情况应采用迅速可靠的通讯方式。可根据缓急程度采用电报、传真、电话、电子邮件、信函、填写海区情况报告表等方式。

5.3 海区情况报告内容

海区情况报告一般应包括以下内容：报告者单位名称、本人姓名、通讯地址、电话号码、报告题目、地理区域、位置或范围、关系海图、内容详述、有关建议和要求、报告时间。书面报告时应填写海区情况报告表，由报告人签名并加盖单位印章。

6 编辑准备

6.1 基础准备

基础准备主要包括以下工作：

a) 熟悉本标准及其他相关规范和标准；

b) 备考航海图、书并改正到最新；

c) 建立资料汇集、编辑流程、问题处理登记簿(或卡)；

d) 建立临时通告撤项记录簿。

6.2 资料准备

6.2.1 资料汇集与登记

依照每期航海通告截稿时间，按时将各方提供的原始资料汇集、编号、登记。

6.2.2 资料分析

通告编辑应对资料进行分析、核实，并按照航海通告中海图改正、临时通告、航行警告、航海信息等专题将资料归类，以便按专题实施编辑工作。

7 编写细则

7.1 基本要求

航海通告的格式应相对固定，语言严谨、简练、规范、统一，要素及符号表示符合 GB 12319—1998、GB 12320—1998 规定。

7.2 各部分编辑要求

7.2.1 封面

封面应标明通告名称、期数、项数、出版日期、目录、出版机关名称和徽志等内容。参见附录 C。

7.2.2 版权页

版权页应标明通告名称、期数,编制、出版、发行者的名称和地址,印次、开本、印数、书号等必要的版权说明。其空白处可配置声明、相关说明等。参见附录 D。

7.2.3 说明

每期通告均应附有通告使用说明。参见附录 E。

7.2.4 航海信息

主要刊发航海图书上未表示、但与船舶航行安全有关的信息。如海上交通管制、通信联络、海难救助、卫星导航系统、地面导航系统等信息及其他有关信息。参见附录 F。

7.2.5 图书消息

主要发布航海图书出版、改版、作废以及出版预告消息。参见附录 G。

7.2.6 地理区域索引

7.2.6.1 地理区域索引内容主要包括国名、海区名、具体地名和通告项号。地理区域索引编写样式参见附录 H。

7.2.6.2 地理区域索引按照先中国海区、后外国海区,从北到南,由近至远的顺序编排:

a) 中国海区编排顺序依次为渤海、黄海、东海、台湾海峡、台湾岛、南海、北部湾;

b) 外国海区编排顺序依次为朝鲜、韩国、日本、菲律宾、越南等;

c) "海图更正"和"新图补改"通告项的项标题及项号列在索引末尾。

7.2.7 关系海图索引

关系海图索引包括涉及海图改正的所有海图图号及相关改正项数,按关系海图图号数字从小到大的顺序排列,项号排在关系图号右边(右栏)。当关系海图种类为两种或两种以上时,须按中国海区航海图、渔业图、外国海区航海图的顺序排列。关系海图索引编写样式参见附录 I。

7.3 航海通告项编写细则

7.3.1 航海通告项标题

航海通告(包括海图改正和临时通告)的项标题由项号、地名提示和要素动态提示三部分组成。格式如:

∗101	东海 厦门港———	设置灯浮标
项号	地名提示	要素动态提示

7.3.2 项号

项号由序号和计算机检索符号组成。其中序号从每年第 1 期第 1 项开始,用阿拉伯数字流水编号,至年底最后一期止。计算机检索符号分为两种,"∗"代表海图改正通告项;"T"代表临时通告项。如∗102、∗105、T104 等。

7.3.3 地名提示

地名提示以便于使用者尽快找到通告相关地点为原则,尽可能直接、简练,一般由两级地名组成,在复杂海区亦可由三级或四级地名组成。各级地名之间以空格分开,分级标准和示例如下:

a) 第一级地名,中国海区为渤海、黄海、东海、台湾海峡、台湾岛、南海、北部湾,外国海区为国名。

b) 第二级地名,为较著名的港口、海湾、入海口、海峡、群岛、岛和岬角等的名称。

c) 第三级地名,须小于第二级地名,并且在第二级地名提示的区域内。以此类推,第四级地名须小于第三级地名,并且在第三级地名提示的区域内。

d) 在具体地名后面还可附加"××方"、"附近"等词,以便进一步提示要素所处位置。

示例 1:黄海 成山角东方

示例 2:东海 长江口 南港水道

示例 3:南海 深圳港 盐田港区

示例 4:印度尼西亚 苏门答腊岛东岸附近

7.3.4 要素动态提示

7.3.4.1 要素动态提示,应由要素名称和动态词组成,如:灯桩移位、设置灯浮标、划定通航分隔带、存在沉船等。临时通告项还应在要素动态提示后注“(临)”。如:挖泥施工(临)。

7.3.4.2 助航标志类要素动态提示组词形式见表1。

表1 助航标志类要素动态提示组词形式

主体要素名称	动态词与组词格式	备注
灯桩、引导灯桩、灯塔、立标、灯船、灯浮、水中灯桩、浮标、警示标牌、雾笛、雾钟、雷达应答器(雷康)、无线电指向标(指向)、船舶自动识别系统(AIS)等视听觉标志和无线电标识类	设置×× ××试发光 撤除×× ××暂停发光 ××变更 ××恢复发光 ××移位 ××关闭 ××倒塌 ××暂停工作 ××漂失 ××恢复工作 ××熄灭	a) 在一项通告中出现“变更”和“移位”两种动态时,选择“变更” b) 冬春季节性换标动态提示为“冬季换标”、“春季换标”两固定词组

7.3.4.3 碍航物类要素动态提示组词形式见表2。

表2 碍航物类要素动态提示组词形式

主体要素名称	动态词与组词格式	备注
沉船、暗礁、浅水深、爆炸物、井口、海底管线、架空管线、鱼礁、网箱、海带养殖区、禁航区、安全区、航泊限制区等碍航物和碍航区类	存在×× ××漂流/移 撤除×× 敷设××(海底管线) ××移位 架设××(架空管线) ××变更 划定××	在一项通告中出现“变更”和“移位”两种动态时,选择“变更”

7.3.4.4 锚地、航道类要素动态提示组词形式见表3。

表3 锚地、航道类要素动态提示组词形式

主体要素名称	动态词与组词格式	备注
锚位、锚地、航道线、航道分隔带等	划定×× 撤除×× ××变更	移位或范围变化均选择“变更”

7.3.4.5 地质、水文类要素动态提示组词形式见表4。

表4 地质、水文类要素动态提示组词形式

主体要素名称	动态词与组词格式	备注
底质、地震、火山、地磁、变色海水、潮流、海流、浪花、湍流、旋涡等	发现×× ××变化 ××消失	

7.3.4.6 施工、作业类动态提示组词形式见表5。

表5 施工、作业类动态提示组词形式

施工类		作业类	
疏浚施工	护岸施工	清障作业	爆破作业
挖泥施工	打桩施工	清淤作业	钻探作业
取沙施工	沉箱施工	清污作业	勘探作业
吹填施工	沉桩施工	打捞作业	地震测量作业
填筑施工	建码头施工	潜水作业	海道测量作业
抛泥施工	建桥施工	炸礁作业	拆船作业
抛石施工	安装施工		
围海施工	吊装施工		
筑坝施工	敷设海底电缆施工		
筑堤施工	架设电力线施工		
备注:a) 不明性质的海上施工或作业,统称“海上作业”。 b) 科学考察、仪器或武器试验、军事训练活动等,可采用各自的专用动态提示词。			

7.3.5 “海图更正”和“新图补改”通告项的项标题

“海图更正”和“新图补改”通告项的项标题无地名提示和要素动态提示，直接采用“海图更正”或“新图补改”作为项标题。“海图更正”项，适用于更正或修正现行海图内容。“新图补改”项，适用于补充改正新出版海图出版发行之日前未进行改正的通告内容。

7.4 海图改正项正文编写细则

7.4.1 海图改正项正文栏目划分

海图改正项正文内容一般分为 6 个栏目。每个栏目的名称及标题词如下：

a) 改正行为栏，标题词为“加绘”、“删除”、“移位”、“变更”等；

b) 关系海图栏，标题词为“海图”；

c) 关系航标表栏，标题词为“航标表”；

d) 备注栏，标题词为“备注”；

e) 撤项栏，标题词为“撤项”；

f) 资料来源栏，标题词为“资料来源”。

海图改正编写样式参见附录 J。

7.4.2 改正行为栏

改正行为栏内容由标题词、要素符号及注记(或要素描述词)、要素位置三部分组成。编写格式如：

示例 1：

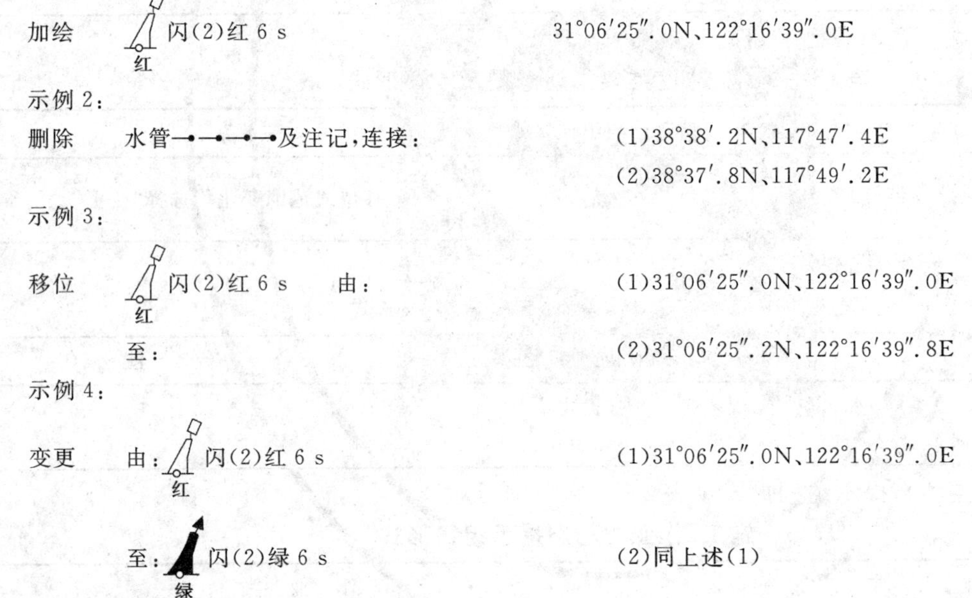

加绘 红 闪(2)红 6 s 31°06′25″.0N、122°16′39″.0E

示例 2：

删除 水管—•—•—•—•及注记，连接： (1)38°38′.2N、117°47′.4E

(2)38°37′.8N、117°49′.2E

示例 3：

移位 红 闪(2)红 6 s 由： (1)31°06′25″.0N、122°16′39″.0E

至： (2)31°06′25″.2N、122°16′39″.8E

示例 4：

变更 由：红 闪(2)红 6 s (1)31°06′25″.0N、122°16′39″.0E

至：绿 闪(2)绿 6 s (2)同上述(1)

7.4.2.1 标题词的选择原则

a) 选择标题词须符合资料本意。

b) 在一项通告中，一个(类)要素改正内容尽量用一个或两个标题词引导表述完整。如某灯浮移位，一般用“移位”一个标题词引导表述完整；如某锚地移位，则一般采用“删除”和“加绘”两个标题词，前后呼应引导表述完整。

c) 当某一个(类)要素改正内容在一项通告中用两个标题词未能引导表述完毕时，可拆项分述。

7.4.2.2 要素符号及注记的表示

a) 要素符号及注记的表示应按 GB 12319—1998 执行；

b) 当不使用符号及注记表示时，可采用词组、短语对符号进行描述，但要求文字简明，贴切。

7.4.2.3 要素位置表示应遵循的原则

a) 要素位置一律用经纬度表示；

b) 含加绘、移位、变更行为的要素位置精度一律为“秒”后保留一位小数(0″.1)；

c) 含删除行为的要素位置精度可为“分”后保留一位小数或“秒”后保留一位小数(0′.1或0″.1)，但位置点不得偏离海图上标注的相应要素主体符号边缘；

d) 当资料提供的删除要素位置点偏离图上相应要素主体符号边缘时，须从图上直接量取位置作为位置编写依据。

7.4.3 关系海图栏

在标题词“海图”后，依次列出本项通告涉及改正的海图的图号、各图在本项通告中须改正的小项号以及各图前次改正通告的年份和项号。编写格式如：

示例：海图　16642〔2005-19〕　15770(1)〔2006-319〕

a) 海图图号，包括本项通告涉及的各种不同比例尺海图的图号，按其比例尺从大到小的顺序排列；

b) 小项号，用于提示该海图仅改正本项通告中某一小项或几小项内容，小项号以小括号“()”括注于图号之后；

c) 前次改正通告的年份和项号，用于记录该海图上一次改正通告的年份和项号，以中括号“〔〕”括注于海图图号或小项号之后。

7.4.4 关系航标表栏

为非固定栏目，凡涉及助航标志类且须改正航标表的通告项均须设置本栏，用以提示相关航标表的书号、出版时间及航标编号，航标编号用中括号“〔〕”括起。编写格式如：

示例：航标表　G101/2005〔1232〕〔1233〕

7.4.5 备注栏

为非固定栏目，用于补充说明不能在海图上表示的内容或说明要素表示方法。编写格式如：

示例1：备注 为钢质渔船，300总吨。

示例2：备注 引导线虚线长200 m，实线长950 m。

7.4.6 撤项栏

为非固定栏目，仅在本项通告内容覆盖或纠正前项通告内容时使用。撤项栏用于记录被撤除的前项通告的年份和项号。编写格式如：

示例：撤项　2005年924项

7.4.7 资料来源栏

用于记录本项通告所采用的原始资料，表示内容包括资料提供单位简称、资料文件号、通告编发单位内部资料编号。编写格式如：

示例：资料来源　甬海事航(2005)89号　(1523/2005)

7.5 临时通告编写规定

7.5.1 临时通告项适用于发布时效性较短或有明确时限的施工、作业、季节性换标等情况。有关航行障碍物(漂浮物除外)的发现、清除、变更等情况不得作为临时通告发布。

7.5.2 临时通告编排在海图改正后面。每月最后一期通告列出有效临时通告索引。每年年底出版临时通告汇编。

7.5.3 临时通告不改正航海图、书，所列海图图号仅供使用该项通告时参考。

7.6 临时通告项正文内容编写细则

7.6.1 临时通告项正文栏目划分

临时通告项正文内容一般分为6个栏目。每个栏目的名称及标题词如下：

a) 时间栏，标题词为“时间”；

b) 要素动态栏，标题词为“设置”、“存在”、“划定”、“撤除”、“移位”、“变更”、“范围”、“路由”、“位置”等；

c) 备注栏，标题词为“备注”；

d) 参考海图栏，标题词为“海图”；

e） 撤项栏，标题词为“撤项”；

f） 资料来源栏，标题词为“资料来源”。

临时通告编写样式参见附录 K。

7.6.2 时间栏

为非固定栏目，根据资料情况而定。编写格式如：

示例 1：

时间　2006 年 3 月 1 日—8 月 1 日，每日 0080—1800

示例 2：

时间　2006 年 3 月 1 日—2007 年 1 月 30 日

示例 3：

时间　自 2006 年 3 月 1 日起

示例 4：

时间　现在

7.6.3 要素动态栏

要素动态栏内容由标题词、要素符号及注记（或要素描述词）、要素位置三部分组成。标题词选择、要素符号及注记的表示分别参照上述 7.4.2.1、7.4.2.2 执行。要素位置一般采用经纬度表示，但根据资料情况也可采用方位距离法表示。编写格式如：

示例 1：

设置　闪(2)红 6 s　红　34°01′59″.0N、121°52′54″.0E

示例 2：

位置　30°19′12″.0N、121°41′27″.0E

示例 3：

范围　连接：　(1)37°32′31″.0N、122°12′58″.0E
(2)37°31′03″.0N、122°11′37″.0E
(3)37°29′42″.0N、122°13′40″.0E
(4)37°31′03″.0N、122°15′54″.0E
(5)同上述(1)

示例 4：

设置　闪(2)红 6 s　(1)31°26′32″.0N、121°48′04″.0E

撤除　闪(2)绿 6 s　绿　(2)同上述(1)

示例 5：

划定　32 号油田专用锚地，连接：　(1)39°00′43″.0N、119°15′45″.0E
(2)39°02′43″.0N、119°15′40″.0E
(3)39°02′45″.0N、119°18′58″.0E
(4)38°59′45″.0N、119°18′30″.0E
(5)同上述(1)

撤除　原 32 号油田专用锚地，连接：　(6)39°00′43″.2N、119°15′45″.3E
(7)39°02′43″.2N、119°15′40″.3E
(8)39°02′45″.2N、119°18′58″.3E
(9)38°59′45″.2N、119°18′30″.3E
(10)同上述(6)

示例 6：

移位　闪(2)红 6 s 由：　红　(1)31°26′32″.2N、121°48′04″.3E
至：　(2)31°26′32″.0N、121°48′04″.0E

7.6.4 备注栏

为非固定栏目，根据资料情况而定。编写格式如：

示例 1：备注　　守听 VHF16 频道。

示例 2：备注　　拖带电缆长 4 500 m，其他船舶须距电缆尾端 500 m 外缓速航行。

示例 3：备注　　钢质“×××”号渔船，500 总吨，桅杆露出水面。

示例 4：备注　　安全区半径为 2 000 m。

7.6.5 参考海图栏

用于提供一幅本项通告涉及海区的适当比例尺海图图号，供航海人员使用该项临时通告时参考。编写格式如：

示例：海图　　16561

7.6.6 撤项栏

为非固定栏目，仅在本项通告内容覆盖或纠正前项通告内容时使用。撤项栏用于记录被撤除的前项通告的年份和项号。编写格式如：

示例：撤项　　2000 年 886 项（临）

7.6.7 资料来源栏

同上述 7.4.7 的规定。

7.7 有效临时通告索引

内容包括所有有效临时通告的项号和项标题，依次按海区顺序、年份顺序、项号顺序进行编排。有效临时通告索引编写样式参见附录 L。

7.8 航行警告

目前仅刊发由国际海事组织（IMO）划分的 NAVAREA 第Ⅺ海区的无线电航行警告。其内容前半部分为有效航行警告索引（项号记录），后半部分为当时的海区变化动态。航行警告编写样式参见附录 M。

7.9 航海书表改正

航海书表改正包括航路指南、港口指南和航标表等的改正，其改正内容只适用于改正所列版次的航海书表。

7.9.1 航路指南、港口指南等资料类书改正

在航路指南、港口指南等资料类书改正中，提示标题从左至右依次列出航路指南、港口指南等的书号、书名、卷号和出版年份，在标题下面左边一栏和中间一栏为改正内容所处的位置，即页码和行数，右边宽栏内为改正内容。航路指南、港口指南等资料类书改正编写样式参见附录 N。

7.9.2 航标表改正

在航标表改正中，提示标题从左至右依次列出航标表的书名、书号、出版年份。航标表改正内容栏中的“…”代表该栏原内容不变，“—”表示删去该栏内容。航标表改正编写样式参见附录 O。

7.10 海区情况报告表

参见附录 P。

7.11 海区情况报告表使用说明

海区情况报告表使用说明附在每期通告最后，作为封底。参见附录 Q。

8 质量控制

8.1 校对

8.1.1 通告内容校对

航海通告内容编辑完成后，应由校对员进行全面检查。检查内容主要包括：

a) 采用资料的正确性；

b) 要素位置的准确性以及坐标转换精度；

c) 通告内容的编写格式；

d) 通告图式符号采用的正确性；

e) 通告改正关系海图图号错、漏；

f) 海图改正内容等的准确性以及对不同比例尺图的综合取舍与标注方式的合理性；

g) 航路指南、港口指南、航标表等的改正内容；

h) 索引编排。

8.1.2 印刷胶片校对

应按验收编辑审查后的终稿，对印刷清样（或胶片）进行逐一校对。

8.1.3 通告数据库校对

通告数据库应在纸质通告入库时立即更新，更新后应全面检查。

8.2 审查

航海通告经校对后，应由审查人员进行全面审查，审查工作一般应包括校对所做的各项工作。

8.3 验收

航海通告经审查后，应由验收编辑进行重点验收，验收工作主要是对校对和审查工作进行质量抽查，并对航海通告的索引、图书改正一致性、通告的版式、通告资料的采用程度、通告改正项的实体内容等进行详细检查。

8.4 成品验收

纸质通告印刷完毕后，应由验收编辑进行成品验收。验收合格者，签发入库单入库。

9 发行

9.1 纸质航海通告

发行部门接到纸质通告入库单后，应及时进行通告入库和发行。

9.2 电子版航海通告

上网发布的电子版航海通告，应在纸质通告入库时同步进行。

10 排版顺序和版式规定

10.1 排版顺序

排版顺序与印刷规定见表 6。

表 6 排版顺序与印刷规定

序号	排版顺序	页码起、接排规定	印刷规定
1	封面	封一	
2	版权	封一背面位置	
3	说明	另页第 1 页起排页码	双面印刷
4	关系海图范围示意图	另面接上排页码	双面印刷
5	航行警告范围示意图	另面接上排页码	双面印刷
6	航海信息	另面接上排页码	双面印刷
7	图书消息	另面接上排页码	双面印刷
8	地理区域索引	另页第 1 页起排码	双面印刷
9	关系海图索引	另面接上排页码	双面印刷
10	海图改正	另面接上排页码	双面印刷
11	临时通告	另页接上排页码	单面印刷
12	有效临时通告索引	另页接上排页码	单面印刷
13	航行警告	另页第 1 页起排页码	单面印刷
14	航海书表改正	另页第 1 页起排页码	单面印刷
15	海区情况报告表	占封三、封四位置	双面印刷

10.2 版式规定

10.2.1 开本、版心

采用国家标准 A 系列 16 开本，210 mm×297 mm（即 A4 幅面尺寸）；版心（含页码）为 165 mm×260 mm。

10.2.2 页码编排格式

每个单元均单独排页码，页码格式为："单元序号"＋"."＋"页数"。如：第一单元第一页页码为"1.1"，第二单元第三页页码为"2.3"。

10.2.3 字体、字级

航海通告封面、版权页和封底为相对固定版面，其他一切文字、表格版面的字体、字级参照表 7。

表 7 字体、字级对照表

主　体	字　体	字　级
正标题 （指另页或另面排的居中标题）	黑体	4 号（20 级、14 P）
偏题（或另行标题）	黑体	5 号（15 级、10.5 P）
正文（含数字、英文字母）	宋体	5 号（15 级、10.5 P）

附 录 A
(资料性附录)
航海通告关系海图范围示意图

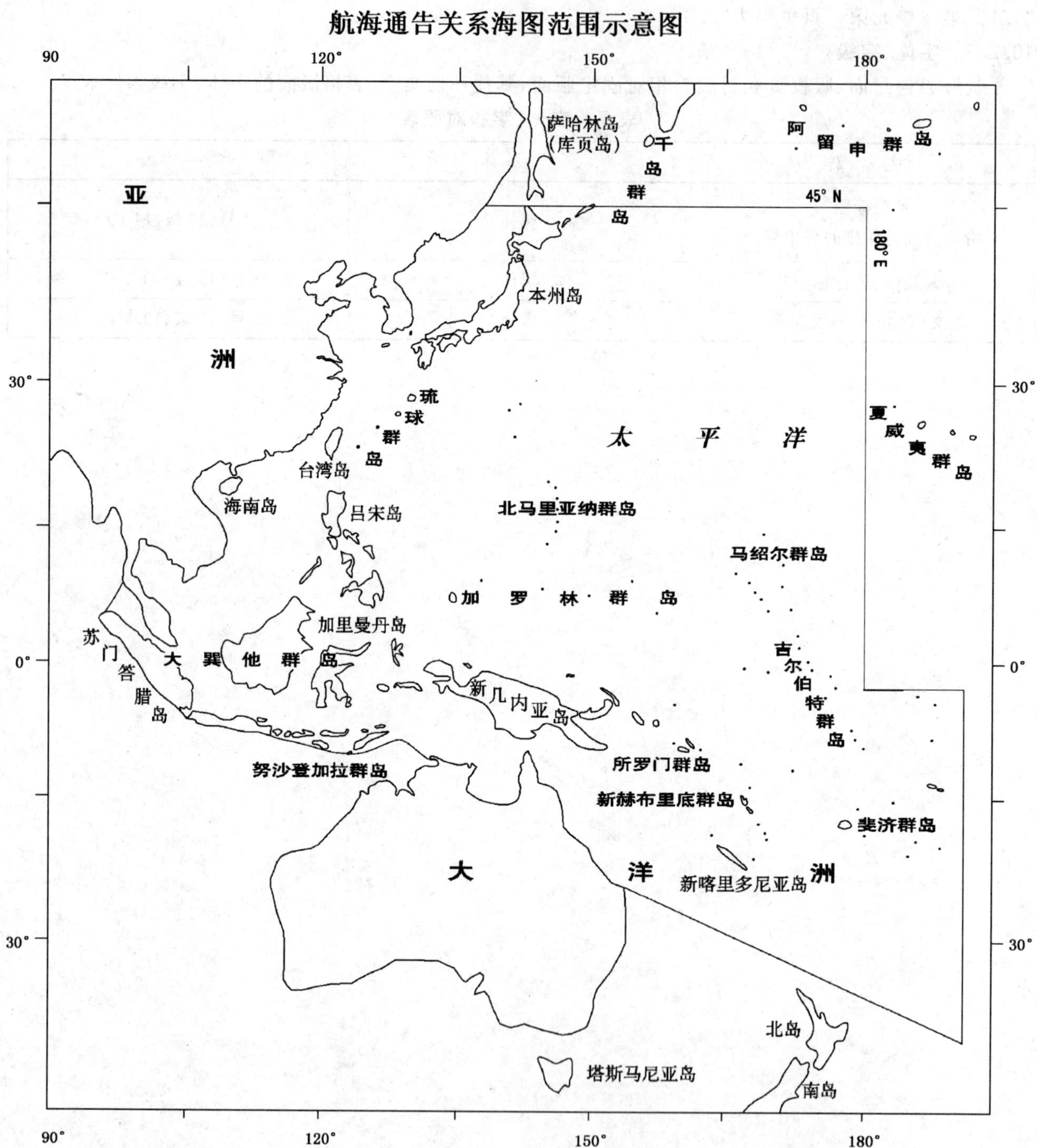

附 录 B
（资料性附录）
航行警告第Ⅺ海区位置范围示意图

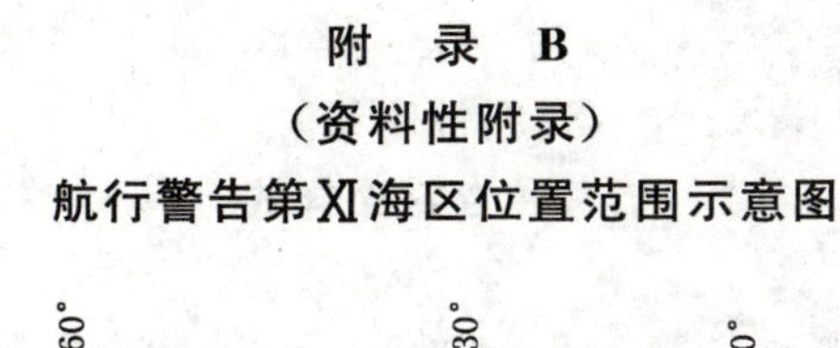

航海警告第XI海区位置范围示意图
NAVAREA XI

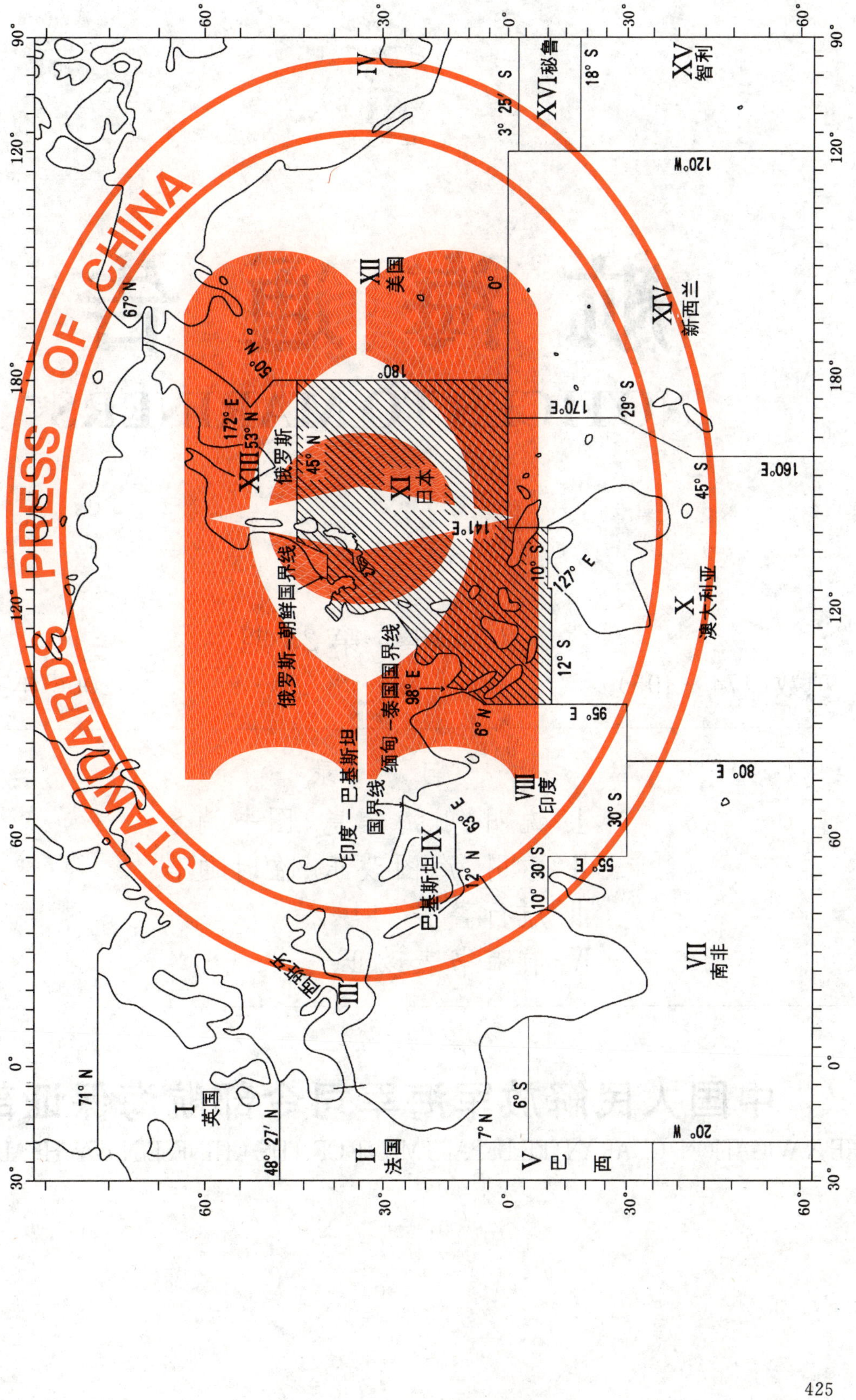

附 录 C
(资料性附录)
航海通告封面样式

航 海 通 告

NOTICES TO MARINERS

2006年 第23期

项数(474—495) 2006年6月6日

目 录

中国人民解放军海军司令部航海保证部

THE NAVIGATION GUARANTEE DEPARTMENT OF THE CHINESE NAVY HEADQUARTERS

附 录 D
（资料性附录）
航海通告版权页样式

为做好航海通告工作，确保航行安全，请航保、测量、海事、航标、水产、物探、航务等部门及时提供最新资料，各用户在使用航海图书时如发现其与实际情况不符，请及时反映情况和提出建议。根据缓急程度可采用电报、传真、电话、电子邮件、信函、填写海区情况报告表函寄等方式。为方便反映情况，每期通告均附有“海区情况报告表”。来函请寄：中国航海图书出版社，地址：天津市塘沽区上海道1716号，邮政编码：300450，电话：(022)66972007，传真：(022)25306384，电子信箱：cnp@ngd.gov.cn

航 海 通 告

NOTICES TO MARINERS

2006年 第23期

*

中国人民解放军海军司令部航海保证部编制

中国航海图书出版社出版发行

天津市塘沽区上海道1716号

中国人民解放军第4210工厂印刷

*

2006年6月第1次印刷

开本880×1230 1/16 印张：2¼ 字数23千字

印数：1-9 500册

*

统一书号：1280213·106 工本费：6.60元

（版权专有 不得翻印）

附 录 E
（资料性附录）
说 明 样 式

说 明

本通告及时刊发海区变化资料，供航海人员和有关单位用以改正中国航海图书，保障海上航行和生产作业安全使用，其覆盖海区范围见示意图。

一、海图改正

通告中所记位置均以最大比例尺海图为准，用经纬度表示。如通告项后无特殊说明，位置采用WGS-84坐标系。“（概位）”系为概略位置。

通告中所记方位均系真方位，自真北000°开始，顺时针方向至360°，其中航标的导航线或光弧的方位系指海上视航标的真方位。

关系海图图号后小括号内的数字表示该海图只改正本项通告中某一小项或几小项内容，中括号内的数字为该图前次改正通告的年份和项号。

通告项号前的“*”为计算机检索符号，无特殊含义。通告中使用的符号请参考GB12319—1998。

二、临时通告

临时通告在通告项号前注有“T”字，在标题后面括注“（临）”字，单面印刷。每月最后一期通告列出有效临时通告索引，每年年底出版有效临时通告汇编，以方便航海人员查找使用。临时通告不改正航海图书，所列海图图号仅供使用该项通告时参考。

三、航海书表改正

航海书表改正包括航路指南、港口指南和航标表等的改正，其改正内容只适用于改正所列版次的航海书表。

1. 航路指南、港口指南等资料类书改正

标题中从左至右各项，依次表示书号、书名、卷号、版次及补编的名称和出版年、月。标题下面为改正内容。

2. 航标表改正

当通告中涉及改正航标时，通告中只给出该标所在《航标表》的书号、出版年份及航标编号。其详细改正内容均在航标表改正中反映出来。

《航标表》改正中的符号“…”代表该栏原内容不变，“—”代表删去该栏内容。

附 录 F
（资料性附录）
航海信息编写样式

航 海 信 息

一、东海海区（船舶自动识别系统 AIS）基站 2006 年 2 月 7 日起试运行，基站要素如下：

1. 名　　称：车牛山 AIS 基站
   位　　置：34°59.7′N，119°49.3′E
   频　　率：AIS1　161.975 MHz
   　　　　　AIS2　162.025 MHz
   工作模式：自主连续、分配、轮询
   发射功率：12.5 W
   MMSI：004132102
2. 名　　称：佘山 AIS 基站
   位　　置：31°25.3′N，122°14.5′E
   频　　率：AIS1　161.975 MHz
   　　　　　AIS2　162.025 MHz
   工作模式：自主连续、分配、轮询
   发射功率：12.5 W

MMSI：004132204

二、南海区三灶岛导航台定于 2006 年 3 月 1 日—3 日停机检修。

附　录　G
（资料性附录）
图书消息编写样式

一、最新出版图书

新版海图

图号		图名		比例尺		出版时间	
范围		内容简介					

改版海图

图号	图名	改版时间	备　注
13182	横沙通道	2006 年 6 月	2005 年 10 月版 13182 海图作废

新版书表

编号		书名		开本		出版时间	
内容简介							

改版书表

编号	书名	开本	改版时间	备　注
A101	中国航路指南（黄、渤海海区）	16 开	2006 年 6 月	2000 年 10 月版 A101 及 2003 年 5 月版 A101 补编作废

二、图书出版预告

新版海图预告

图号		图名		比例尺		出版时间	
范围		内容简介					

改版海图预告

图号	图名	比例尺	计划改版时间
11381	大连港及附近	1∶4 万	2006 年 8 月

新版书表预告

编号		书名		开本		出版时间	
内容简介							

改版书表预告

编号	书　　名	开本	计划改版时间	备　　注
G101	航标表(黄、渤海海区)	16开	2006年8月	

三、宣布作废图书

作废海图

图号	图　　名	版　　别	备　　注
11010	天津新港、大连港至成山角	2003年5月版	已出版 WGS－84 坐标系新版海图
10019	黄岩岛(民主礁)至巴拉巴克海峡	2001年11月版	

作废书表

编号	书　　名	卷号	版　　别	备　　注

附 录 H
（资料性附录）
地理区域索引编写样式

地 理 区 域 索 引

附 录 I
（资料性附录）
关系海图索引编写样式

关 系 海 图 索 引

图　号	项　数	图　号	项　数
104	388、389		
10015	388、389		
10016	382		
13170	386、387		
13179	386、387		
13185	384		
13940	385		
13950	385		
13991	385		
15711	383		
15713	383		
16020	382		
16700	382		
16710	382		
16751	382		
16752	382		
16770	382		
F10502	388、389		
F10508	388、389		
25010	388		
25011	388、389		
25012	388、389		

附 录 J
(资料性附录)
海图改正编写样式

海 图 改 正

＊101 东海 杭州湾——设置灯浮标

加绘 (K2) 红 闪(2)红 6 s (1)30°33′30″.0N、121°59′44″.3E

(K5) 绿 快绿 (2)30°36′19″.7N、121°54′44″.5E

海图 13341(1)〔2005-477〕 13310〔2005-477〕

航标表 G102/2004〔2324.3〕〔2324.6〕

资料来源 沪航标字(2005)011 号 (138/2005)

＊102 南海 湛江港——设置引导灯桩

加绘 前灯 定红 28 m7 M (1)21°10′05″.9N、110°24′07″.2E

后灯 定红 32 m7 M (2)21°10′06″.3N、110°24′06″.1E

引导线290°41′ (3)自上述(2)经(1)延长

★ 2 定红 (4)同上述(1)

引导线290°41′ (5)自上述(1)延长

海图 15731(1-3)〔2005-420〕 15740(4、5)〔2005-420〕

航标表 G103/2004〔4747.1〕〔4747.11〕

备注 引导线虚线长 200 m,实线长 950 m。

资料来源 粤海事标字(2005)036 号(1738/2005)

＊103 东海 杭州湾——划定航道

加绘 航道右边线_ _ _ _,连接: (1)30°32′40″.0N、122°05′24″.0E

(2)30°37′04″.7N、121°52′36″.0E(K7 灯浮)

(3)30°38′34″.0N、121°48′18″.5E(K11 灯浮)

航道左边线_ _ _ _,连接: (4)30°32′24″.0N、122°03′00″.0E(漕泾灯浮)

(5)30°37′38″.0N、121°47′51″.5E(K12 灯浮)

海图 13310〔2005-500〕

资料来源 沪航标字(2005)011 号(251/2005)

＊104 东海 三门湾口东方——灯塔灯质变更

变更 由:☆闪 3s49m16M (1)29°03′07″.9N、122°00′40″.3E

至:㊉闪 5s49m16M 雷康(X) (2)同上述(1)

海图　13570〔2004-959〕

航标表　G102/2004〔2622〕

资料来源　沪航标字(2004)102 号 (1789/2004)

＊105　渤海　渤海湾——存在沉船

加绘　概位⊹据报(2005)　38°32′30″.0N、118°16′47″.5E

海图　11781〔2005-80〕

备注　钢质“浙普 01132”号船，200 t。

资料来源　标通字(2005)28 号 (1200/2005)

＊106　渤海　渤海湾——设置平台、划定安全区

加绘　WHP-C ⊡　(1)38°44′52″.6N、118°43′25″.7E

海底管线-•-•-•-•，上注“油、汽”，

下注“地下 1.5 m”，连接：　(2)同上述(1)

(3)38°46′11″.8N、118°40′31″.6E

安全区，半径 500 m，中心点：　(4)同上述(1)

海图　11010〔2005-801〕

资料来源　津海事航字(2005)43 号 (998/2005)

＊107　东海　舟山群岛　中钓山——架设电力线

加绘　架空电力线，净空高 29 m，连接：　(1)30°03′49″.0N、121°58′45″.0E

(2)30°03′59″.0N、121°58′18″.0E

架空电力线，净空高 33 m，连接：　(3)同上述(2)

(4)30°03′49″.0N、121°58′03″.0E

海图　13371〔2005-622〕

资料来源　舟山航(2004)174 号(2022/2004)

＊108　黄海　养马岛附近——撤除鱼礁区

删除　符号、注记，鱼礁区界线，连接：　(1)37°30′46″.0N、121°41′46″.0E

(2)37°30′46″.0N、121°42′47″.0E

(3)37°30′25″.0N、121°42′47″.0E

(4)同上述(1)

海图　11961〔2004-365〕

资料来源　烟海事航字(2004)14 号(666/2004)

＊109　南海　珠江口　大屿山西北方——水深变更

变更　由：8　(1)22°17′59″.5N、113°50′35″.4E

至：5_8　(2)同上述(1)

海图　×××

资料来源　×××

＊110　黄海　威海港——港界变更

加绘　港界线----，并在相应

位置加注“外港界”，连接： (1)37°29′39″.3N、122°12′53″.0E
(2)37°29′40″.0N、122°17′15″.0E
(3)37°29′39″.6N、122°15′00″.0E
(11940东图廓)
(4)37°25′15″.0N、122°17′15″.0E

删除 原外港界线----及
注记，连接： (5)37°29′39″.3N、122°12′53″.0E
(6)37°27′40″.2N、122°14′31″.9E

海图 11981(1、2、4-6)〔2001-831〕 11940(1-3、5、6)〔2001-481〕

资料来源 ×××

*111 黄海 成山角东方——划定分道通航界线

加绘 分隔带，宽度2 M，中心线为连接： (1)37°31′11″.1N、122°45′24″.2E
(2)37°25′17″.5N、122°49′41″.0E
(3)37°11′36″.0N、122°49′41″.0E

分隔线，左侧注“沿岸通航带”，
连接： (4)37°29′41″.1N、122°42′07″.7E
(5)37°24′29″.3N、122°45′54″.4E
(6)37°11′36″.0N、122°45′54″.4E

分道通航航道边界线，连接： (7)37°32′41″.1N、122°48′40″.7E
(8)37°26′05″.7N、122°53′27″.6E
(9)37°11′36″.0N、122°53′27″.6E

警戒区范围线，半径5 M，内注
“警戒区”，从上述(4)点起，
顺时针方向画圆到上述(7)点止，
中心点： (10)37°34′38″.9N、122°42′52″.8E

海图 12110〔1990-830〕 12100〔1991-238〕

备注 分隔带西侧加绘向南的航向箭头，东侧加绘向北的航向箭头。

资料来源 ×××

附 录 K
(资料性附录)
临时通告编写样式

临 时 通 告

T110 渤海 莱州湾东营港东方——地震勘探作业(临)

时间 2005 年 5 月 1 日—2006 年 4 月 30 日,昼夜

范围 连接: (1)37°32′08″.0N、119°06′08″.0E
(2)37°23′29″.0N、119°06′08″.0E
(3)37°23′29″.0N、119°17′06″.0E
(4)37°32′08″.0N、119°17′08″.0E
(5)同上述(1)

备注 守听 VHF16 频道

海图 11840

资料来源 济海事航通(2005)04 号 (574/2005)

T111 南海 东沙群岛北方——钻探作业(临)

时间 自 2004 年 12 月 2 日起,大约 120 天

位置 “南海 5 号”钻井平台 21°28′42″.2N、116°38′29″.2E

备注 平台安全区,半径 2 000 m

海图 15010

撤项 2004 年 733 项

资料来源 粤航警(2004)279 号 (2012/2004)

T112 东海 舟山群岛 岑港——建港施工(临)

时间 2005 年 7 月 15 日—2006 年 7 月 30 日,昼夜

范围 连线两侧各扩展 200 m,连接: (1)30°02′.22N、121°58′.58E
(2)30°02′.17N、121°59′.04E

备注 守听 VHF16 频道

海图 13381

资料来源 舟海航(2005)102 号 (1063/2005)

T113 东海 长江口——灯浮标移位(临)

移位 (408) 红 闪红 4 s 由: (1)31°26′30″.0N、121°48′00″.0E

至: (2)31°26′32″.0N、121°48′04″.0E

海图 13181

资料来源 沪航标字(2005)063 号 (1294/2005)

T114 东海 长江口——灯浮标灯质变更(临)

变更　由:(408) 闪绿 4 s　　(1)　31°26′32″.0N、121°48′04″.0E
绿

至:(408) 闪红 4 s　　(2)同上述(1)
红

海图　13181

资料来源　沪航标字(2005)063 号　　(1294/2005)

T115　渤海　鲅鱼圈——设置灯浮标(临)

时间　2001 年 9 月 10 日—12 月 30 日

位置　莫(O)黄 15 s　　40°15′58″.0N、121°52′40″.0E
黄

海图　11521

资料来源　营港监航字(2001)10 号　　×××

附 录 L
（资料性附录）
有效临时通告索引编写样式

有效临时通告索引

(1) 中国 渤海

985/2002	莱州湾	存在遗留油管(临)
1064/2002	龙口港	码头施工(临)
555/2003	天津新港	设灯桩(临)
840/2003	大河口	灯浮标沉没(临)
483/2004	莱州湾	海上作业(临)
532/2004	秦皇岛港	设灯浮(临)
953/2004	莱州湾	海上作业(临)
43/2005	秦皇岛港	码头施工(临)
44/2005	秦皇岛港	防波堤加长工程(临)
45/2005	秦皇岛港	码头施工(临)
144/2005	莱州湾	海上作业(临)
174/2005	天津新港	防波堤扩建施工(临)
191/2005	天津新港	挖泥施工(临)
207/2005	天津新港	码头施工(临)
209/2005	海河	建码头施工(临)
251/2005	辽东湾	海上作业(临)

(2) 中国 黄海

235/2004	青岛港	疏浚施工(临)
344/2004	海州湾	设灯浮标(临)
366/2004	青岛港	建码头施工(临)
614/2004	新洋港口	存在障碍物(临)
615/2004	石臼港	设灯、浮筒(临)
762/2004	青岛港	挖泥施工(临)
161/2005	灌河口	灯浮漂失(临)
215/2005	大连港	建港施工(临)
313/2005	威海港	建码头施工(临)
314/2005	青岛港	设灯浮标(临)
346/2005	灵山岛南方	设灯浮标(临)
380/2005	大连港	建码头施工(临)
485/2005	青岛港	设置灯船(临)
556/2005	烟台港东南方	灯浮停止发光(临)

附 录 M
（资料性附录）
航行警告编写样式

航 行 警 告

NAVAREA XI航行警告

至2005年6月7日为止发布的警告中的有效项号（不包括漂浮物和船舶遇难方面的内容）：

2000年-261 1004

2001年-24 385 434 970

2002年-410 670 717 1020

2003年-417 575 607

2004年-33 35 76 120 478 520 528 801 115 1205

2005年-11 111 140 142 147 159 172 174 197 290 305 306 307 208 209
316 317 318 322 324 325 329 330 348 350 357 259 368 372 382 394
396 401 405 406 407 411 412 413 414 415 416 417 418 419 420 421 422
425 426 427 431 432 433 434 437 438 439 445 541 453 458 460 462
463 482 491 492 528 529 530 534 535 538 544 545 546 549 550 551
552 553 554 555 556 567 569 574 582 52003 598 592 593

574/2005 南海南部

7月10日之前，Balrac Sea号船后拖3 000 m长的电缆，在06°45′N、103°45′E，05°20′N、105°40′E之间70 M宽的海区内进行测量作业。

582/2005 南海南部

00°56′.1N、104°55′.2E处新设一灯，灯质闪(3)白10s22M。

520/2005 日本海

格林时6月11日至7月30日，每日从2200起11 h内，36°41′N、135°17′E，37°10′N、134°36′E、38°30′N、136°05′E，38°00′N、136°47′E连线内进行射击。

附 录 N
（资料性附录）
航路指南、港口指南等资料类书改正编写样式

航路指南改正

A103 中国航路指南 第三卷 2005 年

98 页	18 行	把“黄竹角湾”改为“黄竹角海”
198 页	19 行后	增加： 该港港池东、南、西三面为码头泊位，码头岸线总长度为 1 412.3 m，前沿水深 4 m～10 m。 其中 1～2 万吨级泊位 5 个。该港年吞吐量达 355 万吨(1994)。
	20～21 行	删去
	22 行	改为： 鱼鳞洲西西北方 1 M 处，水深 11 m 以上，泥沙底，可锚泊万吨级船舶，但不能避风。

附　录　O
（资料性附录）
航标表改正编写样式

航标表改正

南海航标表　G103/2005

4003	湛江港20号灯浮	21 10 43.8 110 24 35.1	…			…	…
4013	乌礁灯桩	23 35 02.2 117 02 119.9	…	7.6	…	白色混凝土桩身；7.0	—
4093	小赤洲灯桩（树屿）	…	…	…	…	白色圆柱形混凝土桩身；6.0	
4200	营盘灯桩	…	…	24.0	…	…	
4294	铺前港石角灯桩	…	闪白4 s 0.5+3.5	…		白色桩身	—
4342	汕头港3号引导灯桩前	23 21 13.5 116 40 51.3	…	…	…	…	…
4354.1	坪洲北7.3 m小岛灯桩	22 18 12.9 114 02 08.0	闪（2）白10 s	3.0	5	白色圆柱形L	
4354.2	坪洲西北1.5 m干出礁灯桩	22 18 00.9 114 01 45.9	快红	1.0	5	白色圆柱形	
4530	汕头港6号灯浮	删去					

附　录　P
（资料性附录）
海区情况报告表样式

海 区 情 况 报 告 表

〈使用说明见封底〉

报告者单位名称及本人姓名……………………………………………………

通信地址……………………………………………………………………

报告题目……………………………………………………………………

地理区域……………………………………………………………………

位置或范围〈概位请注明〉……………………………………………………

……………………………………………………………………………

关系海图(书)…………………………………………………………………

内容详述：

建议和要求……………………………………………………………………

……………………………………………………………………………

……………………………………………………………………………

单位盖章

年　月　日

附 录 Q
（资料性附录）
封 底 样 式

《海区情况报告表》使用说明

一、报告内容

1．暗礁、浅滩、沉船、石油平台等障碍物的发现或位置变动情况；

2．漂流物（如浮标、浮码头、大面积渔栅、未沉遇难船舶、大块浮冰等）、异常磁区、变色海水、浪花等的发现和变化情况；

3．助航标志和无线电导航设备的故障和变化情况；

4．航道、锚地和港区的水深变化情况；

5．与船舶系泊有关的港湾设备（如码头、系船浮筒、阻浪堤等）的设置和变化情况；

6．航海图书中有关内容同实际不符等情况；

7．其他。

二、注意事项

1．报告的位置，如用方位距离法记载时，应注明“自方位”或“视方位”字样；如用经纬度记载时，应注明坐标系（WGS-84世界大地坐标系或1954年北京坐标系）。如位置系从图上量取时，须注明采用的海图图号及其出版年月。

2．报告资料应注明测定位置或范围所采用的仪器和定位方法，仪器如：雷达、罗经、六分仪和GPS卫星导航系统等；定位方法如：直接定位法（船舶在障碍物上定位，从陆上已知点用方位距离法或前方交会法测定；在障碍物上以已知陆标用后方交会法测定；在障碍物上直接用GPS卫星导航系统测定等）、间接定位法（测定船位后，再以船位为已知点用方位距离法或前方交会法测定等）。

3．说明测量障碍物深度的时间、测深工具、采用的基准面以及是否经过潮汐改算。

4．漂流物除说明定位方法外，还应注明发现时间。

5．航标高程应说明其起算面，灯高应注明是灯顶高度还是灯光中心高度。

三、备注

我们在收到此表后，将对表中提供的资料进行核查，视情况刊登在《航海通告》中，一旦资料被采用，我们将对提供者给予适当奖励。

统一书号：1280213·002
工本费：××.××元

ICS 71.040.40;71.040.50
G 04

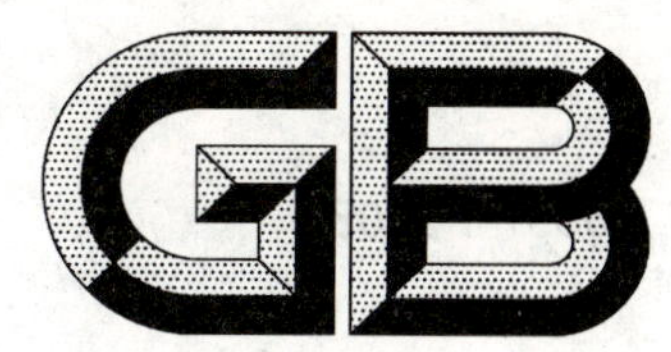

中华人民共和国国家标准

GB/T 15337—2008
代替 GB/T 15337—1994

原子吸收光谱分析法通则

General rules for atomic absorption spectrometric analysis

2008-06-04 发布 2008-12-01 实施

中华人民共和国国家质量监督检验检疫总局
中国国家标准化管理委员会 发布

前　言

本标准代替 GB/T 15337—1994《原子吸收光谱分析法通则》。

本标准与 GB/T 15337—1994 主要差异如下：

——在 7.2.5.2 中增加了消除物理干扰的内容；

——在 9.2.3 中将“应放置在橡胶或合成树脂板等绝缘物上面”改为“不应放置在橡胶或合成树脂板等绝缘物上面”；

——删除了原标准附录 A。

本标准附录 A、附录 B 为资料性附录。

本标准由中国石油和化学工业协会提出。

本标准由全国化学标准化技术委员会(SAC/TC 63)归口。

本标准由中国石油化工股份有限公司北京燕山分公司、中化化工标准化研究所负责起草。

本标准主要起草人：于洪洸、杨建海、邢素霞、魏静。

本标准于 1994 年首次发布。

原子吸收光谱分析法通则

1 范围

本标准规定了用原子吸收光谱仪进行定量分析的通用规则。

本标准适用于利用原子吸收光谱仪对从常量到痕量化学元素的定量分析。

2 规范性引用文件

下列文件中的条款通过本标准的引用而成为本标准的条款。凡是注日期的引用文件，其随后所有的修改单(不包括勘误的内容)或修订版均不适用于本标准，然而，鼓励根据本标准达成协议的各方研究是否可使用这些文件的最新版本。凡是不注日期的引用文件，其最新版本适用于本标准。

GB/T 4470 火焰发射、原子吸收和原子荧光光谱分析法术语(GB/T 4470—1998，idt ISO 6955：1982)

GB/T 6682 分析试验室用水规格和试验方法

JJG 694—1990 原子吸收分光光度计 检定规程

3 术语和定义

GB/T 4470 规定的以及下列术语和定义，适用于本标准。

3.1

火焰原子吸收光谱法 flame atomic absorption spectrometry

用火焰将欲分析试样中待测元素转变为自由原子，通过测量蒸气相中该元素的基态原子对特征电磁辐射的吸收，以确定化学元素含量的方法。

3.2

无火焰原子吸收光谱法 flameless atomic absorption spectrometry

用非火焰方法(如电热、激光或化学反应等)，将欲分析试样中待测元素转变为自由原子，通过测量蒸气相中该元素的基态原子对特征电磁辐射的吸收，以确定化学元素含量的方法。

3.3

电热原子吸收光谱法 electrothermal atomic absorption spectrometry

用电热(如石墨炉等)将欲分析试样中待测元素转变为自由原子，通过测量蒸气相中该元素的基态原子对特征电磁辐射的吸收，以确定化学元素含量的方法。

3.4

氢化物发生原子吸收光谱法 hydride generation atomic absorption spectrometry

基于待测元素还原生成氢化物，经加热(电热或火焰)分解成该元素的自由原子，通过测量蒸气相中该元素的基态原子对特征电磁辐射的吸收，以确定化学元素含量的方法。

3.5

冷蒸气发生测汞火焰原子吸收光谱法 mercury by cold vapour generation atomic absorption spectrometry

将欲分析试样中汞离子，还原为自由原子，通过测量蒸气相中的基态原子对特征电磁辐射的吸收，以确定汞元素含量的方法。

3.6

保护气 sheath gas

分析操作时,防止被测元素及原子化系统周围材料氧化的惰性气体。

4 原理

从光源辐射出待测元素的特征波长的电磁辐射,通过火焰或电热等原子化系统产生的样品蒸气时,被蒸气中待测元素的基态原子吸收,在一定试验条件下,吸光度值与试样中待测元素的浓度关系符合光吸收定律(公式(1)):

$$A = \lg\Phi_0/\Phi_{tr} = KLc \quad \cdots\cdots(1)$$

式中:

A——吸光度;

Φ_0——入射电磁辐射通量;

Φ_{tr}——透射电磁辐射通量;

K——吸收系数,在一定试验条件下为常数;

L——吸收光程长度;

c——待测元素的浓度。

利用此定律可进行定量分析。

5 试剂和材料

除非另有说明,在分析中仅使用确认为分析纯或优于分析纯的试剂,并应在使用前检查试剂空白,试剂空白值应符合要求。

5.1 水

采用原子吸收光谱分析法进行常量分析时,所用水应符合 GB/T 6682 中二级水的规格;进行痕量分析时,所用水应符合 GB/T 6682 中一级水的规格。

5.2 试剂

无机酸是常用试剂,它常含有痕量金属元素,使用前应严格检查。必要时,应经亚沸蒸馏提纯,蒸馏装置参见附录 A。

配制溶液应符合如下要求:

a) 应选用合适的溶剂,配制成的溶液不应有不溶物析出,溶液应保存于洁净的适宜的容器中。

b) 配制标准溶液的试剂,应采用纯度高、组成准确符合化学式、性质稳定的物质。如果用高纯度金属配制时,金属在溶解之前,应用酸清洗以除去表面的氧化层。

c) 标准贮备溶液的质量浓度一般为 1 mg/mL,有些元素的标准溶液需加入少量无机酸,以利于贮存。质量浓度小于 1 μg/mL 的标准溶液,一般应现用现配,浓度大于 1 μg/mL 的标准溶液可保持数天或更长时间,不同元素其保存时间有所不同。

标准溶液和标准贮备溶液应存放于聚四氟乙烯或聚乙烯容器中,以防浓度改变或受污染,某些见光容易发生分解的溶液应贮存于棕色玻璃瓶中,必要时,应存放于清洁、低温和阴暗处,以防光照使浓度发生变化。

5.3 气体

火焰用的燃气通常为乙炔、氢气等,助燃气为空气、氧气和一氧化二氮等。应使用符合有关标准规定的气体产品。使用压缩空气时应充分除去尘埃。

无火焰法用的保护气如氩气、氮气等,应不含待测元素。

6 仪器

6.1 仪器主要组成部分

原子吸收光谱仪主要由光源系统、原子化系统、分光系统、检测系统和数据处理系统等五部分组成，另有背景校正系统、自动进样系统等。

6.1.1 光源系统

6.1.1.1 光源灯

用于分析的光源。常用的光源灯有空心阴级灯和无极放电灯。

空心阴级灯能发射待测元素特征谱线的锐线，是原子吸收光谱中应用最广的锐线光源。

无极放电灯是专用于砷、硒、锡、锑、铅、铋、锗和碲等元素的分析，发射的元素特征谱线强度比空心阴级灯强，且谱线宽度窄，自吸变宽小，光谱纯度好，可改善分析灵敏度和检出限，但一般稳定性及寿命不如空心阴级灯。

6.1.1.2 氘灯

用于背景校正的光源，属于连续光谱灯。可发射 190 nm～430 nm 的连续光谱。

6.1.1.3 光源灯电源

点亮光源灯并稳定其光强度。

6.1.2 原子化系统

使样品中待测元素转化为基态原子，以便能实现原子吸收测量。

常用的原子化系统有：火焰原子化系统、电热原子化系统、氢化物发生原子化系统和冷蒸气发生原子化系统等。

6.1.2.1 火焰原子化系统

将试液雾化成气溶胶后，再与燃气混合，进入燃烧器产生的火焰中，使其干燥、蒸发、离解试样，最后使待测元素形成基态原子。

火焰原子化系统的常用气体有乙炔、氢气、空气、氧气、一氧化二氮和氩气等。

火焰原子化系统应具有一定雾化效率，耐腐蚀、原子化效率高、噪声小及火焰稳定性能好，且应有安全保护装置，废液排放装置等。

6.1.2.2 电热原子化系统

电热原子化系统由以下两部分组成：

a） 电热炉：将试样溶液干燥、灰化，最后使待测元素形成基态原子。一般以石墨作为发热体，炉中通入保护气，以防氧化及输送试样蒸气。

b） 电源部分：可分段或连续地加热电热炉的发热体到需要的温度。

6.1.2.3 氢化物发生原子化系统

氢化物发生原子化系统用于砷、硒、锡、锑、铅、铋、锗和碲等元素的测定，由以下两部分组成：

a） 氢化物发生器：将待测元素在酸性介质中还原成氢化物，再由载气导入原子吸收池的装置。

b） 原子吸收池：石英管、加热器及温度控制器组成，将氢化物加热分解成基态原子的装置。

6.1.2.4 冷蒸气发生原子化系统

冷蒸气发生原子化系统由汞蒸气发生器和原子吸收池组成，它专用于汞元素的测定。

a） 汞蒸气发生器：它的功能是将试液中汞离子还原成汞蒸气，再由载气导入原子吸收池的一种装置。

b） 原子吸收池：两端具有石英窗，并可流通气体的石英原子吸收池。

6.1.3 分光系统

分光系统是由分光元件、入射和出射狭缝以及若干块反射镜组成，波长范围一般为(190.0～900.0)nm，从光源发射的电磁辐射中分离出所需的电磁辐射。

6.1.4 **检测系统**

检测系统由检测器、信号处理器和指示记录器组成。

通过检测器将微弱光信号转换为可测的电信号，通过信号处理器分离出所需要测定的电信号，并通过指示记录器来读取以吸光度或元素浓度表示的测定值。

应具有较高的灵敏度和较好的稳定性，并能及时跟踪吸收信号的急速变化。

6.1.5 **背景校正系统**

当仪器没有背景校正系统装置时，才可按下述方法进行背景校正。

常用的背景校正系统有以下四种：

a) 连续光源背景校正系统

利用空心阴极灯辐射的锐线光谱所测得原子吸收和背景吸收的总吸光度值与连续光源辐射的连续光谱所测得背景吸收的吸光度值之差，得到待测元素原子吸光度值，从而达到扣除背景的目的。

常用的连续光源有氘灯，适用于(190～430)nm 波长范围内。

适用于装有连续光谱校正装置的仪器。

b) 塞曼效应背景校正系统

利用塞曼效应扣除背景，有多种塞曼调制方式，对于恒定磁场横向塞曼调制，是将恒定磁场加于原子化系统上，并使磁场方向与光束方向垂直，在强磁场作用下，原子吸收线分裂为其偏振方向与磁场平行的 π 组分，和其偏振方向与磁场垂直的 $\sigma\pm$ 组分。来自光源的光在偏光元件作用下变为偏振光，与磁场平行和垂直的偏振光交替通过原子化系统，平行于磁场的偏振组分与吸收线塞曼分裂 π 组分波长相同，偏振方向相同，产生共振吸收，测得原子吸收和背景吸收的吸光度值，垂直于磁场的偏振组分和吸收线塞曼分裂 π 组分偏振不同，不为 π 组分吸收，仅能为背景吸收，测得背景吸光度值，两次测定吸光度值相减，得到待测元素原子吸光度值，从而达到扣除背景的目的。

能在全波段校正背景。

适用于装有塞曼效应背景校正装置的仪器。

c) 自吸效应背景校正系统

利用双脉冲供电空心阴极灯来扣除背景的方法，即用低电流脉冲供电空心阴极灯产生的发射线，测得原子吸收和背景吸收的吸光度值，用高电流脉冲使空心阴极灯产生有强自吸的变宽谱线，测得背景吸收的吸光度值，两次测定吸光值相减，得到待测元素原子吸光度值，从而达到扣除背景的目的。

适用于装有自吸效应背景校正系统的仪器。

d) 非吸收线背景校正系统

利用吸收线测得原子吸收和背景吸收的吸光度值，用非吸收线测得背景吸收的吸光度值，两次测定吸光度值相减，得到待测元素原子吸光度值，从而达到扣除背景的目的。

选用的非吸收线应符合下列原则：

——应证实所选用的确是非吸收线。

——选用非吸收线的波长应尽可能靠近吸收线，一般两者相差在 10.0 nm 以内为宜。

——光源辐射的非吸收线应有足够的强度，以保证有较好的信噪比。

6.1.6 **附属设备**

根据需要可附加自动进样系统等设备。

6.2 **仪器性能要求**

6.2.1 **波长示值误差**

指元素灵敏吸收线的波长示值和波长标准值之差，应不超过±0.5 nm。

6.2.2 波长重复性

在不考虑系统误差的情况下，仪器对某一波长测量值能给出相一致读数的能力，应不大于0.3 nm。

6.2.3 分辨率

指仪器对元素灵敏吸收线与邻近谱线分开的能力，当仪器光谱带宽为0.2 nm时，它应能分辨279.5 nm和279.8 nm双线。

6.2.4 基线稳定性

是指在一段时间内，仪器保持其零吸光度值稳定性的能力。在30 min内，它的静态基线稳定性最大零漂应不大于±0.006 A和最大瞬时噪声应不大于0.006 A；其点火基线的稳定性最大零漂应不大于±0.008 A和最大瞬时噪声应不大于0.008 A。

6.2.5 边缘能量

反映仪器边缘波长处对光源辐射集光的能力。在仪器边缘波长处，对砷193.7 nm、铯852.1 nm谱线进行测定，其背峰比应不大于±2%，且5 min内瞬时噪声应小于0.03 A。

6.2.6 检出限[$c_L(k=3)$或$Q_L(k=3)$]

是指以一定的置信度检测出试样溶液中元素的最低含量，与仪器、待测元素及分析方法有关。当给定元素、分析方法之后，是仪器的一项综合性指标。当仪器用火焰原子吸收光谱法测铜时，应不大于0.02 μg/mL；用石墨炉原子吸收光谱法测镉时，应不大于4 pg。

6.2.7 特征浓度(或特征量)

反映仪器灵敏度性能的一种指标，与仪器、待测元素、分析方法有关，即在给定试验条件下，相当于能产生1%吸收信号(即0.004 4A吸光度值)的待测元素浓度(或质量)。当仪器用火焰原子吸收光谱法测铜时，应不大于0.04 μg/mL；用石墨炉原子吸收光谱法测镉时，应不大于2 pg。

6.2.8 仪器的精密度

指仪器在给定的试验条件下，用同一试样经多次重复测定结果之间一致的程度，与仪器、待测元素及分析方法有关。当仪器用火焰原子吸收光谱法测铜时，应不大于1.5%，用石墨炉原子吸收光谱法测镉时，应不大于7%。

7 测定

测定时，应根据样品和仪器的特点，采取直接测定或稀释或预富集制成试液进行测定，分离基体时待测元素不应损失或沾污。分离后，基体的残留量不应对待测元素的测定造成干扰，也不应对仪器有腐蚀。

应同时制备相应的空白试验溶液及校准溶液。

7.1 测定方法的选择

根据样品与待测元素的特性与含量，可选用下述的测定方法：

a) 火焰原子吸收光谱法；

b) 电热原子吸收光谱法；

c) 氢化物发生原子吸收光谱法；

d) 冷蒸气发生测汞原子吸收光谱法。

7.2 测定条件的选择

7.2.1 火焰和无火焰原子吸收光谱法测定共性条件的选择

7.2.1.1 分析线

选用不受干扰且吸光度适度的谱线。

常测元素的分析线的波长值参见附录B。

7.2.1.2 光源灯的电流值

在整机有足够稳定性的前提下，应选用信噪比最好的灯电流。

选择方法：在不同灯电流下测量某标准溶液的吸光度，绘制灯电流和吸光度的关系曲线，选择吸光度值大，稳定性好的灯电流。

7.2.1.3 **通带宽度**

在保证能量足够的前提下，选择尽可能窄的通带宽度。

一般对谱线简单的元素，使用较宽的通带，多谱线元素需使用较窄的通带，且入射电磁辐射不能太弱。

7.2.1.4 **吸光度读数范围**

为了减少光度测量的误差，吸光度读数一般选在0.1～0.6之间，必要时可调节溶液的浓度或光程长度或扩展量程。

7.2.2 **火焰原子吸收光谱法测定条件的选择**

7.2.2.1 **火焰类型**

根据分析试样和待测元素的性质，可选用氧化性火焰、化学计量性火焰或还原性火焰。

7.2.2.2 **燃气和助燃气的混合比**

根据分析试样的性质、被测元素的灵敏度和稳定性加以选择。

选择方法：在固定助燃气(或燃气)的条件下，改变助燃气(或燃气)流量，测量标准溶液在不同流量时的吸光度，绘制吸光度和燃助比的关系曲线，选择吸光度值大，且火焰比较稳定的燃助比。

7.2.2.3 **燃烧器高度和角度**

调节燃烧器高度，使光源辐射的电磁辐射通过火焰中基态原子浓度最大的部分。

选择方法：在固定燃助比的条件下，测量标准溶液在不同燃烧器高度的吸光度，绘制燃烧器高度和吸光度曲线，选择吸光度值大的燃烧器高度。

燃烧器的角度决定吸收光程的长度，根据待测元素含量的高低，选择合格的吸收光程长度。

7.2.3 **石墨炉原子吸收光谱法测定条件的选择**

7.2.3.1 **干燥温度(或电流值)和时间**

干燥的主要作用是脱溶剂。

选择的干燥温度(或电流值)和时间应以充分除去试样的溶剂又能避免试样的液滴飞溅。起始温度应选用略低于溶剂沸点的温度。

7.2.3.2 **灰化温度(或电流值)和时间**

灰化的主要作用是使有机物分解或使基体中盐类挥发，以减轻或消除原子化时的背景吸收和元素间的相互干扰。

选择灰化温度(或电流值)和时间应充分除去试样的基体，而又要防止被测元素挥发损失。

选择方法：绘制吸光度随灰化温度或时间的变化曲线，选择吸光度值大的最高灰化温度或时间。

7.2.3.3 **原子化温度(或电流值)和时间**

原子化的作用是使待测元素原子化，原子化温度由待测元素的性质决定。

选择的原子化温度(或电流值)和时间，应使被测元素得到充分原子化的前提下，原子化温度应尽可能的低，以延长石墨炉的使用寿命。

选择方法：以达到最大吸光度值的最低温度和时间。

7.2.3.4 **保护气的种类和流量(或压力)**

选用原则是不使发热体被氧化，石墨炉常用的保护气是氩气。

流量(或压力)的选择应根据分析试样的性质，被测元素灵敏度及稳定性等来确定。

7.2.3.5 **石墨管**

常用的石墨管的种类有：普通石墨管、热解涂层石墨管、全热解石墨管等，可根据需要与可能进行选择。

7.2.4 待测元素的检出限及特征浓度

见6.2.6、6.2.7及JJG 694—1990第4章。

7.2.5 测定中对各种干扰的消除或减少的方法

7.2.5.1 消除电离干扰的方法

可在分析试样溶液中加入电离缓冲剂。

7.2.5.2 消除物理干扰的方法

使校准溶液与试样溶液的组成保持一致。在试样组成未知或无法匹配试样时，可采用标准加入法或稀释法来减小或消除物理干扰。

7.2.5.3 消除化学干扰的方法

消除化学干扰的方法主要有：

a) 添加消除干扰的化学试剂，如释放剂、络合剂、表面活性剂等；

b) 添加过量的干扰元素，使干扰效应达到饱和点，以消除或抑制干扰元素的影响；

注：此法在干扰元素产生正干扰或当高浓度的干扰物质存在时，不会使待测元素的吸收显著降低的前提下使用。

c) 高温火焰法；

d) 添加基体改进剂；

e) 化学分离法。

7.2.5.4 消除光谱干扰的方法——背景校正法

背景校正法可采用连续光源、塞曼效应、非吸收线、自吸收等方法。

用作背景校正的非吸收(校正线)参见附录B。

另可采用无光谱干扰的谱线作分析线。

7.3 定量方法

使用指示记录器得到的吸光度值，按如下方法求出试样溶液中被测元素的浓度。但无论采用下述的哪一种方法，吸光度和浓度的关系曲线(校正曲线)的绘制必须与试样溶液的测定同时进行。

7.3.1 标准曲线法

按有关标准的规定，在仪器可能条件下，配制五个以上不同浓度的校准溶液，在规定仪器条件下，用溶剂调零，测量试剂空白溶液的吸光度值以作空白校正，在相同条件下，依次测定其吸光度值，并绘制校正曲线，同时配制适当浓度的试样溶液，在上述条件下，测定吸光度值，根据测得吸光度值，在校正曲线上查出试样溶液中待测元素的浓度(见图1)。待测元素的浓度应在校正曲线线性范围内。

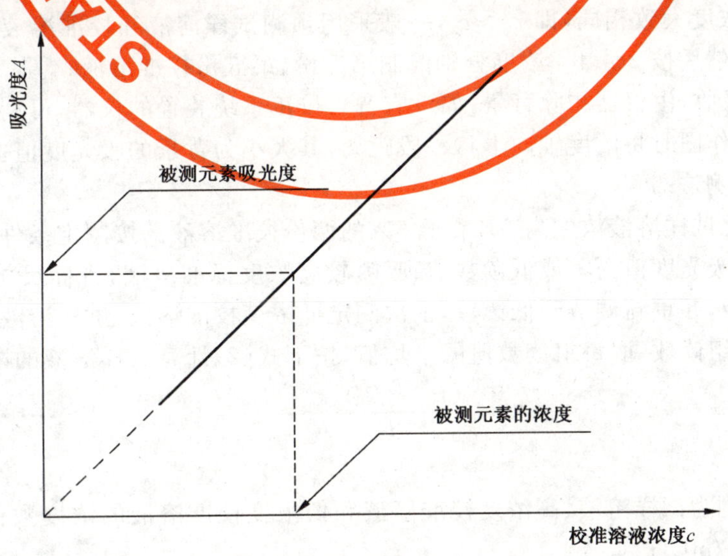

图1 标准曲线法校正曲线

此方法只适用于无基体干扰情况下的测定。

在使用标准曲线法时应注意：

a） 尽量消除试样溶液中的干扰；

b） 校准溶液与试样溶液基体尽可能保持一致；

c） 基体有干扰的，应采用标准加入法。

7.3.2 标准加入法

在仪器可能条件下，分别吸取等量的待测试样溶液五份。一份不加校准溶液；其他四份分别按比例加入不同浓度校准溶液，溶液浓度通常分别为 c_x、c_x+c_0、c_x+2c_0、c_x+3c_0、c_x+4c_0。在规定仪器条件下，用溶剂调零；测量试剂空白溶液的吸光度值，以作空白校正。在相同条件下，依次测定吸光度值，用加入校准溶液浓度为横坐标，相应的吸光度为纵坐标绘制吸光度与浓度校正曲线，曲线反向延伸与浓度轴的交点 c_x，即为试样溶液中待测元素的浓度，见图 2。

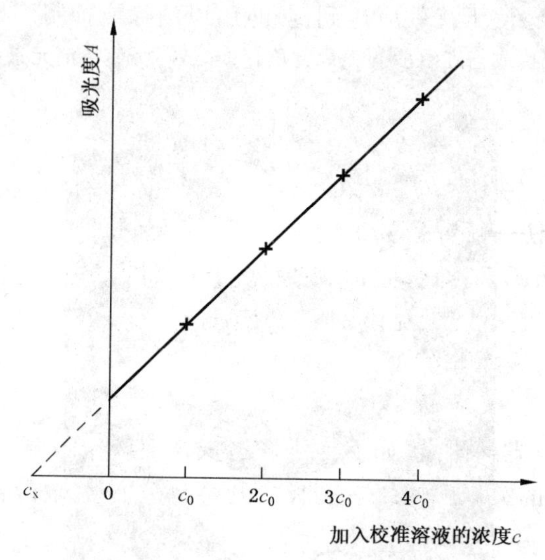

图 2 标准加入法校正曲线

使用标准加入法时应注意：

a） 此方法只适用于浓度和吸光度成线性区域；

b） 至少应采用四点（包括试样溶液本身）来绘制外推关系曲线，同时首次加入校准溶液浓度应和试样溶液浓度大致相同，即 $c_0 \approx c_x$，一般采用预测试样溶液和校准溶液，比较两者的吸光度值进行判断，然后按 $2c_0$、$4c_0$ 浓度分别配制第三份、第五份校准溶液；

c） 如有背景吸收，由仪器扣除背景，如没有背景校正系统装置的仪器，可利用非吸收线，单独测出背景吸收，作图时将浓度轴向上移一段距离，其大小为背景的吸光度值。

7.3.3 高精密度比例法

配制浓度分别比试样溶液浓度高 5%和低 5%的两份校准溶液。按测定条件，吸喷较低浓度校准溶液，调节读数系统使吸光度值为零或低读数值；吸喷较高浓度标准溶液，将标尺扩展到读数最大。重新吸喷低浓度校准溶液，并重新调节到低读数，依次测定低浓度校准溶液、试样溶液和高浓度校准溶液，重复测定三次，得到三组读数，取每组读数值的平均值，按下式(2)计算试样溶液的浓度：

$$c_s = \frac{(R_s - R_l)(c_h - c_l)}{R_h - R_l} + c_l \quad \cdots\cdots(2)$$

式中：

c_s、c_h、c_l——分别为试样溶液、高浓度校准溶液和低浓度校准溶液的浓度数值，单位为微克每毫升（μg/mL）；

R_s、R_h、R_l——分别为试样溶液、高浓度校准溶液和低浓度校准溶液的吸光度读数值。

本方法只用于用其他方法能引进较大的稀释误差的高浓度试样。

7.4 被测元素含量的计算与表示方法

由7.3确定试样溶液中待测元素的浓度之后，按照分析方法的规定，计算出样品中该元素的含量，并以质量分数（%，mg/kg）或质量浓度（mg/L，μg/L）等表示。

8 精密度

对于同一实验室室内重复性精密度可在同一台仪器相同测定条件下，由同一人测定次数不少于11次情况下，确定室内标准偏差和室内重复性。

9 实验室的条件和安全

9.1 实验室的条件应符合下述要求：室内应无强烈电磁场干扰、无腐蚀性气体、灰尘或烟雾；室温应在（10～35）℃之间；相对湿度应不高于85%；仪器不应受阳光直射和不应受到影响使用的震动；供电电源的电压变化应不超过220×（1±10%）V，频率变化不超过（50±1）Hz。

9.2 安全

9.2.1 在原子吸收池上方应安装排风装置。

9.2.2 电源线不应置于暖气、散热器上。确认电路连接无误时，方可接电源。地线不应与其他仪器共用，应使用接地良好的专用地线。

9.2.3 气源离仪器应有适当距离，高压气瓶尽量放在户外，不应暴露于直射阳光、风雨冰雪下，同时保持于40℃以下，为防止可燃性气体瓶带静电，不应放置在橡胶或合成树脂板等绝缘物上面，应将钢瓶固定在钢瓶架上，由管道将气体导入仪器，定期检查管道，防止气体泄漏，严格遵守有关操作规程。

9.2.4 使用乙炔气钢瓶时，管路不应靠近热源和电气设备，与明火的距离，一般不小于10 m。应装有专用的减压阀、回火防止器。防止倾倒，不应卧放使用。输入主机的压力不应超过0.15 MPa。严禁纯铜、纯银等及其制品与乙炔接触。必须使用铜合金时，含铜量应低于10%。瓶内气体严禁用尽；一般低于0.3 MPa时，应更换钢瓶。凡对乙炔压力有特殊要求的仪器，应按说明书规定及时更换钢瓶。

9.2.5 不应在使用可燃性气体或氧气的设备附近处理自燃或易燃物质，并不应放置这些物质。

9.2.6 燃烧点火时，应先导入助燃气，后导入燃气；关闭时，应先停燃气，后停助燃气。遇特殊情况，如突然停电，应立即关闭乙炔阀门，避免回火事故发生。

9.2.7 乙炔-一氧化二氮点火时，首先点燃乙炔-空气火焰，待火焰稳定后，逐渐增加乙炔流量至火焰呈黄色光亮，然后迅速将阀门从"空气"转换到"一氧化二氮"，"一氧化二氮"流量在未点火前已调节好，熄灭时则是迅速从"一氧化二氮"转换到"空气"建立乙炔-空气火焰后再熄灭以免发生回火。

9.2.8 乙炔-一氧化二氮火焰应使用专用燃烧器，绝对禁止使用乙炔-空气燃烧器，以免造成回火事故。

9.2.9 一氧化二氮的管道系统绝对禁油。凡疑有油污的管道和仪表，应进行去油清洗。一氧化二氮的减压阀，应使用防冻型减压阀。

9.2.10 富氧空气-乙炔点火时，先点燃乙炔-空气火焰，逐渐增加乙炔流量至所需流量，按实验要求逐渐增加氧气流量至所需火焰状态，熄灭时，先关闭氧气气路再逐渐减少乙炔量至火焰熄灭，以防回火。

附 录 A
（资料性附录）
亚沸蒸馏提纯酸的装置和注意事项

A.1 石英亚沸蒸馏器示意图

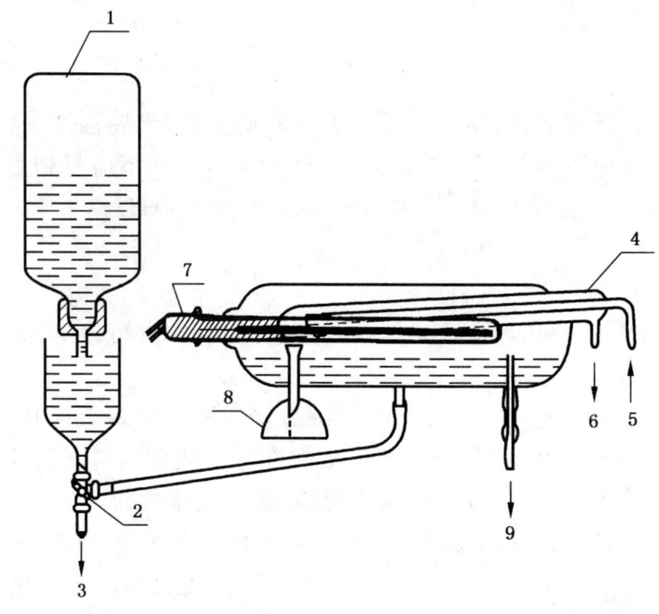

1——分析纯无机酸瓶；
2——三通活塞；
3——排出口；
4——冷凝管；
5——冷却水进口；
6——冷却水出口；
7——红外辐射加热器；
8——亚沸蒸馏提纯的无机酸；
9——溢流口。

图 A.1 石英亚沸蒸馏器示意图

A.2 注意事项

A.2.1 温度应控制在酸的沸点以下，溶液不能沸腾。

A.2.2 蒸出液体流速应控制在 40 mL/h 左右。

A.2.3 可使用亚沸腾蒸馏器提纯的酸有盐酸、硝酸、硫酸和高氯酸。

附　录　B
（资料性附录）
用作背景校正的非吸收线

表B.1～表B.2中给出了用作背景校正的非吸收线波长。

表 B.1　待测元素的非吸收线

单位为纳米

被测元素	共振吸收波长	非吸收线波长 被测元素本身的非吸收线
Cd	228.8	226.5
Co	240.7	238.3
Cu	324.7	296.1
Fe	248.3	251.1
Mg	285.2	281.7
Mn	279.5	257.6
Ni	232.0	231.6
Pb	217.0	220.4
	283.3	282.0
Sb	217.5	216.2
Se	196.0	198.1
V	318.4	319.6
Zn	213.9	210.4

表 B.2　其他元素的非吸收线

单位为纳米

被测元素	共振吸收波长	非吸收线波长 其他元素的非吸收线	
Zn	213.9	Cu	213.6
		Tl	214.3
		Sb	217.6
Pb	217.0	Sb	217.6
	283.3	Cr	283.5
			283.9
Pd	247.6	Fe	247.3
Mg	285.2	Sn	286.3
Cu	324.7	In	325.6
Cd	228.8	Bi	227.7
	325.1	In	325.6

ICS 83.040.20
G 49

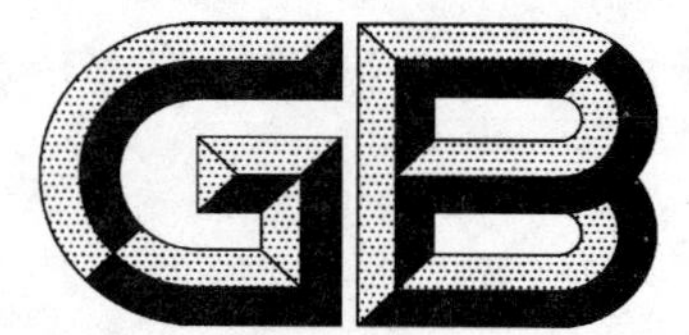

中华人民共和国国家标准

GB/T 15338—2008
代替 GB/T 15338—1994,GB/T 10723—2002

炭黑试验方法精密度和偏差的确认

Standard guide for carbon black—
Validation of test method precision and bias

2008-06-18 发布　　　　2009-02-01 实施

中华人民共和国国家质量监督检验检疫总局
中国国家标准化管理委员会 发布

前　言

本标准修改采用ASTM D 4821—2006《炭黑标准指南　试验方法精密度和偏差的确认》(英文版)。

本标准根据ASTM D 4821—2006重新起草。在资料性附录A中列出了本标准章条款与ASTM D 4821—2006章条款的对照一览表。

考虑到我国国情，为便于使用，在采用ASTM D 4821—2006时，本标准做了一些修改。本标准与ASTM D 4821—2006的主要差异如下：

——增加了“前言”及“警告”语，以符合标准编写格式要求；

——增加了规范性引用文件的导语，并引用了与ASTM标准D 1510、D 1513、D 3037、D 3191、D 4820、D 5816无对应关系的我国标准(本标准的第2章)；

——增加了“表2　SRB7控制限”，提供当前SRB值(本标准的表2)；

——删除了ASTM D 4821—2006的6.1.5，该方法在我国已作废；

——部分试验方法中增加了可能造成试验结果超出统计控制范围的原因，以增加标准的可操作性(本版的6.1.2.12、6.1.4.6、6.1.5.6、6.1.6.6)；

——删除了ASTM D 4821—2006的第10章“关键词”。

为了方便使用，本标准还做了下列编辑性的修改：

——增加了资料性附录A“本标准章条编号与ASTM D 4821—2006章条编号对照”。

本标准代替GB/T 15338—1994《炭黑试验方法精密度和偏差的确认》和GB/T 10723—2002《用ASTM参比炭黑改善炭黑试验再现性的标准方法》。

本标准与GB/T 15338—1994和GB/T 10723—2002相比的主要差异如下：

a) 增加了“范围”内容；

b) 增加了规范性引用文件的导语及GB 3778、GB/T 3780.18、GB/T 9579、GB/T 14853.1(本版的第2章)；

c) 增加了“意义和应用”(本版的第3章)；

d) 上版的“步骤”更名为本版的“连续监控步骤”和“用SRB回归值连续监控试验的步骤”，同时进行了细化(本版的第4章、第5章)；

e) 增加了“炭黑试验方法可行的回归方法指南”(本版的第7章)；

f) 增加了“表1 SRB6控制限”和“表2 SRB7控制限”(本版的3.3)；

g) 增加了“表3 SRB HT吸碘值标准控制限”(本版的5.9)；

h) 增加了“报告”内容(本版的第8章)；

i) 增加了“典型的X-图示例”及“SRB B5吸碘值随着时间推移而降低(3年再现测试数据)”的变化趋势图(本版的图1、图2、图3)；

j) 删除了GB/T 10723—2002中表1“精密度值”、表2“SRB5系列参比炭黑控制范围”、附录A、附录B；

k) 删除了GB/T 15338—1994的附录A、附录B；

l) 增加了“本标准章条编号与ASTM D 4821—2006章条编号对照”一览表(本版的附录A)。

本标准附录A为资料性附录。

本标准由中国石油和化学工业协会提出。

本标准由全国橡胶与橡胶制品标准化技术委员会炭黑分技术委员会(SAC/TC 35/SC 5)归口。

本标准负责起草单位：中橡集团炭黑工业研究设计院。

本标准主要起草人:聂素青、邓毅、王定友。

本标准所代替标准的历次版本发布情况为:

——GB/T 15338—1994;

——GB/T 10723—1989、GB/T 10723—2002。

炭黑试验方法精密度和偏差的确认

警告——使用本标准的人员应有正规实验室工作的实践经验。本标准并未指出所有可能的安全问题。使用者有责任采取适当的安全和健康措施,并保证符合国家有关法规规定的条件。

1 范围

1.1 本标准提供了用具有标准值的 ASTM 标准参比炭黑(SRBs)连续监控炭黑试验方法的精密度的方法,也可作为查找各种试验方法存在问题的指南。

1.2 本标准建立了用于连续监控第 2 章所列的试验方法的 X-图控制限。另外,这些控制限可用作比较在实验室内部计算得到的试验方法精密度的基础。

1.3 本标准使用了趋势图方法来检测实验室的结果与 SRBs 已接受值之间是否存在显著的差异。

1.4 当实验室不能通过物理方法校正其仪器并得到 ASTM SRBs 的标准值时,本标准提供了一种统计方法,以保证给出的重复性值处于试验方法精密度表述给定的范围内。

1.5 本标准采用 SI 单位。括号内的数值仅供参考。

2 规范性引用文件

下列文件中的条款通过本标准的引用而成为本标准的条款。凡是注日期的引用文件,其随后所有的修改单(不包括勘误的内容)或修订版均不适用于本标准,然而,鼓励根据本标准达成协议的各方研究是否可使用这些文件的最新版本。凡是不注日期的引用文件,其最新版本适用于本标准。

GB 3778 橡胶用炭黑(GB 3778—2003,ASTM D 1765—2001 Standard classification system for carbon blacks used in rubber products,MOD)

GB/T 3780.1 炭黑 第 1 部分:吸碘值试验方法(GB/T 3780.1—2006,ASTM D 1510:2003 Standard test method for carbon black—Iodine adsorption number,MOD)

GB/T 3780.2 炭黑 第 2 部分:吸油值的测定(GB/T 3780.2—2007,ASTM D 2414—2005 Standard test method for carbon black—Oil absorption number(OAN),MOD)

GB/T 3780.4 炭黑 第 4 部分:邻苯二甲酸二丁酯吸收值测定方法和试样制备(压缩试样)(GB/T 3780.4—2003,ISO 6894:1991,Rubber compounding ingredients—Carbon black—Preparation of samples for determination of dibutylphthalate absorption number (compressed sample),MOD)

GB/T 3780.5 橡胶用炭黑:比表面积测定 CTAB 法(GB/T 3780.5—2002,ASTM D 3765—1998 Test method for carbon black—CTAB (Cetyltrimethylammonium Bromide) surface area,MOD)

GB/T 3780.6 炭黑 第 6 部分:着色强度的测定(GB/T 3780.6—2007,ISO 5435:1994,Rubber compounding ingredients—Carbon black—Determination of tinting strength,MOD)

GB/T 3780.18 炭黑 第 18 部分:在天然橡胶(NR)中的鉴定方法(GB/T 3780.18—2007,ASTM D 3192—2005 Standard Test Methods for Carbon Black Evaluation in NR (Natural Rubber),MOD)

GB/T 9579 橡胶配合剂 炭黑 在丁苯橡胶中的鉴定方法(GB/T 9579—2006,ISO 3257:1992 Rubber compounding ingredients—Carbon black—Method of evaluation in styrene-butadiene rubbers,MOD)

GB/T 10722 炭黑 总表面积和外表面积的测定 氮吸附法(GB/T 10722—2003,ASTM D 6556—1900 Standard test method for carbon black—Total and external surface area by nitrogen adsorption,MOD)

GB/T 14853.1 橡胶用造粒炭黑倾注密度的测定(GB/T 14853.1—2002,eqv ISO 1306:1995 Rubber compounding ingredients-Carbon black (pelletized)-Determination of pour density)

3 意义和应用

3.1 导致试验精密度差的一个主要原因是实验室内的仪器、设备、试剂和技术缺乏校准或标准化。每个实验室导致试验偏差的原因数量各不相同。实验室实测参比物质得到平均值,用最小二乘法得到的回归曲线(或方程)仅适用于本实验室。一般试验中使用 SRBs 有两个原因:

a) 监控测试操作(见第 4 章),以确信试验结果无系统误差或偏差的影响;

b) 需要在偶然因素(见第 6 章)导致测试结果失控时建立统计校正方法(见第 5 章)。

3.2 校准试验方法可以采用物理化学方法,还可采用统计方法。

3.3 针对第 2 章给出的试验方法,本标准简要介绍了如何用控制图来校正 ASTM SRBs 的测试值。鼓励各实验室采用统计控制图和 SRBs 标样,这样,实验室内的试验精密度就能与表 1、表 2 中的"行业平均值"进行比较。

表 1 SRB6 控制限

试验性能	标准号	SRB	目标值	3S 值	下 限	上 限
吸碘值/(mg/g)	GB/T 3780.1	A6(N134)	137.2	3.00	134.20	140.20
		B6(N220)	117.9	2.28	115.62	120.18
		C6(N326)	82.4	1.08	81.32	83.48
		D6(N762)	26.5	1.26	25.24	27.76
		E6(N660)	35.3	1.62	33.68	36.92
		F6(N683)	33.1	1.44	31.66	34.54
吸油值/ 10^{-5} m^3/kg (cm^3/100 g)	GB/T 3780.2	A6(N134)	123.7	1.83	121.87	125.53
		B6(N220)	114.3	1.11	113.19	115.41
		C6(N326)	70.3	1.05	69.25	71.35
		D6(N762)	67.4	1.50	65.90	68.90
		E6(N660)	88.2	1.80	86.40	90.00
		F6(N683)	133.6	3.33	130.27	136.93
		G5(N990)	36.2	0.75	35.45	36.95
压缩样品吸油值/ 10^{-5} m^3/kg (cm^3/100 g)	GB/T 3780.4	A6(N134)	101.0	2.46	98.54	103.46
		B6(N220)	98.5	1.80	96.70	100.30
		C6(N326)	68.1	1.59	66.51	69.69
		D6(N762)	60.2	1.59	58.61	61.79
		E6(N660)	76.0	2.49	73.51	78.49
		F6(N683)	88.6	2.58	86.02	91.18
着色强度/%	GB/T 3780.6	A6(N134)	129.8	4.11	125.69	133.91
		B6(N220)	117.8	3.36	114.44	121.16
		C6(N326)	113.1	1.68	114.42	114.78
		D6(N762)	56.8	2.01	54.79	58.81
		E6(N660)	60.0	1.92	58.08	61.92
		F6(N683)	51.7	1.47	50.23	53.17

表 1（续）

试验性能	标准号	SRB	目标值	3S 值	下　限	上　限
多点 B. E. T 氮吸附表面积/$10^3 m^2/kg$ (m^2/g)	GB/T 10722	A6(N134)	143.9	2.10	141.80	146.00
		B6(N220)	110.0	1.59	108.41	111.59
		C6(N326)	78.3	1.20	77.10	79.50
		D6(N762)	30.6	0.75	29.85	31.35
		E6(N660)	36.0	1.20	34.80	37.20
		F6(N683)	35.3	1.41	33.89	36.71
		G5(N990)	9.1	0.36	8.74	9.46
氮吸附外表面积(STSA)/$10^3 m^2/kg$	GB/T 10722	A6(N134)	135.7	4.11	131.59	139.81
		B6(N220)	105.4	2.88	102.52	108.28
		C6(N326)	79.2	2.07	77.13	81.27
		D6(N762)	29.6	1.35	28.25	30.95
		E6(N660)	35.1	2.31	32.79	37.41
		F6(N683)	34.1	1.83	32.27	35.93
		G5(N990)	8.4	0.60	7.80	9.00
注：通过 SRB6 的 STSA 值推导 CTAB 值的计算方法见试验方法 GB/T 3780.5。						

表 2　SRB7 控制限

试验性能	标准号	SRB	目标值	3S 值	下　限	上　限
吸碘值/(g/kg)	GB/T 3780.1	A7(N326)	81.7	0.90	80.80	82.60
		B7(N134)	136.3	1.50	134.80	137.80
		C7(HS-Tread)	143.0	1.83	141.17	144.83
		D7(LS-Carcass)	21.0	0.93	20.07	21.93
		E7(N660)	35.1	0.93	34.17	36.03
		F7(N683)	35.6	0.93	34.67	36.53
吸油值/$10^{-5} m^3/kg$ ($cm^3/100 g$)	GB/T 3780.2	A7(N326)	72.6	1.05	71.55	73.65
		B7(N134)	124.2	1.26	122.94	125.46
		C7(HS-Tread)	172.0	1.89	170.11	173.89
		D7(LS-Carcass)	39.3	0.99	38.31	40.29
		E7(N660)	88.1	1.47	86.63	89.57
		F7(N683)	129.4	1.74	127.66	131.14
		G7(N990)	36.2	0.75	35.45	36.95
压缩样品吸油值/$10^{-5} m^3/kg$ ($cm^3/100 g$)	GB/T 3780.4	A7(N326)	68.6	1.35	67.25	69.95
		B7(N134)	101.0	1.44	99.56	102.44
		C7(HS-Tread)	130.9	1.80	129.10	132.70
		D7(LS-Carcass)	39.0	0.93	38.07	39.93
		E7(N660)	75.9	1.23	74.67	77.13
		F7(N683)	88.3	1.35	86.95	89.65
着色强度/%	GB/T 3780.6	A7(N326)	109.6	1.95	107.65	111.55
		B7(N134)	129.2	2.13	127.07	131.33
		C7(HS-Tread)	111.4	2.04	109.36	113.44
		D7(LS-Carcass)	41.7	0.78	40.92	42.48
		E7(N660)	59.9	1.35	58.55	61.25
		F7(N683)	52.7	1.41	51.29	54.11

表 2（续）

试验性能	标准号	SRB	目标值	3S 值	下　限	上　限
多点 B.E.T 氮吸附表面积/ $10^3 m^2/kg$ (m^2/g)	GB/T 10722	A7(N326)	77.2	0.96	76.24	78.16
		B7(N134)	143.7	1.44	142.26	145.14
		C7(HS-Tread)	129.8	1.41	128.39	131.21
		D7(LS-Carcass)	21.0	0.57	20.43	21.57
		E7(N660)	36.0	0.69	35.31	36.69
		F7(N683)	36.2	0.78	35.42	36.98
		G7(N990)	9.1	0.36	8.74	9.46
氮吸附外表面积/ (STSA)/ $10^3 m^2/kg$	GB/T 10722	A7(N326)	78.0	1.35	76.65	79.35
		B7(N134)	135.3	2.46	132.84	137.76
		C7(HS-Tread)	119.2	1.86	117.34	121.06
		D7(LS-Carcass)	20.6	0.87	19.73	21.47
		E7(N660)	35.1	0.96	34.14	36.06
		F7(N683)	35.1	1.05	34.05	36.15
		G7(N990)	8.4	0.60	7.80	9.00
注：通过 SRB7 的 STSA 值推导 CTAB 值的计算方法见试验方法 GB/T 3780.5。						

3.4　本标准所提供的统计技术可用于连续监控第 2 章未列出的其他试验，或按第 2 章所列方法测试后，结果超出了 SRBs 值范围的其他材料的测试过程和精密度。在此情况下，每个实验室应建立适用的平均值和控制限值作为“内部参比”。监控工作包括将“内部参比”的当前测试值与实验室内过去测试值进行比较，代替与“行业平均值”的比较。

4　连续监控步骤

4.1　按表 1、表 2 所列 SRB 系列标准炭黑进行双样测试。用每个 SRB 的平均值建立基准值。一旦试验设备或条件发生了改变，应重新测定基准。如果一个“内部参比”用作了测试监控，它应同时测试并包括在基准值数据中。

4.2　可从 SRB4、SRB5、SRB6、SRB7 系列标准参比炭黑中选择一个或几个，或“内部参比”来涵盖所需范围。因为品种和年代不同，不要混用不同系列的标准参比炭黑。例如，不能将 4 系列的 A、B、C 与 5 系列中的 D、E、F 混用。尤其是在校正吸油计时不能混用。用 F5（或 F5A）校准的吸油计只能核查 5 系列的其他标样。同样，用 F6 校准吸油计只能核查 6 系列的其他标样。

注：SRB4 系列标准炭黑已用完，SRB5 系列中有些编号的样也已用完。SRB F5A 和 G5 尚可购得。SRB G5 已归于 6 系列中，部分实验室仍在使用 SRB4 和 SRB5 系列。由于标样年代的影响，因此建议在监控中使用最新的 SRBs 系列标样。

4.3　用 SRB 标样或“内部参比”对每一个试验方法制作一张控制图。控制图的使用方法是每天测试一种参比物质，并且按日对所有选定的参比物质进行循环测试。

4.4　用表 1、表 2 分别给出的 SRB6、SRB7 系列标样的目标值是在对其定值时实测得到的。该值加上或减去 3 倍单次测试重复性标准偏差，作为控制图（X-图）的上、下限。对所有“内部参比”，各实验室应实际测定用于 X-图的均值和控制限（3 倍标准偏差）。

4.5　将所选参比物质的未校正的测试值描点。如果超出控制线，立即重新测试。如果测试结果仍在控制线外，则停止测试并寻找引起超差的原因(见第 6 章列出的原因表)。只有原因被纠正并且参比物质测试值落在已建立的控制限内，试验可继续进行。

注：从 SRB4、SRB5、SRB6、SRB7 系列中选择标准参比炭黑时，应分别绘图，不要将 SRB4 和 SRB5，如 D4 和 D5，绘在一张图里。

4.6 典型的 *X*-图示例见图 1 和图 2。

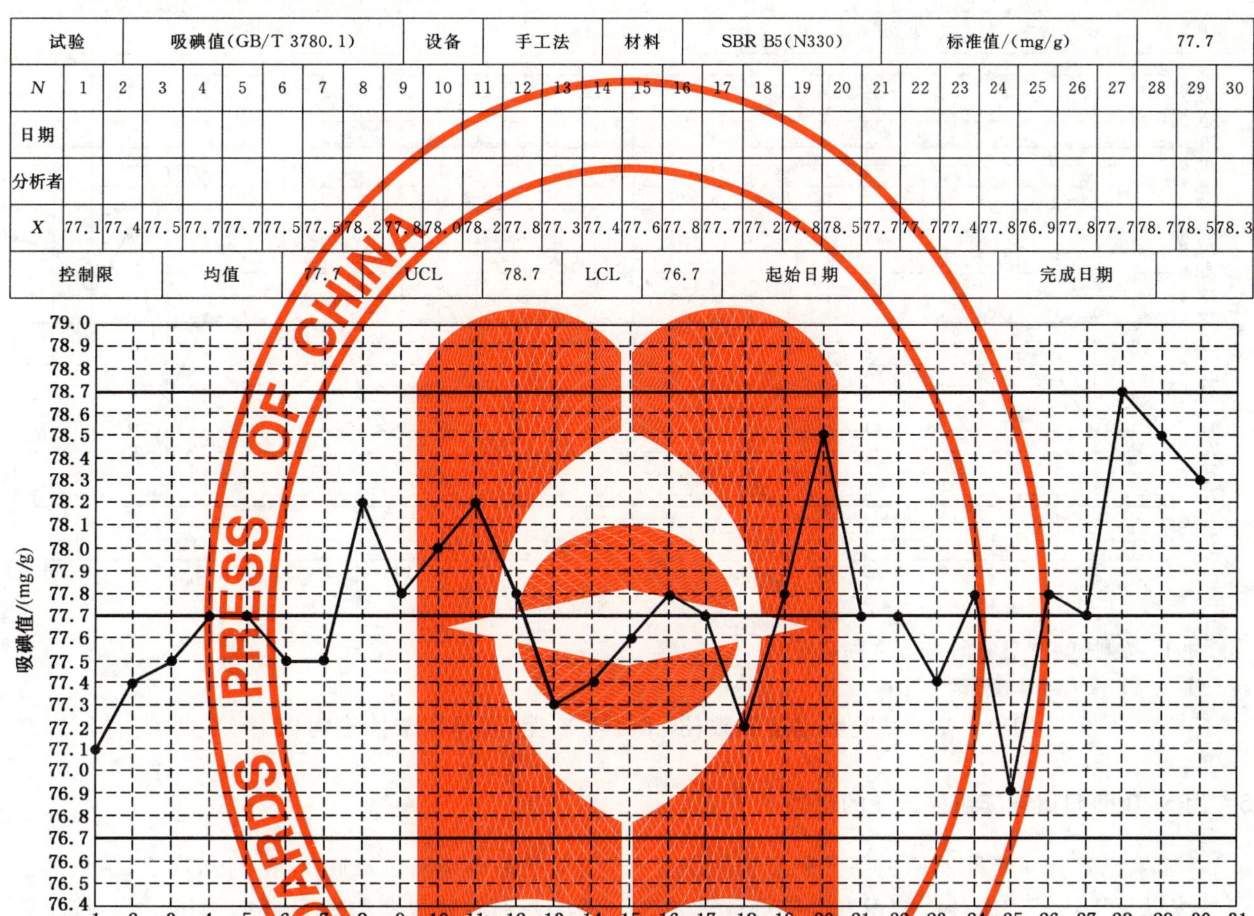

试验	吸碘值(GB/T 3780.1)							设备		手工法			材料		SBR B5(N330)					标准值/(mg/g)							77.7			
N	1	2	3	4	5	6	7	8	9	10	11	12	13	14	15	16	17	18	19	20	21	22	23	24	25	26	27	28	29	30
日期																														
分析者																														
X	77.1	77.4	77.5	77.7	77.7	77.5	77.5	78.2	77.8	78.0	78.2	77.8	77.3	77.4	77.6	77.8	77.7	77.2	77.8	78.5	77.7	77.7	77.4	77.8	76.9	77.8	77.7	78.7	78.5	78.3
控制限			均值			77.7		UCL			78.7		LCL		76.7		起始日期							完成日期						

注 1：控制限基于本标准获得。

注 2：ASTM B5 控制限＝77.7 mg/g±1.0 mg/g。

注 3：注意吸碘值随试样放置时间推移而下降，B5 以前目标值为 79.1 mg/g。

图 1 使用 GB/T 15338 控制限的 *X*-图(炭黑吸碘值 *X*-图)

4.7 如果仅使用一种参比物质监控试验，应定期测试其他的参比物质以确保没有系统误差和偏差影响测试结果。不定期测试一个或多个参比物质，将测试值与原有基准值比较，以确信测试系统是持续稳定的。与原有基准值间的偏离表征了系统误差的可能性，如果怀疑不稳定，宜测试所有的参比材料，并与原有基准值比较。作为长期的构架基础，宜测试所有的参比物质并与原有基准值比较，以检验测试的长期稳定性。初始修正列于第 6 章。如果不能证实测试稳定性，则有必要进行统计修正(见第 5 章)。

4.8 通过计算实测值的三倍标准偏差，并与表 1、表 2 中的控制限进行比较，实验室可评估其相对于“行业平均值”的试验精密度。

<table>
<tr><td>试验</td><td colspan="8">甲苯抽出物(GB/T 3780.15)</td><td colspan="3">设备</td><td colspan="6">分光光度计</td><td colspan="3">材料</td><td colspan="4">ITS-39</td><td colspan="3">标准值/%</td><td colspan="4">NA</td></tr>
<tr><td>N</td><td>1</td><td>2</td><td>3</td><td>4</td><td>5</td><td>6</td><td>7</td><td>8</td><td>9</td><td>10</td><td>11</td><td>12</td><td>13</td><td>14</td><td>15</td><td>16</td><td>17</td><td>18</td><td>19</td><td>20</td><td>21</td><td>22</td><td>23</td><td>24</td><td>25</td><td>26</td><td>27</td><td>28</td><td>29</td><td>30</td><td>31</td></tr>
<tr><td>日期</td><td></td><td></td><td></td><td></td><td></td><td></td><td></td><td></td><td></td><td></td><td></td><td></td><td></td><td></td><td></td><td></td><td></td><td></td><td></td><td></td><td></td><td></td><td></td><td></td><td></td><td></td><td></td><td></td><td></td><td></td><td></td></tr>
<tr><td>分析者</td><td></td><td></td><td></td><td></td><td></td><td></td><td></td><td></td><td></td><td></td><td></td><td></td><td></td><td></td><td></td><td></td><td></td><td></td><td></td><td></td><td></td><td></td><td></td><td></td><td></td><td></td><td></td><td></td><td></td><td></td><td></td></tr>
<tr><td>X</td><td>77.4</td><td>76.9</td><td>77.2</td><td>77.7</td><td>77.3</td><td>77.7</td><td>78.8</td><td>78.3</td><td>77.7</td><td>77.5</td><td>77.8</td><td>78.2</td><td>78.0</td><td>78.1</td><td>78.8</td><td>78.5</td><td>78.7</td><td>77.3</td><td>77.9</td><td>77.3</td><td>77.4</td><td>77.5</td><td>78.7</td><td>78.0</td><td>78.1</td><td>78.2</td><td>77.5</td><td>79.0</td><td>78.4</td><td>78.8</td><td>78.9</td></tr>
<tr><td>控制限</td><td colspan="3">均值</td><td colspan="2">78.1</td><td colspan="2">UCL</td><td colspan="2">79.8</td><td colspan="2">LCL</td><td colspan="2">76.5</td><td colspan="4">起始日期</td><td colspan="5"></td><td colspan="4">完成日期</td><td colspan="5"></td></tr>
</table>

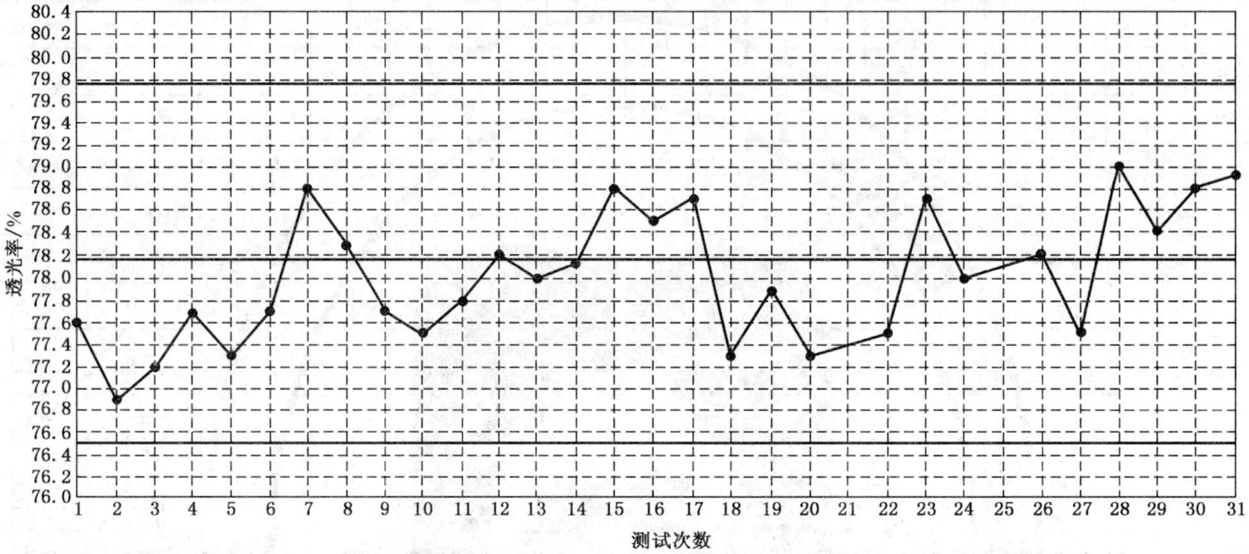

注 1：控制限基于已有的 25 个数据获得。

注 2：ITS-39 是内部标准参比物。

图 2 使用试验数据控制限(3σ 限)的 *X*-图(炭黑甲苯抽出物 *X*-图)

5 用 SRB 回归值连续监控试验的步骤

5.1 如果已查找了可能的原因并开展了相应的工作，测试结果仍不能在控制线界限内，那么，最后的措施是按以下描述回归统计或校正方程进行计算。这一做法并不能替代实验室良好的测试操作、按试验方法的描述进行正确测试或按第 6 章所述进行校正。对提供 GB 3778 的目标值和典型值的试验方法或性能，第 7 章给使用者提供了适用的回归操作的快速指南。

5.2 按试验方法或设备制造者的要求校准测试设备，或者两者都做。

5.3 测试 SRB 至少测试 4 次(最好 6 次)，得到可靠的测试值。

5.4 用最小二乘法对标准值与实测值进行线性回归，虽然有时也存在曲线函数关系，其相关性通常是线性的。

5.5 以后各样品的测试值代入方程进行校正，可得到测量值的校正值。

5.6 另外，用图或数据表可以得出测定值与校正值之间的对应关系。

5.7 当更换仪器或采用一批新材料时，要重新校查回归方程。同样，由于磨损或老化，要定期核查回归方程以发现其变化。

5.8 SRBs 校正方程(线性回归)见式(1)：

$$校正方程：Y=AX+B \qquad (1)$$
$$或校正值(CV)=A(实测值)+B$$

式中：

B——Y 的截距；

A——斜率。

5.9 统计校准可应用于表1、表2中所列的任何试验方法。对吸碘值测试(GB/T 3780.1)而言,如果如6.1.1所列那样校准操作的测试值不在表1、表2描述的控制线内,就不能用表中的目标值来进行吸碘值的统计校准。取而代之,应用表3报告的吸碘值测试结果(详见GB/T 3780.1)的平均值进行统计校正。任何一次测试要进行校正时,单点校正仅适用于方法维护时物理校正后仍不在控制限范围内的测试,而不适用于表1、表2中所有的测试。

表3 SRB HT 吸碘值标准控制限

SRB	平均值/(mg/g)	S_r/(mg/g)	$3S_r$/(mg/g)	LCL/(mg/g)	UCL/(mg/g)
HT-1	44.0	0.25	0.76	43.2	44.8
HT-2	91.1	0.29	0.88	90.2	92.0
HT-3	127.1	0.35	1.05	126.0	128.2

5.10 如果需使用统计校正因子,即使有些SRBs品种的测试值落在其控制限外,也需用所有SRBs样品(A~F或A~G)来建立线性回归方程。每个SRB至少要测定4次(最好6次)。每个SRB的测试结果数目要相同。如果不遵循这些要求,那么校正方程与其他设备及其他实验室的校正就无可比性,对吸油值测试(GB/T 3780.2)而言,应分别建立硬质(A~C)和软质(D~F)SRBs的线性回归方程。

5.11 连续监测选定的SRBs,并使用最新数据建立校正方程。

5.12 用校正方程获得SRBs的校正值,并描画该校正值,直至超出控制限。当一个测试数据超出控制限时,立即复试,如果两次测试结果的平均值仍然落在控制界限外,则用最新的检测数据重新计算统计校正方程。并且将各SRB的控制限外的数据剔除。

5.13 如果用新校正方程得到的校正值仍然落在控制界限外,不要再进一步用于试验方法的校正,直到采取的纠正措施使SRBs的测试值落在3倍标准偏差的控制界限内为止。

5.14 本步骤仅用于说明SRB的试验数据。如果有问题,应在使用试验方法前加以纠正。"内部参比"物质不需要建立用于线性回归方程的"行业平均值"的值。

5.15 本步骤仅规定了连续监控试验精密度所需的最基本要求。个别情况下可进行更多的SRB测试并定期重新计算校正方程。

5.16 使用新设备或设备修理后、新购的SRBs投入使用前,或所采取的纠正措施无法将测试结果校正在控制界限内,应停止使用该统计校正方程。只有当第4章和5.1的条件再一次得到满足,方可恢复使用统计校正方程。

6 可供选择的原因

6.1 下面列出部分可能造成试验结果超出统计控制范围的原因:

6.1.1 试验方法 GB/T 3780.1 吸碘值

6.1.1.1 碘和硫代硫酸钠溶液浓度不准确。

6.1.1.2 玻璃器皿未校准。

6.1.1.3 水的纯度不够。

6.1.1.4 移液管大小不恰当。

6.1.1.5 用不清洁的水洗涤和漂洗玻璃器皿。

6.1.1.6 碘化钾(KI)纯度不够,用商品碘配置的溶液最为可疑。

6.1.1.7 由于炭黑试样放置时间的影响,吸碘值降低。

6.1.1.8 试样未干燥。

6.1.2 试验方法 GB/T 3780.2 吸油值

6.1.2.1 样品间冷却时间不一致。

6.1.2.2 扭矩弹簧和卡环安装不恰当。

6.1.2.3 扭矩限位开关安装不恰当。

6.1.2.4 转子和混合室腔的间隙过大。

6.1.2.5 最终的粗糙度不合适。

6.1.2.6 缓冲器油位不对。

6.1.2.7 排油速度或流量不符合标准。

6.1.2.8 排油管中有气泡。

6.1.2.9 转子和混合室腔清洁和润滑不正确。

6.1.2.10 样品未干燥。

6.1.2.11 SRB 校准曲线需要更新。

6.1.2.12 DBP 或石蜡黏度不符合标准要求。

6.1.3 试验方法 GB/T 3780.4 压缩试样吸油值

6.1.3.1 与 6.1.2 相同。

6.1.3.2 液压系统的压力未按活塞直径准确校正。

6.1.3.3 压缩次数不对。

6.1.4 试验方法 GB/T 3780.6 着色强度

6.1.4.1 使用的 ITRB 有误或被污染。

6.1.4.2 研磨的次数有误。

6.1.4.3 研磨机的玻璃板有过度刮痕或不平。

6.1.4.4 反射仪未校准。

6.1.4.5 样品未干燥。

6.1.4.6 环氧化豆油黏度不符合标准要求。

6.1.5 试验方法 GB/T 3780.5 CTAB 比表面积

6.1.5.1 定标的 ITRB 有误。

6.1.5.2 过滤支管的压力不准。

6.1.5.3 滤膜不正确。

6.1.5.4 没有按日核查校准曲线。

6.1.5.5 自动滴定仪的光强度不够。

6.1.5.6 CTAB、OT 或 OP 试剂纯度不够。

6.1.6 试验方法 GB/T 10722 总表面积和外表面积

6.1.6.1 仪器漏气。

6.1.6.2 不合格的 O 型圈。

6.1.6.3 试样品种不正确。

6.1.6.4 P/P_0 不在 B.E.T 线性方程的直线段内。

6.1.6.5 STSA 值高于 NSA 值。

6.1.6.6 样品管规格不合适。

注：所有试验方法如果怀疑被污染或有异常的老化变质，则应使用其他 SRB 样品。

7 炭黑试验方法可行的回归方法指南

7.1 GB 3778 所列试验方法可行的回归方法描述如下：

7.1.1 试验方法 GB/T 3780.1，吸碘值——不要求回归。因为已知吸碘值具有随着试样放置时间的推移而减少的现象，因此没有使用第 5 章所述的统计校正因子。吸碘值随着时间推移而减少的例子见图 3。

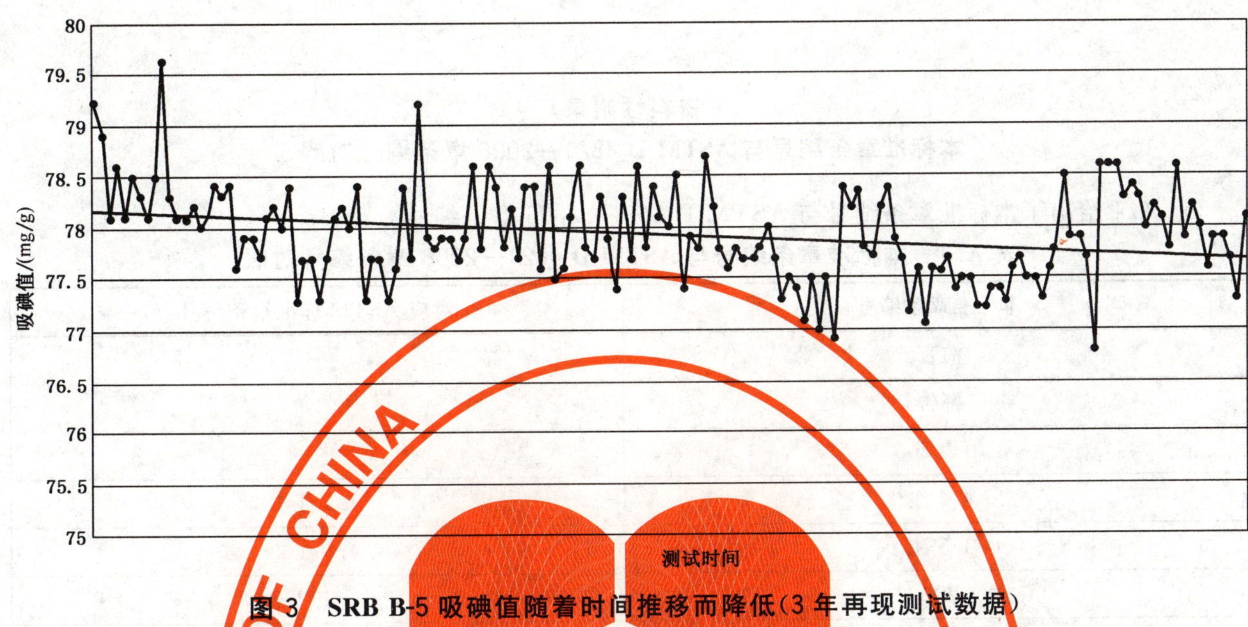

图3 SRB B-5 吸碘值随着时间推移而降低(3年再现测试数据)

7.1.2 试验方法 GB/T 14853.1,倾注密度——不要求回归。

7.1.3 试验方法 GB/T 3780.2,吸油值——仅在试验方法要求的地方使用硬质和软质 SRBs 进行回归。

7.1.4 试验方法 GB/T 3780.6,着色强度——仅在试验方法要求的地方使用 ITRB 进行回归。不推荐用 SRBs 进行回归。

7.1.5 试验方法 GB/T 3780.4,压缩样品吸油值——仅在试验方法要求的地方使用硬质和软质 SRBs 进行回归。

7.1.6 试验方法 GB/T 3780.18,天然橡胶的应力-应变——不推荐进行回归(对丁苯橡胶的拉伸试验 GB/T 9579,也不推荐进行回归)。

7.1.7 试验方法 GB/T 10722,NSA 和 STSA——不要求回归。

8 报告

8.1 统计控制图中报告以下信息:

8.1.1 试验方法标准编号;

8.1.2 参比物质编号;

8.1.3 标明出平均值或控制限值是来源于本标准的表1、表2,还是由试验数据计算而来;

8.1.4 如果平均值和控制限值由试验数据计算而来,则标明参与计算的数据点的数目。

9 精密度和偏差

9.1 某一试验方法测试一个 SRB 时,可以通过由20个~30个最新试验结果(校正的、未校正的或两者)的平均值$\overline{X}$,与 ASTM 的确认值之差($\overline{X}-X_{ASTM}$)来计算偏差。为了减少对平均值的不确定度,至少需要20个数据点来估算平均值,超过30个数据并不能显著地减少不确定度。

9.2 某一试验方法测试一个 SRB 的精密度,可以通过计算9.1中所列数据点的标准偏差 S 来确定式(2)。

$$S=\sqrt{\frac{(X_1-\overline{X})^2+\cdots+(X_n-\overline{X})^2}{n-1}} \quad \cdots\cdots(2)$$

附　录　A
（资料性附录）
本标准章条编号与ASTM D 4821—2006章条编号对照

表A.1给出了本标准章条编号与ASTM D 4821—2006章条编号一览表。

表A.1　本标准章条编号与ASTM D 4821—2006章条编号对照

本标准章条编号	对应ASTM标准章条编号
前言	—
警告	1.6
表2	—
4.2注	4.2注1
4.5注	4.8注2
表3	表2
—	6.1.5
6.1.2.12	—
6.1.4.6	—
6.1.5	6.1.6
6.1.5.1～6.1.5.5	6.1.6.1～6.1.6.5
6.1.5.6	—
6.1.6	6.1.7
6.1.6.1～6.1.6.5	6.1.7.1～6.1.7.5
6.1.6.6	—
6.1.6.6注	6.1.7.5注3
—	10
附录A	—
注：表中的章条以外的本标准其他章条编号与ASTM D 4821—2006其他章条编号均相同且内容对应。	

ICS 83.040.20
G 49

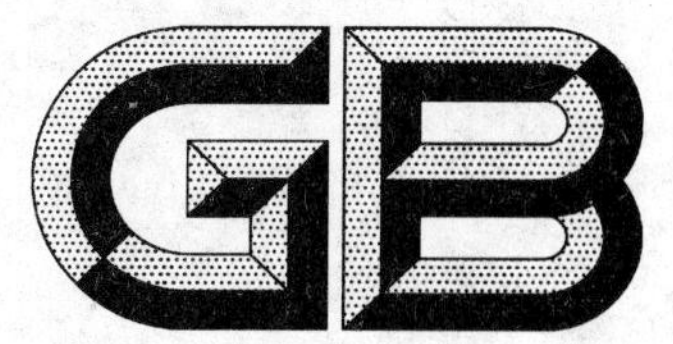

中华人民共和国国家标准

GB/T 15339—2008
代替 GB/T 15339—1994

橡胶配合剂　炭黑
在丁腈橡胶中的鉴定方法

**Rubber compounding ingredients—Carbon black—
Method of evaluation in NBR(Acrylonitrile-Butadiene Rubber)**

2008-06-18 发布　　2009-02-01 实施

中华人民共和国国家质量监督检验检疫总局
中国国家标准化管理委员会　发布

前　言

本标准修改采用ASTM D 3187—2006《橡胶的试验方法　NBR(丙烯腈丁二烯橡胶)的评定》(英文版)。

本标准根据ASTM D 3187—2006重新起草。在附录A中列出了本标准与ASTM D 3187—2006的章条编号对照表。

根据我国国情,为方便使用,在采用ASTM D 3187—2006时做了一些修改。本标准与ASTM D 3187—2006主要差异如下:

——修改了标准名称;

——引用了与ASTM标准D 412、D 1646、D 2084、D 3182、D 3896、D 4483、D 5289、D 6204无对应关系的我国标准(本标准第2章);

——增加了我国标准"GB/T 529、GB/T 531、GB/T 1681、GB/T 2449、GB/T 3185、GB 3778、GB/T 9103"(本标准第2章);

——删除"意义和用途"(D 3187中第3章);

——在表1的技术规格中取消IRM代码(ASTM D 3187—2006中4.1),改为国家标准号(本标准第3章),方便标准的使用;

——增加了丁腈橡胶的牌号"NBR2707",同上版国家标准一致(本标准第3章),细化标准内容;

——未采用包覆2% $MgCO_3$的硫磺(本标准第3章,D 3187表1中的注B),符合我国国情;

——开炼机法的批次因子为"3.00"(本标准第3章,D 3187表1中的注D),与上版标准一致;

——增加"辊距0.8 mm,将丁腈胶不包辊破料1次。"(本标准6.2.2),细化标准内容;

——增加对割刀的要求,便于标准使用者操作(本标准6.2.2第4步骤)细化标准内容;

——增加"混炼过程总计时间为(25±0.5)min。",给出操作时间波动范围(本标准6.2.2)控制标准操作时间;

——增加A法中胶料复核质量范围(436.4~440.8)g,方便标准使用(本标准6.2.2.1,D 3187中6.2.2.1);

——将"并置于平整、干燥、洁净的金属平板上冷却"改为"按GB/T 6038规定停放"(本标准6.2.2.2);

——增加撕裂强度的测定按GB/T 529进行,用直角形试样(本标准7.4.2),与上版标准一致;

——增加硬度的测定按GB/T 531进行(本标准7.4.3),与上版标准一致;

——增加回弹性的测定按GB/T 1681进行(本标准7.4.5),与上版标准一致;

——增加耐磨性能的测定按GB/T 1689进行(本标准7.4.6),与上版标准一致;

——增加"试验结果的表示"(本标准第8章),提高标准的操作性;

——删除精密度和偏差、精密度数据表(ASTM D 3187中第8章),精密度另有国家标准;

——增加试验报告(本标准第9章),符合我国标准内容格式;

——删除"关键词",符合我国标准内容格式。

本标准代替GB/T 15339—1994《炭黑在丁腈橡胶中配方及鉴定方法》。

本标准与GB/T 15339—1994版本相比主要变化如下:

a)　修改了标准名称;

b)　增加了"前言"和"警告"语;

c)　删除了正文标题中"中华人民共和国国家标准"和"英文名称及标准号";

d） 增加了引用标准导语；

e） 增加了国家标准 GB/T 2941、GB/T 2449、GB/T 3185、GB 3778 、GB/T 9103、GB/T 9869、GB/T 16584(本版第 2 章)；

f） 删除 GB/T 1233，用 GB/T 9869 代替；

g） 促进剂 CBS 改为 TBBS；

h） 增加三种混炼方法的配料批次因子(本版第 3 章)；

i） 开炼机的称量精度列在配方表下注 B 中(本版第 3 章，1994 版 6.1.2)；

j） 密炼机的称量精度列在配方表下注 C 中(本版第 3 章)；

k） 增加按 GB 3778 规定采样(本版第 5 章)；

l） 炭黑干燥温度改为(125±2)℃(本版 5.2)；

m） 删除“混炼要求”，相关内容并入“开炼机法——方法 A”中（本版 6.2，1994 版 6.2)；

n） 开炼机混炼程序列表表示(本版 6.2.2)；

o） 增加“将开炼机辊距调至 0.8 mm，将丁腈胶不包辊破料 1 次”(本版的 6.2.2 中顺序 1)；

p） 增加“注：混炼胶料上有明显粉剂时不准割刀，落到料盘中的物料应保证全部被混入到胶料中”(本版 6.2.2 表 2 注，上版中 6.2.3)；

q） 将混炼过程总计时间修改为(25±0.5)min(本版 6.2.2 表 2 后)；

r） 增加开炼机复核胶料质量范围(436.4～440.8)g（本版 6.2.2.1)；

s） 增加微型密炼机法——方法 B(本版 6.3)；

t） 增加密炼机法——方法 C(本版 6.4)；

u） 删除初期硫化特性的测定按 GB/T 1233 进行(上版 6.4.2)；

v） 增加胶料的硫化特性按 GB/T 9869 或 GB/T 16584 测试(本版 7.3.2)；

w） 开炼机混炼胶料硫化条件改为：温度(150±1)℃、时间 20 min、40 min、60 min(本版 7.2，1994 版 7.2)；

x） 增加密炼机混炼胶料的硫化条件为：(150±1)℃×40 min(本版 7.2)；

y） 删除“裁刀型号”(1994 版 9.1 中 d))；

z） 增加“胶料混炼的方法(A 法、B 法、C 法)”(本版 9d))；

aa） 增加附录 A。

本标准的附录 A 为资料性附录。

本标准由中国石油和化学工业协会提出。

本标准由全国橡胶与橡胶制品标准化技术委员会炭黑分技术委员会(SAC/TC 35/SC 5)归口。

本标准负责起草单位：中橡集团炭黑工业研究设计院。

本标准主要起草人：邓毅、夏春山、聂素青。

本标准所代替的标准的历次版本发布情况：

——GB/T 15339—1994。

橡胶配合剂　炭黑
在丁腈橡胶中的鉴定方法

警告——使用本标准的人员应有正规实验室工作的实践经验。本标准并未指出所有可能的安全问题。使用者有责任采取适当的安全和健康措施，并保证符合国家有关法规规定的条件。

1　范围

本标准规定了鉴定炭黑在丁腈橡胶中的鉴定方法。

本标准适用于各种类型的橡胶用炭黑。

2　规范性引用文件

下列文件中的条款通过本标准的引用而成为本标准的条款。凡是注日期的引用文件，其随后所有的修改单(不包括勘误的内容)或修订版均不适用于本标准，然而，鼓励根据本标准达成协议的各方研究是否可使用这些文件的最新版本。凡是不注日期的引用文件，其最新版本适用于本标准。

GB/T 528　硫化橡胶和热塑性橡胶拉伸应力应变性能的测定(GB/T 528—1998，eqv ISO 37：1994)

GB/T 529　硫化橡胶或热塑性橡胶撕裂强度的测定(裤形、直角形和新月形试样)(GB/T 529—1999，eqv ISO 34-1：1994)

GB/T 531　橡胶袖珍硬度计压入硬度试验方法(GB/T 531—1999，ISO 7619：1986，IDT)

GB/T 1232.1　未硫化橡胶　用圆盘剪切粘度计进行测定　第1部分：门尼粘度的测定(GB/T 1232.1—2000，eqv ISO 289-1：1994)

GB/T 1681　硫化橡胶回弹性的测定(GB/T 1681—1991，eqv ISO 4662：1986)

GB/T 1689　硫化橡胶耐磨性能的测定(用阿克隆磨耗机)

GB/T 2449　工业硫磺

GB/T 2941　橡胶物理试验方法试样制备和调节通用程序(GB/T 2941—2006，ISO 23529：2004，IDT)

GB/T 3185　氧化锌(间接法)

GB 3778　橡胶用炭黑

GB/T 6038　橡胶试验胶料配料、混炼和硫化设备及操作程序(GB/T 6038—2006，ISO 2393—1994，MOD)

GB/T 9103　工业硬脂酸

GB/T 9869　橡胶胶料硫化特性的测定(圆盘振荡硫化仪法)(GB/T 9869—1997，idt ISO 3417：1991)

GB/T 16584　橡胶　用无转子硫化仪测定硫化特性(GB/T 16584—1996，eqv ISO 6502：1991)

HG/T 2744　硫化促进剂　NS

3　标准鉴定配方

标准鉴定配方见表1。

表 1 标准鉴定配方

材料	技术规格	质量份数
丁腈橡胶(NBR)2707		100.00
氧化锌	GB/T 3185 一级	3.00
硫磺	GB/T 2449 一级	1.50
硬脂酸	GB 9103 一级	1.00
促进剂 TBBS[a]	HG/T 2744 一级	0.70
炭黑		40.00
总计		146.20
开炼机批量因子[b]		3.0
密炼机(Cam Head)批量因子[c]		0.50
密炼机(Banbury Head)批量因子[c]		0.43

a TBBS 即为 N-叔丁基-2-苯骈噻唑次磺酰胺。

b 用开炼机和实验室大密炼机称量时橡胶和炭黑的称量准确至 1.0 g,硫磺和促进剂的称量准确至 0.02 g,其他配合剂的称量准确至 0.1 g。

c 使用微型密炼机时,橡胶和材料混和后称量准确至 0.1 g。如采用单独配料,则需称量准确至 0.001 g。采用微型密炼机时,推荐对除炭黑之外需进行混合的配料先进行预处理,以提高对这些材料的称量精度。混和时将需混和的材料按比例称量后倒入干粉混和器中,如双锥形搅拌器或 V 形搅拌器,也可用研钵或槌钵来混和。

4 设备

混炼、硫化设备与 GB/T 6038 一致。

5 采样和炭黑试样的制备

5.1 按 GB 3778 规定进行采样。

5.2 炭黑在混炼前应置于 (125±2)℃烘箱中干燥 1 h。加热干燥时盛装炭黑试样的敞口器皿尺寸应保证炭黑层厚度不大于 10 mm。烘干后的炭黑试样应置于一个密闭防潮的容器中,冷却至室温。

6 混炼程序

6.1 炭黑胶料的混炼程序可采用下列 3 种方法:

a) 开炼机法——方法 A;

b) 微型密炼机法——方法 B;

c) 密炼机法——方法 C。

混炼前按表 1 要求配料。

6.2 开炼机法——方法 A

6.2.1 一般混炼程序见 GB/T 6038。

6.2.2 混炼程序见表 2。

表 2 开炼机混炼程序

顺序	操作步骤	操作时间/min	累计时间/min
1	调辊温至(50±5)℃,辊距 0.8 mm,将丁腈胶不包辊破料 1 次		
2	调辊距为 1.4 mm,加丁腈橡胶使之包于前辊上	2	2
3	在包辊胶上缓慢、均匀地添加硬脂酸和氧化锌,然后再添加硫磺和促进剂,不割刀	3	5

表 2（续）

顺序	操作步骤	操作时间/min	累计时间/min
4	从两端交替割刀 3 次，割刀宽度为辊筒的 3/4，从两端交替割刀 1 次为 1 刀，每刀间隔时间约 20 s	2	7
5	以均匀的速度添加一半炭黑	5	12
6	当这部分炭黑完全混入后，调辊距为 1.65 mm，割 3 刀	2	14
7	均匀地添加剩余的炭黑	5	19
8	当所有的炭黑混入后，割 3 刀	2	21
9	调辊距到 0.8 mm，将胶料打卷并竖立通过辊隙薄通 6 次	3	24
10	调辊距使胶料片厚度为 6 mm，胶料折叠滚压 4 次	1	25
注：混炼胶料上有明显粉剂时不准割刀，落到料盘中的物料应保证全部被混入到胶料中。			

混炼过程总计时间为(25±0.5)min。

6.2.2.1 按表 2 混炼之后，复核胶料的质量并记录。若混炼后的胶料质量与理论值之差超过 0.5%，即超出(436.4～440.8)g 范围，则此辊胶料作废。

6.2.2.2 调节辊距，使胶料下片厚度约为 2.2 mm，按 GB/T 6038 规定停放。

6.3 微型密炼机法——方法 B

6.3.1 微型密炼机的混炼程序见使用设备的说明书。

6.3.1.1 微型密炼机混炼的起始温度控制在(60±3)℃，转速控制在(60～63)r/min。

6.3.2 密炼前将橡胶在(50±5)℃的开炼机上薄通 1 次，下片厚度约为 5 mm，胶料切成约 25 mm 宽胶条。

6.3.3 混炼程序见表 3。

表 3 微型密炼机混炼程序

顺序	操作步骤	操作时间/min	累计时间/min
1	用橡胶条填充密炼室，放下上顶栓，开始计时	0	0
2	塑炼橡胶	1.0	1.0
3	提起上顶栓，仔细加入全部已预混好的氧化锌、硫磺、硬脂酸和 TBBS。再加入炭黑，清理干净加料口，放下上顶栓	1.0	2.0
4	开始密炼。如有需要立即提起上顶栓，将物料扫进混炼室	7.0	9.0

6.3.3.1 按表 3 混炼之后关闭电机，提起上顶栓，打开混炼室，卸料。如有需要，立即记录胶料的最高温度。

6.3.3.2 将胶料用温度(50±5)℃，辊距为 0.5 mm 的开炼机薄通一次，再用 3 mm 辊距过两次。为获得良好分散，则需对胶料用辊距为 0.8 mm，温度为(50±5)℃开炼机薄通六次。

6.3.3.3 复核胶料质量并记录。若混炼后胶料质量与理论值之差超过 0.5%，放弃此胶料。

6.3.3.4 如需进行强伸性能测试，胶料按约 2.2 mm 下片，按 GB/T 6038 规定停放。

6.4 密炼机法——方法 C

6.4.1 一般混炼程序见 GB/T 6038。

6.4.2 密炼程序初混见表 4。

表 4　密炼机法—初混

顺序	操作步骤	操作时间/min	累计时间/min
1	按顺序 5 的要求设定密炼机的卸料温度,关闭卸料门,将转子的转速调整为 77 r/min,提起上顶栓	0	0
2	加入一半橡胶和全部氧化锌、炭黑和硬脂酸。再加入另一半橡胶,放下上顶栓密炼	0.5 3.0	0.5 3.5
3	密炼胶料	0.5	4.0
4	提起上顶栓,清扫密炼机进料口和上顶栓。再压下上顶栓	2.0	6.0
5	密炼温度达到 170 ℃时,或密炼时间达到 6 min 时,都应立即卸料	0	0

6.4.2.1　按表 4 混炼之后复核胶料质量并记录。若混炼后胶料质量与理论值之差超过 0.5%,放弃此胶料。

6.4.2.2　立即将密炼后胶料通过温度(40±5)℃,辊距为 6.0 mm 的标准实验室开炼机 3 次。

6.4.2.3　将胶料停放 1 h～24 h。

6.4.3　密炼过程的后期密炼见表 5。

表 5　密炼机法—后期密炼

顺序	操作步骤	操作时间/min	累计时间/min
1	将密炼机的温度调整到(40±5)℃,关闭通入转子的蒸汽,全量开启转子的冷却水,以 77 r/min 速度启动转子,提起上顶栓	0	0
2	加入 1/2 胶料和已混和的全部硫磺、促进剂,再加入余下的胶料,放下上顶栓	0.5	0.5
3	当密炼胶料温度达到(110±5)℃,或总时间为 3 min 时,立即卸料	2.5	3.0
4	立即将密炼后胶料通过温度(40±5)℃,辊距为 0.8 mm 的标准实验室开炼机薄通 6 次	2.0	5.0
5	调整辊距到 6.0 mm 以上,沿同一方向不包辊通过辊筒 4 次	1.0	6.0

6.4.3.1　按表 5 混炼之后,复核胶料质量并记录。若混炼后胶料质量与理论值之差超过 0.5%,放弃此胶料。

6.4.3.2　如需进行强伸性能测试,胶料按约 2.2 mm 下片,按 GB/T 6038 规定停放。

7　硫化及硫化胶特性试验

7.1　硫化胶试片的制备及硫化按 GB/T 6038 进行。

7.2　开炼机混炼胶料的硫化温度为(150±1)℃,硫化时间分别为 20 min、40 min、60 min,不同硫化时间给出的值有差异。密炼机、微型密炼机混炼胶料的硫化条件为(150±1)℃×40 min。

注:也可采用:开炼机混炼料硫化条件为温度 145 ℃,时间为 25 min、50 min、75 min。密炼混炼胶料的硫化条件为 145 ℃×50 min。但不同的硫化时间给出的值有差异。

7.3　未硫化胶料的试验

7.3.1　胶料的粘度的测定按 GB/T 1232.1 进行。

7.3.2　胶料的硫化特性按 GB/T 9869 或 GB/T 16584 进行测试。

7.3.2.1　推荐采用 GB/T 9869 时的试验条件为振荡频率:(1.7±0.1)Hz,振荡振幅:(1.00±0.02)°,微型模腔系统的模腔温度:(160±0.3)℃ ,试验时间:30 min,无需预热。推荐采用 GB/T 16584 时的试验条件为振荡频率:1.67 Hz,振荡振幅:0.5°,模腔温度:160 ℃,试验时间:30 min,无需预热。不同试验条件的结果有偏差。

7.3.2.2 推荐需要测试的试验参数为M_L,M_H,t_{s1},t'_{50}和t'_{90}。

7.4 硫化胶特性试验

7.4.1 硫化试片在温度(23±2)℃条件下调节(16～96)h。

注：工厂进行质量中间控制时,可停放(1～6)h,但只能得近似值。

7.4.2 撕裂强度的测定按GB/T 529进行,用直角形试样。

7.4.3 硬度的测定按GB/T 531进行。

7.4.4 拉伸性能的测定按GB/T 528进行。

7.4.5 回弹性的测定按GB/T 1681进行。

7.4.6 耐磨性能的测定按GB/T 1689进行。

8 试验结果的表示

8.1 方法A中,取物理机械性能数值较好的一个硫化时间为正硫化时间。

8.2 拉伸强度、300%定伸应力和拉断伸长率应取同一硫化时间的值。

8.3 磨耗结果取正硫化时间的值。

9 试验报告

试验报告包括下列内容：

a) 本试验依据的标准名称或编号；

b) 试样名称、编号及产地；

c) 必要的试验条件；

d) 胶料混炼的方法(A法、B法、C法)；

e) 试验结果；

f) 试验者；

g) 试验有关说明；

h) 试验中出现的异常现象；

i) 试验日期。

附 录 A
（资料性附录）
本标准与 ASTM D 3187—2006 的章条编号对照

表 A.1 给出了本标准章条编号与 ASTM D 3187—2006 章条编号对照一览表。

表 A.1 本标准章条编号与 ASTM D 3187—2006 章条编号对照

本标准章条编号	对应的 ASTM 标准章条编号
—	3
3	4
4	—
5.1	—
6.2.2 顺序 1	6.2.1.1
6.2.2.2	6.2.2.3
6.3.3.4	6.3.3.5
6.4.3.2	6.4.3.3
7.2	7.1.1
7.3.1	6.2.2.2、6.3.3.4、6.4.3.2
7.3.2	7.2
7.4.1	7.1.2
7.4.2	—
7.4.3	—
7.4.4	7.1.3
7.4.5	—
7.4.6	—
8	—
—	8
9	—
—	9
注：表中的章条以外的本标准其他章条编号与 ASTM D 3187—2006 其他章条编号均相同且内容对应。	

ICS 83.060
G 40

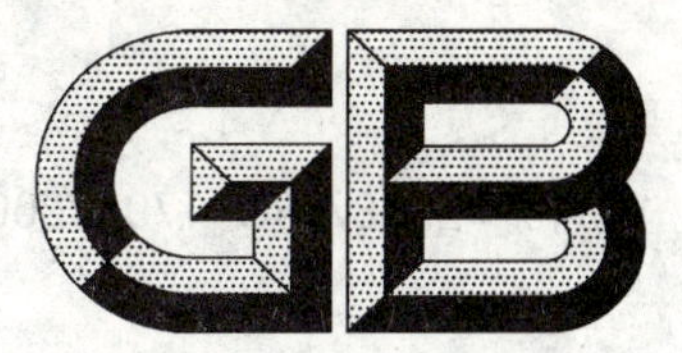

中华人民共和国国家标准

GB/T 15340—2008/ISO 1795:2000
代替 GB/T 8083—1987 和 GB/T 15340—1994

天然、合成生胶取样及其制样方法

Rubber, raw natural and raw synthetic—Sampling and further preparative procedures

(ISO 1795:2000, IDT)

2008-04-01 发布　　2008-09-01 实施

中华人民共和国国家质量监督检验检疫总局
中国国家标准化管理委员会　发布

前　言

本标准等同采用国际标准 ISO 1795:2000《天然、合成生胶取样及其制样方法》(英文版)。

本标准代替 GB/T 8083—1987《天然生胶　标准橡胶取样》和 GB/T 15340—1994《天然、合成生胶取样及制样方法》。

本标准等同翻译国际标准 ISO 1795:2000。规范性引用文件用 GB/T 6038 取代了 ISO 2393,本标准所引用的 GB/T 6038 中开炼机内容与 ISO 2393 没有差异。

为便于使用,本标准做了下列编辑性修改:

a)“本国际标准”一词改为“本标准”;

b) 用小数点“.”代替作为小数点的逗号“,”;

c) 删除国际标准的前言;

d) 增加资料性附录 A——天然橡胶抽样。

本标准与 GB/T 15340—1994 相比主要变化如下:

—— 增加了警示语;

—— 增加了 3 个规范性引用文件(见第 2 章);

—— 增加了术语词条的英文;

—— 实验室样品的制备,总量由 600 g～1 500 g 修订为 350 g～1 500 g(见第 5 章);

—— 1994 年版的 7,8.1,8.2.1 中的注本版放在 7,8.2.1,8.3.1 的条文中;

—— 增加了资料性附录 A。

本标准与 GB/T 8083—1987 相比主要变化如下:

——增加了天然、合成生胶制样的内容(本版第 8 章)。

本标准的附录 A 是资料性附录。

本标准由中国石油和化学工业协会提出。

本标准由全国橡胶与橡胶制品标准化技术委员会橡胶物理和化学试验方法分技术委员会(SAC/TC 35/SC 2)归口。

本标准起草单位:北京橡胶工业研究设计院、中国热带农业科学研究院农产品加工研究所。

本标准主要起草人:蔡尚脉、陈鹰。

本标准所代替标准的历次版本发布情况为:

——GB/T 15340—1994;

——GB/T 8083—1987。

天然、合成生胶取样及其制样方法

警告：使用本标准的人员应熟悉正规实验室操作规程。本标准无意涉及因使用本标准可能出现的所有安全问题。制定相应的安全和健康制度并确保其符合国家法规是使用者的责任。

1 范围

本标准规定了成包、成块及袋装生胶的取样方法，同时规定了由所取胶样制备理化试验试样的操作步骤。

2 规范性引用文件

下列文件中的条款通过本标准的引用而成为本标准的条款。凡是注日期的引用文件，其随后的所有修改单(不包括勘误的内容)或修订版均不适用于本标准，然而，鼓励根据本标准达成协议的各方研究是否可使用这些文件的最新版本。凡是不注日期的引用文件，其最新版本适用于本标准。

GB/T 6038 橡胶试验胶料 配料、混炼和硫化 设备及操作程序(GB/T 6038—2006，ISO 2393:1994，MOD)

GB/T 9869 橡胶胶料硫化特性的测定(圆盘振荡硫化仪法)(GB/T 9869—1997，idt ISO 3417:1991)

NY/T 1403 天然橡胶 评价方法(NY/T 1403—2007，ISO 1658:1994，IDT)

ISO 248:1991 生橡胶 挥发分含量的测定

ISO 289-1:1994 未硫化橡胶 用圆盘剪切黏度计进行测定 第1部分：门尼黏度的测定

ISO 2930:1995 天然生胶塑性保持率的测定

ISO 3951:1989 不合格品率的计量抽样检验程序及图表

3 术语和定义

下列术语和定义适用于本标准，其中“包”均包含“块”和“袋”(屑状、粉末状及片状胶均为袋装)。

3.1

批 lot

品级和批号相同的全体胶包。

3.2

样本 sample

抽选出代表批的一组胶包。

3.3

实验室样品 laboratory sample

取自一个样本胶包并代表该胶包的胶样。

3.4

混合实验室样品 combined laboratory sample

将等量的实验室样品混合制成代表样本的胶样。

3.5

试验样品 test sample

取自实验室样品或混合实验室样品用于测试(包括试样制备)的胶样。

3.6

试样　test piece

取自试验样品用于某项测试的胶样。

4　抽样方法

样本的包数越多，样本对批的代表性就越强。但在多数情况下要从实际考虑规定一个合理的限度。随机抽选的胶包数应当由供需双方商定；如果可行，从 ISO 3951 选一个统计抽样方案。

关于天然橡胶的抽样也可参见附录 A。

5　实验室样品的选取

实验室样品按下面推荐的方法从选出的各胶包选取，从胶包上去掉外层包皮、聚乙烯包装膜、胶包涂层或其他表面物；垂直于胶包最大表面切透两刀且不得用润滑剂，从胶包中部取出一整块胶。做仲裁检验应按此法取样。

此外，实验室样品也可从胶包任何方便的部位选取。

根据所要测试的项目，每个实验室样品的总量定为 350 g～1 500 g，如果橡胶为屑状或粉末状，应从胶袋随机取出相同数量的胶样。

如实验室样品不立即进行测试，则应放入容积不超过样品体积两倍的避光防潮容器或包装袋中待检。

注：表层如被滑石粉或其他隔离剂沾污可去掉。

6　取样报告

取样报告至少应包括以下内容：

a)　鉴别样本所需全部细节，如批标记；

b)　胶型及品级；

c)　组成批的胶包或胶袋数量及类别；

d)　组成样本的胶包或胶袋数量；

e)　与本标准任何偏离之处；

f)　取样日期。

7　测试

每个实验室样品应单独测试、单独提出报告。

做质量检验时可用混合实验室样品(见 3.4)测定化学性质和硫化特性。

8　试验样品制备

8.1　概述

炼胶应采用符合 GB/T 6038 的开炼机。

8.2　天然橡胶

8.2.1　开炼

称取 250 g±5 g 实验室样品，精确至 0.1 g，将开炼机辊距调至 1.3 mm±0.15 mm；辊温保持在 70℃±5℃，过辊 10 次使实验室样品均匀化。第 2～9 次过辊时，将胶片打卷后把胶卷一端放入辊筒再次过辊，散落的固体全部混入胶中；第 10 次过辊时下片，将胶片放入干燥器冷却后重新称量，精确至0.1 g。

均匀化过程有挥发性组分损失，因而可用质量的初值和终值计算挥发分(见 ISO 248 中的烘箱法)，如果不立即测挥发分，则将均匀化胶样放入容积不超过其体积两倍的密闭容器内或用两层铝箔包紧备验。

8.2.2 化学和物理测试

从均匀化实验室样品(见8.2.1)剪取试验样品，按具体测试项目的要求分配试验样品。各项测试均按相应标准进行，挥发分含量按ISO 248规定的烘箱法测定。

8.2.3 门尼黏度

取两个30 g～40 g均匀化实验室样品(见8.2.1)按ISO 289-1测门尼黏度。

8.2.4 塑性保持率

从均匀化实验室样品(见8.2.1)取20 g±2 g试验样品，按ISO 2930规定的方法制备试样并测定塑性保持率(PRI)。

8.2.5 硫化特性

按NY/T 1403和GB/T 9869规定的方法用均匀化实验室样品(见8.2.1)测定硫化特性。

8.3 合成橡胶

8.3.1 化学和物理测试

从实验室样品剪取250 g±5 g试验样品(如果是屑状胶或粉末胶，则随机取出相同量的试验样品)，按ISO 248规定的热辊法测挥发分含量。从测过挥发分的胶样取样进行要求的其他化学试验。

有些橡胶用热辊法会粘辊，如发生这种情况应改用ISO 248中的烘箱法。即使采用烘箱法测挥发分含量，在进行化学测试前仍需用热辊法干燥胶样。如果做不到这一点，则直接从实验室样品中取试验样品。

如果按第7章第二段的步骤测试，则将测过挥发分的各胶样按8.3.2.2规定的步骤混合制成250 g±5 g的混合实验室样品。

8.3.2 门尼黏度

8.3.2.1 直接法(优先采用)

从实验室样品剪取厚度适宜的试验样品，按ISO 289-1测定门尼黏度。试验样品应尽可能不带空气，以免夹带的空气附在转子和模腔表面，屑状或粒状橡胶应均匀分布在转子上下。

8.3.2.2 过辊法

有时在测试前需用开炼机将橡胶压实(对某种特定的橡胶，相应的评价方法将规定是否采用过辊法)，过辊应按下列程序进行：

从实验室样品取250 g±5 g试验样品，将开炼机辊距调至1.4 mm±0.1 mm，辊距表面温度保持在50℃±5℃，将试验样品过辊10次(注意下面对顺丁橡胶、三元乙丙橡胶、氯丁橡胶和某些丁腈橡胶作了特别规定)。在第2～9次过辊时，将胶片对折，第10次过辊时不对折直接下片，随后按ISO 289-1测定门尼黏度。

对低门尼黏度(小于35)的顺丁橡胶(BR)、三元乙丙橡胶(EPDM)，辊筒表面温度为35℃±5℃。

氯丁橡胶(CR)辊筒表面温度为20℃±5℃，辊距为0.4 mm±0.05 mm，过辊二次(如果辊筒表面较为潮湿，可考虑采用适用的最低温度，但需在报告中注明)。

某些丁腈橡胶(NBR)，辊距为1.0 mm±0.1 mm，辊筒表面温度为50℃±5℃。

如有需要，可采用其他条件(如不同的辊距和辊温)用于胶料过辊，但需在报告中注明。

注1：在以下情况需采用“过辊法”：

a) 橡胶多孔或极不均匀；

b) 橡胶黏度过高；

c) 半成品胶粉；

d) 炭黑母炼胶。

注2：过辊法测出的门尼黏度值与直接法测出的可能有些差异，此外过辊法的测定结果重现性较差。

8.3.3 硫化特性

从实验室样品剪取试验样品(如为屑状或粉末状胶,则随机取料),按与被测胶相应的评价方法测定硫化特性。

如按第7章第二段的步骤测试,则从各实验室样品取足胶样,在混炼程序的开始阶段进行混和操作,制备适量混合实验室样品。

附　录　A
（资料性附录）
天然橡胶抽样

按批抽样，批的大小可在 1 t～50 t 范围内变动。从整批胶包总数随机选取样本胶包的数量可按表 A.1执行。

表 A.1　整批胶包总数随机选取样本胶包的数量

单位为包

整批胶包的数量	选取样本胶包的数量
＜40	4
40～100	7
＞100	10

ICS 71.040.30
G 62

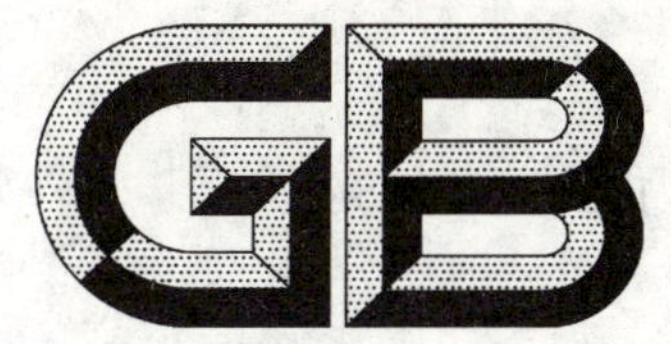

中华人民共和国国家标准

GB/T 15355—2008
代替 GB/T 15355—1994

化学试剂　六水合氯化镍(氯化镍)

Chemical reagent—Nickel chloride hexahydrate

2008-05-15 发布　　2008-11-01 实施

中华人民共和国国家质量监督检验检疫总局
中国国家标准化管理委员会　发布

前　言

本标准代替GB/T 15355—1994《化学试剂——六水合氯化镍(氯化镍)》,与GB/T 15355—1994相比主要变化如下:

——增加了铜、铅火焰原子吸收光谱法的测定方法(本版的5.12.2、5.14.2)。

本标准由中国石油和化学工业协会提出。

本标准由全国化学标准化技术委员会化学试剂分会(SAC/TC 63/SC 3)归口。

本标准负责起草单位:南京化学试剂有限公司。

本标准主要起草人:王浩、高伟越。

本标准于1960年首次发布,于1977年第一次修订、1984年第二次修订、1994年第三次修订。

化学试剂　六水合氯化镍(氯化镍)

分子式:$NiCl_2 \cdot 6H_2O$

相对分子质量:237.69(根据2005年国际相对原子质量)

1　范围

本标准规定了化学试剂中六水合氯化镍的性状、规格、试验、检验规则和包装及标志。

本标准适用了化学试剂中六水合氯化镍的检验。

2　规范性引用文件

下列文件中的条款通过本标准的引用而成为本标准的条款。凡是注日期的引用文件,其随后所有的修改单(不包括勘误的内容)或修订版均不适用于本标准,然而,鼓励根据本标准达成协议的各方研究是否可使用这些文件的最新版本。凡是不注日期的引用文件,其最新版本适用于本标准。

GB/T 601　化学试剂　标准滴定溶液的制备

GB/T 602　化学试剂　杂质测定用标准溶液的制备(GB/T 602—2002,ISO 6353-1:1982,NEQ)

GB/T 603　化学试剂　试验方法中所用制剂及制品的制备(GB/T 603—2002,ISO 6353-1:1982,NEQ)

GB/T 3914—2008　化学试剂　阳极溶出伏安法通则

GB/T 6682　分析实验室用水规格和试验方法(GB/T 6682—2008,ISO 3696:1987,MOD)

GB/T 9723—2007　化学试剂　火焰原子吸收光谱法通则

GB/T 9724　化学试剂　pH值测定通则(GB/T 9724—2007,ISO 6353-1:1982,NEQ)

GB/T 9738　化学试剂　水不溶物测定通用方法(GB/T 9738—2008,ISO 6353-1:1982,NEQ)

GB 15346　化学试剂　包装及标志

HG/T 3921　化学试剂　采样及验收规则

3　性状

本试剂为绿色结晶,在潮湿空气中易潮解,易溶于水,溶于乙醇。

4　规格

六水合氯化镍的规格见表1。

表1

名　称	优级纯	分析纯	化学纯
含量($NiCl_2 \cdot 6H_2O$),w/%	≥98.0	≥98.0	≥97.0
pH值(50 g/L,25℃)	4.0~6.0	4.0~6.0	4.0~6.0
水不溶物,w/%	≤0.005	≤0.005	≤0.01
硫酸盐(SO_4),w/%	≤0.002	≤0.005	≤0.01
硝酸盐(NO_3),w/%	≤0.003	≤0.005	≤0.01
钠(Na),w/%	≤0.005	≤0.01	≤0.02
钙(Ca),w/%	≤0.005	≤0.01	≤0.02

表 1（续）

名　称	优级纯	分析纯	化学纯
铁(Fe),w/%	≤0.000 5	≤0.001	≤0.002
钴(Co),w/%	≤0.005	≤0.01	≤0.05
铜(Cu),w/%	≤0.001	≤0.002	≤0.005
锌(Zn),w/%	≤0.001	≤0.005	≤0.02
铅(pb),w/%	≤0.001	≤0.002	≤0.005

5 试验

5.1 警告

本试验方法中，使用的部分试剂具有毒性或腐蚀性，一些试验过程可能导致危险情况，操作者应采取适当的安全和健康措施。

5.2 一般规定

本章中除另有规定外，所用标准滴定溶液、标准溶液、制剂及制品，均按 GB/T 601、GB/T 602、GB/T 603 的规定制备，实验用水应符合 GB/T 6682 中三级水的规格，样品均按精确至 0.01 g 称量，所用溶液除“乙醇(95%)”为体积分数外，以“%”表示的均为质量分数。

5.3 含量

称取 0.4 g 样品，精确至 0.000 1 g，溶于 70 mL 水中，加 10 mL 氨-氯化铵缓冲溶液甲(pH≈10)及 0.1 g 紫脲酸铵混合指示剂，摇匀，用乙二胺四乙酸二钠标准滴定溶液[c(EDTA)=0.05 mol/L]滴定至溶液呈蓝紫色。

六水合氯化镍的质量分数 w，数值以%表示，按式(1)计算：

$$w=\frac{V\times c\times M}{m\times 1\,000}\times 100 \qquad \cdots\cdots(1)$$

式中：

V——乙二胺四乙酸二钠标准滴定溶液体积的数值，单位为毫升(mL)；

c——乙二胺四乙酸二钠标准滴定溶液浓度的准确数值，单位为摩尔每升(mol/L)；

M——六水合氯化镍摩尔质量的数值，单位为克每摩尔(g/moL)[$M(NiCl_2\cdot 6H_2O=237.7)$]；

m——样品质量的数值，单位为克(g)。

5.4 pH 值

按 GB/T 9724 的规定测定。

5.5 水不溶物

称取 25 g 样品，溶于 100 mL 沸水中，冷却至室温后，按 GB/T 9738 的规定测定。

5.6 硫酸盐

5.6.1 不含硫酸盐的六水合氯化镍溶液的制备

称取 2.5 g 样品，溶于 20 mL 水中，加 10 mL“乙醇(95%)”、1 mL 盐酸溶液(20%)，在不断振摇下滴加 5 mL 氯化钡溶液(250 g/L)，稀释至 50 mL，摇匀，放置 12 h～18 h，过滤。

5.6.2 测定方法

称取 0.5 g 样品，溶于 10 mL 水中，加 5 mL“乙醇(95%)”、0.5 mL 盐酸溶液(20%)，在不断振摇下滴加 3 mL 氯化钡溶液(250 g/L)，稀释至 25 mL，摇匀，放置 10 min。溶液所呈浊度不得大于标准比浊溶液。

标准比浊溶液的制备是取 10 mL 不含硫酸盐的六水合氯化镍溶液及含下列数量的硫酸盐标准溶液：

优级纯 ………………………………………………………………………………0.010 mg SO_4；

分析纯 ………………………………………………………………………………0.025 mg SO_4；

化学纯 ………………………………………………………………………………0.050 mg SO_4。

加 3 mL“乙醇(95%)”、0.3 mL 盐酸溶液(20%)，在不断振摇下滴加 2 mL 氯化钡溶液(250 g/L)，稀释至 25 mL，摇匀，与同体积试液同时放置 10 min 比浊。

5.7 硝酸盐

称取 2 g 样品，溶于 30 mL 水中，加 10 mL 氢氧化钠溶液(100 g/L)，加热近沸，冷却，稀释至 50 mL，过滤。取 10 mL(化学纯取 5 mL，稀释至 10 mL)，加 1 mL 氯化钠溶液(100 g/L)、1 mL 靛蓝二磺酸钠溶液[$c(C_{16}H_8N_2Na_2O_8S_2)=0.001$ mol/L]，在摇动下于 10 s～15 s 内加 10 mL 硫酸，放置 10 min。溶液所呈蓝色不得浅于标准比色溶液。

标准比色溶液的制备是取含下列数量的硝酸盐标准溶液：

优级纯 ………………………………………………………………………………0.012 mg NO_3；

分析纯、化学纯 ……………………………………………………………………0.020 mg NO_3。

稀释至 10 mL，与同体积试液同时同样处理。

5.8 钠

按 GB/T 9723—2007 的规定测定。

5.8.1 仪器条件

光源：钠空心阴极灯；

波长：589.0 nm；

火焰：乙炔-空气。

5.8.2 测定方法

称取 1 g 样品，溶于水，稀释至 100 mL。取 20 mL(化学纯取 10 mL)，共 4 份。按 GB/T 9723—2007 中 7.2.2 的规定测定，结果按 7.2.3 的规定计算。

5.9 钙

按 GB/T 9723—2007 的规定测定。

5.9.1 仪器条件

光源：钙空心阴极灯；

波长：422.7 nm；

火焰：乙炔-空气。

5.9.2 测定方法

称取 10 g 样品，溶于水，稀释至 100 mL。取 20 mL(化学纯取 10 mL)，共 4 份。按 GB/T 9723—2007 中 7.2.2 的规定测定，结果按 7.2.3 的规定计算。

5.10 铁

5.10.1 不含铁的六水合氯化镍溶液的制备

称取 3 g 样品，溶于 60 mL 水中，加 1.5 mL 硝酸溶液(25%)及 3 g 氯化铵，煮沸 2 min，滴加氨水溶液(10%)至溶液呈碱性，过滤，滤液用硫酸溶液(20%)中和 pH 值至 4～5，稀释至 75 mL。

5.10.2 测定方法

称取 1 g 样品，溶于 60 mL 水中，加 0.5 mL 硝酸溶液(25%)，煮沸 2 min，冷却，稀释至 85 mL，加 1 mL 盐酸、5 mL 硫氰酸铵溶液(250 g/L)，摇匀，用 10 mL 异戊醇萃取，有机层所呈红色不得深于标准比色溶液。

标准比色溶液的制备是取 25 mL 不含铁的六水合氯化镍溶液及含下列数量的铁标准溶液：

优级纯 ………………………………………………………………………………0.005 mg Fe；

分析纯 ………………………………………………………………………………0.010 mg Fe；

化学纯 ……………………………………………………………………0.020 mg Fe。

稀释至 60 mL，与同体积样品溶液同时同样处理。

5.11 钴

按 GB/T 9723—2007 的规定测定。

5.11.1 仪器条件

光源：钴空心阴极灯；

波长：240.7 nm；

火焰：乙炔-空气。

5.11.2 测定方法

称取 10 g 样品，溶于水，稀释至 100 mL。取 20 mL（化学纯取 4 mL），共 4 份。按 GB/T 9723—2007 中 7.2.2 的规定测定，结果按 GB/T 9723—2007 中 7.2.3 的规定计算。

5.12 铜

5.12.1 阳极溶出伏安法（仲裁法）

按 GB/T 3914—2008 的规定测定。

5.12.1.1 测定条件

预电解电位：－0.9 V；

扫描电位范围：－0.9 V～－0.1 V；

溶出峰电位：－0.3 V。

5.12.1.2 测定方法

按 GB/T 3914—2008 中 7.2 的规定测定。其中：电解质溶液为 40 mL 盐酸溶液[c(HCl)＝0.1 mol/L]。样品溶液的制备是称取 0.5 g 样品，溶于 10 mL 盐酸溶液[c(HCl)＝0.1 mol/L]中，取 1 mL（化学纯取 0.2 mL）。结果按 7.3 的规定计算。

5.12.2 火焰原子吸收光谱法

按 GB/T 9723—2007 的规定测定。

5.12.2.1 仪器条件

光源：铜空心阴极灯；

波长：324.7 nm；

火焰：乙炔-空气。

5.12.2.2 测定方法

称取 25 g 样品，溶于水，稀释至 100 mL。取 20 mL，共 4 份。按 GB/T 9723—2007 中 7.2.2 的规定测定，结果按 7.2.3 的规定计算。

5.13 锌

按 GB/T 9723—2007 的规定测定。

5.13.1 仪器条件

光源：锌空心阴极灯；

波长：213.9 nm；

火焰：乙炔-空气。

5.13.2 测定方法

称取 10 g 样品，溶于水，稀释至 100 mL。取 10 mL（分析纯取 2 mL、化学纯取 0.5 mL），共 4 份。按 GB/T 9723—2007 中 7.2.2 的规定测定，结果按 7.2.3 的规定计算。

5.14 铅

5.14.1 阳极溶出伏安法（仲裁法）

按 GB/T 3914—2008 的规定测定。

5.14.1.1 测定条件

预电解电位：−0.9 V；

扫描电位范围：−0.9 V～−0.1 V；

溶出峰电位：−0.5 V。

5.14.1.2 测定方法

同5.12.1.2。

5.14.2 火焰原子吸收光谱法

按GB/T 9723—2008的规定测定。

5.14.2.1 仪器条件

光源：铅空心阴极灯；

波长：283.3 nm；

火焰：乙炔-空气。

5.14.2.2 测定方法

同5.12.2.2。

6 检验规则

按HG/T 3921的规定进行采样及验收。

7 包装及标志

按GB 15346的规定进行包装、贮存与运输，并给出标志。其中：

包装单位：第4类；

内包装形式：NB-4、NBY-4、NB-5、NBY-5、NB-7、NBY-7、NB-8、NBY-8、NB-10、NBY-10、NB-11、NBY-11、NB-13、NBY-13、NB-15、NBY-15；

隔离材料：GC-2、GC-3、GC-4；

外包装形式：WB-1、WB-2、WB-3。

ICS 67.220.20
X 42

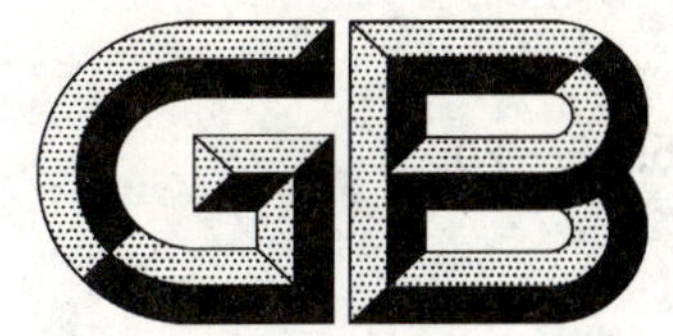

中华人民共和国国家标准

GB 15358—2008
代替 GB 15358—1994

食品添加剂 *dl*-酒石酸

Food additive—*dl*-Tartaric acid

2008-06-25 发布　　　　2009-01-01 实施

中华人民共和国国家质量监督检验检疫总局
中国国家标准化管理委员会　发布

前　言

本标准第6章和9.1为强制性的，其余为推荐性的。

本标准与《日本食品添加物公定书》第七版(1999)“*dl*-酒石酸”(日文版)的一致性程度为非等效。

本标准代替GB 15358—1994《食品添加剂　*dl*-酒石酸》。

本标准与GB 15358—1994相比，主要变化如下：

——重金属含量、砷含量的检测方法修改为引用GB/T 5009.74—2003和GB/T 5009.76—2003(1994版的5.5，本版的7.7和7.8)；

——将所有项目均为出厂检验项目，修改为所有项目均为型式检验项目，其中酒石酸含量、易氧化物、加热减量为出厂检验项目(见8.1)。

本标准由中国石油和化学工业协会提出。

本标准由全国化学标准化技术委员会有机分会(SAC/TC 63/SC 2)和全国食品添加剂标准化技术委员会(SAC/TC 11)归口。

本标准起草单位：杭州临安金龙化工有限公司。

本标准参加起草单位：常茂生物化学工程股份有限公司。

本标准主要起草人：何国田、戴立言、马志高。

本标准于1994年12月首次发布。

食品添加剂　*dl*-酒石酸

1　范围

本标准规定了食品添加剂 *dl*-酒石酸的要求、试验方法、检验规则以及标志、包装、运输、贮存等。

本标准适用于以顺丁烯二酸酐和过氧化氢为原料经氧化、水解而制得的食品添加剂 *dl*-酒石酸的生产、检验和销售。该产品主要用作食品的酸度调节剂。

2　规范性引用文件

下列文件中的条款通过本标准的引用而成为本标准的条款。凡是注日期的引用文件,其随后所有的修改单(不包括勘误的内容)或修订版均不适用于本标准,然而,鼓励根据本标准达成协议的各方研究是否可使用这些文件的最新版本。凡是不注日期的引用文件,其最新版本适用于本标准。

GB/T 191—2008　包装储运图示标志(ISO 780:1997,MOD)

GB/T 601—2002　化学试剂　标准滴定溶液的制备

GB/T 602—2002　化学试剂　杂质测定用标准溶液的制备(ISO 6353-1:1982, NEQ)

GB/T 603—2002　化学试剂　试验方法中所用制剂及制品的制备(ISO 6353-1:1982, NEQ)

GB/T 613—2007　化学试剂　比旋光本领(比旋光度)测定通用方法

GB/T 617—2006　化学试剂　熔点范围测定通用方法

GB/T 5009.74—2003　食品添加剂中重金属限量试验

GB/T 5009.76—2003　食品添加剂中砷的测定

GB/T 6284—2006　化工产品中水分测定的通用方法　干燥减量法

GB/T 6678—2003　化工产品采样总则

GB/T 6682—2008　分析实验室用水规格和试验方法(ISO 3696:1987,MOD)

GB/T 9728—2007　化学试剂　硫酸盐测定通用方法(ISO 6353-1:1982, NEQ)

3　化学名称、分子式、结构式和相对分子质量

化学名称:2,3-二羟基丁二酸

分子式:$C_4H_6O_6 \cdot nH_2O$(结晶品 $n=1$,无水品 $n=0$)

结构式:

$$\begin{array}{c} \mathrm{COOH} \\ | \\ \mathrm{H—C—OH} \\ | \\ \mathrm{H—C—OH} \\ | \\ \mathrm{COOH} \end{array} \cdot nH_2O$$

相对分子质量:结晶品 168.11;无水品 150.09(按 2007 年国际相对原子质量)

4　分类和命名

食品添加剂 *dl*-酒石酸按含结晶水量的不同分为两型,分别命名 *dl*-酒石酸(结晶品)和 *dl*-酒石酸(无水品)。

5　性状

结晶品为无色结晶或白色结晶粉末;无水品为白色颗粒或粉末。

6 要求

食品添加剂 *dl*-酒石酸应符合表1所示的技术要求。

表1 技术要求

项目		指标	
		结晶品	无水品
dl-酒石酸(以干基计),*w*/%	≥	99.5	
熔点范围/℃		200～206	
硫酸盐(以 SO_4 计),*w*/%	≤	0.04	
重金属(以 Pb 计),*w*/%	≤	0.001	
砷(以 As 计),*w*/%	≤	0.000 2	
易氧化物试验		通过试验	
干燥减量,*w*/%	≤	11.5	0.5
灼烧残渣,*w*/%	≤	0.10	

7 试验方法

7.1 警示

试验方法规定的一些试验过程可能导致危险情况。操作者应采取适当的安全和健康措施。

7.2 一般规定

除非另有说明,在分析中仅使用确认为分析纯的试剂和 GB/T 6682—1992 中规定的三级水。

试验方法中所用标准滴定溶液、杂质测定用标准溶液、制剂及制品,在没有注明其他要求时,均按 GB/T 601—2002、GB/T 602—2002 和 GB/T 603—2002 的规定制备。

7.3 鉴别试验

7.3.1 旋光性试验

称取 1.0 g 实验室样品,精确至 0.01 g,加水 10 mL 溶解,按 GB/T 613—2007 的规定进行测定,应无旋光性。

7.3.2 酸碱性试验

称取 1.0 g 实验室样品,精确至 0.01 g,加水 10 mL 溶解,用蓝色石蕊试纸测试,应呈红色。

7.3.3 酒石酸盐的反应性试验

7.3.3.1 试剂

7.3.3.1.1 硝酸;

7.3.3.1.2 硫酸;

7.3.3.1.3 氢氧化钠溶液:40 g/L;

7.3.3.1.4 硝酸银溶液:20 g/L;

7.3.3.1.5 氨水溶液:2→5;

7.3.3.1.6 乙酸溶液:1→4;

7.3.3.1.7 硫酸亚铁溶液:80 g/L;

7.3.3.1.8 过氧化氢溶液:1→10;

7.3.3.1.9 间苯二酚溶液:20 g/L;

7.3.3.1.10 溴化钾溶液:100 g/L。

7.3.3.2 **样品溶液的制备**

称取5.0 g实验室样品，精确至0.01 g，加少量水溶解，再用氢氧化钠溶液中和至中性，加水配至100 mL，为样品溶液A。

7.3.3.3 **分析步骤**

7.3.3.3.1 加硝酸银溶液于样品溶液A中，生成白色沉淀。分离该沉淀，加硝酸于其一部分时，沉淀即溶解。加氨水溶液于另一部分并加温，沉淀溶解且应慢慢生成银镜。

7.3.3.3.2 加2滴乙酸溶液，1滴硫酸亚铁溶液，(2～3)滴过氧化氢溶液及过量的氢氧化钠溶液于样品溶液A中，即显红紫～紫色。

7.3.3.3.3 在预先加有2～3滴间苯二酚溶液及(2～3)滴溴化钾溶液的5 mL硫酸中加入2～3滴样品溶液A，于水浴上加热(5～10)min，溶液应显深蓝色，冷却后，注到过量的水中时，应显红色。

7.4 ***dl*-酒石酸含量的测定**

7.4.1 **方法提要**

以酚酞为指示剂，用氢氧化钠标准溶液滴定试样(先经干燥)溶液，根据氢氧化钠标准滴定溶液的用量，计算以$C_4H_6O_6$计的总酸含量为*dl*-酒石酸含量。

7.4.2 **试剂**

7.4.2.1 氢氧化钠标准滴定溶液：$c(NaOH)=0.1$ mol/L；

7.4.2.2 酚酞指示液：10 g/L。

7.4.3 **结晶品样品处理**

称取约5 g实验室样品，精确至0.000 2 g，置于质量恒定的带盖称量瓶中，于(105±2)℃的烘箱内干燥至质量恒定，为干燥物B。

7.4.4 **分析步骤**

7.4.4.1 对于结晶品，称取约2 g 7.4.3中的干燥物B，精确至0.000 2 g；对于无水品，称取约2 g 7.10.2中的干燥物C，精确至0.000 2 g。用水溶解，移至250 mL容量瓶中，稀释至刻度，移取(25±0.02)mL于250 mL锥形瓶中，加2滴酚酞指示液，用氢氧化钠标准溶液滴定至微红色，保持30 s不褪色为终点。

7.4.4.2 在测定的同时，按与测定相同的步骤，对不加试料而使用相同数量的试剂溶液做空白试验。

7.4.5 **结果计算**

dl-酒石酸(以$C_4H_6O_6$计)的质量分数w_1，数值以%表示，按式(1)计算：

$$w_1=\frac{[(V-V_0)/1\,000]cM}{m\times 25/250}\times 100 \qquad \cdots\cdots(1)$$

式中：

V——试料消耗氢氧化钠标准滴定溶液(7.4.2.1)体积的数值，单位为毫升(mL)；

V_0——空白试验消耗氢氧化钠标准滴定溶液(7.4.2.1)体积的数值，单位为毫升(mL)；

c——氢氧化钠标准滴定溶液浓度的准确数值，单位为摩尔每升(mol/L)；

m——试料质量的数值，单位为克(g)；

M——*dl*-酒石酸$\left(\frac{1}{2}C_4H_6O_6\right)$的摩尔质量的数值，单位为克每摩尔(g/mol)($M=75.04$)。

计算结果表示到小数点后两位。

取两次平行测定结果的算术平均值为测定结果，两次平行测定结果的绝对差值不大于0.2%。

7.5 **熔点范围的测定**

按GB/T 617—2006中4.1的规定进行。试样为7.10.2中干燥物C，传热液体采用硅油。

两次平行测定结果的差值，初熔点和终熔点均不得超过0.4 ℃，取其算术平均值为测定结果。

7.6 硫酸盐(以 SO_4 计)的测定

按 GB/T 9728—2007 的规定进行。试样处理为称取 0.25 g 实验室样品,精确至 0.001 g,放入 50 mL比色管中,加约 20 mL 水溶解。量取(1±0.02) mL(含硫酸盐 0.1 mg)硫酸盐(SO_4)标准溶液制备限量标准。

7.7 重金属(以 Pb 计)含量的测定

按 GB/T 5009.74—2003 的规定进行。试样处理采用“干法消解”。量取(2±0.02)mL(含铅 20 μg)铅(Pb)标准溶液制备铅限量标准液。

7.8 砷(以 As 计)含量的测定

按 GB/T 5009.76—2003 中第二法砷斑法的规定进行。试样处理为称取 1.0 g 实验室样品,精确至 0.01 g,加 10 mL 水溶解。量取(2±0.02)mL(含砷 2.0 μg)砷(As)标准溶液制备限量标准。

7.9 易氧化物的测定

7.9.1 方法提要

在酸性条件下,样品中的易氧化物质与高锰酸钾溶液反应,使高锰酸钾溶液的紫色褪去,用目视计时法进行测定。

7.9.2 试剂

7.9.2.1 硫酸溶液:1→20;

7.9.2.2 高锰酸钾标准滴定溶液:$c\left(\frac{1}{5}KMnO_4\right)$约为 0.1 mol/L。

7.9.3 分析步骤

称取 1.0 g 实验室样品,精确至 0.01 g,加 25 mL 水及 25 mL 硫酸溶液溶解,在保持(20±1)℃条件下,加高锰酸钾标准滴定溶液 4.0 mL,试验溶液的紫色在静置条件下 3 min 内不应消失。

7.10 干燥减量的测定

按 GB/T 6284—2006 的规定进行。结晶品实验室样品的称取量为 1 g,精确至 0.000 2 g;无水品实验室样品的称取量为 6 g,精确至 0.000 2 g。

结晶品的干燥物 C 留作测定熔点范围,无水品的干燥物 D 留作测定 *dl*-酒石酸含量和熔点范围。

取两次平行测定结果的算术平均值为测定结果,两次平行测定结果的绝对差值不大于 0.05%。

7.11 灼烧残渣含量的测定

7.11.1 试剂

硫酸。

7.11.2 分析步骤

称取(2~3)g 实验室样品,精确至 0.000 1 g,置于在(500±25) ℃灼烧至质量恒定的 25 mL 瓷坩埚中,加入数滴硫酸将样品完全浸湿,用温火加热,至样品完全炭化,冷却至室温。加约 1 mL 硫酸浸湿残渣,用上述方法加热至硫酸蒸气逸尽。在(500±25) ℃灼烧 3 h。于硅胶干燥器中冷却至室温后称量,精确至 0.000 1 g。此时的残渣质量分数应在 0.10%以下,如不然,应将残渣灼烧至质量恒定。

7.11.3 结果计算

灼烧残渣的质量分数 w_3,数值以%表示,按式(2)计算:

$$w_3 = \frac{m_1}{m} \times 100 \qquad \cdots\cdots(2)$$

式中:

m——试料质量的数值,单位为克(g);

m_1——残渣质量的数值,单位为克(g)。

取两次平行测定结果的算术平均值为测定结果，两次平行测定结果的绝对差值不大于0.005%。

8 检验规则

8.1 产品检验分为出厂检验和型式检验。

8.1.1 表1中的*dl*-酒石酸的质量分数、易氧化物试验、干燥减量的质量分数为出厂检验项目。应逐批进行检验。

8.1.2 表1中的全部项目均为型式检验项目。在正常情况下，每个月至少进行一次型式检验。有下列情况之一时，也应进行型式检验：

a) 新产品投产鉴定时；

b) 原材料、工艺、设备有较大改变，可能影响产品性能时；

c) 停产三个月以上，重新恢复生产时；

d) 出厂检验结果与上次型式检验有较大差异；

e) 合同规定。

8.2 食品添加剂*dl*-酒石酸以每一班产品或多班次经混合均匀的产品为一批，根据生产进度或顾客期望可适当调整批量。

8.3 食品添加剂*dl*-酒石酸检验批的采样单元数按GB/T 6678—2003中7.6.1确定。采样时开启包装袋，在上、中、下三处各取实验室样品若干，每批采样应不少于0.5 kg，将所取样品研碎，仔细混匀，取其部分分为二份，各约(50～100)g，装入密闭的容器中，并贴上标签，标明生产厂名称、产品名称、批号、采样日期和采样者姓名。一份送检验部门检验，另一份保存三个月备查。

8.4 食品添加剂*dl*-酒石酸由生产厂的质量监督检验部门按本标准规定进行检验。生产厂应保证每批出厂产品均符合本标准要求。

8.5 如果检验结果中有一项指标不符合本标准要求时，应重新自两倍量的包装单元中采样进行复验，复验结果即使只有一项指标不符合本标准要求，则整批产品为不合格。

9 标志、包装、运输和贮存

9.1 标志

9.1.1 食品添加剂*dl*-酒石酸包装容器上应有牢固明显的标志，内容包括：产品名称、生产厂厂名、厂址、商标、"食品添加剂"字样、本标准编号、卫生许可证号、生产许可证号及生产批号或生产日期、净含量以及按GB/T 191—2008中规定的"怕雨"标志。

9.1.2 每批出厂的食品添加剂*dl*-酒石酸都应附有质量证明书，内容包括：生产厂名称、厂址、产品名称、净含量、商标、卫生许可证号、生产许可证号、批号和生产日期、保质期和本标准编号和产品质量符合本标准的证明。

9.2 包装

食品添加剂*dl*-酒石酸采用食品级聚乙烯袋，外套双层牛皮纸袋或编织袋包装。每袋净含量25 kg，也可根据用户要求的规格进行包装。

9.3 运输

食品添加剂*dl*-酒石酸运输时严防雨淋，应轻拿、轻放，搬运时防止损坏包装，不得与有毒、有害、有异味及其他有污染可能的物质混装、混运。

9.4 贮存

食品添加剂 *dl*-酒石酸应贮存于阴凉干燥的专用库房内,不得与有毒、有害、有异味及其他有污染可能的物质混贮。不能露天堆放,不能与有毒、有害物品混。

9.5 保质期

在符合本标准包装、运输和贮存的条件下,自生产之日起,食品添加剂 *dl*-酒石酸的保质期为 24 个月。逾期可重新检验,检验结果符合本标准要求时产品仍可使用。

ICS 43.140
T 80

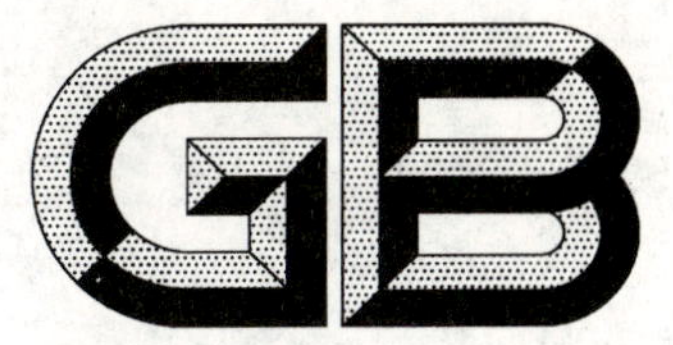

中华人民共和国国家标准

GB 15365—2008
代替 GB 15365—1994

摩托车和轻便摩托车操纵件、指示器及信号装置的图形符号

Symbols for controls, indicators and tell tales for motorcycles and mopeds

2008-12-31 发布 2009-07-01 实施

中华人民共和国国家质量监督检验检疫总局
中国国家标准化管理委员会 发布

前　言

本标准的第 3 章与第 4 章为强制性的，其余均为推荐性的。

本标准参考了 ISO/DIS 6727:2001《道路车辆　摩托车　操纵件、指示器及信号装置的标志》，摩托车部分的技术内容与其相同。

本标准代替 GB 15365—1994《摩托车操纵件、指示器及信号装置的图形符号》。

本标准与 GB 15365—1994 相比，主要修订内容如下：

——增加 4.1 远光闪烁警告的标志；

——增加 4.8 制动防抱死系统故障的标志；

——增加 4.13 燃油液面高度的可选图形；

——更改 4.19 倒车灯的图形；

——增加 4.20～4.29 电动摩托车和电动轻便摩托车特有的操纵件、指示器及信号装置的标志。

对于新认证车型，本标准自 2009 年 7 月 1 日起实施；对于在生产车型，本标准自 2010 年 1 月 1 日起实施。

本标准由中国汽车工业协会提出。

本标准由全国汽车标准化技术委员会归口。

本标准起草单位：上海摩托车研究所。

本标准起草人：赵丽娜、李文军。

本标准所代替标准的历次版本发布情况为：

——GB 15365—1994。

摩托车和轻便摩托车操纵件、指示器及信号装置的图形符号

1 范围

本标准规定了摩托车和轻便摩托车操纵件、指示器、信号装置的图形符号以及光信号装置的颜色。

本标准适用于装在仪表板上及靠近摩托车和轻便摩托车驾驶员的那些操纵件。但这并不意味着必须使用本标准列出的每一个操纵件。

本标准适用于摩托车和轻便摩托车(以下简称摩托车)。

2 术语和定义

下列术语和定义适用于本标准。

2.1

操纵件 control

驾驶员用来改变摩托车某个装置的工作状况或功能的构件。

2.2

指示器 indicator

用刻度值或数字显示摩托车及其部件的工作状况的仪器(表)。

2.3

信号装置 tell tale

用光信号或音响信号显示摩托车及其部件的功能状况的指示装置。

3 总则

3.1 图形符号及信号装置的位置,应方便正常操纵位置上的驾驶员观察识别。必须保证驾驶员能在正常位置上辨认这些符号是第4章所示的某个符号。

3.2 操纵件及信号装置上的图形符号应与其底色有明显反差,以求醒目。涂(镀)层应能永久保持,不能被手指轻易剥落。如果没有涂料能保证被清楚识别,这些符号只能做成凹凸的。

3.3 图形符号应置于相应操纵件、指示器及信号装置上或其邻近处。确实做不到时,图形符号和相应操纵件、指示器或信号装置之间应有一条短实线以指示其联系。

3.4 如果以摩托车或摩托车部件的侧视图作为图形符号,应假定摩托车从右往左行驶。

3.5 聚焦光用平行的射线表示,漫射光用发散的射线表示。

3.6 光信号装置使用颜色示意:

a) 红色表示危险;

b) 黄色表示注意;

c) 绿色表示安全。

蓝色仅用于前照灯开关和远光闪烁警告。

4 图形符号

条	图形符号	装置			标志意义		信号装置颜色
		操纵件	指示器	信号装置			
4.1	 [a]	○		○	前照灯开关	远光	蓝色
	 [a]	○				近光	
	 [b]	○		○	远光闪烁警告		蓝色
4.2	 [a,c]	○		○	前雾灯		绿色
4.3	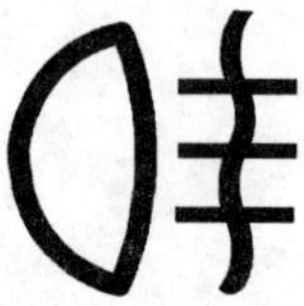 [a,c]	○		○	后雾灯		黄色
4.4		○			照明开关 (可以和点火控制件组合)	停车灯	
		○				示廓灯	
		○				照明总开关	

条	图形符号	装置			标志意义	信号装置颜色
		操纵件	指示器	信号装置		
4.5	[a,d]	○		○	转向信号指示器	绿色
4.6	[a,e]	○		○	危险警告	红色
4.7		○			喇叭	
4.8				○	制动防抱死系统故障	黄色
4.9			○	○	发动机冷却液温度	红色
4.10	[a]		○	○	发动机润滑油	红色
4.11		○			手动阻风阀(冷起动装置)	
4.12		○			发动机点火停机操纵件 运转	
		○			发动机点火停机操纵件 停机	

条	图形符号	装置			标志意义		信号装置颜色
		操纵件	指示器	信号装置			
4.13	 [f] 或 		○	○	燃油液面高度		黄色
4.14		○			放油开关	关	
	 [a]	○	○			开	
	 [a]	○	○			储备	
4.15				○	空挡指示器		绿色
4.16	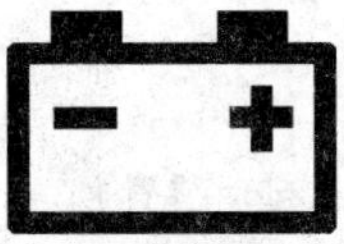			○	蓄电池充电状态		红色
4.17		○			电起动器		
4.18		○			风窗玻璃刮水器		

条	图形符号	装置			标志意义	信号装置颜色
		操纵件	指示器	信号装置		
4.19	R	○		○	倒车灯	黄色
4.20			○	○	动力蓄电池 充电状态	黄色
4.21			○	○	动力蓄电池 液面高度 注：这个标志也可用在电池液加注盖上。	红色
4.22				○	动力蓄电池 故障	红色
4.23				○	动力蓄电池 切断	黄色
4.24			○	○	电动机及 控制器过热	红色
4.25		○		○	充电线连接	红色
4.26	READY			○	运行准备就绪	绿色
4.27	g			○	系统故障	红色

条	图形符号	装置			标志意义	信号装置颜色
		操纵件	指示器	信号装置		
4.28	 [h]	○			动力电路 熔断盒入口	
4.29	 [h]	○			高压警告/ 电击危险	

[a] 标志边框内的无色部分可涂实。

[b] 远光闪烁警告信号装置的图形符号可使用前照灯开关信号装置的图形符号。

[c] 前后雾灯使用同一个操纵件控制时可用前雾灯的标志。

[d] 允许将左指示器及右指示器箭头分作两个符号。

[e] 该标志仅用于操纵件或红色信号灯上,可以同时用4.5转向指示器两个箭头代替。

[f] 该标志如采用液晶显示的方式,允许其采用闪烁的形式代替信号装置。

[g] "系统故障"包括漏电故障。

[h] 该标志的底色用黄色,边框和符号用黑色。

注:表中符号"○"表示设有该装置。

ICS 43.140
T 80

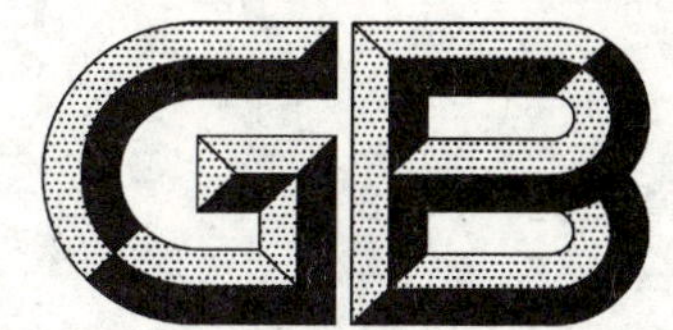

中华人民共和国国家标准

GB/T 15366—2008
代替 GB/T 15366—1994

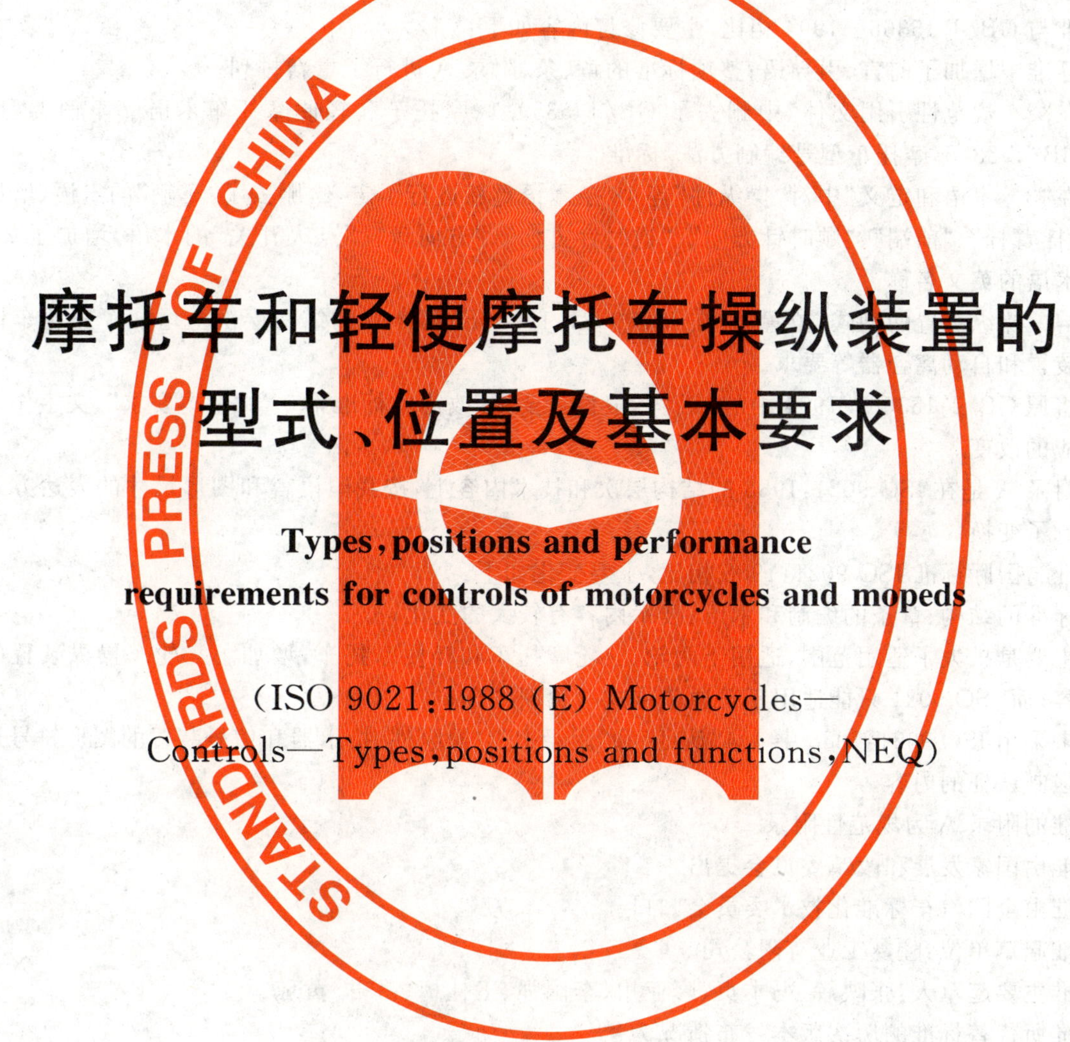

摩托车和轻便摩托车操纵装置的型式、位置及基本要求

Types, positions and performance requirements for controls of motorcycles and mopeds

(ISO 9021:1988 (E) Motorcycles—Controls—Types, positions and functions, NEQ)

2008-11-28 发布　　2009-06-01 实施

中华人民共和国国家质量监督检验检疫总局
中国国家标准化管理委员会　发布

前　言

本标准代替 GB/T 15366—1994《摩托车操纵装置的型式、位置及基本要求》。

本标准与 ISO 9021:1988(E)《摩托车　操纵件的型式、位置和功能》(英文版)的一致性程度为非等效。

本标准与 GB/T 15366—1994 相比，主要修订内容如下：

——标准中增加了前言、引导语；整项标准的章、条、附录 A 进行了重新排列。

——在“2　规范性引用文件”中删去了 GB/T 5359.1《摩托车和轻便摩托车术语　车辆类型》和 GB/T 5375《摩托车型号编制方法》标准。

——在“3　术语和定义”中对“操纵件”等 18 条术语重新进行了定义，删去了“车辆”的术语，增加了“摇臂杆”、“前端”、“顺时针方向”、“逆时针方向”、“方向盘”、“点火开关”的术语，增加了 23 条术语的英文名称。

——“4　操纵装置的型式、位置”是在 ISO 9021:1988(E)第 5 章的结构层次上增加了三轮车操纵装置和自动离合器等要求。

——将原 GB/T 15366—1994 中的 4.2“一般设计要求”改为本标准第 5 章“基本要求”，文字作了相应的改变。

——附录 A 是在 ISO 9021:1988 的结构层次和技术内容上，按我国语言和图形尺寸的表达方式进行了变换。

本标准与国际标准 ISO 9021:1988 相比，主要变化如下：

——标准的结构、章条的编制和术语、技术内容有较大的变化；

——主要是扩大了适用范围，适用于两轮、三轮摩托车和轻便摩托车，增加了三轮车操纵装置的内容；而 ISO 9021 只能适用于普通骑乘式两轮摩托车；

——未采用 ISO 9021:1988 中 4.4“认证”和“附录 B”对操纵件、指示器和信号装置的图形符号进行强制认证的内容。

本标准的附录 A 为规范性附录。

本标准由国家发展和改革委员会提出。

本标准由全国汽车标准化技术委员会归口。

本标准起草单位：隆鑫工业有限公司。

本标准主要起草人：张映辉、冯本贞、廖亚川、李国强、王桂梅、吕琳、黄琼。

本标准所代替标准的历次版本发布情况为：

——GB/T 15366—1994。

摩托车和轻便摩托车操纵装置的型式、位置及基本要求

1 范围

本标准规定了摩托车和轻便摩托车操纵装置的型式、位置及基本要求。

本标准适用于摩托车和轻便摩托车(以下简称摩托车)的操纵装置。

2 规范性引用文件

下列文件中的条款通过本标准的引用而成为本标准的条款。凡是注日期的引用文件,其随后所有的修改单(不包括勘误的内容)或修订版均不适用于本标准,然而,鼓励根据本标准达成协议的各方研究是否可使用这些文件的最新版本。凡是不注日期的引用文件,其最新版本适用于本标准。

GB 15365 摩托车操纵件、指示器及信号装置的图形符号

3 术语和定义

下列术语和定义适用于本标准。

3.1

操纵件 operating device

为了获得摩托车不同机构的各种功能,驾驶员用手或脚实施操作的装置。如加速器、制动器等等。

3.2

方向把 handlebars

位于前叉顶部,用于控制摩托车行使方向的手把部件。

3.3

方向把套 handlebar boot

位于方向把两端、供驾驶员手握住的套类部件。

3.4

旋转把套 turning boot

为控制摩托车的某一功能机构,能围绕着方向把轴线旋转的方向把套。

3.5

方向盘 steering wheel

位于车架前上部,用于控制摩托车行驶方向的转盘把式部件。

3.6

车架 frame

安装发动机、减震器、平叉、座垫、油箱、后桥等总成的构架。

3.7

操纵杆 control rod

绕支点转动用以操纵摩托车某些功能机构的力臂装置。

3.8

手操纵杆 hand operating lever

驾驶员用手实施控制的操纵杆。

3.9

脚操纵杆　foot lever

驾驶员用脚实施控制的操纵杆。

3.10

脚操纵杆臂　foot lever arm

脚操纵杆端部凸出供脚踩踏接触的构件。

3.11

脚踏　treadle

脚操纵杆臂上的套类或板类承压件。

3.12

摇臂杆　rocker rod

摇臂杆是脚操纵杆两端各有一脚踏零件，它可以绕其中心或接近其中心处旋转的构件。

3.13

脚蹬　pedal

摩托车两边供驾驶员搁脚的凸出构件。

3.14

平台　level block

摩托车在不装备脚蹬的情况下供驾驶员搁脚的板类构件。

3.15

联合制动　combine brake

操纵单个控制器可以联合控制不同车轮上至少两个制动器的一套制动系统。

3.16

点火开关　ignition switch

接通或断开摩托车主电源和发动机点火系统的装置。

3.17

指示器　indicator

指示摩托车一个系统或系统中某一部分功能的运行状况的装置。

3.18

信号装置　telltales

能显示出摩托车运行状况的视觉装置。

3.19

符号　sign

用于识别操纵件、指示器或信号装置的图形及字母。

3.20

左侧/右侧　left/right

面向前进方向，在沿摩托车纵向中心平面左边的为左侧、右边的为右侧。

3.21

前部　front end

驾驶员位于骑行位置时，方向把上离驾驶员最远的部位。

3.22

顺时针方向　clockwise

眼睛正对观察物从被观察物的上部或外部看、时针绕轴旋转的方向为顺时针方向。

3.23

逆时针方向　counter-clockwise

眼睛正对观察物从被观察物的上部或外部看、时针绕轴旋转的反方向为逆时针方向。

4　操纵装置的型式、位置

操纵装置安装的形式、位置应符合以下要求。

4.1　发动机操纵装置

4.1.1　起动

4.1.1.1　发动机点火开关

点火开关从点火开关断开“OFF”到点火开关接通“ON”的旋转方向规定为顺时针方向。

4.1.1.2　起动开关

无特别要求。

4.1.1.3　点火/起动组合开关

在开关顺时针方向旋转时，开关顺序应为点火开关断开“OFF”到点火开关接通“ON”，再到起动发动机。

4.1.2　速度

4.1.2.1　速度控制

发动机转速靠加速器或油门控制器调节。

操纵件的位置：在方向把的右侧或右脚操纵位置；

操纵件的型式：旋转把套式或脚踏式；

旋转方向：逆时针旋转时发动机增速或脚踏时增速。

4.1.3　停车

4.1.3.1　发动机熄火

用切换发动机点火开关(见 4.1.1.1)或减压阀操纵件(见 4.1.3.2)做为发动机熄火的方法，摩托车也可以装备电力切断装置。

操纵件的位置：在方向把的右侧。

4.1.3.2　手动减压操纵

操纵件的位置：在方向把上；

操纵件型式：操纵杆或旋转把套，与速度控制件组合使用。

4.2　制动

4.2.1　前轮制动

操纵件的位置：在方向把右侧的前部；

操纵件的型式：手操纵杆式。

4.2.2　后轮制动

4.2.2.1　带有手操纵离合器的摩托车

操纵件的位置：在车架的右侧；

操纵件的型式：脚踏式。

4.2.2.2　无手操纵离合器的摩托车

这种摩托车可采用下述之一：

a)　操纵件的位置：在方向把左侧的前部；

　　操纵件的型式：手操纵杆式。

b)　操纵件的位置：在方向把的右侧或右脚操纵位置；

　　操纵件的型式：脚踏式。

4.2.2.3 辅助后轮制动器

按 4.2.1 或 4.2.2 的要求,已装备脚踏式后轮制动器操纵件的摩托车,亦可以装备辅助后轮制动操纵件。

操纵件的位置:在方向把左侧前部。

4.2.3 联合制动

按 4.2.1 或 4.2.2 的要求,已装备前、后轮制动器操纵件的摩托车,可以装备符合 4.2.1 和 4.2.2 要求的联合制动操纵件。

4.2.4 驻车制动

三轮车应具备驻车制动。

操纵件的位置:驾驶员应能在座位上实现该制动;

操纵件的型式:手操纵杆式。

4.3 变速器

4.3.1 离合器

4.3.1.1 手动操纵装置

操纵件的位置:在方向把的左侧前部;

操纵件的型式:手操纵杆式。

4.3.1.2 脚动操纵装置

操纵件的位置:在车架的左侧;

操纵件的型式:脚踏式。

在离合器操纵机构上可装备同时操纵离合器和换挡器的组合脚踏操纵件。

4.3.1.3 自动离合器

无手动操纵或脚动操纵的自动离合器不作规定。

4.3.2 换挡器

4.3.2.1 机械换挡

4.3.2.1.1 脚操纵换挡装置

无论换挡和离合器的操纵装置是单独或联动的均应符合以下要求:

操纵件的位置:在车架的左侧;

操纵件的型式:脚操纵杆或摇臂杆式。

操纵方法:操纵脚操纵杆臂上的脚踏或摇臂杆前部,使挡位顺次增加。在最低挡位和最高挡位的移动范围内,有一单独的可锁止的空挡挡位。

4.3.2.1.2 手操纵换挡装置

操纵件的位置:右手操纵位置;

操纵件的型式:手操纵杆式。

4.3.2.1.3 换挡装置与手动离合器相结合的装置

操纵件的位置:在方向把的左侧;

操纵件的型式:旋转手柄式。

操纵方法:逐渐地逆时针旋转手柄。在最低挡位和最高挡位的移动范围内,有一单独的可锁止的空挡位置。

4.3.2.2 自动换挡器

在装备有自动或半自动变速器和齿轮箱的摩托车,自动换挡的型式是变速与换挡相结合,对该操纵件的位置和型式不作规定。

4.4 灯光和信号操纵装置

4.4.1 喇叭

4.4.1.1 脚踏操纵变速杆的换挡器和/或独立手操纵离合器的摩托车：

操纵件的位置：在方向把的左侧或方向盘上；

操纵件的型式：按扭式或开关式。

4.4.1.2 手操纵离合器与换挡器联动的摩托车：

操纵件的位置：在方向把右侧或方向盘上；

操纵件的型式：按扭式或开关式。

4.4.2 灯光

4.4.2.1 前照灯和示廓灯开关

对于旋转式开关，顺时针方向旋转开关时，亮灯顺序首先是摩托车的示廓灯，然后是前照灯。此控制开关可以与点火开关结合在一起。

4.4.2.2 远/近光灯开关

4.4.2.2.1 脚操纵变速杆的换挡器和/或独立手操纵离合器的摩托车：

操纵件的位置：在方向把的左侧或方向盘上；

操纵件的型式：推键式等。

4.4.2.2.2 手操纵离合器与换挡器联动的摩托车：

操纵件的位置：在方向把的右侧或方向盘上；

操纵件的型式：推键式等；

远/近光开关可以与前照灯和示廓灯开关结合在一起。

4.4.2.3 前照灯频闪开关

对这种装置操纵件的型式无特别要求，但其位置要临近远/近光灯开关或它的辅助功能件。

4.4.3 转向信号灯开关

操纵件的位置：在方向把上或方向盘上；

操纵件的型式：推键式等。

操纵方法：对于推键式开关，键推向左边，摩托车向左转，键推向右边，摩托车向右转。

转向信号灯开关应有明显的标志以显示信号灯正在工作的一侧。

4.4.4 燃油开关

燃油开关应能区别开、关及备用的位置。当放油开关位于“开”(Ⴎ)时为油箱放油；当放油开关位于“关”(·)时为断油；当放油开关位于“储备”(⋃)时为放备用油。

操纵件的位置：驾驶员坐在驾驶位置上应能进行操作，一般位于油箱下面；

操纵件的型式：转动式等。

装备负压开关的不适用。

4.4.5 冷起动装置或手动阻风门

操纵件的位置：左手能操纵的位置，装在手把上时应在方向把的左侧；

操纵件的型式：拨转式等。

5 基本要求

5.1 当驾驶员处于驾驶位置时，所有操纵装置都应在驾驶员的手、脚所能操作的范围内，其位置和型式应符合第4章的要求。

5.2 方向把上的操纵装置的位置，应使驾驶员的手不需从方向把套上移开即能操作。

5.3 操纵杆和脚踏与摩托车有关构件间的尺寸，应符合附录A的要求。

5.4 不允许摩托车其他构件阻碍驾驶员操作操纵装置。

5.5 摩托车操纵装置、指示器及信号装置的图形符号，应符合GB 15365的规定。

附 录 A
（规范性附录）
操纵杆和脚踏的特殊尺寸要求

A.1 手操纵杆

A.1.1 最大尺寸

A.1.1.1 沿垂直于方向把套轴线方向测量，距方向把套后表面的中点到手操纵杆前表面对应点的尺寸 L_1 应不大于 135 mm[见图 A.1a)]。

A.1.1.2 从方向把套中点到手操纵杆开口端的点上测量，该尺寸可能逐渐增大。

A.1.2 最小尺寸

A.1.2.1 距方向把套前表面的中心点到操纵杆后表面对应点的尺寸 L_2 应不小于 45 mm [见图 A.1b)]。

A.1.2.2 从方向把套中点到手操纵杆支点的内侧尺寸可能逐渐减小；但是在任何情况下，该尺寸不应小于 25 mm 。

A.1.3 杆端尺寸

当手操纵杆处于最大压缩位置时，其端部相对于握把端部凸出的尺寸 L_3 不大于 30 mm [见图 A.1c)]。

A.2 脚操纵杆和脚踏

A.2.1 脚操纵杆臂

A.2.1.1 脚操纵杆臂的中心线到脚蹬前表面的尺寸 L_4 应不大于 200 mm(见图 A.2)。

A.2.1.2 脚操纵杆臂的中心线到脚蹬后表面的尺寸 L_5 应不小于 105 mm(见图 A.2)。

A.2.2 摇臂杆

A.2.2.1 前摇臂杆的中心线到脚蹬后表面间的尺寸 L_6 应不大于 200 mm，不小于 60 mm (见图 A.3)。

A.2.2.2 后摇臂杆前表面到脚蹬后表面间的尺寸 L_7 应不大于 100 mm，不小于 50 mm(见图 A.3)。

A.2.3 脚踏

A.2.3.1 装有脚蹬的车辆

A.2.3.1.1 脚踏护套的后表面在到脚蹬后表面任意一点的最大尺寸 L_8 应不大于 170 mm(见图 A.4)。

A.2.3.1.2 脚踏护套的后表面在到脚蹬前表面任意一点的最小尺寸 L_9 应不小于 50 mm (见图 A.4)。

A.2.3.2 装有平台的车辆

A.2.3.2.1 平台表面到脚踏护套最高点的垂直距离 L_{10} 应不大于 105 mm(见图 A.5)。

A.2.3.2.2 脚踏护套外侧端表面凸出平台外端的尺寸 L_{11} 应不大于 25 mm(见图 A.5)。

A.2.4 脚蹬的调节

在脚蹬的可调节处，A.2.1、A.2.2 和 A.2.3 中规定的尺寸应在脚蹬位于正常调节位置处或产品使用手册规定处进行测量。脚操纵杆臂、摇臂或脚踏的位置应符合制造厂的规定。

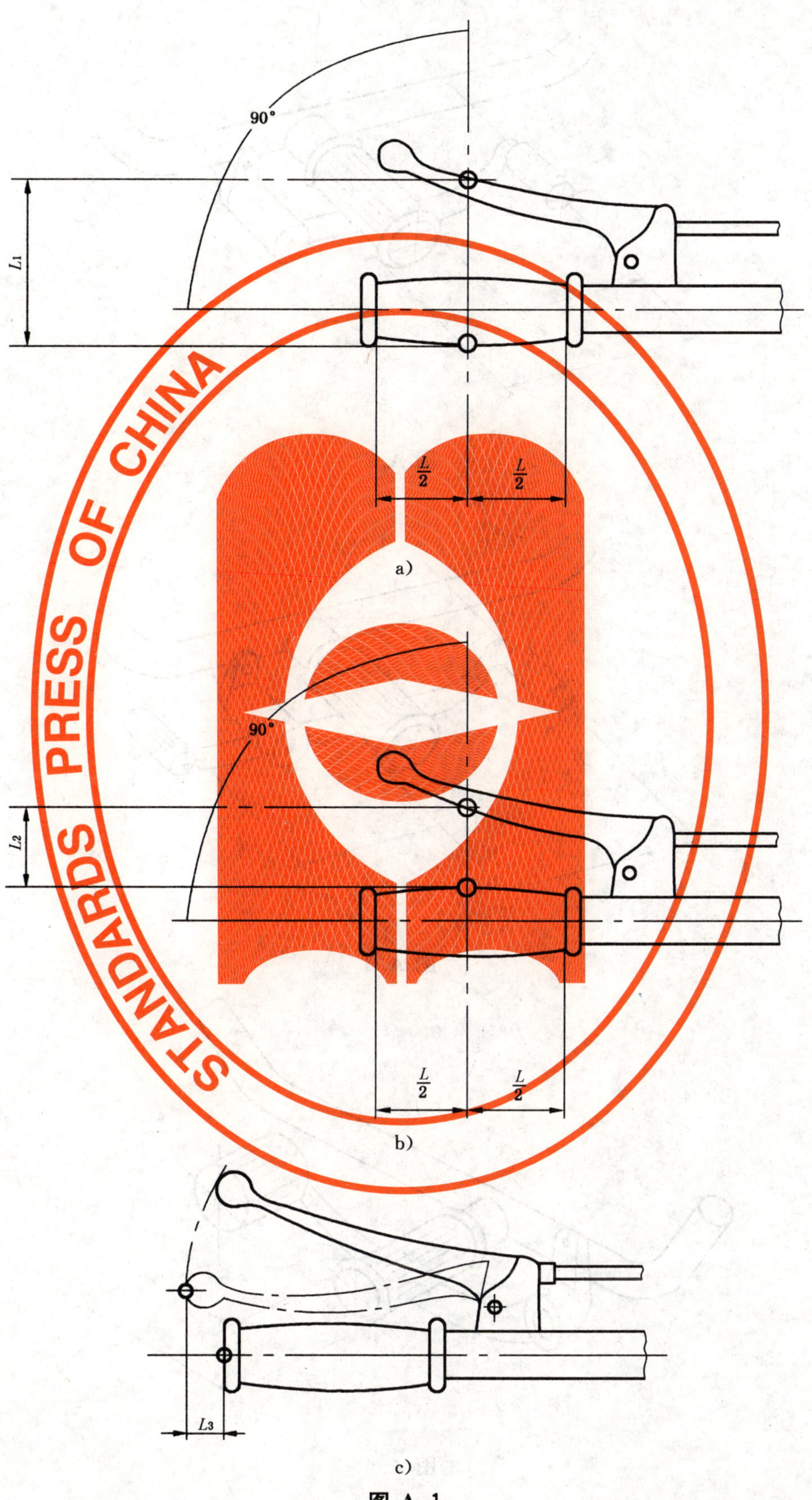

图 A.1

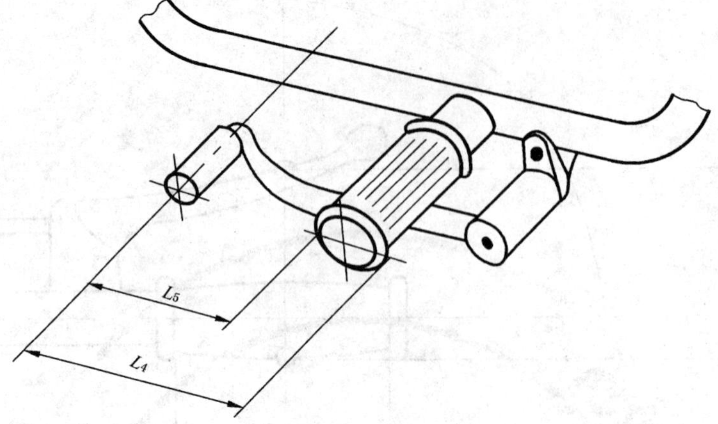

图 A.2

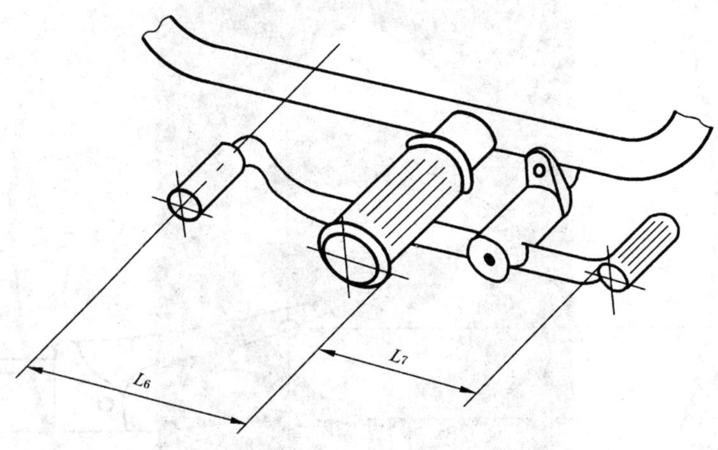

图 A.3

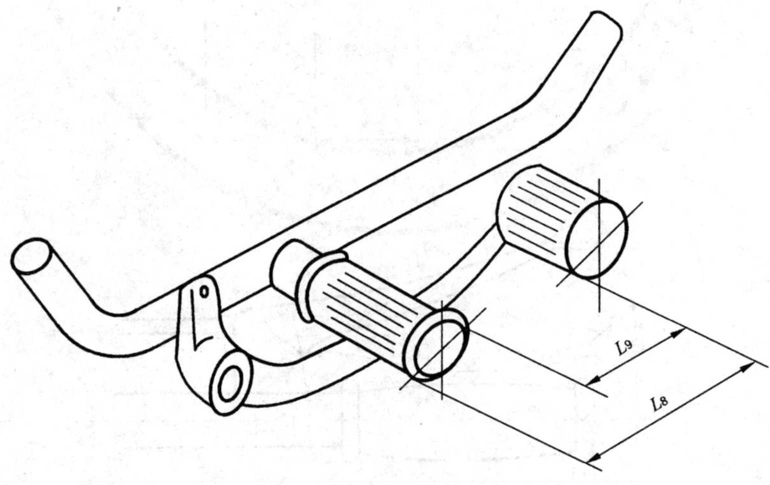

图 A.4

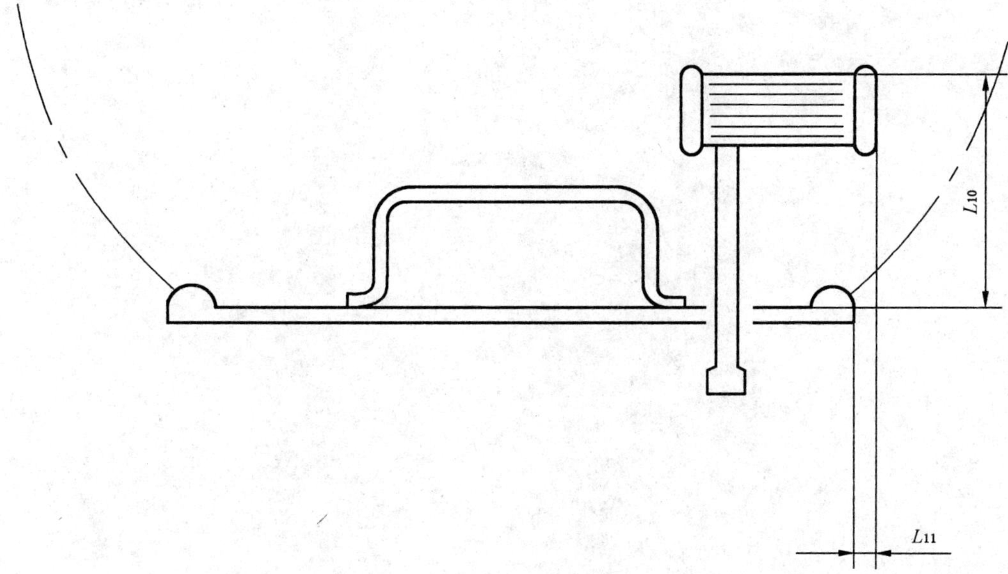

图 A.5

ICS 43.140
T 80

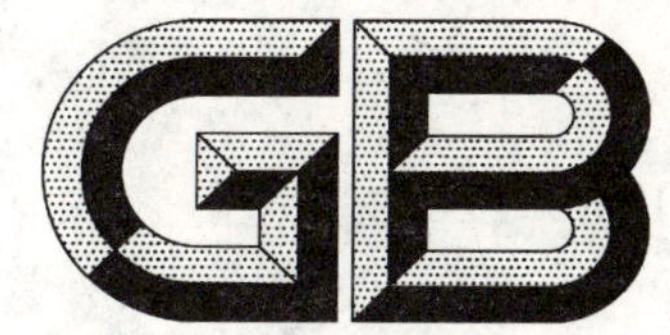

中华人民共和国国家标准

GB/T 15367—2008
代替 GB/T 5359.4—1994,GB/T 15367—1994

摩托车和轻便摩托车两轮车和三轮车零部件名称

Motorcycles and mopeds part and component—Designations for vehicle with two and three wheels

2008-11-28 发布 2009-06-01 实施

中华人民共和国国家质量监督检验检疫总局
中国国家标准化管理委员会 发布

前　言

本标准代替 GB/T 5359.4—1994《摩托车和轻便摩托车　两轮零部件名称》和 GB/T 15367—1994《摩托车和轻便摩托车　三轮车零部件名称》。

本标准与 GB/T 5359.4—1994、GB/T 15367—1994 相比，主要修订内容如下：

——增加了电动摩托车电动轻便摩托车零部件的名称。

——增加了“电控燃油喷射系统”、“二次空气供给系统”、“燃油箱呼吸阀”等零部件的名称。

——增加了“后悬挂连杆机构”、“液压盘式制动器”、“联合制动机构”等零部件的名称。

——增加了“标识”、“工具”、“说明书”等名称。

——不再列入标准件(如螺钉、螺栓、螺母、垫圈、简单的衬套、销、轴承、密封圈等)的名称。

——不再列入对称件的名称。

——不再列入部位不同而功能特征相同的零部件的名称。

——本标准未列入特种摩托车、特种轻便摩托车的专用零部件的名称。

——本标准列入并划分的总成(系统)、部件、组件可以根据产品的构成另外划分。

本标准中“零部件名称”按“部位—功能—特征”方式确定，其中：

部位：以先左、右，再前、后。例如：左前×××、右后×××等。部位可以是某个零部件。

功能：先主要功能，后次要功能。在不引起混乱及产生异义的前提下可以只有次要功能。

特征：先主要特征，后次要特征。在不引起混乱及产生异义的前提下可以只有次要特征。

本标准由国家发展和改革委员会提出。

本标准由全国汽车标准化技术委员会归口。

本标准主要起草单位：金城集团有限公司、上海摩托车研究所。

本标准主要起草人：汪利国、赵丽娜、刘静、胡文浩。

本标准所代替标准的历次版本发布情况为：

——GB 5359.4—1985、GB/T 5359.4—1994、GB/T 15367—1994。

摩托车和轻便摩托车
两轮车和三轮车零部件名称

1 范围

本标准规定了GB/T 5359.1所定义的摩托车和轻便摩托车的零部件名称。

本标准适用于GB/T 5359.1所定义的摩托车和轻便摩托车。

2 规范性引用文件

下列文件中的条款通过本标准的引用而成为本标准的条款。凡是注日期的引用文件，其随后所有的修改单(不包括勘误的内容)或修订版均不适用于本标准，然而，鼓励根据本标准达成协议的各方研究是否可使用这些文件的最新版本。凡是不注日期的引用文件，其最新版本适用于本标准。

GB/T 5359.1 摩托车和轻便摩托车术语 车辆类型

3 发动机动力总成的零部件名称

3.1 发动机动力总成热机部分的零部件名称见表1。

表1 发动机动力总成热机部分的零部件名称

序号	部件	组件	零件
1	气缸盖(头)		气门导管、气缸头、气缸盖(头)罩壳、进(排)气门座、气门盖、气缸盖(头)密封垫、气缸盖(头)侧盖
2	气缸		气缸体、气缸套、气缸体密封垫
3	曲轴—连杆		曲轴、曲柄销、连杆、连杆轴瓦、曲轴平衡轴、平衡轴主动齿轮、平衡轴从动齿轮
4	活塞		活塞、活塞销、活塞销挡圈
5	活塞环	油环组合	刮片、衬环
		活塞环	气环(1环、2环)

3.2 发动机动力总成电控燃油喷射系统的零部件名称见表2。

表2 发动机动力总成电控燃油喷射系统的零部件名称

序号	部件	组件	零件
1	电控燃油喷射系统	ECU系统 (Electrical Control Unit)	输入回路、输出回路、A/D转换器、执行元件、存储器、中央处理器、输入/输出接口
		传感器	
		油压调节器	
		节气门体	
		油管	高压油管或普通油管
		供油泵	
		喷油器	燃油滤网、电线插头、电磁线圈、弹簧、衔铁、针阀、轴针
		冷起动喷油器	针阀、电磁线圈、电源接头、弹簧、喷嘴
		冷起动开关	电源接头、壳体、双金属片、加热线圈、触点

3.3 发动机动力总成配气系统的零部件名称见表3。

表3 发动机动力总成配气系统零部件名称

序号	部　件	组　　件	零　　　件
1	配气机构	凸轮轴	法兰盘、凸轮轴
		链式配气传动	正时主动链轮、正时链条、正时从动链轮、传动链条、气门间隙调整螺钉、气门间隙调整螺母、摇臂、摇臂轴、摇臂轴定位板
		齿轮式配气传动	正时主动齿轮、正时从动齿轮
		张紧机构	调节板定位销轴、调节螺杆、复位弹簧、链条张紧杆弹簧、链条导向滚轮、销轴、链条导向滚轮、张紧器、张紧板
		气门	锁夹、弹簧座、气门弹簧、气门油封、进(排)气门
		进气簧片阀	进气簧片、进气簧片座、限位板

3.4 发动机动力总成润滑系统的零部件名称见表4。

表4 发动机动力总成润滑系统零部件名称

序号	部　件	组　　件	零　　　件
1	滑油机构 (两冲程机)	滑油泵	滑油泵壳体、涡轮、蜗杆、控制轴、控制杆、复位弹簧、滑油软管、滑油泵活塞、单向阀、滑油泵驱动件、滑油泵观察窗盖
2	曲轴箱 润滑机构	机油滤清器	机油过滤网、滤清器体
		机油泵	油泵体、油泵内转子、油泵外转子、油泵轴、油泵主动齿轮、油泵从动齿轮

3.5 发动机动力总成变速传动系统的零部件名称见表5。

表5 发动机动力总成变速传动系统的零部件名称

序号	部　件	组　　件	零　　　件
1	离合器	离合器	离合器压盘、离合器凸轮轴弹簧、离合器拨板、离合器压板、离心块、摩擦轮、摩擦片、离合器弹簧
			离合器中心套
			离合器摩擦盘
			离合器外罩组合、离合器端盖、主动齿轮外套
		初级离合器	初级离合器外壳组合、主动盘组合、蹄块组合初级离合器
		离合器操纵机构	弹簧、离合器升板、离合器升杆、离合器摇臂
2	传动机构		初级主动齿轮、初级从动齿轮、中间轴、输出轴、惰轮轴、起动过桥齿轮、从动齿轮、主动齿轮、起动齿轮、主动链轮
3	变挡机构	拨叉	拨叉、拨叉轴、拨叉卡簧、变挡轴、变挡摇臂
		鼓轮轴	变速筒
		操纵装置	复位弹簧、变速踏板、限位板、止动板、滚轮
4	曲轴箱		左(右)曲轴箱、上箱体、下箱体、曲轴箱密封垫
		曲轴箱盖	左(右)曲轴箱盖、离合器盖、磁电机盖、转速输出轴、离合器盖密封垫、离合器操纵杆、操纵臂、机油标尺

表 5（续）

序号	部　件	组　　件	零　　件
5	无级变速总成(CVT) (Continuously Variable Transmission)	前驱动皮带轮组合	中心管、起动齿轮、压力板、滚子、滑键
		从动皮带轮组合	从动皮带盘、滑动式从动皮带盘、扭力传动销、驱动弹簧、从动板、离合器蹄块
		驱动皮带	
6	齿轮箱		齿轮箱、齿轮箱盖、输入轴、输出轴、一级主动齿轮、一级从动齿轮、二级主动齿轮、二级从动齿轮
7	变速器		变速器壳体、变速器盖、变速器联轴器盘
		变速器主轴组合	变速器主轴、主轴分挡齿轮、主轴衬套、主轴链轮
		变速器副轴组合	变速器副轴、副轴分挡齿轮、副轴结合套、副轴链轮
		变速器中间轴组合	变速器中间轴、中间轴分挡齿轮、中间轴结合套
		变速器起动轴组合	变速器起动轴、起动轴衬套、起动轴齿轮、起动轴齿轮衬套、起动轴齿轮回位弹簧
		起动蹬杆组合	变速器起动蹬杆、起动蹬杆套、起动蹬杆止动螺钉、起动蹬杆回位弹簧
		变挡操纵机构	变速器变挡操纵杆、变挡凸轮轴、分挡拨叉、拨叉轴
8	倒挡机构		手柄、扇形板、扇形板轴、扇形板轴套
		倒挡齿轮箱体组合	箱体、箱盖、箱盖垫
		倒挡齿轮轴组合	倒挡齿轮、倒挡轴、输入轴、输出轴、轴承盖、轴承盖垫
		倒挡拨叉组合	倒挡拨叉、倒挡拨叉轴、拨叉套筒
		过渡轴组合	过渡轴、轴座、轴衬套、锥齿轮、调整垫片

3.6　发动机动力总成起动系统的零部件名称见表 6。

表 6　发动机动力总成起动系统的零部件名称

序号	部　件	组　　件	零　　件
1	起动机构		起动轴、起动齿轮、弹簧挡圈、起动棘轮、棘轮弹簧、限位块(脚起动)
		起动踏杆(脚起动)	起动踏杆、橡胶套、回位弹簧
		回弹式绳索起动器(手拉起动)	涡卷弹簧、绳轮、起动绳、起动棘轮、涡卷弹簧固定盘、压盘、压簧、拉手、壳体组合
		电起动	起动惰齿轮、起动惰齿轮轴
2		滚子式超越离合器	电起动从动齿轮、轴承、滚子、超越离合器内环、超越离合器外环
		离心块式超越离合器	回位弹簧、离心块、离心器主驱动齿轮、离心器从动齿轮、超越离合器轴

3.7　发动机动力总成进、排气系统的零部件名称见表 7。

表 7　发动机动力总成进、排气系统的零部件名称

序号	部　件	组　件	零　件
1	进气管		进气管、隔热垫、进气管夹、密封垫、进气阀座
2	化油器		浮子销、锁紧圈、主量孔、主发泡管、喷油嘴、怠速量孔、柱塞微调螺钉、油针、油针限位片簧、柱塞盖、柱塞、柱塞复位弹簧、怠速微调螺钉、怠速发泡管、阻风门复位扭簧、浮子针挂簧、阻风门、节气门、起动加浓阀
		进油管	
		浮子针	
		浮子	
		阻风门轴	
		化油器体	化油器本体、副空气量管、主空气量管、针阀管
		浮子室盖	
3	空气滤清器	空气滤清器	空气滤芯
		空滤进气管组合	空滤进气管、空滤进气管卡箍
4	排气消声器		排气口密封垫
		排气管	
		消声器	触媒体
5	废气再循环系统(EGR) (Engine gas recycle)	EGR 阀	
6	补气系统	补气阀	
		补气阀支架	
		补气连接管	补气进气管、补气管、负压管
		补气空滤器	

3.8　发动机动力总成冷却系统的零部件名称见表 8。

表 8　发动机动力总成冷却系统的零部件名称

序号	部件	组件	零　件
1	冷却系统	风冷组合	风扇、强制风冷罩壳(强制风冷)、风扇罩、散热器百叶窗
		液冷组合	冷却泵、冷却管、节温器、散热器、冷却液箱、温控开关(液冷)、散热器软管、散热器盖、放水开关、膨胀箱、风扇、风扇罩、散热器百叶窗

4　电动机动力总成的零部件名称

4.1　电动机动力总成的零部件名称见表 9。

表 9 电动机动力总成零部件名称

序号	部件	组件	零件
1	直流电机		轮毂外壳、电机轴、轴承、接线板、霍尔元件、行星磨擦滚子、输出法兰、磁钢
		定子	主磁极、机座(磁轭)、换向极、电刷装置
		转子	转子铁芯、转子绕组、换向器、轴、风扇
		端盖	前盖、后盖
		减速齿轮组	
		超越离合器	
2	控制器		
3	动力蓄电池		
4	蓄电池充电器		

5 整车的零部件名称

5.1 车架总成

车架总成的零部件名称见表 10。

表 10 车架总成零部件名称

序号	部件	组件	零件
1	车架,组合车架	车架体组合	
2	边车架体	拉杆组合	拉杆套筒、拉杆
		卡管拉头	
3	发动机吊挂	吊挂缓冲套组件	
4	车架附件		蓄电池支架、工具盒
5	车架支撑	中撑组合	中撑轴、缓冲垫、中撑弹簧
		撑杆组合	撑杆、撑杆弹簧
		后轴支撑	后轴支架
6	前脚踏		脚踏、脚踏胶垫
		脚蹬焊接组合	前脚蹬架、脚蹬胶套
7	后脚踏	搁脚杆组合	后搁脚杆、搁脚胶套、后脚踏衬套、后座搁脚垫片
8	防护板		右装饰板、左装饰板、变挡安装衬套、装饰板安装衬套、后摆臂装饰盖
		后挡泥板	后泥板前部、后挡泥板,后挡泥板支撑
		发动机挡泥板	

5.2 导流罩、外覆盖件总成

导流罩、外覆盖件总成的零部件名称见表 11。

表 11 导流罩、外覆盖件总成零部件名称

序号	部件	组件	零件
1	导流罩		挡风玻璃、导流罩、右护罩、左护罩
2	护膝组合		护膝板、安装板
3	外覆盖件		左护板、右护板、后护板

5.3 前悬挂总成

前悬挂总成的零部件名称见表 12。

表 12 前悬挂总成零部件名称

序号	部　件	组　件	零　件
1	前减振器		防尘套、减振筒
		前减振筒	
		前叉管	
2	前摇臂		前摇臂、前摇臂轴、轴衬套
3	前挡泥板	前挡泥板	
4	前摆臂		摆臂弹簧、前摆臂轴、摆臂轴销、轴套、锁紧螺钉
		前摆臂	

5.4 后悬挂总成

后悬挂总成的零部件名称见表 13。

表 13 后悬挂总成零部件名称

序号	部　件	组　件	零　件
1	后减振器		后减振器支架、上弹簧座、弹簧力调节器、防尘罩
		上接头	上接头、缓冲衬套
		阻尼器	
		后减振弹簧	
		外筒体组合	外筒体、外筒体防尘罩
2	后摆臂	后摆臂组合	后摆臂轴，后摆臂轴承，后摆臂防尘圈，链条防触保护块、后制动鼓盖拉杆
		后摆臂缓冲衬套	
		链条调节器组合	链条调节器
		链罩组合	链罩
3	后悬挂连杆机构		销轴、轴承
		后悬挂杠杆臂	
		后悬挂连杆	

5.5 边悬挂总成

边悬挂总成的零部件名称见表 14。

表 14 边悬挂总成零部件名称

序号	部　件	组　件	零　件
1	边摆臂		边轮轴
		边摆臂体	
2	钢板弹簧装置		钢板弹簧、减振垫、减振轴架、缓冲块、弹簧卡子、稳定杆压板
3	横向稳定器		扭杆弹簧、扭杆轴套、固定卡子

5.6 车轮总成

车轮总成的零部件名称见表15。

表15 车轮总成零部件名称

序号	部件	组件	零件
1	前(后)轮	前(后)整体轮辋	
		前(后)组合轮辋	前(后)轮辋,前(后)轮辐
		前(后)制动毂	
		轮辋	轮辋、辐条、条母、车轮平衡块
		前(后)轮轴	
		前(后)轮外胎	
		前(后)轮内胎	气门嘴,垫带

5.7 制动器总成

制动器总成的零部件名称见表16。

表16 制动器总成零部件名称

序号	部件	组件	零件
1	机械鼓式制动器	前制动毂盖组合	前制动毂盖、前制动凸轮轴,前制动摇臂,前制动摇臂弹簧,磨损指示器
		前制动蹄块组合	前制动蹄块、前制动蹄块弹簧
		后制动毂盖组合	后制动毂盖、后制动凸轮轴,后制动摇臂、后制动摇臂弹簧,磨损指示器
		后制动蹄块组合	后制动蹄块、后制动蹄块弹簧
2	液压鼓式制动器		
3	前(后) 液压盘式制动器	制动泵	制动液杯、制动泵体、制动泵活塞、活塞油封、防尘罩、制动液杯、制动液杯盖、防溅盖、制动手柄、活塞挺杆、制动泵摇臂、制动泵摇臂支架
		浮动式制动钳	制动钳体、制动钳活塞、导柱、导销、制动块、制动块复位簧片、消音片、活塞密封圈、活塞防尘圈、排气螺钉、防尘帽、制动钳支架、制动钳体挡泥板
		对置式制动钳	制动钳体、对置制动钳体、制动钳密封圈、制动钳活塞、活塞密封圈、活塞防尘圈、制动块、制动块复位簧片、消音片、排气螺钉、防尘帽、制动钳体挡泥板
		制动盘	制动盘螺栓,制动盘锁片
		浮动式制动盘	制动盘、定位盘、定位销、簧片、制动盘螺栓,制动盘锁片
		制动盘防护罩	制动盘防护罩、挡泥板
4	制动管	制动硬管组合	制动管、制动管接头、制动管卡、制动管卡箍
		制动软管组合	制动软管、制动软管胶套、制动管卡、制动管卡箍、制动软管防护钢丝套
5	联合制动机构	制动泵	(同表中3)
		前制动钳	(同表中3)
		后制动钳	(同表中3)
		分配阀	分配阀本体、分配阀活塞、分配阀密封盖、分配阀弹簧、导向座

5.8 防抱死装置(ABS)(Anti-skid Brake System)

防抱死装置(ABS)的零部件名称见表17。

表 17 防抱死装置(ABS)零部件名称

序号	部　件	组　件	零　件
1		车轮转速传感器	
2		加速度传感器	
3		防抱死电子装置	

5.9 转向机构、操纵机构

转向机构、操纵机构的零部件名称见表18。

表 18 转向机构、操纵机构零部件名称

序号	部　件	组　件	零　件
1	转向机构	前叉组合	
		转向柱	转向柱、防尘圈、转向轴承、上部内转向圈、上部外转向圈、下部内转向圈、下部外转向圈、转向支撑圈、转向锁定垫片、转向柱锁紧螺母
		上联板	
		下联板	
		前照灯壳体支架组合	前照灯支架、前照灯支架缓冲器
		转向阻尼器	转向阻尼器、转向阻尼器支架
2	转向操纵机构	方向把	方向把胶套,方向把减震平衡块
		方向把安装座	方向把缓冲器、装饰盖
		转向盘	转向盘、转向轴、万向节
		转向器	转向器、转向器支架
3	离合器操纵机构	离合器操纵手把	离合器手柄,离合器手柄座、离合器手柄防护套
		离合器拉索	
4	变挡操纵机构	变挡踏杆组合	变挡踏杆,踏杆橡胶套
		变挡手柄组合	制动把手座,变挡手柄,变挡手柄调节螺栓
		变挡连接杆组合	变挡连接杆、变挡连接杆接头
		变挡轴摇臂组合	变挡轴摇臂,变挡轴右接头,变挡轴连接杆
5	油门操纵机构	油门操纵手把组合	油门手把,油门手把座、油门手把胶套,右手把防护盖,滑块
		油门拉索	
6	阻风门操纵机构	阻风门手柄	
		阻风门拉索	
7	制动操纵机构	制动踏杆组合	制动踏杆、制动踏杆摇臂
		后制动拉杆组合	制动传动销,制动销回位弹簧、制动器调节螺母
		制动拉索	
		制动手柄组合	制动把手座,制动手柄,制动手柄调节螺栓

5.10 传动系统

传动系统的零部件名称见表19。

表19 传动系统零部件名称

<table>
<tr><th>序号</th><th>部　件</th><th>组　件</th><th>零　件</th></tr>
<tr><td rowspan="4">1</td><td rowspan="4">链传动机构</td><td>传动链条</td><td></td></tr>
<tr><td>小链轮</td><td>小链轮、保险片、锁片</td></tr>
<tr><td>后链轮</td><td>后链轮、保险片、锁片</td></tr>
<tr><td>后链轮安装座</td><td>链轮缓冲器，后轮缓冲器安装座，链轮缓冲衬套</td></tr>
<tr><td>2</td><td>皮带传动机构</td><td>传动带</td><td>皮带、传动轮、变速调节轮</td></tr>
<tr><td rowspan="4">3</td><td rowspan="4">轴传动机构</td><td>轴齿驱动系</td><td>传动轴、支承套筒、传动机匣、主动齿轮、从动齿轮</td></tr>
<tr><td>联轴器</td><td></td></tr>
<tr><td>传动轴组合</td><td>联轴套、万向节头、花键套管、万向接触器圆盘、万向接触器套圈、万向接触器锁环</td></tr>
<tr><td>十字轴组合</td><td>十字轴、十字轴密封圈、十字轴卡环、十字轴滚针轴承</td></tr>
</table>

5.11 后桥总成

后桥总成的零部件名称见表20。

表20 后桥总成零部件名称

<table>
<tr><th>序号</th><th>部　件</th><th>组　件</th><th>零　件</th></tr>
<tr><td>1</td><td></td><td></td><td>半轴、半轴轴承座、半轴套法兰盘、锁紧螺母</td></tr>
<tr><td rowspan="2">2</td><td rowspan="2">后桥壳</td><td></td><td>油封盖、毡垫</td></tr>
<tr><td>后桥壳体组合</td><td>后桥壳体、半轴套管</td></tr>
<tr><td rowspan="2">3</td><td rowspan="2">减速器</td><td>传动壳体组合</td><td>传动壳体、传动壳盖、定向轴套</td></tr>
<tr><td>主减速器</td><td>从动齿轮壳体、从动齿轮、主动齿轮</td></tr>
<tr><td>4</td><td>差速器</td><td></td><td>行星齿轮、行星齿轮轴、半轴齿轮、差速器轴承座、差速器壳体</td></tr>
</table>

5.12 燃油箱总成

燃油箱总成的零部件名称见表21。

表21 燃油箱总成零部件名称

<table>
<tr><th>序号</th><th>部　件</th><th>组　件</th><th>零　件</th></tr>
<tr><td rowspan="6">1</td><td rowspan="6">燃油箱</td><td></td><td>燃油箱、燃油箱缓冲垫</td></tr>
<tr><td>燃油箱盖</td><td></td></tr>
<tr><td>油箱盖锁</td><td></td></tr>
<tr><td>燃油管组合</td><td>燃油管、燃油过滤器</td></tr>
<tr><td>燃油箱开关</td><td></td></tr>
<tr><td>燃油位传感器</td><td></td></tr>
<tr><td>2</td><td>燃油箱呼吸阀</td><td></td><td></td></tr>
<tr><td>3</td><td>活性碳罐</td><td></td><td>碳罐体</td></tr>
</table>

5.13 **润滑油箱总成**

润滑油箱总成的零部件名称见表22。

表22 润滑油箱总成零部件名称

序号	部 件	组 件	零 件
1	润滑油箱		润滑油箱、润滑油箱缓冲垫
2	润滑油箱盖		
3	润滑油管		润滑油管、润滑油滤器
4	润滑油位传感器		

5.14 **座垫总成**

座垫总成的零部件名称见表23。

表23 座垫总成零部件名称

序号	部 件	组 件	零 件
1	座垫		座垫安装板、座垫攀带组件、座垫缓冲块
2	座垫锁		座垫锁环、座垫锁拉索
		座垫锁组件	座垫锁座、座垫锁
		座垫装饰板	座垫中心尾盖、座垫右尾盖、座垫左尾盖
3	后座垫	后座垫	
		座垫锁环组件	
4	边车座垫	座垫锁环组件	
5	驾驶室座垫		
6	车厢座垫		

5.15 **驾驶室总成**

驾驶室总成的零部件名称见表24。

表24 驾驶室总成零部件名称

序号	部 件	组 件	零 件
1			发动机护板、发动机护罩、仪表板、后窗玻璃、内蒙布、内照明灯板、蓬压条、挡风玻璃、遮阳板
2		刮水器	刮水器、刮水器电机
3	驾驶室壳体		
4	驾驶室门		驾驶室门
		门窗组合	侧窗玻璃、车门体
		车门手把组合	手把
		车门锁	

5.16 **车厢总成**

车厢总成的零部件名称见表25。

表 25 车厢总成零部件名称

序号	部 件	组 件	零 件
1			车篷、车厢栏杆、车厢地板
2	车厢体	车厢挡泥板	
		车厢后盖	
		车厢铰链	
		车厢插销组合	

5.17 边斗总成

边斗总成的零部件名称见表 26。

表 26 边斗总成零部件名称

序号	部 件	组 件	零 件
1	边斗体		边挡风玻璃

5.18 货架总成、后扶手总成

货架总成、后扶手总成的零部件名称见表 27。

表 27 货架总成、后扶手总成零部件名称

序号	部 件	组 件	零 件
1	货架	后货架	
		中置货架	
		(乘员)后座扶手	后座扶手、后灯支架
2	文件行李箱	行李箱	行李箱、行李箱支架
		后行李箱	后行李箱、后行李箱支架
		后边行李箱	后边行李箱、后边行李箱支架、后边行李箱连接支架
3	篮筐		篮筐、篮筐支架

5.19 安全防护装置

安全防护装置的零部件名称见表 28。

表 28 安全防护装置零部件名称

序号	部 件	组 件	零 件
1	保险杠组合		缓冲橡胶块
2	护框		减振胶条、减振垫
		护框组合	
3	后视镜		右后视镜、左后视镜、后视镜缓冲器

5.20 电源系统

电源系统的零部件名称见表 29。

表 29 电源系统零部件名称

序号	部 件	组 件	零 件
1	稳压整流器		
2	电流限制器		
3	过流保护器		
4	蓄电池		蓄电池电解液
5	动力蓄电池		蓄电池电解液
6	蓄电池保护装置		

5.21 点火系统

点火系统的零部件名称见表30。

表30 点火系统零部件名称

序号	部　件	组　件	零　件
1	点火线圈组件	点火线圈、高压线、火花塞帽	火花塞密封套,火花塞密封帽,火花塞封严圈
2	火花塞		火花塞屏蔽罩
3	点火器	电容点火器(CDI)(Capacitive Discharge Ignition)	直流点火器(DC-CDI)(Direct Current Capacitive Discharge Ignition)、交流点火器(AC-CDI)(Alternating Current Capacitive Discharge Ignition)
		晶体管点火器(PEI)(Poinless Electron Ignition)	
		数字点火器(TCI)(Transistor Control Ignition)	
4	磁电机	单相磁电机	磁电机定子、磁电机转子、磁电机触发器
		三相磁电机	磁电机定子、磁电机转子、磁电机触发器
5	发电机		

5.22 电起动系统

电起动系统零部件名称见表31。

表31 电起动系统零部件名称

序号	部　件	组　件	零　件
1	起动继电器		
2	起动电机	有刷起动电机	起动电机定子、起动电机转子、换向器、碳刷
		无刷起动电机	起动电机定子、起动电机转子

5.23 电缆组合

电缆组合的零部件名称见表32。

表32 电缆组合零部件名称

序号	部　件	组　件	零　件
1	电缆组件		
2	起动马达线		起动马达帽,起动继电器接头
3	蓄电池线		蓄电池正极线、蓄电池负极线
4	保险丝		主保险丝、副保险丝

5.24 照明和光信号装置、警告装置

照明和光信号装置、警告装置的零部件名称见表33。

表 33　照明和光信号装置、警告装置零部件名称

<table>
<tr><th>序号</th><th>部　　件</th><th>组　　件</th><th>零　　　　　件</th></tr>
<tr><td rowspan="4">1</td><td rowspan="4">前照灯</td><td>组合灯</td><td>前照灯灯泡、前照灯灯头、前照灯反射镜、前照灯配光镜</td></tr>
<tr><td>远光灯</td><td></td></tr>
<tr><td>近光灯</td><td></td></tr>
<tr><td>前位灯</td><td></td></tr>
<tr><td>2</td><td></td><td>前雾灯</td><td></td></tr>
<tr><td rowspan="6">3</td><td rowspan="6">尾灯</td><td>制动灯</td><td></td></tr>
<tr><td>后位灯</td><td></td></tr>
<tr><td>后雾灯</td><td></td></tr>
<tr><td>倒车灯</td><td></td></tr>
<tr><td>后牌照灯</td><td></td></tr>
<tr><td>牌照支架</td><td></td></tr>
<tr><td rowspan="3">4</td><td rowspan="3">转向信号灯</td><td>前转向信号灯</td><td>前左转向信号灯、前右转向信号灯</td></tr>
<tr><td>后转向信号灯</td><td>后左转向信号灯、后右转向信号灯</td></tr>
<tr><td>转向继电器</td><td></td></tr>
<tr><td rowspan="4">5</td><td rowspan="4">警告装置</td><td>喇叭</td><td>高音喇叭、低音喇叭</td></tr>
<tr><td>闪光器</td><td></td></tr>
<tr><td>蜂鸣器</td><td></td></tr>
<tr><td>回复反射器</td><td>侧回复反射器、后回复反射器</td></tr>
</table>

5.25　开关组合

开关、锁组合的零部件名称见表 34。

表 34　开关、锁组合零部件名称

序号	部　　件	组　　件	零　　　　　件
1	点火开关(电锁)		
2	车头锁		
3	遥控锁	遥控锁	
4	右手把开关组合		发动机熄火开关,照明开关、起动开关,危险报警开关
5	左手把开关组合		变光开关,转向灯开关、喇叭开关 、超车开关
6	制动开关		前制动开关、后制动开关
7	离合器开关		
8	单撑安全开关		
9	挡位开关		
10	刮水器开关		

5.26　组合仪表

组合仪表的零部件名称见表 35。

表 35 组合仪表零部件名称

序号	部　件	组　件	零　件
1	车速里程表总成		里程表软轴
2	发动机转速表		转速表软轴
3	燃油表		
4	温度表		
5	电压表		
6	电动车仪表		电源指示灯、蓄电池剩余电量指示器

5.27 标识

标识的零部件名称见表 36。

表 36 标识零部件名称

序号	部　件	组　件	零　件
1	铭牌		
2	贴花、标牌		商标标识、型号贴花、警告标识、轮胎气压标识、防改装标识 高压警告/电击危险标识

5.28 工具、说明书

工具、说明书的名称见表 37。

表 37 工具和说明书名称

序号	部　件	组　件	零　件
1	工具		
2	文件资料		使用说明书
			维修手册
			零部件手册

ICS 27.020
J 92

中华人民共和国国家标准

GB/T 15371—2008
代替 GB/T 15371—1994

曲轴轴系扭转振动的测量与评定方法

Torsional vibration of crankshaft system—Measurement and evaluation method

2008-06-03 发布　　2009-01-01 实施

中华人民共和国国家质量监督检验检疫总局
中国国家标准化管理委员会　发布

前　言

本标准是对 GB/T 15371—1994《曲轴轴系扭转振动的测量与评定方法》的修订。

本标准与 GB/T 15371—1994 相比主要变化如下：

——修改了“术语和定义”；

——增加了扭转振动计算；

——对测量方法作了相应的增删和修改。

本标准自实施之日起代替 GB/T 15371—1994。

本标准由中国机械工业联合会提出。

本标准由全国内燃机标准化技术委员会(SAC/TC 177)归口。

本标准起草单位：上海内燃机研究所、上海汽车集团股份有限公司。

本标准主要起草人：袁卫平、叶怀汉、蔡相儒、曹家骏、王晖、陈伟芳。

本标准所代替标准的历次版本发布情况为：

——GB/T 15371—1994。

曲轴轴系扭转振动的测量与评定方法

1 范围

本标准规定了往复式活塞连杆机构驱动的机组轴系扭转振动的计算测量和评定方法。

本标准适用于每列气缸数为三缸及三缸以上往复式活塞连杆结构驱动的曲轴轴系，对于三缸以下的内燃机和活塞式压气机曲轴轴系亦可参照应用。

2 规范性引用文件

下列文件中的条款通过本标准的引用而成为本标准的条款。凡是注日期的引用文件，其随后所有的修改单(不包括勘误的内容)或修订版均不适用于本标准，然而，鼓励根据本标准达成协议的各方研究是否可使用这些文件的最新版本。凡是不注日期的引用文件，其最新版本适用于本标准。

GB/T 13436 扭转振动测量仪器技术要求

3 术语和定义

下列术语和定义适用于本标准。

3.1

机组 set

包括一台或数台往复式活塞式连杆机构驱动的机械与从动机的机械装置的总成。

3.2

轴系 shaft system

与一台机组相连的所有可旋转零部件的总成。

注：在计算扭转振动时，所考虑的是整个轴系。

3.3

扭转振动 torsional vibration

旋转轴系的振荡角变形(扭转角)。

3.4

扭振振幅 torsional vibration amplitude

欲考虑的角位置与任意给定基准位置间、在垂直于轴系轴线剖面内所测得的最大角位移。

3.5

相对振幅 relative amplitude

轴系中某点振幅与参考点振幅的比值。

3.6

固有频率 natural frequency

可以由各个无阻尼系统运动方程式求得的参数。

注：通常不必计算阻尼系统的固有频率。

3.7

固有矢量 natural vector

系统在按相应固有频率振动时，其所有剖面对任意选作系统基准剖面(此处振幅定为 1)的相对振幅。

3.8

弹性曲线　elastic line

各剖面内固有矢量振幅的包络线。

3.9

振动节点　vibratory node

弹性曲线在相对固有矢量振幅等于零时的位置点。

3.10

扭转振动固有模态　natural mode of torsional vibration

用固有频率及其弹性曲线来表示，以表征各个扭转振动的模态。

3.11

激励力矩　excition torgue

由往复式活塞连杆机构驱动的机械或从动机件所产生的、激励轴系扭转振动周期性扭转力矩。

3.12

谐波　harmonic

由激励力矩分解成一系列正弦项(富里叶级数)中的每一项。

3.13

振动谐次　vibration

与各谐波相对应的每转振荡的次数。

3.14

共振转速　resonance speed

整个轴系产生共振时的转速(此时一个振动模态的固有频率等于激励力矩的谐波频率)。

3.15

综合扭转应力　synthesized torsional stress

在轴系给定剖面上由各激励力矩的谐波所产生的扭转应力的总合，其中计及各谐波所产生应力的幅值和相位。

注：在表达综合扭转应力时，不使用平均力矩。

3.16

附加扭转应力　additional torsional stress

在所考虑的轴系给定剖面处，由给定谐波扭转振动所产生的、叠加在平均传递扭矩扭转应力上的应力。

3.17

转速禁区　barred speed range

扭转振动应力超过持续运转许用应力值时的转速范围。

注：在此转速范围内禁止持续运转，但允许瞬时通过，只要不使轴系产生危险或招致损坏。

4　扭转振动计算

4.1　概述

已知轴系的动态特征，可以计算：

a)　固有频率和振型；

b)　轴系的激励响应。

经协议预先同意，使用经有关各方同意的常规方法进行扭转振动计算，必要时也可以简化计算。

4.2　计算方法

4.2.1　自由振动

计算无阻尼轴系线性方程组的特征值(固有频率)和特征向量(固有矢量)。

4.2.2 强迫振动

求轴系一侧为发动机激励力矩，和必要时还有其他零部件不可忽略的激励力矩时的微分方程解。

4.3 计算资料

轴系扭转振动计算所需计及的资料有：每一零部件的极惯性矩、扭转刚度、零部件的激励力矩、运转转速范围、具体运行参数以及必要时还有扭转振动阻尼等。

应收集往复式活塞连杆机构驱动的机械和从动机的所有相关资料，以便进行扭转振动计算。

4.4 计算结果

利用 4.2.1 和 4.2.2 所述方法求得的结果，连同其他资料可以得到下列数据：

a) 固有频率，固有矢量和共振转速；

b) 轴系扭转应力；

c) 弹性联轴节的振动力矩和这些力矩对其他机件的影响；

d) 轴线给定点的振幅；

e) 联轴节和其他阻尼源产生的热能。

如有必要还可以利用该结果，求得齿轮的振动加速度。

4.5 计算报告

如协议要求有扭转振动计算报告，则该报告内容应包括往复式活塞连杆机构驱动的机械的主要数据、轴系布置和按 4.4 规定的必要计算结果。

5 扭转振动的测量

5.1 概述

如协议规定，为验证计算，应进行轴系扭转振动测量，则协议中应规定测量仪器、测量位置和测量工况的选择，以评价该位置的振幅。

5.2 测量仪器

测量仪器应符合 GB/T 13436 的规定。

可使用以下设备作为扭振拾振器：

a) 电涡流探头(非接触式)；

b) 应变式传感器；

c) 光学传感器。

如经客户与供应商同意，亦可采用其他设备测量。

5.3 测量参数

根据测量方法，应测取下列参数，并将其记录在测试报告中。

a) 轴系转速；

b) 发动机功率；

c) 扭转振动振幅；

d) 测试现场的环境温度；

e) 固有频率和临界转速范围；

f) 可能影响扭转振动的附加参数；

g) 往复式内燃机气缸的发火次序。

如需要，还可测量其他参数(如：应变)。

5.4 测量位置

5.4.1 测点应布置在曲轴轴系扭振幅值较大位置处，一般选于往复式活塞连杆机构驱动机械的曲轴自由端。

5.4.2 需进行多点测量的曲轴轴系，应根据事先计算的结果，布置在扭振振幅较大位置处及其他需测量的位置。

5.4.3 对于机组，如内燃发电机组和电机压气机组，必要时可在从动机轴伸端附近增加测点。

5.4.4 对于台架试验轴系，如内燃机台架试验轴系，必要时可在测功器端增设测点。

5.5 测量工况

5.5.1 变速变负荷工作的机组，需由最低稳定转速到最高转速范围内分档进行测量；必要时，可在升速和降速转速连续变化下进行扭振测量。

5.5.2 测量转速分档间隔一般为额定转速的 5%，在共振区内可加密至额定转速的 2%分档。

5.5.3 内燃机台架试验轴系，一般按外特性或螺旋桨推进特性(对于船用主机)或牵引特性(对于机车柴油机)进行。

5.5.4 内燃发电机组轴系应在额定转速、额定电压和额定负荷下进行扭振测量。

如客户和供应商同意，亦可以进行其他工况的测量。

5.6 测试报告

如协议要求有扭转振动测试报告，则该报告应包括往复式活塞连杆机构驱动的机械的主要数据、轴系布置、按 5.3 规定(根据需要)的测量参数和测试现场。此外还应记录测量设备的型式、准确度和校验方法以及拾振器的位置等。

当测量条件与协议规定等条件不符时，应对不同条件所产生的影响和对结果的修正达成一致意见后方可开始测量。

6 扭转振动评定方法

6.1 评定参数

6.1.1 曲轴轴系扭转振动的评定参数为扭振应力、振动扭矩和扭振振幅，一般按扭振应力或振动扭矩进行评定。

6.1.2 如果轴系实测固有频率值与理论计数值之间的误差在±5%范围内，则可用测量点的实测振幅按自由振动理论计算的相应固有振型推算共振区转速范围内轴系各处的振幅、应力及振型扭矩，否则应对理论计算作修正后再进行推算。

6.1.3 轴系中轴段振动扭矩按公式(1)求得：

$$M_{i,i+1} = A_1(a_i - a_{i+1})K_{i,i+1} \quad \cdots\cdots (1)$$

式中：

$M_{i,i+1}$——第 $i,i+1$ 质量间轴段振动扭矩，单位为牛顿米(N·m)；

A_1——测量点(一般为第 1 质量)最大分谐波振幅，单位为弧度(rad)；

a_i——相应固有振型第 i 质量相对振幅；

a_{i+1}——相应固有振型第 $i+1$ 质量相对振幅；

$K_{i,i+1}$——第 $i,i+1$ 质量间轴段扭转刚度，单位为牛顿米每弧度(N·m/rad)。

6.1.4 轴系中轴段扭振应力按公式(2)求得：

$$\tau_{i,i+1} = \frac{M_{i,i+1}}{W_{i,i+1}} \quad \cdots\cdots (2)$$

式中：

$\tau_{i,i+1}$——第 $i,i+1$ 质量间轴段扭振应力，单位为帕斯卡(Pa)；

$W_{i,i+1}$——第 $i,i+1$ 质量间轴段抗扭截面模量，对于曲轴以曲柄销直径为准，对于传动轴以轴的最小直径为准，单位为立方毫米(mm^3)。

6.1.5 按 6.1.3、6.1.4 求得的轴段振动扭矩和扭振应力与相应的许用值进行比较，评定轴系工作的可靠性。

6.2 许用值

6.2.1 扭振许用应力

6.2.1.1 对于变速运动的曲轴轴系，轴段扭振应力值应不超过扭振许用应力值：

$$\left.\begin{array}{lll}\text{持续运转} & 0<\gamma\leqslant 1 & \tau_c\leqslant[\tau_c]\\ \text{瞬时运转} & 0<\gamma<0.8 & \tau_t\leqslant[\tau_t]\\ \text{超速运转} & 1<\gamma\leqslant 1.15 & \tau_g\leqslant[\tau_g]\end{array}\right\}\quad\cdots\cdots(3)$$

式中：

γ——共振转速与额定转速之比；

τ_c——持续运转轴段扭振应力，单位为帕斯卡(Pa)；

$[\tau_c]$——持续运转扭振许用应力，单位为帕斯卡(Pa)；

τ_t——瞬时运转轴段扭振应力，单位为帕斯卡(Pa)；

$[\tau_t]$——瞬时运转扭振许用应力，单位为帕斯卡(Pa)；

τ_g——超速运转轴段扭振应力，单位为帕斯卡(Pa)；

$[\tau_g]$——超速运转扭振许用应力，单位为帕斯卡(Pa)。

6.2.1.2　对于恒速运转的曲轴轴系，如内燃发电机组等，轴段扭振应力应不超过扭振许用应力值：

$$\left.\begin{array}{lll}\text{持续运转} & 0.95\leqslant\gamma\leqslant 1.1 & \tau_c\leqslant[\tau_c]\\ \text{瞬时运转} & 0<\gamma<0.95 & \tau_t\leqslant[\tau_t]\end{array}\right\}\quad\cdots\cdots(4)$$

6.2.1.3　扭振许用应力视机组的用途(如船舶、汽车、拖拉机等)、轴系中轴的类别(如曲轴、传动轴等)和所选用的材料而定。许用应力由供应商选定，经客户确认后方可进行评定。

6.2.2　振动许用扭矩

6.2.2.1　轴系内如设有齿轮传动装置，则齿轮啮合处的振动扭矩，应不超过相应齿轮对间的传递力矩，齿轮传动装置传递的最大扭矩不能超过其许用扭矩。

6.2.2.2　轴系内如设有弹性联轴器，则其弹性元件在持续运转时所传递的振动扭矩应不超过弹性联轴器制造商所规定的持续运转的许用交变扭矩值；在瞬时运转时应不超过瞬时运转的许用交变扭矩值。

6.2.3　扭振许用振幅

6.2.3.1　对资料不足，无法获得轴段扭振应力、振动扭矩时，可用扭振振幅值予以评定。

6.2.3.2　对于内燃机、压气机曲轴轴系以曲轴自由端测量最大分谐波振幅为评定值，对于无法在曲轴自由端进行测量的轴系，则以相对振幅较大位置测得的最大分谐波振幅为评定值。

6.2.3.3　扭振许用振幅值视机组的用途和轴系所选用的材料而定。许用应力由供应商选定，经客户确认后方可进行评定。

6.2.3.4　内燃发电机组交流发电机转子的扭振振幅(包括脉动振幅)应不大于$\pm 2.5°/P$，其中 P 为发动机磁极对数。

7　扭振转速禁区

7.1　如果曲轴轴系的扭振应力或振动扭矩或扭矩振幅超过相应标准规定的持续运转的许用值，则在该共振转速 n_c 附近设“转速禁区”，在此禁区内，机组不应持续运转。

7.2　应避开的转速范围如下：

$$\frac{16n_c}{18-\gamma}\sim\frac{(18-\gamma)n_c}{16}$$

7.3　转速禁区也可取为超出持续运转许用值的转速范围，该范围由测量决定，并计入±2%的转速测量偏差。

ICS 25.080.01
J 50

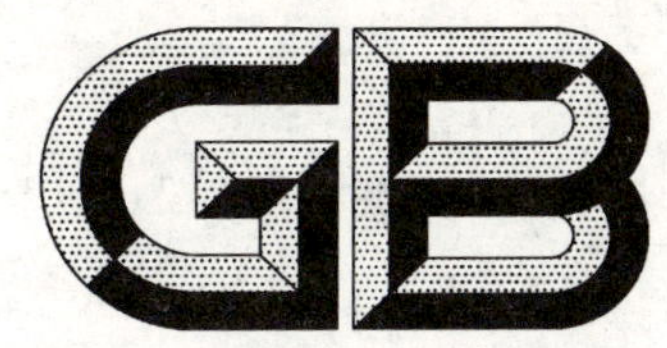

中华人民共和国国家标准

GB/T 15375—2008
代替 GB/T 15375—1994

金属切削机床 型号编制方法

Metal-cutting machine tools—Method of type designation

2008-08-11 发布　　2009-02-01 实施

中华人民共和国国家质量监督检验检疫总局
中国国家标准化管理委员会　发布

前　言

本标准代替 GB/T 15375—1994《金属切削机床　型号编制方法》。

本标准与 GB/T 15375—1994 的主要差异如下：

——取消了企业代号、示例中的企业名称等(见 1994 版的 2.1、2.11、3.4、4.3)。

——增加了具有两类特性机床的说明(见本版的 2.2)。

——增加了联动轴数和复合机床的说明及示例(见本版的 2.9.2、2.9.3、2.10)。

——车床类“组代号 0　仪表小型车床”中增加了“2　小型排刀车床”；“组代号 6　落地及卧式车床”中增加了“6　主轴箱移动型卡盘车床”(见本版的表 3)。

——钻床类“组代号 3　摇臂钻床”中增加了“8　龙门式钻床”；“组代号 5　立式钻床”增加了“5　龙门型立式钻床”和“8　柱动式钻削加工中心”(见本版的表 4)。

——磨床类(3M)“组代号 2　滚子轴承套圈滚道磨床”中增加了“9　轴承套圈端面滚道磨床”；“组代号 3　轴承套圈超精机”中增加了“7　轴承内圈挡边超精机”和“8　轴承外圈挡边超精机”(见本版的表 8)。

——齿轮加工机床类“组代号 5　插齿机”中取消了“2　端面齿插齿机”、“3　非圆柱插齿机”和“5　人字齿轮插齿机”；“组代号 8　其他齿轮加工机”中增加了“3　圆柱齿轮铣齿机”和“4　渐开线花键轧齿机”(见本版的表 9)。

——螺纹加工机床类“组代号 7　螺纹磨床”中增加了“0　螺杆磨床”和“1　螺纹塞规磨床”(见本版的表 10)。

——铣床类“组代号 2　龙门铣床”中增加了“5　高架式横梁移动龙门镗铣床”，“8　落地龙门镗铣床”修改为“8　龙门移动镗铣床”；“组代号 3　平面铣床”中增加了“7　滑枕平面铣床”；“组代号 6　卧式升降台铣床”中取消了“5　广用万能铣床”(见本版的表 11)。

——锯床类“组代号 5　立式带锯床”中“2　可倾立式带锯床”修改为“2　滑车Ⅰ型立式带锯床”，增加了“3　滑车Ⅱ型立式带锯床”，取消了“4　大喉深立式带锯床”，“7　砂线锯床”修改为“7　金刚石线锯床”，“8　砂带锯床”修改为“8　金刚石带锯床”；“组代号 7　弓锯床”中取消了“2　立柱卧式弓锯床”(见本版的表 14)。

——其他类“组代号 1　管子加工机床”中“3　管子车丝机”修改为“3　管螺纹车床”、“6　管接头车丝机”修改为 6　管接头螺纹车床“(见本版的表 15)。

——取消了附录 A(1994 版)。

本标准由中国机械工业联合会提出。

本标准由全国金属切削机床标准化技术委员会(SAC/TC 22)归口。

本标准起草单位:北京机床研究所。

本标准主要起草人:张维、李祥文。

本标准所代替标准的历次版本发布情况为：

——GB/T 15375—1994。

金属切削机床　型号编制方法

1　范围

本标准规定了金属切削机床和回转体加工自动线型号的表示方法。

本标准适用于新设计的各类通用及专用金属切削机床(以下简称机床)、自动线。

本标准不适用于组合机床、特种加工机床。

2　机床通用型号

2.1　型号的表示方法

型号由基本部分和辅助部分组成,中间用“/”隔开,读作“之”。前者需统一管理,后者纳入型号与否由企业自定。型号构成如下图所示:

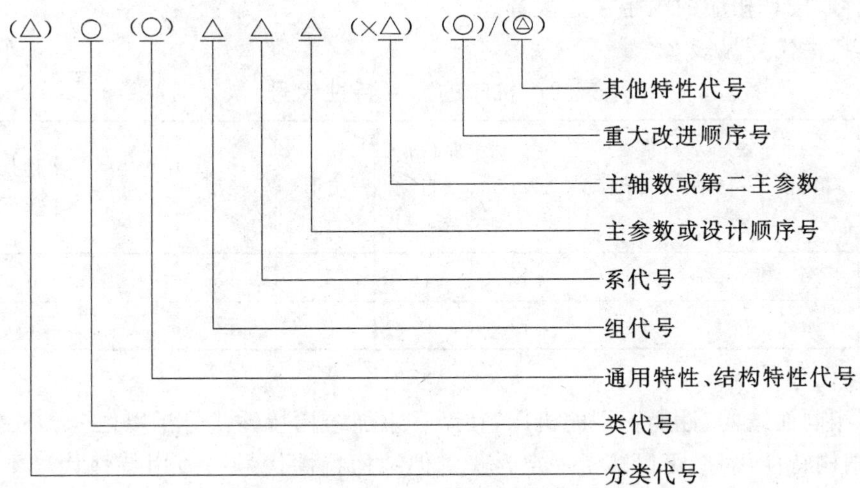

注1:有“(　)”的代号或数字,当无内容时,则不表示。若有内容则不带括号。

注2:有“○”符号的,为大写的汉语拼音字母。

注3:有“△”符号的,为阿拉伯数字。

注4:有“◎”符号的,为大写的汉语拼音字母,或阿拉伯数字,或两者兼有之。

图1

2.2　机床的分类及代号

机床,按其工作原理划分为车床、钻床、镗床、磨床、齿轮加工机床、螺纹加工机床、铣床、刨插床、拉床、锯床和其他机床等共11类。

机床的类代号,用大写的汉语拼音字母表示。必要时,每类可分为若干分类。分类代号在类代号之前,作为型号的首位,并用阿拉伯数字表示。第一分类代号前的“1”省略,第“2”、“3”分类代号则应予以表示。

机床的分类和代号见表1。

表 1 机床的分类和代号

类别	车床	钻床	镗床	磨床			齿轮加工机床	螺纹加工机床	铣床	刨插床	拉床	锯床	其他机床
代号	C	Z	T	M	2M	3M	Y	S	X	B	L	G	Q
读音	车	钻	镗	磨	二磨	三磨	牙	丝	铣	刨	拉	割	其

对于具有两类特性的机床编制时，主要特性应放在后面，次要特性应放在前面。例如铣镗床是以镗为主、铣为辅。

2.3 通用特性代号、结构特性代号

这两种特性代号，用大写的汉语拼音字母表示，位于类代号之后。

2.3.1 通用特性代号

通用特性代号有统一的规定含义，它在各类机床的型号中，表示的意义相同。

当某类型机床，除有普通型外，还有下列某种通用特性时，则在类代号之后加通用特性代号予以区分。如果某类型机床仅有某种通用特性，而无普通型式者，则通用特性不予表示。

当在一个型号中需要同时使用两至三个普通特性代号时，一般按重要程度排列顺序。

通用特性代号，按其相应的汉字字意读音。

机床的通用特性代号见表 2。

表 2 机床的通用特性代号

通用特性	高精度	精密	自动	半自动	数控	加工中心（自动换刀）	仿形	轻型	加重型	柔性加工单元	数显	高速
代号	G	M	Z	B	K	H	F	Q	C	R	X	S
读音	高	密	自	半	控	换	仿	轻	重	柔	显	速

2.3.2 结构特性代号

对主参数值相同而结构、性能不同的机床，在型号中加结构特性代号予以区分。根据各类机床的具体情况，对某些结构特性代号，可以赋予一定含义。但结构特性代号与通用特性代号不同，它在型号中没有统一的含义，只在同类机床中起区分机床结构、性能不同的作用。当型号中有通用特性代号时，结构特性代号应排在通用特性代号之后。结构特性代号，用汉语拼音字母（通用特性代号已用的字母和“I”、“O”两个字母不能用）A、B、C、D、E、L、N、P、T、Y 表示，当单个字母不够用时，可将两个字母组合起来使用，如 AD、AE 等，或 DA、EA 等。

2.4 机床组、系的划分原则及其代号

2.4.1 机床组、系的划分原则

将每类机床划分为十个组，每个组又划分为十个系（系列）。组、系划分的原则如下：

a) 在同一类机床，主要布局或使用范围基本相同的机床，即为同一组。

b) 在同一组机床中，其主参数相同、主要结构及布局型式相同的机床，即为同一系。

2.4.2 机床的组、系代号

机床的组，用一位阿拉伯数字，位于类代号或通用特性代号、结构特性代号之后。

机床的系，用一位阿拉伯数字表示，位于组代号之后。

2.5 主参数的表示方法

机床型号中主参数用折算值表示，位于系代号之后。当折算值大于 1 时，则取整数，前面不加“0”；当折算小于 1 时，则取小数点后第一位数，并在前面加“0”。

机床的统一名称和组、系划分，以及型号中主参数的表示方法，见本标准的 5.2。

2.6 通用机床的设计顺序号

某些通用机床，当无法用一个主参数表示时，则在型号中用设计顺序号表示。设计顺序号由 1 起始，当设计顺序号小于 10 时，由 01 开始编号。

2.7 主轴数和第二主参数的表示方法

2.7.1 主轴数的表示方法

对于多轴车床、多轴钻床、排式钻床等机床，其主轴数应以实际数值列入型号，置于主参数之后，用“×”分开，读作“乘”。单轴，可省略，不予表示。

2.7.2 第二主参数的表示方法

第二主参数(多轴机床的主轴数除外)，一般不予表示，如有特殊情况，需在型号中表示。在型号中表示的第二主参数，一般以折算成两位数为宜，最多不超过三位数。以长度、深度值等表示的，其折算系数为 1/100；以直径、宽度值表示的，其折算值为 1/10；以厚度、最大模数值等表示的，其折算系数为 1。当折算值大于 1 时，则取整数；当折算值小于 1 时，则取小数点后第一位数，并在前面加“0”。

2.8 机床的重大改进顺序号

当机床的结构、性能有更高的要求，并需按新产品重新设计、试制和鉴定时，才按改进的先后顺序选用 A、B、C 等汉语拼音字母(但“I”、“O”两个字母不得选用)，加在型号基本部分的尾部，以区别原机床型号。

重大改进设计不同于完全的新设计，它是在原有机床的基础上进行改进设计，因此，重大改进后的产品与原型号的产品，是一种取代关系。

凡属局部的小改进，或增减某些附件、测量装置及改变装夹工件的方法等，因对原机床的结构、性能没有作重大的改变，故不属重大改进。其型号不变。

2.9 其他特性代号及其表示方法

2.9.1 其他特性代号

其他特性代号，置于辅助部分之首。其中同一型号机床的变型代号，一般应放在其他特性代号之首位。

2.9.2 其他特性代号的含义

其他特性代号主要用以反映各类机床的特性。如：对于数控机床，可用来反映不同的控制系统等；对于加工中心，可用以反映控制系统、联动轴数、自动交换主轴头、自动交换工作台等；对于柔性加工单元，可用以反映自动交换主轴箱；对于一机多能机床，可用以补充表示某些功能；对于一般机床，可以反映同一型号机床的变型等。

2.9.3 其他特性代号的表示方法

其他特性代号，可用汉语拼音字母(“I”、“O”两个字母除外)表示，其中 L 表示联动轴数，F 表示复合。当单个字母不够用时，可将两个字母组合起来使用，如 AB、AC、AD 等，或 BA、CA、DA 等。

其他特性代号，也可用阿拉伯数字表示。

其他特性代号，还可用阿拉伯数字和汉语拼音字母组合表示。

2.10 通用机床型号示例

示例 1：工作台最大宽度为 500 mm 的精密卧式加工中心，其型号为：THM6350。

示例 2：工作台最大宽度为 400 mm 的 5 轴联动卧式加工中心，其型号为：TH6340/5 L。

示例 3：最大磨削直径为 400 mm 的高精度数控外圆磨床，其型号为：MKG1340。

示例 4：经过第一次重大改进，其最大钻孔直径为 25 mm 的四轴立式排钻床，其型号为：Z5625×4A。

示例 5：最大钻孔直径为 40 mm，最大跨距为 1 600 mm 的摇臂钻床，其型号为：Z3040×16。

示例 6：最大车削直径为 1 250 mm，经过第一次重大改进的数显单柱立式车床，其型号为：CX5112A。

示例7:光球板直径为800 mm的立式钢球光球机,其型号为:3M7480。

示例8:最大回转直径为400 mm的半自动曲轴磨床,其型号为:MB8240。根据加工的需求,在此型号机床的基础上交换的第一种型式的半自动曲轴磨床,其型号为:MB8240/1,变换的第二种型式的型号则为:MB8240/2,依次类推。

示例9:最大磨削直径为320 mm的半自动万能外圆磨床,结构不同时,其型号为:MBE1432。

示例10:最大棒料直径为16 mm的数控精密单轴纵切自动车床,其型号为:CKM1116。

示例11:配置MTC-2M型数控系统的数控床身铣床,其型号为:XK714/C。

示例12:试制的第五种仪表磨床为立式双轮轴颈抛光机,这种磨床无法用一个主参数表示,故其型号为:M0405。后来,又设计了第六种为轴颈抛光机,其型号为:M0406。

3 专用机床的型号

3.1 专用机床的型号表示方法

专用机床的型号一般由设计单位代号和设计顺序号组成。型号构成如下:

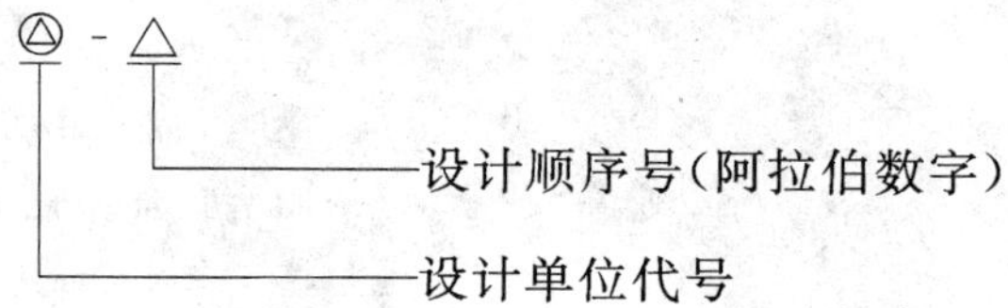

3.2 设计单位代号

设计单位代号包括机床生产厂和机床研究单位代号(位于型号之首)。

3.3 专用机床的设计顺序号

专用机床的设计顺序号,按该单位的设计顺序号排列,由001起始位于设计单位代号之后,并用“-”隔开。

3.4 专用机床的型号示例

示例1:某单位设计制造的第一种专用机床为专用车床,其型号为:×××-001。

示例2:某单位设计制造的第15种专用机床为专用磨床,其型号为:×××-015。

示例3:某单位设计制造的第100种专用机床为专用铣床,其型号为:×××-100。

4 机床自动线的型号

4.1 机床自动线代号

由通用机床或专用机床组成的机床自动线。其代号为:“ZX”(读作“自线”),位于设计单位代号之后,并用“-”分开。

机床自动线设计顺序号的排列与专用机床的设计顺序号相同。位于机床自动线代号之后。

4.2 机床自动线的型号表示方法

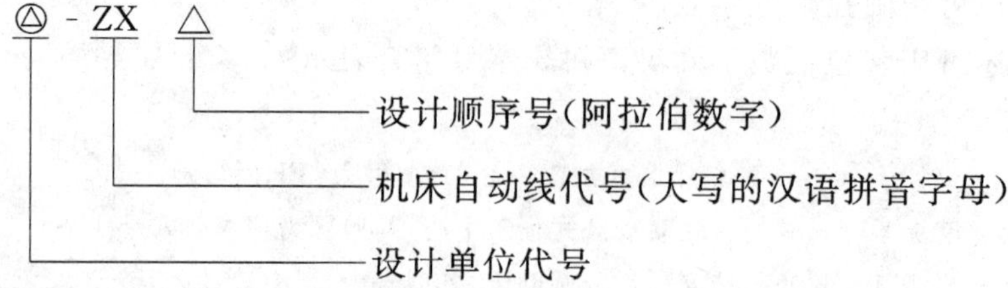

4.3 机床自动线型号示例

某单位以通用机床或专用机床为某厂设计的第一条机床自动线,其型号为:×××-ZX001。

5 金属切削机床统一名称和类、组、系的划分

5.1 一般说明

5.1.1 通用机床

通用机床的名称、类、组、系及主参数等应符合5.2的规定。

5.1.2 表中“×××”含义

表中出现“×××”者,表示此系已被老产品占用,老产品未淘汰之前,不得启用。

5.1.3 主参数

5.1.3.1 主参数的计量单位,尺寸以毫米(mm)计,拉力以千牛(kN)计,扭矩以牛顿·米(N·m)计。

5.1.3.2 在主参数名称栏中出现“—”者,表示此系机床型号中的主参数用设计顺序号代替。

5.2 金属切削机床统一名称和类、组、系划分表

5.2.1 车床类(C)

车床类见表3。

表3 车床类(C)

组		系		主参数	
代号	名称	代号	名称	折算系数	名称
0	仪表小型车床	0	仪表台式精整车床	1/10	床身上最大回转直径
		1			
		2	小型排刀车床	1	最大棒料直径
		3	仪表转塔车床	1	最大棒料直径
		4	仪表卡盘车床	1/10	床身上最大回转直径
		5	仪表精整车床	1/10	床身上最大回转直径
		6	仪表卧式车床	1/10	床身上最大回转直径
		7	仪表棒料车床	1	最大棒料直径
		8	仪表轴车床	1/10	床身上最大回转直径
		9	仪表卡盘精整车床	1/10	床身上最大回转直径
1	单轴自动车床	0	主轴箱固定型自动车床	1	最大棒料直径
		1	单轴纵切自动车床	1	最大棒料直径
		2	单轴横切自动车床	1	最大棒料直径
		3	单轴转塔自动车床	1	最大棒料直径
		4	单轴卡盘自动车床	1/10	床身上最大回转直径
		5			
		6	正面操作自动车床	1	最大车削直径
		7			
		8			
		9			
2	多轴自动、半自动车床	0	多轴平行作业棒料自动车床	1	最大棒料直径
		1	多轴棒料自动车床	1	最大棒料直径
		2	多轴卡盘自动车床	1/10	卡盘直径
		3			
		4	多轴可调棒料自动车床	1	最大棒料直径
		5	多轴可调卡盘自动车床	1/10	卡盘直径
		6	立式多轴半自动车床	1/10	最大车削直径
		7	立式多轴平行作业半自动车床	1/10	最大车削直径
		8			
		9			

表 3（续）

组		系		主参数	
代号	名称	代号	名称	折算系数	名称
3	回转、转塔车床	0	回轮车床	1	最大棒料直径
		1	滑鞍转塔车床	1/10	卡盘直径
		2	棒料滑枕转塔车床	1	最大棒料直径
		3	滑枕转塔车床	1/10	卡盘直径
		4	组合式转塔车床	1/10	最大车削直径
		5	横移转塔车床	1/10	最大车削直径
		6	立式双轴转塔车床	1/10	最大车削直径
		7	立式转塔车床	1/10	最大车削直径
		8	立式卡盘车床	1/10	卡盘直径
		9			
4	曲轴及凸轮轴车床	0	旋风切削曲轴车床	1/100	转盘内孔直径
		1	曲轴车床	1/10	最大工件回转直径
		2	曲轴主轴颈车床	1/10	最大工件回转直径
		3	曲轴连杆轴颈车床	1/10	最大工件回转直径
		4			
		5	多刀凸轮轴车床	1/10	最大工件回转直径
		6	凸轮轴车床	1/10	最大工件回转直径
		7	凸轮轴中轴颈车床	1/10	最大工件回转直径
		8	凸轮轴端轴颈车床	1/10	最大工件回转直径
		9	凸轮轴凸轮车床	1/10	最大工件回转直径
5	立式车床	0			
		1	单柱立式车床	1/100	最大车削直径
		2	双柱立式车床	1/100	最大车削直径
		3	单柱移动立式车床	1/100	最大车削直径
		4	双柱移动立式车床	1/100	最大车削直径
		5	工作台移动单柱立式车床	1/100	最大车削直径
		6			
		7	定梁单柱立式车床	1/100	最大车削直径
		8	定梁双柱立式车床	1/100	最大车削直径
		9			
6	落地及卧式车床	0	落地车床	1/100	最大工件回转直径
		1	卧式车床	1/10	床身上最大回转直径
		2	马鞍车床	1/10	床身上最大回转直径
		3	轴车床	1/10	床身上最大回转直径
		4	卡盘车床	1/10	床身上最大回转直径
		5	球面车床	1/10	刀架上最大回转直径
		6	主轴箱移动型卡盘车床	1/10	床身上最大回转直径
		7			
		8			
		9			

表 3（续）

组		系		主参数	
代号	名称	代号	名　称	折算系数	名　称
7	仿形及多刀车床	0	转塔仿形车床	1/10	刀架上最大车削直径
		1	仿形车床	1/10	刀架上最大车削直径
		2	卡盘仿形车床	1/10	刀架上最大车削直径
		3	立式仿形车床	1/10	最大车削直径
		4	转塔卡盘多刀车床	1/10	刀架上最大车削直径
		5	多刀车床	1/10	刀架上最大车削直径
		6	卡盘多刀车床	1/10	刀架上最大车削直径
		7	立式多刀车床	1/10	刀架上最大车削直径
		8	异形多刀车床	1/10	刀架上最大车削直径
		9			
8	轮、轴、辊、锭及铲齿车床	0	车轮车床	1/100	最大工件直径
		1	车轴车床	1/10	最大工件直径
		2	动轮曲拐销车床	1/100	最大工件直径
		3	轴颈车床	1/100	最大工件直径
		4	轧辊车床	1/10	最大工件直径
		5	钢锭车床	1/10	最大工件直径
		6			
		7	立式车轮车床	1/100	最大工件直径
		8			
		9	铲齿车床	1/10	最大工件直径
9	其他车床	0	落地镗车床	1/10	最大工件回转直径
		1			
		2	单能半自动车床	1/10	刀架上最大车削直径
		3	气缸套镗车床	1/10	床身上最大回转直径
		4			
		5	活塞车床	1/10	最大车削直径
		6	轴承车床	1/10	最大车削直径
		7	活塞环车床	1/10	最大车削直径
		8	钢锭模车床	1/10	最大车削直径
		9			

5.2.2　**钻床类(Z)**

钻床类见表 4。

表 4 钻床类(Z)

组		系		主参数	
代号	名称	代号	名称	折算系数	名称
0		0			
		1			
		2			
		3			
		4			
		5			
		6			
		7			
		8			
		9			
1	坐标镗钻床	0	台式坐标镗钻床	1/10	工作台面宽度
		1			
		2			
		3	立式坐标镗钻床	1/10	工作台面宽度
		4	转塔坐标镗钻床	1/10	工作台面宽度
		5			
		6	定臂坐标镗钻床	1/10	工作台面宽度
		7			
		8			
		9			
2	深孔钻床	0			
		1	深孔钻床	1/10	最大钻孔直径
		2			
		3			
		4			
		5			
		6			
		7			
		8			
		9			
3	摇臂钻床	0	摇臂钻床	1	最大钻孔直径
		1	万向摇臂钻床	1	最大钻孔直径
		2	车式摇臂钻床	1	最大钻孔直径
		3	滑座摇臂钻床	1	最大钻孔直径
		4	坐标摇臂钻床	1	最大钻孔直径
		5	滑座万向摇臂钻床	1	最大钻孔直径
		6	无底座式万向摇臂钻床	1	最大钻孔直径
		7	移动万向摇臂钻床	1	最大钻孔直径
		8	龙门式钻床	1	最大钻孔直径
		9			

表 4（续）

组		系		主参数	
代号	名称	代号	名　称	折算系数	名　称
4	台式钻床	0	台式钻床	1	最大钻孔直径
		1	工作台台式钻床	1	最大钻孔直径
		2	可调多轴台式钻床	1	最大钻孔直径
		3	转塔台式钻床	1	最大钻孔直径
		4	台式攻钻床	1	最大钻孔直径
		5			
		6	台式排钻床	1	最大钻孔直径
		7			
		8			
		9			
5	立式钻床	0	圆柱立式钻床	1	最大钻孔直径
		1	方柱立式钻床	1	最大钻孔直径
		2	可调多轴立式钻床	1	最大钻孔直径
		3	转塔立式钻床	1	最大钻孔直径
		4	圆方柱立式钻床	1	最大钻孔直径
		5	龙门型立式钻床	1	最大钻孔直径
		6	立式排钻床	1	最大钻孔直径
		7	十字工作台立式钻床	1	最大钻孔直径
		8	柱动式钻削加工中心	1	最大钻孔直径
		9	升降十字工作台立式钻床	1	最大钻孔直径
6	卧式钻床	0			
		1			
		2	卧式钻床	1	最大钻孔直径
		3			
		4			
		5			
		6			
		7			
		8			
		9			
7	铣钻床	0	台式铣钻床	1	最大钻孔直径
		1	立式铣钻床	1	最大钻孔直径
		2			
		3			
		4	龙门式铣钻床	1	最大钻孔直径
		5	十字工作台立式铣钻床	1	最大钻孔直径
		6	镗铣钻床	1	最大钻孔直径
		7	磨铣钻床	1	最大钻孔直径
		8			
		9			

表 4（续）

组		系		主参数	
代号	名称	代号	名　称	折算系数	名　称
8	中心孔钻床	0			
		1	中心孔钻床	1/10	最大工件直径
		2	平端面中心孔钻床	1/10	最大工件直径
		3			
		4			
		5			
		6			
		7			
		8			
		9			
9	其他钻床	0	双面卧式玻璃钻床	1	最大钻孔直径
		1	数控印制板钻床	1	最大钻孔直径
		2	数控印制板铣钻床	1	最大钻孔直径
		3			
		4			
		5			
		6			
		7			
		8			
		9			

5.2.3　镗床类(T)

镗床类见表 5。

表 5　镗床类(T)

组		系		主参数	
代号	名称	代号	名　称	折算系数	名　称
0		0			
		1			
		2			
		3			
		4			
		5			
		6			
		7			
		8			
		9			

表 5（续）

组		系		主参数	
代号	名称	代号	名 称	折算系数	名 称
1		0			
		1			
		2			
		3			
		4			
		5			
		6			
		7			
		8			
		9			
2	深孔镗床	0			
		1	深孔钻镗床	1/10	最大镗孔直径
		2	深孔镗床	1/10	最大镗孔直径
		3			
		4			
		5			
		6			
		7			
		8			
		9			
3		0			
		1			
		2			
		3			
		4			
		5			
		6			
		7			
		8			
		9			
4	坐标镗床	0			
		1	立式单柱坐标镗床	1/10	工作台面宽度
		2	立式双柱坐标镗床	1/10	工作台面宽度
		3	卧式单柱坐标镗床	1/10	工作台面宽度
		4	卧式双柱坐标镗床	1/10	工作台面宽度
		5			
		6	卧式坐标镗床	1/10	工作台面宽度
		7			
		8			
		9			

表 5（续）

组		系		主参数	
代号	名称	代号	名　　称	折算系数	名　称
5	立式镗床	0			
		1	立式镗床	1/10	最大镗孔直径
		2			
		3			
		4			
		5	×××		
		6	立式铣镗床	1/10	镗轴直径
		7	转塔式铣镗床	1/10	最大镗孔直径
		8			
		9			
6	卧式铣镗床	0			
		1	卧式镗床	1/10	镗轴直径
		2	落地镗床	1/10	镗轴直径
		3	卧式铣镗床	1/10	镗轴直径
		4	短床身卧式铣镗床	1/10	镗轴直径
		5	刨台卧式铣镗床	1/10	镗轴直径
		6	立卧复合铣镗床	1/10	镗轴直径
		7			
		8			
		9	落地铣镗床	1/10	镗轴直径
7	精镗床	0	单面卧式精镗床	1/10	工作台面宽度
		1	双面卧式精镗床	1/10	工作台面宽度
		2	立式精镗床	1/10	最大镗孔直径
		3	十字工作台立式精镗床	1/10	最大镗孔直径
		4			
		5			
		6			
		7			
		8	多工位立式精镗床	1/10	最大镗孔直径
		9			
8	汽车拖拉机修理用镗床	0	气缸镗床	1/10	最大镗孔直径
		1	缸体轴瓦镗床	1/10	最大镗孔直径
		2	连杆瓦镗床	1/10	最大镗孔直径
		3	制动鼓镗床	1/10	最大镗孔直径
		4	卧式制动鼓镗床	1/10	最大镗孔直径
		5	气门座镗床	1	最大镗孔直径
		6	气缸磨镗床	1/10	最大镗孔直径
		7			
		8			
		9			

表 5（续）

组		系		主参数	
代号	名称	代号	名称	折算系数	名称
9	其他镗床	0	卧式电机座镗床	1/10	最大镗孔直径
		1			
		2			
		3			
		4			
		5			
		6			
		7			
		8			
		9			
注：与立式铣镗床、卧式铣镗床布局形式相似的“立式加工中心”、“卧式加工中心”，其主参数均为工作台面宽度。					

5.2.4 **磨床类(M、2M、3M)**

5.2.4.1 磨床类见表 6。

表 6 磨床类(M)

组		系		主参数	
代号	名称	代号	名称	折算系数	名称
0	仪表磨床	0	仪表无心磨床	1/10	最大磨削直径
		1	仪表内圆磨床	1/10	最大磨削孔径
		2	仪表平面磨床	1/10	工作台面宽度
		3	仪表外圆磨床	1/10	最大磨削直径
		4	抛光机		—
		5	仪表万能外圆磨床	1/10	最大磨削直径
		6	刀具磨床		—
		7	仪表成形磨床	1/10	工作台面宽度
		8			—
		9	仪表齿轮磨床	1/10	最大工件直径
1	外圆磨床	0	无心外圆磨床	1	最大磨削直径
		1	宽砂轮无心外圆磨床	1	最大磨削直径
		2			
		3	外圆磨床	1/10	最大磨削直径
		4	万能外圆磨床	1/10	最大磨削直径
		5	宽砂轮外圆磨床	1/10	最大磨削直径
		6	端面外圆磨床	1/10	最大回转直径
		7	多砂轮架外圆磨床	1/10	最大磨削直径
		8	多片砂轮外圆磨床	1/10	最大回转直径
		9			

表 6（续）

组		系		主参数	
代号	名称	代号	名称	折算系数	名称
2	内圆磨床	0			
		1	内圆磨床	1/10	最大磨削直径
		2			
		3	带端面内圆磨床	1/10	最大磨削直径
		4			
		5	立式行星内圆磨床	1/10	最大磨削直径
		6	深孔内圆磨床	1/10	最大磨削直径
		7	内外圆磨床	1/10	最大磨削直径
		8	立式内圆磨床	1/10	最大磨削直径
		9	×××		
3	砂轮机	0	落地砂轮机	1/10	最大砂轮直径
		1	悬挂砂轮机	1/10	最大砂轮直径
		2	台式砂轮机	1/10	最大砂轮直径
		3	除尘砂轮机	1/10	最大砂轮直径
		4	软轴砂轮机	1/10	最大砂轮直径
		5	砂带砂轮机	1/10	最大砂轮直径
		6			
		7			
		8			
		9			
4	坐标磨床	0			
		1	单柱坐标磨床	1/10	工作台面宽度
		2	双柱坐标磨床	1/10	工作台面宽度
		3			
		4			
		5			
		6			
		7			
		8			
		9			
5	导轨磨床	0	落地导轨磨床	1/100	最大磨削宽度
		1	悬臂导轨磨床	1/100	最大磨削宽度
		2	龙门导轨磨床	1/100	最大磨削宽度
		3	定梁龙门导轨磨床	1/100	最大磨削宽度
		4			
		5			
		6			
		7			
		8			
		9			

表 6（续）

组		系		主参数	
代号	名称	代号	名　称	折算系数	名　称
6	刀具刃磨床	0	万能工具磨床	1/10	最大回转直径
		1	拉刀刃磨床	1/10	最大刃磨拉刀长度
		2			
		3	钻头刃磨床	1	最大刃磨钻头直径
		4	滚刀刃磨床	1/10	最大刃磨滚刀直径
		5	铣刀盘刃磨床	1/10	最大刃磨铣刀直径
		6	圆锯片刃磨床	1/100	最大磨锯片直径
		7	弧齿锥齿轮铣刀盘刃磨床	1/10	最大刃磨铣刀盘直径
		8	插齿刀刃磨床	1/10	最大刃磨插齿刀直径
		9	矿井钻头刃磨床	1	最大工件直径
7	平面及端面磨床	0			
		1	卧轴矩台平面磨床	1/10	工作台面宽度
		2	立轴矩台平面磨床	1/10	工作台面宽度
		3	卧轴圆台平面磨床	1/10	工作台面直径
		4	立轴圆台平面磨床	1/10	工作台面直径
		5	龙门平面磨床	1/10	工作台面宽度
		6	卧轴双端面磨床	1/10	最大砂轮直径
		7	立轴双端面磨床	1/10	最大砂轮直径
		8	龙门双端面磨床	1/10	最大砂轮直径
		9			
8	曲轴、凸轮轴、花键轴及轧辊磨床	0			
		1	曲轴主轴颈磨床	1/10	最大回转直径
		2	曲轴磨床	1/10	最大回转直径
		3	凸轮轴磨床	1/10	最大回转直径
		4	轧辊磨床	1/10	最大磨削直径
		5	曲线磨床	1/10	最大磨削直径
		6	花键轴磨床	1/10	最大磨削直径
		7	×××		
		8	×××		
		9			
9	工具磨床	0	曲线磨床	1/10	最大磨削长度
		1	模具工具磨床	1/10	工作台面宽度
		2	锉刀磨床	1/10	工作台面长度
		3	钻头沟背磨床	1	最大钻头直径
		4	铲齿车刀成形磨床	1/10	最大磨削宽度
		5	丝锥铲梢磨床	1	最大丝锥直径
		6	丝锥沟槽磨床	1	最大丝锥直径
		7	丝锥方尾磨床	1	最大丝锥直径
		8	卡规磨床	1/10	最大磨削宽度
		9	圆板牙铲磨床	1	最大圆板牙螺纹直径

5.2.4.2 磨床类(2M)见表7。

表7 磨床类(2M)

组		系		主参数	
代号	名称	代号	名称	折算系数	名称
0		0			
		1			
		2			
		3			
		4			
		5			
		6			
		7			
		8			
		9			
1	超精机	0			
		1			
		2	内圆超精机	1/10	最大磨削孔径
		3	外圆超精机	1/10	最大磨削直径
		4	无心超精机	1/10	最大磨削直径
		5			
		6	端面超精机	1/10	最大磨削直径
		7	平面超精机	1/10	最大磨削宽度
		8			
		9			
2	内圆珩磨机	0			
		1	卧式内圆珩磨机	1/10	最大珩孔直径
		2	立式内圆珩磨机	1/10	最大珩孔直径
		3	摇臂式内圆珩磨机	1/10	最大珩孔直径
		4	龙门式内圆珩磨机	1/10	最大珩孔直径
		5			
		6			
		7	框架式内圆珩磨机	1/10	最大珩孔直径
		8	多轴立式顺序内圆珩磨机	1/10	最大珩孔直径
		9			
3	外圆及其他珩磨机	0			
		1	外圆珩磨机	1/10	最大珩磨直径
		2	平面珩磨机	1/10	最大珩磨宽度
		3			
		4			
		5	球面珩磨机	1/10	最大珩磨直径
		6			
		7			
		8			
		9			

表 7（续）

组		系		主参数	
代号	名称	代号	名　称	折算系数	名　称
4	抛光机	0	半导体抛光机	1/10	抛光轮直径
		1			
		2	内圆抛光机	1/10	抛光轮直径
		3			
		4	曲轴抛光机	1/10	最大回转直径
		5	薄板抛光机	1/10	最大抛光宽度
		6	落地抛光机	1/10	抛光轮直径
		7	台式抛光机	1/10	抛光轮直径
		8	钢带抛光机	1/10	最大抛光宽度
		9			
5	砂带抛光及磨削机床	0	无心砂带抛光机	1/10	最大抛光直径
		1	外圆砂带抛光机	1/10	最大抛光直径
		2			
		3	平面砂带抛光机	1/10	最大抛光宽度
		4	砂带机	1/10	砂带宽度
		5	凸轮轴砂带抛光机	1/10	最大回转直径
		6	无心砂带磨床	1/10	最大磨削直径
		7	外圆砂带磨床	1/10	最大磨削直径
		8	平面砂带磨床	1/10	最大磨削宽度
		9	万能砂带磨床	1/10	最大磨削宽度
6	刀具刃磨床及研磨机床	0	万能刀具刃磨床	1/10	最大回转直径
		1	圆板牙刃磨床	1	最大圆板牙螺纹直径
		2	车刀刃研磨机	1	最大车刀宽度
		3	梳刀刃磨床	1	最大梳刀直径
		4	铰刀刃磨床	1	最大铰刀直径
		5	成形铣刀刃磨床	1	最大铣刀直径
		6	丝锥刃磨床	1	最大丝锥直径
		7	铰刀研磨机	1	最大铰刀直径
		8	锉丝板研磨机	1	最大磨削宽度
		9	剪切刀片刃磨床	1/100	最大磨削长度
7	可转位刀片磨削机床	0	可转位刀片双端面研磨机	1/10	研磨盘直径
		1	可转位刀片周边磨床	1	最大刀片内切圆直径
		2	可转位刀片负倒刃磨床	1	最大刀片内切圆直径
		3			
		4			
		5			
		6			
		7			
		8			
		9			

表 7（续）

组		系		主参数	
代号	名称	代号	名　称	折算系数	名　称
8	研磨机	0			
		1	平面研磨机	1/10	研磨盘直径
		2	内外圆研磨机	1	最大研磨直径
		3	立式内圆研磨机	1/10	最大研磨孔径
		4	双盘研磨机	1/10	研磨盘直径
		5			
		6	曲面研磨机	1/10	最大研磨宽度
		7	中心孔研磨机	1/10	最大工件直径
		8			
		9	挤压研磨机	1	磨料挤出率
9	其他磨床	0	螺旋面磨床	1/10	最大回转直径
		1	多用磨床	1/10	最大回转直径
		2			
		3	中心钻铲磨床	1	最大磨削直径
		4	中心孔磨床	1/10	最大工件直径
		5	立式万能磨床	1/10	最大磨削直径
		6	凸轮磨床	1/10	最大回转直径
		7			
		8			
		9			

5.2.4.3　磨床类(3M)见表 8。

表 8　磨床类(3M)

组		系		主参数	
代号	名称	代号	名　称	折算系数	名　称
0		0			
		1			
		2			
		3			
		4			
		5			
		6			
		7			
		8			
		9			

表 8（续）

组		系		主参数	
代号	名称	代号	名称	折算系数	名称
1	球轴承套圈沟磨床	0	轴承套圈端面沟磨床	1/10	最大工件孔径
		1	摆式轴承内圈沟磨床	1/10	最大工件孔径
		2	摆式轴承外圈沟磨床	1/10	最大工件直径
		3	轴承内圈沟磨床	1/10	最大工件孔径
		4	轴承外圈沟磨床	1/10	最大工件直径
		5	调心轴承内圈沟磨床	1/10	最大工件孔径
		6	调心轴承外圈沟磨床	1/10	最大工件直径
		7			
		8			
		9			
2	滚子轴承套圈滚道磨床	0	轴承套圈内圆磨床	1/10	最大磨削孔径
		1	轴承内圈滚道磨床	1/10	最大工件孔径
		2	轴承内圈挡边磨床	1/10	最大工件孔径
		3	轴承外圈滚道磨床	1/10	最大工件直径
		4	轴承套圈端面磨床	1/10	最大工件直径
		5	调心轴承内圈滚道磨床	1/10	最大工件孔径
		6	轴承外圈滚道挡边磨床	1/10	最大工件直径
		7	轴承内圈滚道挡边磨床	1/10	最大工件孔径
		8	轴承外圈挡边磨床	1/10	最大工件直径
		9	轴承套圈端面滚道磨床	1/10	最大工件孔径
3	轴承套圈超精机	0			
		1	轴承内圈沟超精机	1/10	最大工件孔径
		2	轴承外圈沟超精机	1/10	最大工件直径
		3	轴承内圈滚道超精机	1/10	最大工件孔径
		4	轴承外圈滚道超精机	1/10	最大工件直径
		5	调心轴承内圈滚道超精机	1/10	最大工件直径
		6	调心轴承外圈滚道超精机	1/10	最大工件直径
		7	轴承内圈挡边超精机	1/10	最大工件孔径
		8	轴承外圈挡边超精机	1/10	最大工件直径
		9	轴承套圈端面沟超精机	1/10	最大工件孔径
4		0	×××		
		1	×××		
		2	×××		
		3	×××		
		4	×××		
		5			
		6	×××		
		7	×××		
		8	×××		
		9	×××		

表 8（续）

组		系		主参数	
代号	名称	代号	名　　称	折算系数	名　称
5	叶片磨削机床	0			
		1	横磨叶背仿形磨床	1/10	最大工件长度
		2	横磨叶盆仿形磨床	1/10	最大工件长度
		3	纵磨叶片仿形磨床	1/10	最大工件长度
		4			
		5	叶片前后缘倒角机	1/10	最大工件长度
		6	叶片根部仿形磨床	1/10	最大工件长度
		7	叶片榫头磨床	1/10	最大工件长度
		8			
		9			
6	滚子加工机床	0	圆锥滚子无心磨床	1	最大工件直径
		1	圆锥滚子超精机	1	最大工件直径
		2	圆柱滚子超精机	1	最大工件直径
		3	圆柱滚子无心超精机	1	最大工件直径
		4	圆柱滚子端面研磨机	1	最大工件直径
		5	圆锥滚子球形端面磨床	1	最大工件直径
		6	圆锥滚子球形端面研磨机	1	最大工件直径
		7	滚子端面超精机	1	最大工件直径
		8	球面滚子无心磨床	1	最大工件直径
		9	球面滚子球形端面磨床	1	最大工件直径
7	钢球加工机床	0			
		1	立式钢球磨球机	1/10	砂轮直径
		2	立式钢球研球机	1/10	研球板直径
		3			
		4	立式钢球光球机	1/10	光球板直径
		5			
		6	钢球磨球机	1/10	砂轮直径
		7	钢球研球机	1/10	研球板直径
		8	钢球无心磨床	1	最大钢球直径
		9	钢球光球机	1/10	光球板直径
8	气门、活塞及活塞环磨削机床	0	气门座面斜棱磨床	1	最大磨削直径
		1			
		2	活塞环倒角磨床	1/10	最大磨削直径
		3	活塞环端面磨床	1/10	最大磨削直径
		4			
		5	活塞椭圆磨床	1/10	最大磨削直径
		6			
		7	活塞环外圆超精机	1/10	最大磨削直径
		8	活塞销超精机	1	最大磨削直径
		9			

表 8（续）

组		系		主参数	
代号	名称	代号	名　称	折算系数	名　称
9	汽车、拖拉机修磨机床	0			
		1			
		2	曲轴修磨机	1/10	最大修磨直径
		3	气门磨床	1	最大修磨直径
		4	气门座修磨机	1	最大修磨直径
		5	气门座研磨机		—
		6	制动片修磨机		—
		7	气缸平面修磨机	1/10	最大磨削宽度
		8	气缸珩磨机	1/10	最大珩孔直径
		9			

5.2.5　齿轮加工机床类(Y)

齿轮加工机床类见表 9。

表 9　齿轮加工机床类(Y)

组		系		主参数	
代号	名称	代号	名　称	折算系数	名　称
0	仪表齿轮加工机	0			
		1	小模数齿轮滚齿机	1/10	最大工件直径
		2	小模数轴齿轮滚齿机	1/10	最大工件直径
		3	小模数齿轮铣齿机	1/10	最大工件直径
		4	小模数端面齿轮滚齿机	1/10	最大工件直径
		5	小模数齿轮插齿机	1/10	最大工件直径
		6	小模数齿轮刨齿机	1/10	最大工件直径
		7			
		8	小模数齿轮抛光机		—
		9			
1		0			
		1			
		2			
		3			
		4			
		5			
		6			
		7			
		8			
		9			

表 9（续）

组		系		主参数	
代号	名称	代号	名　称	折算系数	名　称
2	锥齿轮加工机	0	弧齿锥齿轮磨齿机	1/10	最大工件直径
		1	弧齿锥齿轮粗切机	1/10	最大工件直径
		2	弧齿锥齿轮铣齿机	1/10	最大工件直径
		3	直齿锥齿轮刨齿机	1/10	最大工件直径
		4	直齿锥齿轮粗切机	1/10	最大工件直径
		5	锥齿轮研齿机	1/10	最大工件直径
		6	直齿锥齿轮磨齿机	1/10	最大工件直径
		7	直齿锥齿轮铣齿机	1/10	最大工件直径
		8	直齿锥齿轮拉齿机	1/10	最大工件直径
		9	弧齿锥齿轮拉齿机	1/10	最大工件直径
3	滚齿及铣齿机	0			
		1	滚齿机	1/10	最大工件直径
		2	摆线齿轮铣齿机	1/10	最大工件直径
		3	非圆齿轮铣齿机	1/10	最大工件直径
		4	非圆齿轮滚齿机	1/10	最大工件回转直径
		5	双轴滚齿机	1/10	最大工件直径
		6	卧式滚齿机	1/10	最大工件直径
		7	蜗轮滚齿机	1/10	最大工件直径
		8	球面蜗轮滚齿机	1/10	最大工件直径
		9			
4	剃齿及珩齿机	0			
		1	立式剃齿机	1/10	最大工件直径
		2	剃齿机	1/10	最大工件直径
		3	轴齿轮剃齿机	1/10	最大工件直径
		4			
		5			
		6	珩齿机	1/10	最大工件直径
		7	蜗杆珩轮珩齿机	1/10	最大工件直径
		8	内齿蜗轮珩齿机	1/10	最大工件直径
		9			
5	插齿机	0			
		1	插齿机	1/10	最大工件直径
		2			
		3			
		4	万能斜齿插齿机	1/10	最大工件直径
		5			
		6	扇性齿轮插齿机	1/10	最大工件直径
		7			
		8	齿条插齿机	1/10	最大工件长度
		9			

表 9（续）

组		系		主参数	
代号	名称	代号	名称	折算系数	名称
6	花键轴铣床	0	花键轴铣床	1/10	最大铣削直径
		1			
		2	万能花键轴铣床	1/10	最大铣削直径
		3			
		4	瓦楞辊铣床	1/10	最大铣削直径
		5			
		6			
		7			
		8			
		9			
7	齿轮磨齿机	0	碟形砂轮磨齿机	1/10	最大工件直径
		1	锥形砂轮磨齿机	1/10	最大工件直径
		2	蜗杆砂轮磨齿机	1/10	最大工件直径
		3	成形砂轮磨齿机	1/10	最大工件直径
		4	大平面砂轮磨齿机	1/10	最大工件直径
		5	内齿轮磨齿机	1/10	最大工件直径
		6	摆线齿轮磨齿机	1/10	最大工件直径
		7			
		8			
		9			
8	其他齿轮加工机	0	车齿机	1/10	最大工件直径
		1	齿轮挤齿机	1/10	最大工件直径
		2	内齿轮挤齿机	1/10	最大工件直径
		3	圆柱齿轮铣齿机	1/10	最大工件直径
		4	渐开线花键轧齿机	1/10	最大工件直径
		5	齿条铣齿机	1/100	最大工件长度
		6	人字齿轮铣齿机	1/10	最大工件直径
		7	人字齿轮刨齿机	1/10	最大工件直径
		8	弧面锥链轮刨齿机	1/10	最大工件直径
		9	蜗杆珩轮修磨机	1/10	最大工件直径
9	齿轮倒角及检查机	0	锥齿轮淬火机	1/10	最大工件直径
		1	轴锥齿轮淬火机	1/10	最大工件直径
		2	锥齿轮倒角机	1/10	最大工件直径
		3	齿轮倒角机	1/10	最大工件直径
		4	齿轮倒棱机	1/10	最大工件直径
		5	锥齿轮滚动检查机	1/10	最大工件直径
		6			
		7			
		8	弧齿锥齿轮铣刀盘检查机	1/10	最大刀盘直径
		9	齿轮噪声检查机	1/10	最大工件直径

5.2.6 **螺纹加工机床类(S)**

螺纹加工机床类见表10。

表10 螺纹加工机床类(S)

组		系		主参数	
代号	名称	代号	名 称	折算系数	名 称
0		0			
		1			
		2			
		3			
		4			
		5			
		6			
		7			
		8			
		9			
1		0			
		1			
		2			
		3			
		4			
		5			
		6			
		7			
		8			
		9			
2		0			
		1			
		2			
		3			
		4			
		5			
		6			
		7			
		8			
		9			
3	套丝机	0	套丝机	1	最大套丝直径
		1			
		2			
		3			
		4			
		5			
		6			
		7			
		8			
		9			

表 10（续）

组		系		主参数	
代号	名称	代号	名　　称	折算系数	名　　称
4	攻丝机	0	台式攻丝机	1	最大攻丝直径
		1	立式攻丝机	1	最大攻丝直径
		2	螺母攻丝机	1	最大攻丝直径
		3			
		4	柜式攻丝机	1	最大攻丝直径
		5			
		6	柜式钻孔攻丝机	1	最大攻丝直径
		7	板牙攻丝机	1	最大攻丝直径
		8	卧式攻丝机	1/10	最大攻丝直径
		9			
5		0			
		1			
		2			
		3			
		4			
		5			
		6			
		7			
		8			
		9			
6	螺纹铣床	0	丝杠铣床	1/10	最大铣削直径
		1	螺纹铣床	1/10	最大铣削直径
		2	短螺纹铣床	1/10	最大铣削直径
		3	万能螺纹铣床	1/10	最大铣削直径
		4			
		5	蜗杆铣床	1/10	最大工件直径
		6			
		7			
		8			
		9			
7	螺纹磨床	0	螺杆磨床	1/10	最大磨削直径
		1	螺纹塞规磨床	1/10	最大磨削直径
		2	丝锥磨床	1/10	最大磨削直径
		3	螺纹磨床	1/10	最大工件直径
		4	丝杠磨床	1/10	最大工件直径
		5	万能螺纹磨床	1/10	最大工件直径
		6	内螺纹磨床	1/10	最大磨削直径
		7	蜗杆磨床	1/10	最大工件直径
		8	滚刀铲磨床	1/10	最大工件直径
		9	小模数滚刀铲磨床	1/10	最大工件直径

表 10（续）

组		系		主参数	
代号	名称	代号	名称	折算系数	名称
8	螺纹车床	0	×××		
		1			
		2			
		3			
		4			
		5	螺母车床	1	最大车削直径
		6	丝杠车床	1/100	最大工件长度
		7	螺纹车床	1/10	最大车削直径
		8	丝锥螺纹车床	1/10	最大车削直径
		9	多头螺纹车床	1/10	最大车削直径
9		0			
		1			
		2			
		3			
		4			
		5			
		6			
		7			
		8			
		9			

5.2.7 **铣床类(X)**

铣床类见表 11。

表 11 铣床类(X)

组		系		主参数	
代号	名称	代号	名称	折算系数	名称
0	仪表铣床	0			
		1	台式工具铣床	1/10	工作台面宽度
		2	台式车铣床	1/10	工作台面宽度
		3	台式仿形铣床	1/10	工作台面宽度
		4	台式超精铣床	1/10	工作台面宽度
		5	立式台铣床	1/10	工作台面宽度
		6	卧式台铣床	1/10	工作台面宽度
		7			
		8			
		9			

表 11（续）

组		系		主参数	
代号	名称	代号	名　称	折算系数	名　称
1	悬臂及滑枕铣床	0	悬臂铣床	1/100	工作台面宽度
		1	悬臂镗铣床	1/100	工作台面宽度
		2	悬臂磨铣床	1/100	工作台面宽度
		3	定臂铣床	1/100	工作台面宽度
		4			
		5			
		6	卧式滑枕铣床	1/100	工作台面宽度
		7	立式滑枕铣床	1/100	工作台面宽度
		8			
		9			
2	龙门铣床	0	龙门铣床	1/100	工作台面宽度
		1	龙门镗铣床	1/100	工作台面宽度
		2	龙门磨铣床	1/100	工作台面宽度
		3	定梁龙门铣床	1/100	工作台面宽度
		4	定梁龙门镗铣床	1/100	工作台面宽度
		5	高架式横梁移动龙门镗铣床	1/100	工作台面宽度
		6	龙门移动铣床	1/100	工作台面宽度
		7	定梁龙门移动铣床	1/100	工作台面宽度
		8	龙门移动镗铣床	1/100	工作台面宽度
		9			
3	平面铣床	0	圆台铣床	1/100	工作台面宽度
		1	立式平面铣床	1/100	工作台面宽度
		2			
		3	单柱平面铣床	1/100	工作台面宽度
		4	双柱平面铣床	1/100	工作台面宽度
		5	端面铣床	1/100	工作台面宽度
		6	双端面铣床	1/100	工作台面宽度
		7	滑枕平面铣床	1/100	工作台面宽度
		8	落地端面铣床	1/100	最大铣轴垂直移动距离
		9			
4	仿形铣床	0			
		1	平面刻模铣床	1/10	缩放仪中心距
		2	立体刻模铣床	1/10	缩放仪中心距
		3	平面仿形铣床	1/10	最大铣削宽度
		4	立体仿形铣床	1/10	最大铣削宽度
		5	立式立体仿形铣床	1/10	最大铣削宽度
		6	叶片仿形铣床	1/10	最大铣削宽度
		7	立式叶片仿形铣床	1/10	最大铣削宽度
		8			
		9			

表 11（续）

组		系		主参数	
代号	名称	代号	名　称	折算系数	名　称
5	立式升降台铣床	0	立式升降台铣床	1/10	工作台面宽度
		1	立式升降台镗铣床	1/10	工作台面宽度
		2	摇臂铣床	1/10	工作台面宽度
		3	万能摇臂铣床	1/10	工作台面宽度
		4	摇臂镗铣床	1/10	工作台面宽度
		5	转塔升降台铣床	1/10	工作台面宽度
		6	立式滑枕升降台铣床	1/10	工作台面宽度
		7	万能滑枕升降台铣床	1/10	工作台面宽度
		8	圆弧铣床	1/10	工作台面宽度
		9			
6	卧式升降台铣床	0	卧式升降台铣床	1/10	工作台面宽度
		1	万能升降台铣床	1/10	工作台面宽度
		2	万能回转头铣床	1/10	工作台面宽度
		3	万能摇臂铣床	1/10	工作台面宽度
		4	卧式回转头铣床	1/10	工作台面宽度
		5			
		6	卧式滑枕升降台铣床	1/10	工作台面宽度
		7			
		8			
		9			
7	床身铣床	0			
		1	床身铣床	1/100	工作台面宽度
		2	转塔床身铣床	1/100	工作台面宽度
		3	立柱移动床身铣床	1/100	工作台面宽度
		4	立柱移动转塔床身铣床	1/100	工作台面宽度
		5	卧式床身铣床	1/100	工作台面宽度
		6	立柱移动卧式床身铣床	1/100	工作台面宽度
		7	滑枕床身铣床	1/100	工作台面宽度
		8			
		9	立柱移动立卧式床身铣床	1/100	工作台面宽度
8	工具铣床	0			
		1	万能工具铣床	1/10	工作台面宽度
		2			
		3	钻头铣床	1	最大钻头直径
		4			
		5	立铣刀槽铣床	1	最大铣刀直径
		6			
		7			
		8			
		9			

表 11（续）

组		系		主参数	
代号	名称	代号	名　　称	折算系数	名　称
9	其他铣床	0	六角螺母槽铣床	1	最大六角螺母对边宽度
		1	曲轴铣床	1/10	刀盘直径
		2	键槽铣床	1	最大键槽宽度
		3			
		4	轧辊轴颈铣床	1/100	最大铣削直径
		5			
		6			
		7	旋子槽铣床	1/100	最大转子本体直径
		8	螺旋桨铣床	1/100	最大工件直径
		9			

5.2.8　刨插床类(B)

刨插床类见表 12。

表 12　刨插床类(B)

组		系		主参数	
代号	名称	代号	名　　称	折算系数	名　称
0		0			
		1			
		2			
		3			
		4			
		5			
		6			
		7			
		8			
		9			
1	悬臂刨床	0	悬臂刨床	1/100	最大刨削宽度
		1	仿形悬臂刨床	1/100	最大刨削宽度
		2	悬臂铣磨刨床	1/100	最大刨削宽度
		3	悬臂铣刨机	1/100	最大刨削宽度
		4			
		5	悬臂磨刨床	1/100	最大刨削宽度
		6			
		7	单柱刨床	1/100	最大刨削宽度
		8			
		9			

表 12（续）

组		系		主参数	
代号	名称	代号	名　　称	折算系数	名　称
2	龙门刨床	0	龙门刨床	1/100	最大刨削宽度
		1	仿形龙门刨床	1/100	最大刨削宽度
		2	龙门铣磨刨床	1/100	最大刨削宽度
		3	龙门铣刨床	1/100	最大刨削宽度
		4	定梁龙门刨床	1/100	最大刨削宽度
		5	龙门磨刨床	1/100	最大刨削宽度
		6			
		7	双柱刨床	1/100	最大刨削宽度
		8			
		9			
3		0			
		1			
		2			
		3			
		4			
		5			
		6			
		7			
		8			
		9			
4		0			
		1			
		2			
		3			
		4			
		5			
		6			
		7			
		8			
		9			
5	插床	0	插床	1/10	最大插削长度
		1			
		2	键槽插床	1/10	最大插削长度
		3			
		4			
		5			
		6			
		7			
		8	剃齿刀插床	1/10	最大插削长度
		9			

表 12（续）

组		系		主参数	
代号	名称	代号	名　　称	折算系数	名　称
6	牛头刨床	0	牛头刨床	1/10	最大刨削长度
		1			
		2	水平移动牛头刨床	1/10	最大刨削长度
		3			
		4			
		5			
		6	落地牛头铣刨床	1/100	最大刨削长度
		7			
		8			
		9			
7		0			
		1			
		2			
		3			
		4			
		5			
		6			
		7			
		8			
		9			
8	边缘及模具刨床	0			
		1	板料边缘刨床	1/100	最大刨削长度
		2			
		3			
		4			
		5			
		6			
		7			
		8	模具刨床	1/10	最大刨削长度
		9			
9	其他刨床	0			
		1	钢轨道岔刨床	1/100	最大刨削长度
		2	电梯导轨刨床	1/100	最大刨削长度
		3			
		4			
		5			
		6			
		7			
		8			
		9			

5.2.9 拉床类(L)

拉床类见表 13。

表 13 拉床类(L)

组		系		主参数	
代号	名称	代号	名称	折算系数	名称
0		0			
		1			
		2			
		3			
		4			
		5			
		6			
		7			
		8			
		9			
1		0			
		1			
		2			
		3			
		4			
		5			
		6			
		7			
		8			
		9			
2	侧拉床	0			
		1	侧拉床	1/10	额定拉力
		2	双工位侧拉床	1/10	额定拉力
		3			
		4			
		5			
		6			
		7			
		8			
		9			
3	卧式外拉床	0			
		1	卧式外拉床	1/10	额定拉力
		2			
		3			
		4			
		5			
		6			
		7			
		8			
		9			

表 13（续）

组		系		主参数	
代号	名称	代号	名　　称	折算系数	名　称
4	连续拉床	0			
		1			
		2			
		3	连续拉床	1/10	额定拉力
		4			
		5			
		6			
		7			
		8			
		9			
5	立式内拉床	0			
		1	立式内拉床	1/10	额定拉力
		2	双滑板立式内拉床	1/10	额定拉力
		3			
		4			
		5	双缸立式内拉床	1/10	额定拉力
		6			
		7	上拉式立式内拉床	1/10	额定拉力
		8			
		9			
6	卧式内拉床	0			
		1	卧式内拉床	1/10	额定拉力
		2			
		3			
		4			
		5			
		6			
		7			
		8	卧式深孔螺旋内拉床	1/10	额定拉力
		9			
7	立式外拉床	0			
		1	立式外拉床	1/10	额定拉力
		2	双滑板立式外拉床	1/10	额定拉力
		3			
		4			
		5			
		6			
		7			
		8			
		9			

表 13（续）

组		系		主参数	
代号	名称	代号	名　称	折算系数	名　称
8	键槽、轴瓦及螺纹拉床	0			
		1	卧式轴瓦平面拉床	1/10	额定拉力
		2	卧式轴瓦圆弧拉床	1/10	额定拉力
		3	立式轴瓦圆弧拉床	1/10	额定拉力
		4	立式轴瓦平面拉床	1/10	额定拉力
		5	键槽拉床	1/10	额定拉力
		6			
		7	卧式内螺纹拉床	1/10	额定扭矩
		8	立式内螺纹拉床	1/10	额定扭矩
		9			
9	其他拉床	0			
		1	气缸体平面拉床	1/10	额定拉力
		2			
		3			
		4			
		5			
		6			
		7			
		8			
		9			

5.2.10 锯床类(G)

锯床类见表 14。

表 14 锯床类(G)

组		系		主参数	
代号	名称	代号	名　称	折算系数	名　称
0		0			
		1			
		2			
		3			
		4			
		5			
		6			
		7			
		8			
		9			

表 14（续）

组		系		主参数	
代号	名称	代号	名称	折算系数	名称
1		0			
		1			
		2			
		3			
		4			
		5			
		6			
		7			
		8			
		9			
2	砂轮片锯床	0			
		1			
		2	卧式砂轮片锯床	1/10	最大锯削直径
		3	悬挂式砂轮片锯床	1/10	最大锯削直径
		4	摆动式砂轮片锯床	1/10	最大锯削直径
		5			
		6			
		7			
		8			
		9			
3		0			
		1			
		2			
		3			
		4			
		5			
		6			
		7			
		8			
		9			
4	卧式带锯床	0	卧式带锯床	1/10	最大锯削直径
		1			
		2	立柱卧式带锯床	1/10	最大锯削直径
		3			
		4			
		5	立卧两用带锯床	1/10	最大锯削直径
		6			
		7			
		8			
		9			

表 14（续）

组		系		主参数	
代号	名称	代号	名　称	折算系数	名　称
5	立式带锯床	0			
		1	立式带锯床	1/10	最大锯削厚度
		2	滑车Ⅰ型立式带锯床	1/10	最大锯削厚度(或直径)
		3	滑车Ⅱ型立式带锯床	1/10	最大锯削厚度
		4			
		5			
		6			
		7	金刚石线锯床	1/10	最大锯削厚度
		8	金刚石带锯床	1/10	最大锯削厚度
		9			
6	圆锯床	0	卧式圆锯床	1/100	最大圆锯片直径
		1			
		2	摆式圆锯床	1/100	最大圆锯片直径
		3			
		4			
		5	立式圆锯床	1/100	最大圆锯片直径
		6			
		7			
		8			
		9			
7	弓锯床	0	滑枕卧式弓锯床	1/10	最大锯削直径
		1	夹板卧式弓锯床	1/10	最大锯削直径
		2			
		3			
		4			
		5			
		6			
		7			
		8			
		9			
8	锉锯床	0	锉锯床	1/10	工作台面宽度或直径
		1			
		2			
		3			
		4			
		5			
		6			
		7			
		8			
		9			

表 14（续）

组		系		主参数	
代号	名称	代号	名 称	折算系数	名 称
9		0			
		1			
		2			
		3			
		4			
		5			
		6			
		7			
		8			
		9			

5.2.11 **其他类(Q)**

其他类见表15。

表 15 其他类(Q)

组		系		主参数	
代号	名称	代号	名 称	折算系数	名 称
0	其他仪表机床	0			
		1			
		2			
		3			
		4	光学玻璃加工机床		—
		5	凸轮加工机		—
		6			
		7	电表轴尖加工机床		—
		8	宝石玛瑙加工机床		—
		9			
1	管子加工机床	0	管子内螺纹加工机	1/10	最大加工直径
		1	管子切断机	1/10	最大加工直径
		2	管端螺纹加工机	1/10	最大加工直径
		3	管螺纹车床	1/10	最大加工直径
		4	管接头切断机	1/10	最大加工直径
		5	管接头锥孔镗床	1/10	最大加工直径
		6	管接头螺纹车床	1/10	最大加工直径
		7	管接头拧紧机	1/10	最大加工直径
		8	管接头外螺纹加工机	1/10	最大加工直径
		9	管端倒角机	1/10	最大加工直径

表 15（续）

组		系		主参数	
代号	名称	代号	名称	折算系数	名称
2	木螺钉加工机	0	木螺钉切口机	1	最大工件直径
		1	木螺钉螺纹加工机	1	最大工件直径
		2			
		3			
		4			
		5			
		6			
		7			
		8			
		9			
3		0			
		1			
		2			
		3			
		4			
		5			
		6			
		7			
		8			
		9			
4	刻线机	0	圆刻线机	1/100	最大加工长度
		1	长刻线机	1/100	最大加工长度
		2			
		3			
		4			
		5			
		6			
		7	缩放刻字机	1/10	缩放仪中心距
		8	缩放刻线机	1/10	最大行程
		9	光栅刻线机	1/10	最大行程
5	切断机	0	矫正切断机	1	最大切料直径
		1	立式车刀切断机	1	最大切料直径
		2			
		3			
		4			
		5			
		6			
		7			
		8			
		9			

表 15（续）

组		系		主参数	
代号	名称	代号	名　称	折算系数	名　称
6	多功能机床	0	多功能机床	1/10	床身最大车削直径
		1			
		2	小型多功能机床	1/10	床身最大车削直径
		3			
		4	组合式多功能机床	1/10	刀架上最大回转直径
		5			
		6			
		7			
		8			
		9			
7		0			
		1			
		2			
		3			
		4			
		5			
		6			
		7			
		8			
		9			
8		0			
		1			
		2			
		3			
		4			
		5			
		6			
		7			
		8			
		9			
9		0			
		1			
		2			
		3			
		4			
		5			
		6			
		7			
		8			
		9